姚晓明 叶挺云 孟鹏翔 周宇杰
李阿根 冯永斌 王学锋 | 主编

ZHONGGUO SHUIDAO
BINGHAI JIQI FANGZHI

中国水稻病害及其防治

第 2 版

上海科学技术出版社

图书在版编目（CIP）数据

中国水稻病害及其防治 / 姚晓明等主编. -- 2版. -- 上海 : 上海科学技术出版社, 2025. 5. -- ISBN 978-7-5478-7132-4

Ⅰ. S435.11

中国国家版本馆CIP数据核字第20252VX406号

中国水稻病害及其防治（第2版）

姚晓明　叶挺云　孟鹏翔　周宇杰　李阿根　冯永斌　王学锋　主编

上海世纪出版(集团)有限公司
上 海 科 学 技 术 出 版 社　出版、发行
（上海市闵行区号景路159弄A座9F-10F）
邮政编码201101　www.sstp.cn
山东韵杰文化科技有限公司印刷
开本 787×1092　1/16　印张 20.25　插页 20
字数 400千字
2006年11月第1版
2025年5月第2版　2025年5月第1次印刷
ISBN 978-7-5478-7132-4/S·295
定价：120.00元

本书如有缺页、错装或坏损等严重质量问题，请向印刷厂联系调换

编委会名单

主　　编：姚晓明　叶挺云　孟鹏翔　周宇杰　李阿根
　　　　　冯永斌　王学锋

副 主 编：王　忠　应俊杰　李　军　朱　燕　贾芬花
　　　　　万华建

编著人员：滕　玲　蒋凤至　麻理亚　商进涛　王　敏
　　　　　张倩倩　孙　飖　李若晨　周泽锴　唐红丽
　　　　　马正荣　曹寿洪　俞奎洪　姚　庆　姚　权
　　　　　郑秋杭　何佳佩　姚尉亮　胡小强　袁　昕
　　　　　胡祥喜　杭　翔

前　言

水稻是我国重要的粮食作物，其种植面积和产量均居我国粮食作物的首位。防治水稻病害，确保水稻的正常生育，是获得水稻高产稳产、确保粮食生产安全的关键措施之一。

2006年，为满足当时农业生产的需要，原浙江农业大学洪剑鸣老师与长期从事植保工作的杭州市两位高级农艺师徐福寿和童贤明携手，将毕生积累的资料汇著成《中国水稻病害及其防治》。时光荏苒，近二十年来，种植业结构不断调整，优质水稻高产良种不断推出，土地流转不断推进，水稻种植管理、稻田生态环境发生了一定的变化，水稻病害也随之发生了较大的变化。同时，随着分子生物学技术在微生物分类鉴定中的应用，初版部分水稻病害的病原生物分类、命名有所调整。此外，我国农药工业飞速发展，高效、低毒、低残留、与环境相对友好的水稻病害防治药剂不断推出，防治药剂发生相应的变化。为了加强农技人员的技术培训工作，减轻水稻病虫为害，在原主编童贤明先生的大力支持下，对《中国水稻病害及其防治》一书进行修订再版，作为提高农技人员植保技术水平的专用培训教材。

在本书的编著出版过程中，得到了浙江大学宋凤鸣教授、原浙江省植物保护总站蒋学辉推广研究员及上海科学技术出版社的大力支持与协助，杭州市临平区农业技术推广中心给予资助，使该书得以顺利出版，在此一并致谢。

由于水稻非传染性病害涉及水稻生理、栽培管理、土壤、肥料、气象等多方面因子,传染性病害还涉及真菌学、细菌学、病毒学和线虫学等,知识面很广,限于编著者水平,难免顾此失彼,一定会有不当和错误,恳请读者指正,以便修改和提高。

编著者

2025年1月

目 录

第一篇　水稻病害的诊断与鉴定 ··· 1

 一、田间分析判断 ··· 3
  （一）症状特点 ··· 3
  （二）田间分布及发生发展规律 ·· 5
  （三）两大类型病害的田间分析判断 ··· 5
  （四）传染性病害的田间分析判断 ··· 7
 二、非传染性病害的室内鉴定 ··· 8
  （一）排除病原物的检查 ·· 10
  （二）切片检查 ··· 10
  （三）人工诱发试验 ·· 11
  （四）化学诊断 ··· 11
  （五）障碍因子诊断 ·· 13
 三、传染性病害的室内鉴定 ·· 14
  （一）真菌性病害的鉴定方法 ··· 15
  （二）细菌性病害的鉴定方法 ··· 18
  （三）病毒病害的鉴定方法 ·· 23
  （四）线虫病害的鉴定方法 ·· 27

第二篇　水稻传染性病害 ··· 33

 一、真菌性病害 ·· 33
  （一）稻瘟病 ·· 34
   附1　稻瘟病病情调查记载分级标准 ································· 53
   附2　稻瘟病品种抗病性调查记载分级标准 ······················· 53
   附3　应用鉴别品种鉴定稻瘟病菌生理小种病斑反应型分级标准 ······ 54

目 录

- （二）稻纹枯病 ········· 55
  - 附 病情调查记载分级标准 ········· 62
- （三）稻菌核病 ········· 63
- （四）水稻烂秧 ········· 71
- （五）稻苗疫霉病 ········· 81
- （六）稻霜霉病 ········· 83
- （七）稻胡麻斑病 ········· 86
- （八）稻云形病 ········· 89
- （九）稻窄条斑病 ········· 92
- （十）稻恶苗病 ········· 96
- （十一）稻叶鞘黑点病 ········· 100
- （十二）稻叶鞘网斑病 ········· 101
- （十三）稻叶鞘腐败病和紫鞘病 ········· 103
- （十四）稻叶黑肿病 ········· 106
- （十五）稻叶黑霉病 ········· 108
- （十六）稻烟灼病 ········· 109
- （十七）稻叶尖枯病 ········· 110
- （十八）稻曲病 ········· 113
- （十九）稻粒黑粉病 ········· 117
- （二十）稻谷枯病 ········· 119
- （二十一）稻赤霉病 ········· 121
- （二十二）稻一柱香病 ········· 122

二、细菌性病害 ········· 124
- （一）稻白叶枯病 ········· 124
  - 附1 白叶枯病症状诊断方法 ········· 136
  - 附2 白叶枯病病情记载分级标准 ········· 137
- （二）稻细菌性条斑病 ········· 138
- （三）稻细菌性基腐病 ········· 142
- （四）稻细菌性褐条病 ········· 148
- （五）稻细菌性褐斑病 ········· 152
- （六）稻细菌性谷枯病 ········· 153

三、病毒和植原体病害 ········· 154
- （一）稻黑条矮缩病 ········· 155

（二）稻条纹叶枯病 …… 164
　　（三）稻齿叶矮缩病 …… 176
　　（四）稻草状矮化病 …… 177
　　（五）稻矮缩病 …… 178
　　（六）稻黄叶病 …… 182
　　（七）稻簇矮病 …… 188
　　（八）稻瘤矮病 …… 190
　　（九）稻东格鲁病 …… 193
　　（十）稻黄萎病 …… 194
　　（十一）稻橙叶病 …… 199
　　　　附　水稻橙叶病的病原鉴定 …… 200
　　（十二）南方水稻黑条矮缩病 …… 201
　　　　附　南方水稻黑条矮缩病发生及发病程度分级标准 …… 204

四、线虫病害 …… 204
　　（一）稻干尖线虫病 …… 204
　　（二）稻潜根线虫病 …… 208
　　（三）稻根结线虫病 …… 209
　　　　附　稻胞囊线虫病 …… 213
　　（三）稻茎线虫病 …… 214

第三篇　水稻非传染性病害 …… 217

一、秧苗期的非传染性病害 …… 217
　　（一）烂种 …… 217
　　（二）烂芽 …… 220
　　（三）黄苗和寒害苗 …… 223
　　（四）白化苗和白条斑苗 …… 224

二、分蘖期的非传染性病害 …… 225
　　（一）深插发僵 …… 225
　　（二）中毒发僵 …… 227
　　（三）冷害发僵 …… 230
　　（四）"花稻"发僵 …… 232

三、抽穗结实期的非传染性病害 …… 233
　　（一）米稻 …… 233

(二) 早穗 ………………………………………………… 234
　　(三) 空、秕粒 …………………………………………… 235
　　(四) 翘稻头 ……………………………………………… 239
　　(五) 倒伏 ………………………………………………… 241
　　(六) 早衰 ………………………………………………… 244
　　(七) 青枯 ………………………………………………… 246
　　(八) 青立 ………………………………………………… 247
　　(九) 早青立 ……………………………………………… 248
四、营养元素失调引起的非传染性病害 …………………………… 251
　　(一) 氮素失调 …………………………………………… 251
　　(二) 磷素失调 …………………………………………… 253
　　(三) 钾素失调 …………………………………………… 255
　　(四) 硅素失调 …………………………………………… 257
　　(五) 镁素失调 …………………………………………… 261
　　(六) 钙素失调 …………………………………………… 262
　　(七) 硫素失调 …………………………………………… 262
　　(八) 铁素失调 …………………………………………… 263
　　(九) 锌素失调 …………………………………………… 265
　　(十) 锰素失调 …………………………………………… 266
　　(十一) 硼素失调 ………………………………………… 267
五、土壤酸碱度不适宜引起的非传染性病害 ……………………… 268
　　(一) 盐 (碱) 害 ………………………………………… 268
　　(二) 酸害 ………………………………………………… 271
六、灾害性气象引起的非传染性病害 ……………………………… 273
　　(一) 旱害 ………………………………………………… 273
　　(二) 涝害 ………………………………………………… 275
　　(三) 风害 ………………………………………………… 277
　　(四) 雷电害 ……………………………………………… 278
七、环境污染引起的非传染性病害 ………………………………… 279
　　(一) 废气害 ……………………………………………… 280
　　(二) 废液害 ……………………………………………… 283
八、用肥不当引起的非传染性病害 ………………………………… 284
　　(一) 黏附性化肥灼伤 …………………………………… 285

（二）氨水及碳酸氢铵熏伤 ··· 285
  （三）石灰氮烧伤 ··· 286
 九、用药不当引起的非传染性病害 ·· 287
  （一）药害类型及影响因素 ··· 287
  （二）黏附性药害 ··· 289
  （三）有机砷农药药害 ··· 290
  （四）除草剂药害 ··· 293

主要参考文献 ·· 297

附录 ·· 299
 一、水稻传染性病害检索表 ·· 299
  （一）秧田期 ··· 299
  （二）大田期 ··· 301
 二、水稻非传染性病害检索表 ·· 307
  （一）秧苗期 ··· 307
  （二）分蘖期至孕穗期 ··· 308
  （三）穗期 ··· 310

图 版

（一）真菌性病害

稻瘟病

1-1.叶瘟 急性型病斑　1-2.叶瘟 慢性型病斑　1-3.叶瘟 褐点型病斑　2.叶枕瘟　3.枝梗瘟　4.谷粒瘟　5.穗颈瘟　6.叶瘟田间为害状　7.穗颈瘟田间为害状

稻纹枯病
1.病丛　2.病斑　3.菌核　4.严重为害状

稻小球菌核病

1.病丛基部 2.病茎 3.菌核 4.病丛上的菌核
5.田间为害状

稻霜霉病
1.分蘖期病叶　2.分蘖期病株　3.孕穗期病株
4.孕穗期田间为害状

稻胡麻斑病
1.病叶前期 2.病叶后期 3.大型病斑

稻云形病

稻窄条斑病

稻恶苗病
1. 病秧田 2. 孕穗期田间病株 3. 不定根 4. 孕穗期病丛
5. 提早抽穗 6. 孕穗期田间为害状

[稻叶鞘网斑病]

[稻叶鞘腐败病
1.稻叶鞘腐败型 2.稻紫鞘型]

[稻叶黑肿病
1.叶面病斑 2.叶背病斑]

[稻叶黑霉病]

稻曲病
1. 稻曲病前期 2. 稻曲病病穗 3. 稻曲病病球表面龟裂
4. 稻曲病田间为害状

[稻叶尖枯病]

[稻粒黑粉病]

[稻谷枯病]

[稻一柱香病]

（二）细菌性病害

稻白叶枯病
1. 田间为害状　2. 混合型稻白叶枯病　3. 菌脓

稻细菌性条斑病
1. 初期症状 2. 线条状病斑 3. 病斑融合 4. 菌脓
5. 病叶后期 6. 田间为害状

稻细菌性基腐病

1. 秧苗病状　2. 枯心苗　3. 后期病状　4. 抽穗期病株症状：(1)抽半穗(2)抽穗不扬花(3)影响灌浆(4)灌浆期感病秕谷增加　5. 稻细菌性基腐病(2)与小球菌核病(1)、还原性物质中毒(3)区分　6. 病株严重度分级

[稻细菌性褐条病]

[稻细菌性褐斑病]

[稻细菌性谷枯病]

（三）病 毒 病

稻黑条矮缩病
1. 病叶 2. 心叶扭曲 3. 纵向皱褶 4. 高节位分蘖
5. 蜡白条 6. 严重症状 7. 大田为害状

稻条纹叶枯病
1. 断续黄绿色相间病叶 2. 黄白色短条斑 3. 田间病丛 4. 假枯心
5. 畸形穗 6. 枯孕穗 7. 后期症状 8. 大田为害状 9. 严重症状

稻齿叶矮缩病
1. 卷叶 2. 卷叶、缺刻 3. 卷叶、缺刻 4. 节枝 5. 脉肿

[稻黄矮病]

（四）线虫病

[稻根结线虫病]

[稻干尖线虫病
1.病叶　2.田间为害状]

（五）非传染性病害

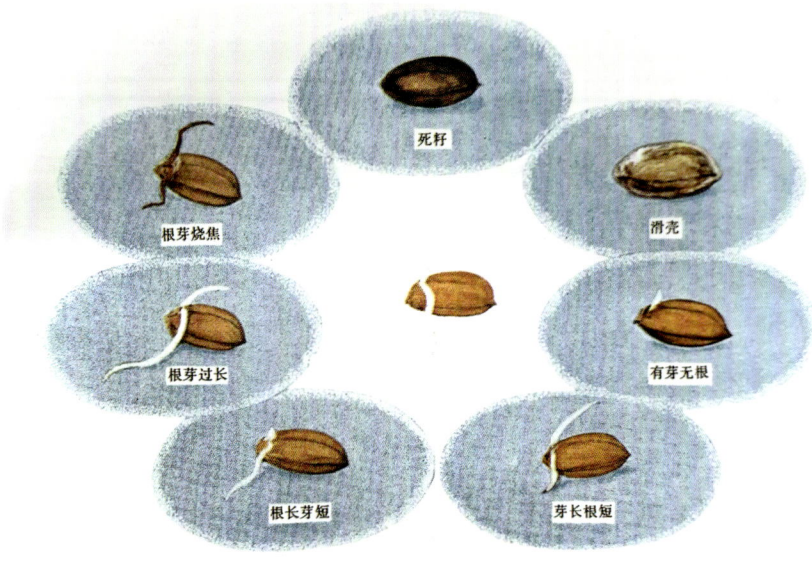

浸种催芽不当，几种根芽生长不良的现象

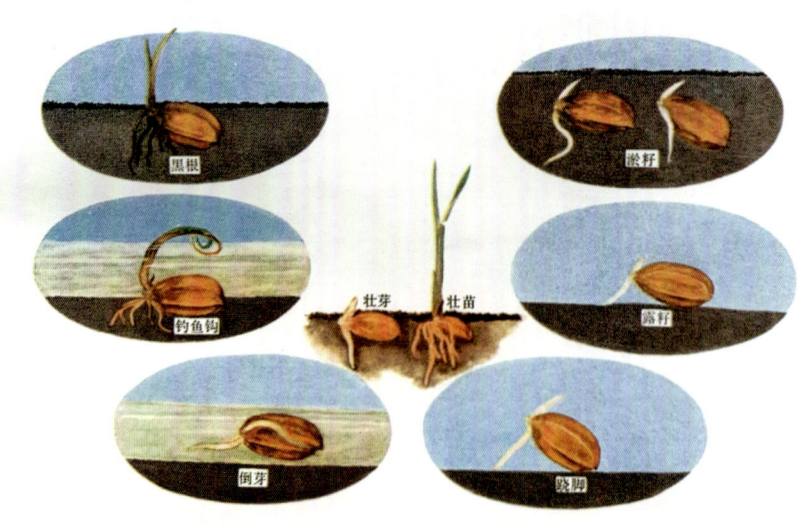

几种导致烂芽的现象

[节节白]

[空秕粒]

[深插发僵]

白化苗和白条斑苗
1. 白化苗　2. 白条斑苗

倒伏状
1. 倒　2. 伏　3. 斜

[后期早衰]

[青枯
1.病、健株茎秆　2.病、健株对照　3.病叶卷曲状　4.田间病状]

[缺氮
左：健株；右：植株缺氮病状]

[缺钾]

图版 22

[缺磷
1. 左：缺磷病丛；右：健丛 2. 左：施磷；右：未施磷]

缺硅
左：未施硅肥；
右：施硅肥

缺镁
1. 病叶　2. 大田病状

缺硫
1. 病、健株对照　2. 田间病状

缺锌
1. 病叶　2. 病丛　3. 田间病状

硼毒害　　　　　缺铁

涝害
1. 病株　2. 秧田

风害
1. 轻度风害 2. 台风风害 3. 风害稻叶

雷电害
1. 田间症状 2. 雷击后的水稻

酸雾害　　　　　肥害

废液害

1. 黄铁矿废水为害状　2. 铜矿废水为害状　3. 水污染秧苗
4. 水污染秧田　5. 溶铝污染稻叶　6. 溶铝污染稻穗

敌敌畏药害
1. 枯死叶片　2. 病叶药斑　3. 分蘖盛期药害病状

砷害
左：病株；右：健株

[丁草胺药害]

[二氯喹啉酸药害]

草甘膦药害

1. 病丛 2. 病茎和倒生根 3. 不能正常抽穗 4. 节部缢缩变褐
5. 高节位分蘖

第一篇

水稻病害的诊断与鉴定

　　水稻从种子发芽到抽穗、结实的一生中,都要求有一定的环境条件相配合,方能符合其正常的生长发育规律。如果在其生育过程中,遭受病原物的侵染或某种不良环境的影响,就会引起生长发育失常,导致产量下降或品质变劣,这些通常统称为水稻病害。

　　引起水稻生育失常的因素是多方面的,其中的主导因素称为病原。根据病原的不同,水稻病害可分为非传(侵)染性病害和传(侵)染性病害两大类。

　　非传染性病害是由于水稻本身的不正常杂交、遗传变异等内因致使稻株生育异常,或因气象、营养、栽培管理、有害物质等生态因素和物理因素所引起的生育失常。因为这些都是正常的生理活动受到干扰和破坏而发生的病态,不会互相传染,所以也称生理性病害。

　　传染性病害是由真菌、细菌、植原体、病毒、线虫等病原物侵染而引起的,并可通过风、雨、昆虫、土壤、人畜等传播,使病害不断蔓延、扩大。

　　虽然非传染性病害和传染性病害的性质截然不同,但是两者往往密切相关,相互影响,互为因果。例如,由于水稻品种的抗倒性能差,耕作层过浅、密植程度过大,或片面重施氮肥、长期淹水灌溉,以及受大风雨等影响而造成稻株生理障碍性倒伏。稻株倒伏后,由于小气候湿度大大增加,导致稻株生活力衰退,上部的健叶与下部已染有纹枯病的叶鞘、叶片大量接触后,使纹枯病得以迅速蔓延;而纹枯病的猖獗发生,又严重破坏了水稻茎秆组织,进一步加剧倒伏。在这两大类型病害的相互关系方面,一般都是非传染性病害发生后,由于稻体内部生理功能紊乱,削弱了对病原物的抵抗力,从而诱发传染性病害。

大量的生产实践和试验研究证明，许多水稻传染性病害的发生、发展，常与稻株正常的生理活动失调密切相关。例如：缺氮、缺钾、缺硅，还原性物质中毒，旱害或废液害等，都是水稻发生胡麻斑病的一个重要诱因；氮肥施得过多、过迟，往往诱发稻瘟病和稻纹枯病的严重为害；涝害常导致稻白叶枯病、稻细菌性褐条病和稻霜霉病的大面积流行；冷害更是水稻发生烂芽和死苗的前奏，等等。

因此，要对某一种植物病害做出有效的防治，首先得正确地认识它，搞清它发病的主导因素（病原）及其发生发展规律，然后才能"对症下药"，制定出正确的防治方案和防治措施，达到经济、高效、安全的目的。如果诊断错误，就不可能提出正确的防治措施，必然造成人力、物力的浪费，甚至对人畜带来残毒影响和环境污染。

在生产实践中，非传染性病害与传染性病害常易混淆，往往误把某些非传染性病害当作传染性病害来防治，或将某些传染性病害误诊为非传染性病害；特别是某些病毒病发病初期，更易被误诊为生理性病害，以至延误了防治时机。因为引致传染性病害的病原生物绝大多数都很微小，早期轻微发病时不易发现，也不易引起人们注意。非传染性病害不仅发生原因复杂，而且某些非传染性病害的名称含义模糊，从而影响了对发病主导因素的判断。例如：水稻"发僵"是常见的非传染性病害，它泛指稻苗移栽后返青延迟、出叶和分蘖迟缓、叶片僵缩、株型簇立、根系生长差等现象。在一般情况下，"发僵"往往是由几个因素共同作用所造成的，但其致病的主导因素则有缺氮、缺磷、缺钾、冷水、低温、深插、还原性物质中毒等的区别。再如，稻赤枯病可能由于土壤中真正缺钾造成，也可能由于还原性物质中毒及冷水为害等因素阻碍水稻对钾素的吸收代谢而造成；"青立病"可由低温为害、有机砷药害及旱地改水田初期土壤产生某些有毒物质等因素所造成，原因都很复杂，常常不易确切判明。因此，在实际工作中，必须根据不同地区、不同田块的特殊条件，进行系统调查研究，细心找出发病的主导因素，才能提出有效的防治措施。总之，正确而又及时的诊断鉴定，是搞好植物病害防治工作的前提。

目前我们对很多非传染性病害的了解还很肤浅，对其生理过程也所知不多，因此对这类病害的早期诊断还有一定困难。然而，在实际生产上又不允许我们等待完全诊断清楚了再开展防治。在这种情况下，更应深入现场进行田间细致观察，再通过调查访问，根据病害症状和田间发病环境条件，应用现有知识和经验分析可能的发病因素，参考其他相类似的已知病害的防治方法，暂拟一些试行的防治措施，以应生产急需，并在防治过程中进行比较观察，逐步摸索，不断总结提高,一步一步地把它们搞清楚。

不论是非传染性病害还是传染性病害,在进行诊断鉴定时,大都不能凭借一株、一叶的症状来下结论,而要进行大田环境、苗情、栽培管理等田间诊断,在广泛了解的基础上,结合实验室鉴定,才能取得较正确的鉴定结果。

一、田间分析判断

田间分析判断是植物病理学的重要组成部分。所谓田间分析判断,就是通过对发病现场的仔细观察和调查研究,随后进行推理判断。研究任何问题,都不能离开分析推理。但分析推理的前提是必须要有大量的必要材料,才能有去粗取精、去伪存真、由此及彼、由表及里的思维。没有深入现场进行周密观察和细致的调查研究,就谈不上推理。如果硬去推理或主观臆断,必然使许多进一步的鉴定工作徒劳。因此,通过田间实地情况的分析,对一些尚不清楚病因的疑难病害有一个较为准确的判断,即这个病害暂应归属于哪一类病害,并进一步推断它可能属于非传染性病害中哪一类病因(病原),或传染性病害中由哪一类病原物引起,以便有目的、有计划地进一步鉴定,以减少盲目性。

(一)症 状 特 点

罹病植株的症状是田间诊断的主要内容,也是分析判断病因时的重要参考依据。

症状可分为病状和病征两部分。病状指植物本身的形态上和组织结构上表现出来的不正常状态。病征指受病植物体上,特别是受病部位上所生长的病原体。例如稻瘟病,叶片上所出现的梭形褐色斑即为病状,而在梭形坏死斑上长出来的灰绿色霉状物即为病征,也就是稻瘟病菌的分生孢子梗和分生孢子。根据病状在感病植物体上的部位和范围,一般可分为点发性病状和散发性病状。前者局限于各个器官的某一部位,如根、茎、叶、花、果上的各种各样斑点;后者是指病状可以从某一侵入部位发展到另一部位,甚至发展到整个植株,所以也叫系统性病状或全株性病状,如水稻黄化萎缩病和水稻病毒病等。病状种类很多,也很复杂。有以组织细胞增生或膨大为特征的促进性病状,如水稻恶苗病和米稻等;有以组织细胞生长不足或某种生理过程受阻为特征的抑制性病状,如水稻矮缩病、旱青立和白化苗等。大多数病害则是以组织细胞死亡和组织解体为主要特征的坏死性病状,如稻瘟病、稻胡麻斑病、烂芽、死苗、缺钾和还原性物质中毒等。病征只有某些传染性病害才有，并因病原生物的种类不同而有各种各样的霉状物、粉状物、锈状物、小黑点、棉絮状物、颗粒状物、菌索、菌脓等。非传染性病害因由非生物的化学或物理等因素所造成，所以不可能有病征。

由于症状是感病植物特性和病原特性两者相互结合的反映，因而各种病害各有其较稳定而带特征性的症状。在一般情况下，许多常见病害都可凭借一定的专业知识和经验，比较容易通过肉眼或借助放大镜的细致观察，就可做出正确的诊断。

由于植物和传染性病原物均是活的有机体，所以症状不可能固定不变，而是随着外界环境条件的不同而随时在变化着的。因此，在凭借症状来识别病害时，要进行系统的综合观察。例如：某一病害在同一植株上不同部位所呈现的症状就可能不同，以稻瘟病而言，就有叶瘟、叶枕瘟、节瘟、穗颈瘟、枝梗瘟、护颖瘟和谷粒瘟之分；一种病害在发病初、中、后期的症状表现也不同，如叶瘟初期为水渍状小点，随后变为灰绿色圆形斑，最后成为暗褐色梭形斑；一种病害的症状也常随着植株长势和环境条件的不同而发生差异，如叶瘟就有白点型、急性型、慢性型和褐点型之分。

在观察症状时，还应综观被害植株的全貌，要注意某些病害所表现的病状，有时可能发生在远离病原体所在的部位。如水稻干尖线虫病，病状是剑叶叶尖干枯扭转，而病原线虫在水稻生育前期则附于生长点、叶芽或新生嫩叶的外部，到幼穗形成后则侵入穗部，最后潜伏在颖壳与米粒之间。枯萎或根腐一类病害也常有类似情况。

非传染性病害大多是散发性病状，病株往往生长不良，全株呈现黄化、矮小、枯焦、萎蔫、畸形等病状。如出现点发性病斑，其形状、大小和色泽往往在发展到一定程度后就很快固定下来，而形状和大小则多数无一定规律，没有一个明显的逐步扩大发展变化的过程。也就是说，大多数非传染性病害无明显的病理程序，并且这种局部点发性病斑在植株上的分布部位往往比较有规律性。

传染性病害所产生的症状，一般都有一个明显的逐步扩大和发展变化的病理程序。也就是说，发病时间和病斑出现具有初、中、后期的发展过程。除病毒病、多数线虫病及少数真菌和细菌所引致的枯萎、根腐等全株性症状外，从病害种类来说，大多数传染性病害是点发性的局部病斑。病斑的形状、大小、色泽都各具一定的特点，但病斑在同一植株各部位上的分布则没有明显的规律性。在病征方面，除病毒病和大多数线虫病不具病征外，细菌性病害在病部分泌有菌脓，真菌性病害在病部长有各种各样的霉状物、锈状物、粉状物、小黑点、棉絮状物、颗粒状物等病征。

（二）田间分布及发生发展规律

田间诊断如果遇到不常见的病害，单凭症状难以判断时，一般都需做进一步的调查访问，从中找出发病的可疑主导因素。即使某些可以确定的常见病害，往往也需调查分析导致这些病害发生或流行的特殊条件，以便提出针对性的防治措施。

田间调查要注意代表性，能真实反映当地情况。一般应包括病害的发生时间，如病害始见期、盛发期；严重程度，如轻、中、重；分布范围，特别要注意是否存在病、健株的交错现象；周围环境，如地形、土壤类型和质地、水源、有无厂矿等；蔓延迹象，如与风向、水流等的关系；作物的生育期、长势和长相；不同品种及邻近其他作物、杂草的发病情况等。此外，还要详细了解和记录耕作制度、播种期、移栽期、肥水管理等有关栽培措施的各个环节，以及发病历史、病害发生过程和近期的气候情况等。

一般来说，非传染性病害的田间分布大多是大面积或全田普遍发生，或在一丘田中成片、成块分布；常与气候、地形、土壤类型和土质、肥、水、施药、废气、废液等特殊条件有关；没有发病中心，相邻植株的病情一般差异不大，虽然由于植株生长健壮与否，其抗逆性有所差异，但一般无明显的病、健株交错现象，甚至附近某些不同作物、杂草等也表现出不同程度的类似病状。许多非传染性病害的发病时间常较一致，病状的呈现和病情的发展也大多很快趋于稳定，往往给人以突然发生的感觉。即使在营养失调症中呈现斑点的某些病状，其斑点变化也不很大，往往因斑点数增加而成为斑块或条状斑。

传染性病害的发病时间、病斑和病情的发展均表现出循序渐进的过程。田间分布一般都存在病、健株交错现象，除病毒病和某些线虫病外，大多数在一丘田中，先有零星个别病株（叶），后逐步发展形成发病中心，再蔓延扩大为害。病情的扩展呈现由发病中心向外围逐步减轻的现象。发病前、中期，在病株附近或同一丛（穴）中，甚至同一株的不同分蘖中，往往可找到健株。即使在病害盛发时，相邻植株的病情也有较大差异。

（三）两大类型病害的田间分析判断

在两大类型病害的田间判断中，病株在田间的分布特点，特别是病、健株交错现象是否明显极为重要，据此再结合发病时间、病情发展、病理过程及症状特点进行综合分析推断。一般可将非传染性病害的特点归纳总结为"三性一无",即发生发展往往呈突发性,田间分布带有普遍性,病状表现呈散发性,病部绝无病征;传染性病害则大多具有"三性一有"的特点,即发生发展常呈循序性,田间分布存在局限性,病状表现多呈点发性,病部大多具有病征。现附上这两大类型病害的田间判断依据(表1-1),供参考。

在进行分析判断时,决不能凭某些表面现象或抓住某一特点就判断为哪一类病害,应将各个特点综合起来分析。例如1966年浙江省平阳县山门区大面积水稻发生叶片黄化现象,虽然病状是散发性的,病部也无病征,发病时间据当地有关部门反映又较短,似乎很符合生理性病害"三性一无"特点,但经现场反复调查,发现田间存在着病、健丛和病、健株交错现象,黄化叶片又是由碎绿斑块的病叶发展而来。此病具病毒病害的特点,判断其应属于传染性病害的病毒病范

表1-1 两大类型病害的田间判断依据

项目	非传染性病害	传染性病害
发生发展	发病时间多数较为一致,往往有突然发生的现象。病斑的出现一般无病理程序,一开始,其形状、大小、色泽就较固定。在田间不易见到初、中、后期的病斑,病情也没有明显的轻、中、重的渐进过程	发病的时间、病情的发展和病斑的出现均具有循序渐进的过程,即先有发病基础,随后才由轻、中、重的逐渐蔓延加重过程;病斑出现具初、中、后期的病理发展过程,在田间一般都可同时见到各个时期的病斑
田间分布	一般是大面积、全田普遍发生,或在一丘田中成片、成块分布,常与气候、地形、土质、水、肥、用药、废气、废液等特殊条件有关。无发病中心,相邻植株病情的差异不大,甚至附近某些不同作物或杂草也表现出类似的病状	通常在一丘田中先有零星个别病株(叶),随后出现发病中心,再扩展蔓延。重病中心有向外围逐步减轻的现象。发病早期,相邻植株,甚至同一株的不同分蘖中可找到健株,即存在着病、健株交错现象,即使在发病盛期,相邻病株的病情也往往有显著差异
病状表现	多数是整个植株呈现病状,即全株性呈现,如果出现点发性局部病斑,则往往在植株上的分布比较有规律性	绝大多数真菌、细菌引起点发性局部病斑,在植株上分布多无明显的规律性。病毒病是全株性的,多具初、中、后期的独特病状,一般新嫩叶比老黄叶更为明显。线虫病大多是全株呈现生育不良
病征特点	仅有病状,绝无病征	除病毒病和线虫外,细菌性病害在病部分泌产生菌脓,真菌性病害在病部长有霉状物、锈状物、粉状物、小黑点、棉絮状物、颗粒状物等

畴。以后结合有关资料的报道，最后确定为在浙江省首次发现的水稻黄矮病。另外，如近几年在浙江省普遍发生的一种以稻株茎基部变黑褐色、腐烂、有恶臭为主要特征的新病害，长期以来被认为是由不良环境引起的非传染性病害，但经观察该病在发病初期，稻丛中大多仅一二株先发病，病、健株交错明显，根节部黑褐色病变也呈现由小到大的病理发展过程，并有黏液和恶臭味，显然具有"三性一有"的特点。经过研究，证明该病是由玉米狄克氏菌侵染所致的水稻细菌性基腐病。

（四）传染性病害的田间分析判断

真菌、细菌、病毒与植原体、线虫四大传染性病害的田间诊断，着重于病状和病征的特点，再结合田间分布及其发病环境条件来分析推断。

1. 症状特点

传染性病害最常见的病状是叶斑、萎蔫、腐烂和变色等类型，在田间分析判断如下：

（1）叶斑类型　导致作物茎叶发生各种各样局部病斑的病原主要是真菌、细菌和病毒。病毒引起的叶斑有环斑、黄斑、枯斑、斑驳等，但它们所表现的病状比较特殊，且较均匀地分布于全株，又无病征出现；而真菌、细菌所引起的局部病斑，大都不规则地分布于植株上，并且多数都有病征存在。如再结合田间分布和发病环境条件等特点，还是较易作出初步判断的。真菌引起的叶斑，其形状和大小很不一致，表现多种多样。细菌引起的叶斑，因其机械穿透力不强，病斑的扩大往往受叶脉所阻，病斑形状也不一致。在网状脉作物上大多形成角状斑点，如棉角斑病、黄麻细菌性斑点病等；在平行脉作物上大多形成长条状病斑，如稻白叶枯病、稻细菌性条斑病等。细菌性叶斑大多表现为水渍状，对光透视呈半透明，如稻细菌性条斑病；真菌性叶斑较少表现为水渍状，对光透视一般不呈半透明，如稻窄条病。在病征方面，细菌性叶斑常在病部分泌出淡黄色至蜡黄色黏液状的菌脓，雨后初晴天气和早晨露水未干时更为显著；真菌性叶斑则在病部产生各种各样的霉状物、小黑点、粉状物等。

（2）萎蔫类型　传染性病原引起的萎蔫，主要是真菌或细菌的侵害，少数是线虫的寄生。萎蔫植株由于病菌大量繁殖阻塞导管，或分泌毒素毒害导管，使输导组织受损而出现萎蔫。切断病茎，可见导管呈淡褐色以至深褐色。用手挤压病茎的斜切面，细菌性萎蔫可见导管中流出乳白色混浊的液滴；真菌性萎蔫流出的液滴与健株相似，是澄清的，并且很多真菌性萎蔫的病部，特别是后期或枯死株上,常生有粉红色霉状物,这是因为真菌性萎蔫有些是由镰刀菌侵害所引起。

（3）腐烂类型　引起植株或某一器官腐烂的病原主要是细菌和真菌,少数是线虫。细菌引致的腐烂大多在病部有黏液,用手探摸病组织常有黏滑感,由于有些病原细菌能分解蛋白质产生硫化氢,从而发出一股难闻的恶臭味。真菌性腐烂往往在病部有棉絮状物、霉状物等病征,病部无黏滑感,亦无难闻的臭味,一般具有酒精味,甚至带有某种芬芳的香味。

（4）变色类型　真菌、细菌、病毒、线虫都常引致植株地上部变色,使全株生育不良。田间遇到这一类型病害时,可自上而下检查,注意茎基部有无病变。然后细心挖起植株（要防止支根、须根被拔断）,洗净后检查根部。

一般来说,真菌、细菌引起植株地上部变色时,大多在茎基部或根部有褐色或黑褐色等病变,严重时导致腐烂。其中,真菌在茎基部、根部或根际地表常有白色、紫褐色的丝状物或粉红色霉状物。线虫多数为害根部,引致根部肿大,或者先出现褐色点而后腐烂。其中,造成瘤状肿大的较易判断,可剖视瘤肿组织,肉眼即可见到比半粒米稍小的乳白色雅梨状物,此即寄主范围很广的根结线虫属（*Meloidogyne*）的雌虫。病毒病害主要是根据其变色的初、中期特殊病状,再结合田间分布来初步分析判断的。

2. 田间分布及发病环境条件

传染性病害在田间的蔓延迹象和发病的环境条件方面,因病原不同,而各有特点。真菌性病害大多有随风向、细菌性病害有随水流方向传播蔓延的趋势。两者的发病条件有些相似,凡温暖高湿、苗势嫩绿、披叶郁蔽、通风透光不良、土质黏重、排水不良、根系发育差的,大多有利于发病;水涝和大风暴雨则与细菌性病害更为密切。因为这些条件极有利于病菌的孳生、繁殖和扩展。

病毒病和类菌原体病的田间分布大多是分散的,病、健株交错现象明显,有些在田边的植株发病较重,干燥环境条件常有利于发病。因为很多病毒病是由昆虫为主要传染媒介的,而干燥环境对蚜虫和叶蝉等重要虫媒的繁殖和活动有利。

线虫大多为害植物根部,但线虫在土中移动的距离很有限,因此大多呈团、块状分布,并随作物种植年限增加而逐渐加重。

四大传染性病害田间判断的分析依据见表1-2,供参考。

二、非传染性病害的室内鉴定

对于植物病害,一般通过田间症状观察、病害发生发展规律和田间分布的广泛调查及对周围环境条件的分析,进而做出判断。当初步判断为非传染性病

表1-2 四大传染性病害的田间判断依据

病害类型	病　状	病　征	田间分布及发病环境条件
真菌病害	多数是点发性病害。以茎、叶、花、果上产生各种各样的局部斑最为常见,如斑点、条斑、枯焦、炭疽、疮痂、溃疡等,其次是凋萎、腐烂,以及各种变态、矮化等畸形	病部中、后期大多长有霉状物、霜霉状物、粉状物、锈状物、棉絮状物、颗粒状物等	发病初期常有发病中心。多有随风向传播蔓延的趋势。温暖高湿、苗势嫩绿、披叶郁蔽、土质黏重、排水不良等都有利于多数病害的发生
细菌病害	多数是点发性病害。以条斑(平行脉)、角斑(网状脉)、腐烂、枯萎等类型最为常见。病部多呈水渍状,对光观察有透明感,腐烂组织常黏滑并有恶臭,枯萎组织的切口常分泌出混浊液	病部多分泌有菌脓。即在大气高湿或晨露未干时,分泌出淡黄色溢滴,干后呈鱼子状小胶粒或呈发亮的菌膜平贴于病部表面	发病初期也有发病中心。多有随水流方向传播蔓延的趋势。地势低洼、深水灌溉、苗势嫩绿、披叶郁蔽,特别是大风暴雨和水涝最有利于发病
病毒和植原体病害	多数是系统侵染的全株性病害。初发时常从植株个别叶片或枝条开始,随后发展至全株。以枯斑、花叶、黄化、矮缩、簇生、畸形等最为常见。一般嫩叶比老叶更为明显	病部外表不显露病征	分布分散,病、健株明显交错,无发病中心,但田边四周有时发病较重。病情常与某些介体昆虫的发生有关,或随种植年限而加重。早种和干燥环境往往有利于多数病害的发生
线虫病害	多数是全株呈现营养不良的慢性病,叶片均匀发黄,生长衰弱,叶片稍萎垂,植株较矮小,根部变色或膨肿成瘿瘤	病部外表一般见不到病征	田间分布多随种植年限而加重,初发年份,田间常呈团、块状分布,以后多随土壤传播而分散。气候干燥利于症状的表现。通气性良好的砂壤土有利于发病

害时,再采集具有代表性的典型病株标本或土壤样品等带回室内,有目的、有计划地按照非传染性病害的鉴定方法进行鉴定。

由于非传染性病害的病因种类繁多,室内鉴定工作应根据所判断的可疑病因采取相应的验证措施。通常先用显微镜检查,进一步排除病原物引起后,再采用组织切片检查,并进行人工诱发试验、化学诊断、障碍因子诊断等工作。

(一)排除病原物的检查

刮取病组织制片镜检,观察有无病原物存在。当测定病组织无病原物时,要注意排除腐生物或后生兼性病原物的干扰,如常见的交链孢属(*Alternaria*)真菌经常腐生在枯死的组织上。因此,检查的标本要新鲜,而且是发病初、中期的组织。当遇到可疑微生物时,应通过分离培养和人工接种试验,以确证其是否有传染性,或验证生理性与病理性的相互关系。例如早稻二三叶期的死苗,由于大多发生在冷后暴晴温差过大时,长期被认为是一种生理性病害。但通过镜检、分离培养、人工接种和人为创造先低温后异常高温等对比试验,终于明确了病原真菌是造成二三叶期死苗的主导因素,冷后暴晴只是导致大面积死苗的重要诱因之一。

在实际工作中,最易发生混淆的是非传染性病害与病毒病害,因为它们的病状有时很相似。过去有些在这方面有争议的病害,随着科学的发展,经过传播方式、电镜检查、抗血清反应和病毒理化性质等深入研究后,多数已证明是病毒病害而不是非传染性病害。

(二)切 片 检 查

将病组织切成薄片镜检,既可观察病组织中有无病原物和内部组织的病理变化,又可比较病、健株间或不同品种间在组织构造上的差异。

例如,引起萎蔫的病株,可通过切片检查茎秆组织细胞内有无病原真菌或细菌的存在。由真菌、细菌引起的萎蔫,其导管变淡褐色到深褐色;而由生理性水分失调等引起的病株,其导管不变色。

黄化型病毒病往往引起叶脉或茎秆的韧皮部细胞坏死;花叶型病毒病的叶片褪绿区,往往栅栏组织细胞变短、排列紊乱,海绵组织的细胞间隙缩小。

水稻发僵大多是根系发育障碍引起的。在生产中往往不同品种间存在明显差异,这是否因根系的皮层细胞间隙,即裂生通气组织的空隙不同所造成,就可通过切片观察品种间的通气组织来对比。

水稻受空气中污染的臭氧(O_3)为害后,叶面产生很多成条状排列的小褐点。它与缺钾症在稻叶上所产生的小褐点相似,经切片观察,可见臭氧引起的褐色斑点都是气孔周围的细胞,而缺钾症叶片上褐色斑点的位置和气孔无关。

（三）人工诱发试验

这种方法就是根据田间初步判断的可疑病因，人为地提供类似条件，对健株进行处理，观察是否发生相同的病状。如低温冻害、药害、肥害、废气害和废液害等，一般可用土培的盆栽健株进行模拟处理；而营养元素失调，大都可在水溶液中缺少或增加某种元素进行水培试验。若用所缺可疑元素的盐类在田间直接用喷洒、浇灌等方法进行治疗试验时，要注意营养元素之间相互制约的影响。

（四）化 学 诊 断

水稻植株通常含水分70%～75%，干物质25%～30%。组成干物质的元素有来自空气和水中的碳、氢、氧，以及来自土壤的氮、磷、钾、硅、钙、镁、硫、铁、锌、锰、硼、铜等。在水稻的生长发育过程中，由于某种营养元素的不足或过多，其生育发生失常时的该营养元素的浓度，称为临界浓度。如果稻体内某种营养元素的浓度低于某个数值时，稻株就表现出缺乏该元素的病状，这个临界浓度就称为缺素（不足）的临界浓度；相反，当某种营养元素的浓度高于某个数值时，稻株又表现出该元素的中毒症，这个临界浓度则称为毒害（过多）的临界浓度。

临界浓度是一个化学分析数值。化学诊断就是运用化学分析手段，对植物或土壤的营养状况进行化学诊断，了解它们所含营养元素的丰缺情况。

本书在非传染性病害部分所述及的各种营养元素失调症，都是由于某种营养元素缺少或过多导致水稻植株外形上的失常现象。虽然这种形态诊断方法可以不需要设备，用肉眼就可鉴别，但局限性很大。因为缺素症只是在某种营养元素极度不足时才能表现出来，待肉眼能察觉到时，已给生产上造成相当严重的影响。同时，这种形态诊断难免会随诊断人员的实践经验而有所差异。

为使潜伏性的缺素问题能提前发现，及早采取合理施肥等防止措施，应用化学速测诊断就很重要。这里仅就水稻氮、磷、钾三要素和硅素的化学诊断作一概要的介绍，并附国际水稻研究所分析的水稻各种营养元素不足或过多引起毒害的临界浓度（表1-3），以供参考。具体方法可参阅有关土壤营养诊断技术的专著。

在水稻一定的生育期内，取其特定的部位进行化学分析，其中以榨取分析部位的组织液来测定，是反映稻株营养状况和土壤供肥状况的一种较好的简易方法。

表 1-3　水稻各种营养元素不足或毒害的临界浓度
(国际水稻研究所)

营养元素	不足的临界浓度	毒害的临界浓度	分析部位	生长期
N	2.5%		叶片	分蘖期
P	0.1%	0.1%	叶片 茎秆	分蘖期 成熟期
K	1.0% 1.0%		叶片 茎秆	分蘖期 成熟期
Ca	0.15%		茎秆	成熟期
Mg	1.0%		茎秆	成熟期
S	1.0%		茎秆	成熟期
Si	5.0%		茎秆	成熟期
Fe	70×10^{-6}	300×10^{-6}	叶片 茎秆	分蘖期 分蘖期
Zn	10×10^{-6}	$> 1\,500 \times 10^{-6}$	叶片 茎秆	分蘖期 成熟期
Mn	20×10^{-6}	$> 2\,500 \times 10^{-6}$	叶片 茎秆	分蘖期 分蘖期
B	3.4×10^{-6}	100×10^{-6}	叶片 茎秆	成熟期 成熟期
Cu	$< 6 \times 10^{-6}$	30×10^{-6}	叶片 茎秆	成熟期 成熟期
Al		300×10^{-6}	叶片	分蘖期

1. 氮素的测定

水稻吸收的氮素主要是铵态氮,进入水稻体内后又迅速与糖结合生成多种形式的氨基酸和酰胺,并进一步缩合成蛋白质。只有在铵中毒的特殊情况下,稻体内才能检测出游离的铵态氮。因此,铵态氮和硝态氮均不能作为水稻氮素水平的指标。虽然在水稻分蘖期可采用以成长的叶片全氮量为指标,以及在幼穗分化期以心叶中天门冬酰胺为指标来检定,但这些方法和技术条件都要求较高。所以,在田间或一般条件下,可在幼穗分化期采用心叶下第二叶鞘的淀粉为测定指标的叶鞘淀粉碘试法,以及心叶下第三、第四片老叶或叶鞘的游离氨基酸总量为测定指标的茚三酮比色法。

2. 磷素的测定

水稻可以吸收各种无机磷和有机磷,而以吸收无机磷为主。化学诊断可在分蘖期以成长叶片的全磷(P)量为测定指标的钼钒磷酸法,但以钼蓝反应法测定叶鞘组织中无机磷的含量比较简易常用。

3. 钾素的测定

水稻生长发育对钾(K_2O)的需要量比氮、磷(P_2O_5)还要多。钾在植物体内约有98%是水溶性的,基本上不以有机化合物的形态存在。这部分水溶性钾的含量多少对土壤钾素供应状况极为敏感,因此通常用六硝基二苯胺试纸点滴法或亚硝酸钴钠比浊法来测定叶鞘中水溶性钾的含量。至于以植株全钾量为测定指标的火焰光度法和高锰酸盐法等,因需一定的仪器设备或测试手续繁杂,一般难以采用。

4. 硅素的测定

水稻是吸收硅素最多的一种作物。硅由稻根吸收后,随着蒸腾作用上升,以硅胶态沉积在茎叶细胞中,使一些细胞硅质化而形成硅化细胞,同时硅又是叶片灰分的重要组成部分。因此比较简便的是应用"石炭酸法"或"灰象法"检查叶片硅化细胞数目来推断稻株含硅的丰缺程度;也可将剑叶风干加热充分灰化,以风干剑叶中的灰分含量来作为诊断指标。

(五)障碍因子诊断

要对营养失调症作出正确的判断,除进行植株和土壤的化学诊断外,还必须研究分析阻碍水稻正常吸收养分和正常发育的土壤条件及其他环境条件。这些通称为障碍因子诊断。例如,水温、土温过低,往往会降低土壤有效养分的释放,减低根系吸收养分的能力;地势低洼,地下水位过高或长期深灌,土壤中氧气不足,氧化还原电位偏低,阻碍了稻根对各种无机养分的吸收,甚至形成还原性毒害物质,使水稻中毒。此外,某些土壤特性,如过酸、过碱、缺乏微量营养元素,以及土体糊烂、僵硬等,都应在田间仔细分析诊断。土壤的酸碱度和还原性有害物质的浓度及容量等,在土壤障碍因素普查时常被列为例行分析项目。

1. 土壤酸碱度的测定

土壤水提液的pH在4以下或9以上,常被称为极端酸性或碱性,对水稻有直接危害;pH在5左右时,虽不表现为直接酸害,但对土壤及肥料中的养分转化不利；pH大于8.5时，可会引起某些微量营养元素的沉淀而失效。所以测定土壤酸碱度在诊断上有重要意义。例如土壤中磷酸盐，在pH为6.5～7.5时肥效最大；当pH小于6.5时，磷酸常与土壤中铁、铝离子结合成为不溶性的磷酸铁铝；在pH大于7.5时，磷酸又易与土壤中的钙离子结合，形成难溶性磷酸三钙。又如土壤中的速效氮，主要是从土壤中有机物质经微生物分解而来的，而微生物活动在pH为6.5～7.0时最旺盛；在pH小于5的酸性土壤中，其活动就受到限制，从而使有机质中氮、磷等养料元素的转化困难，有效度降低。在田间测定土壤酸碱度，以酸碱度混合指示剂比色法最简便。

2. 还原性物质的测定

土壤含水过多而造成通气不良，或施用有机质肥料过多而造成土壤氧化还原电位急剧下降，有时可产生大量有机酸和醛、酮类化合物，以及亚铁、低价锰及硫化氢等还原性物质。它们会影响根系的活力，降低其对营养元素的吸收，并直接毒害根系。测定稻株体内的亚铁含量，可将病株基部组织（不能带有须根）用0.1%邻菲罗啉溶液直接浸提后，与亚铁标准色管比色而快速测定。硫化物可先用醋酸铅试纸法进行定性测定；然后是定量测定，先用稀盐酸溶解土中硫化物生成硫化氢，并用醋酸锌溶液吸收，使之成为硫化锌沉淀，然后加酸并加三氯化铁溶液，使硫化物氧化，再与磷酸氢二铵溶液作用，最后与标准管比色测定总硫化物的重量。土壤中有机酸主要是测定游离态有机酸，以乙酸为主，丁酸次之。乙酸和丁酸的测定，一般采用蒸馏法。

三、传染性病害的室内鉴定

通过田间对症状特点、病株分布状况、病害发生发展规律及对周围环境条件的细致观察和调查，经综合分析，随后进行推理判断。当初步判断为传染性病害，而且根据四大传染性病害的病状、病征、田间分布及发病环境条件等特点，又进一步判断是由真菌或细菌、病毒（包括植原体）、线虫引起时，再采集具有代表性的初、中、后期症状标本和土壤样品携回室内，有目的、有计划地分别按四大传染性病害的鉴定方法进行鉴定。

关于四大病原物的鉴定工作，一般来说，基层植保和农业工作者只要有一架普通光学显微镜就可镜检病原真菌的形态，结合症状特点，查阅有关农业植物病理学书籍，大多数真菌病害都可得到确诊，从而提出适当的针对性防治措施。而细菌、病毒、线虫的鉴定工作则较繁复，需要特定的条件和技术。

需要说明的是，引起植物发病的病原物，除真菌、细菌、病毒、线虫外，尚有寄生性种子植物、寄生性藻类和植生滴虫（原生动物），其中寄生性藻类和植生滴虫均发生在咖啡等其他植物上，只有寄生性种子植物某些种类与稻作发生侵染关系。在国内，仅在个别水利条件较差或砂性较重的漏水田，偶见菟丝子（*Cuscuta chinensis* Lamb.）缠绕在水稻茎秆和叶片上，以吸盘伸入稻组织吸收养料和水分，致使稻株较矮，色淡，早枯。另外，在印度尼西亚有巫草（*Striga lutea* Lour.）寄生于水稻根部，使稻株矮化，生育不良；以及同一个独脚金属（*Striga*）的另一个种（*S. hermontheca* Benth.）在非洲肯尼亚也寄生于水稻根部。此外，在日本曾报道野菰（*Aeginetia indica* L.）为害陆稻根部，但很轻微，且不侵害水稻。因此，本书将这三种病原物从略了。

（一）真菌性病害的鉴定方法

真菌病害主要是依据病菌的形态来鉴定。通常就是直接挑取病组织上的菌丝体、孢子或子实体，在显微镜下观察其形态、胞数、大小、色泽、生长方式和结构等。按照真菌的分类，鉴定其所隶属的纲、目、科、属；对比较常见的病害，再查考有关文献资料，即可确定其种名。但对少见的、有疑问的或新发生的病害，必须先经过分离、培养和接种，明确致病性后再镜检形态，鉴定其属名。至于种名或变种名的鉴定，需通过测微尺测定其有性孢子和无性孢子等繁殖器官的大小，有些还需测定其寄主范围后才能确定。对寄生性高度专化的病原真菌，则可通过对不同品种或一定的鉴别寄主的致病性反应来鉴定其生理小种。一般的方法步骤如下：

1. 挑取病原体镜检

大多数真菌都能在病部表面或组织中产生菌丝体、孢子或子实体。一般直接用解剖针挑取或用沾湿的解剖刀刮取病原体少许，放在载玻片的一滴浮载剂中，盖上盖玻片。在显微镜下检视。最常用的浮载剂是水，但其缺点是很易干燥，只适用于短时间的检查，并易形成气泡。除水以外，用得最多的浮载剂是乳酚油，它是由乳酸20毫升、苯酚结晶（加热熔化）20毫升、甘油40毫升和蒸馏水20毫升配成的状似油状物的合剂。由于乳酚油不易干燥，制成的玻片标本可保存数天。有时为了增加某些真菌孢子的分隔清晰度，常在乳酚油中加入0.05%～0.1%苯胺兰（棉兰）。

2. 保湿镜检

当田间采用的标本，经挑取镜检尚未见到病原物时，一般是将标本用清水洗净，置于垫有湿滤纸或湿棉花的培养皿或其他可密盖的容器中，为防止腐生菌滋长和标本腐烂,宜在湿纸上再置两根小玻棒,将标本凌空搁在玻棒上;这样在适温下保湿培养1~2天,大都能促进真菌繁殖体的产生;然后再挑取镜检。

3. 切片镜检

为了检查病组织内部有无病菌、病菌如何侵入寄主、侵入后和寄主组织的关系、病组织在解剖结构上的变化,以及病菌子实体的形成过程和结构等,都需先切片,然后进行镜检。例如引致全株性的萎蔫病,常需做茎秆切片,再来镜检判断维管束的导管中有无菌丝存在。

切片的方法有徒手切片和切片机切片两种。应用切片机切片,虽效果较好,但需要特殊设备,且手续繁杂。好的徒手切片,其效果并不一定差于切片机切片。所以,在病害鉴定中,常用的还是徒手切片。

徒手切片时,对于比较粗硬的病组织,可直接用左手大拇指和食指拿住材料进行切片;对于细小、软薄的病组织,可以夹在新鲜的萝卜、胡萝卜或马铃薯块中间切。为使切片切得薄,所用刀片必须锋利,手持刀片要平稳,动作应均匀轻捷。切下的薄片,切勿任其干燥,应立即放入盛有清水的器皿中,随后用移植环挑选薄的制片进行镜检。

4. 分离、培养和接种

某些真菌性病害,通过上述3种方法检查,不一定都能检查到孢子或子实体,即使发现了真菌,有时也不能断定这就是病原物,很可能是病组织枯死后再长上去的腐生菌。因此,对于某些病害病原物的确定,常需进行分离、培养和接种工作,尤其是遇到一种新的病害,更需要通过分离、培养、接种和再分离,在确定病原物致病性的基础上,再进行镜检鉴定。所以,分离、培养和接种是一项很重要的实验室基础技术。

分离和培养最好在无菌培养室或无菌操作箱内进行。如果在一般的洁净房间内进行,事前应关闭门窗,工作时要避免人员走动,并在工作台上铺一块洁净、浸湿的白布,以减少空气流动和避免杂菌污染。

植物病原真菌的分离一般都采用组织分离法。现以水稻叶部斑点性病害为例来简述其方法步骤。

(1)分离培养 选择新近受害的斑点,切取病斑边缘组织数小块(2~3毫米大小),先用10%酒精浸2~3秒钟,再在0.1%酸性升汞液中消毒1~2分钟,转入灭菌水中洗3~4次,然后用火焰灭菌过的镊子,将组织移入盛有马铃薯蔗糖琼脂培养基的培养皿内,一般每个培养皿中以梅花形状放五块,再将培养皿翻转,置24~25℃的恒温箱中培养。经3~5天培养后,当病斑周围长出菌丝体形成菌落时,一方面选择大多数相似的菌落,用灭菌移植针在菌落边缘挑取少许菌丝体,移入试管中的马铃薯蔗糖琼脂培养基斜面上,备作菌种保存;另一方面不断挑取菌落少许制片进行镜检,鉴定病原菌种类。对于很少见或新的病害,这样的分离培养需反复进行多次,如果经多次分离培养后,大多数都出现某一种菌的菌落,这一种菌就可能是真正的致病菌,再将其进行接种试验,测定其致病性。

(2) 接种 在接种前,需将分离得到的纯菌种进行大量繁殖,使其产生大量孢子。如果遇到不易产生孢子的病原真菌,还必须试用不同的培养基或改变培养基成分、培养方法、培养条件等来促使它产生孢子。

接种方法随病害的传染方式和侵染途径不同而异,叶部斑点性真菌病害,大多是气流传播,病菌是从气孔、伤口或表皮直接侵入。它的接种一般可采用喷雾法。就是将孢子配成悬浮液,喷洒在水稻叶片表面。孢子悬浮液的浓度要求在低倍镜的一个视野中有20个左右的孢子。若估计是伤口侵入的病菌,喷洒前应先用细砂或金刚砂摩擦叶面,使之轻微损伤。接种后,应立即用尼龙罩等保湿两天,以确保病菌孢子的萌发和侵入。

经过接种,植株表现出与原来相同的症状,并且从接种部位能再分离到相同的病菌,这才是可靠的致病菌。

5. 真菌的形态鉴定及其分类

通过分离培养和接种,明确病原菌的致病性后,进行制片镜检病菌的形态特征,然后按照真菌分类确定其所隶属的纲、目、科、属。

真菌根据营养体的形态和是否产生有性孢子及其类型,通常分为藻状菌纲(Phycomycetes)、子囊菌纲(Ascomycetes)、担子菌纲(Basidiomycetes)和半知菌类(Deuteromycetes),然后再根据有性繁殖和无性繁殖的结构及其所产生的有性孢子和无性孢子的形态特征,纲之下分许多目(order),目之下分许多科(family),科之下分许多属(genus),每个属下面再分为若干种(species)。种是真菌分类的基本单位,其建立也是以形态为基础,即种与种之间在形态上应有显著而稳定的差别。种的鉴定,常需通过测微尺来测量有性繁殖和无性繁殖的子实体与孢子的大小,有时还需测定其寄主范围。

真菌的命名和其他生物一样也是采用双名法,即由一个属名加一个种名组成一种病菌的学名。学名之后注明第一个描述人的名字,如果学名由于原来的命名不恰当而更改,则将原命名人放在括弧内,在括弧后再注明更改人。例如水稻纹枯病的拉丁学名为:*Pellicularia sasakii* (Shirai) Ito.。

真菌在种的下面有些还可以分为变种(variety)和专化型(special form),变种也是以一定的形态上的差别为基础。例如水稻小黑菌核病菌(*Helminthosporium sigmoideum* Cavara var. *irregulare* Cralley et Tullis）是水稻小球菌核病菌（*Helminthosporium sigmoideum* Cavara）的一个变种。专化型的建立则主要是以对不同寄主的适应性为根据，即专化型之间的形态基本上相同，只有寄生性上的差异。例如禾柄锈菌（*Puccinia graminis* Pers.）可以寄生在很多种禾本科植物上，根据它们适应的寄主范围不同，可再划分为专化型。如适应于寄生稻属上的稻双胞锈病菌（*Puccinia graminis* pers. f. *oryzae* Fragoso）和适应于寄生小麦属上的小麦秆锈病菌（*Puccinia graminis* pers. f. *trilici* Eriks. et Henn.）等。

真菌在变种或专化型下面，对一些寄生性高度专化的病菌，通过对作物的不同品种或一定的鉴别寄主的致病性反应，还可划分为很多个生理小种（physiologic-race）。生理小种一般都是用数目编号来标注，如稻瘟病菌生理小种1号、2号、3号……

（二）细菌性病害的鉴定方法

细菌侵染引起的病害，大都在病部的维管束和薄壁细胞组织中有大量的细菌。因此，一般先通过显微镜检查细菌溢，证明受害组织中确有细菌存在后，再行分离培养和接种，测定其致病性。随后的鉴定工作则由于细菌是单细胞个体，远比真菌小，构造又较简单，不能像真菌那样主要根据形态鉴定，而是除了经染色观察其形态外，还必须通过培养性状、生理生化反应、血清反应、噬菌体测定等进行鉴定。

1. 细菌溢的检查

选择新鲜、早期的病组织，在靠近病斑边缘剪取约0.5厘米见方一小块，平放在洁净的载玻片中央，加灭菌水或蒸馏水一滴，盖上盖玻片后立即在低倍镜下检查，观察有无大量细菌似云雾状从切口处溢出；或先用解剖针将病组织自中心处撕破，然后加盖玻片镜检破口处有无大量细菌涌出。镜检时光线宜暗一些，如用侧面照明法，则视野更为清晰。其方法就是先将显微镜的聚光器除去，将反光镜移至一侧，并用其凹面，使光线由侧面照射而不经过镜筒，利用细菌的折光作用，使呈云雾状的白色小点群。如果没有显微镜，也可将病组织夹在两块载玻片中间，用肉眼或放大镜对光观察细菌溢。

根据细菌溢检查的情况，结合症状诊断后，可以初步确定是否为细菌病害，有时也可初步判断是哪一种细菌病。但若遇到一种很少见的或新发生的细菌病害，以及需要进一步知道是哪一个"种"的细菌时，则应该先进行分离培养和接种工作，测定其致病性，随后再作进一步的鉴定。

2. 分离、培养和接种

植物病原细菌的分离一般都是采用稀释分离法，而不宜采用分离真菌的组织分离法。因为病组织中的病原细菌数量很大，稀释培养可以使病原细菌与杂菌分开，形成分散的单个菌落，容易分离得到纯培养。稀释分离又有平皿稀释法和平板划线法两种。现以水稻叶部细菌性病害为例来简述其方法步骤。

（1）平皿稀释分离法 取灭菌培养皿3个，每皿中加灭菌水0.5～1毫升。切取约0.5厘米见方的小块病组织，先在70%乙醇中浸一下，立即移入1∶9漂白粉稀释液中消毒3～4分钟，或在0.1%酸性升汞液中消毒0.5～1分钟，再用灭菌水洗3次后将病组织移入第一个培养皿的水滴中，用灭菌的玻棒将病组织研碎，静置数分钟，俟细菌溢出后，用灭菌的移植环从第一个培养皿中移植二三环至第二个培养皿中搅匀，再依法移二三环至第三、第四培养皿中。然后将溶化已冷却到45℃左右的牛肉胨琼脂培养基倒入3个培养皿中，轻轻转动，使其与稀释的细菌液充分混合；静置凝固后，翻转培养皿，置于25℃左右的温箱中培养。

（2）平板划线分离法 取小块病组织，用上述稀释分离的同样方法，经表面消毒和灭菌水洗后，放在灭菌的载玻片上，加滴灭菌水，用灭菌玻棒研碎，静置数分钟，再用灭菌的移植环蘸取此细菌悬浮液在牛肉胨琼脂培养基的平板上划线，先在平板的半边顺序划5条线，然后将培养皿转90°，再将移置环灭菌后，从第二条线开始顺序划5条线。最后，亦将培养皿翻转，置于28℃左右的温箱中培养。

划线分离用的培养基中琼脂成分宜稍多些，避免培养基过软，划破平板表面。同时，为防止细菌在平板表面的冷凝水中流动而影响形成单个分散的菌落，宜在培养基倒入培养皿后，先放入37℃左右的温箱中一两天，俟平板表面的冷凝水消失后再划线分离。

经平皿稀释法或平板划线法分离后，在28℃左右的温箱中培养1～2天（假单胞杆菌属和欧氏杆菌属）或3～4天（黄单胞杆菌属和野杆菌属，而棒杆菌属的生长还要慢些），便可看到有分散的单个菌落生长，及时挑选形态、色泽、大小、出现时间均较一致的多数菌落移植于试管斜面培养基上，充作菌种保存，但最好先挑选这种主要的典型菌落，再通过划线法，重复一两次，使菌种更为纯化。

分离到的纯菌种，在进行接种以前，先将其移置培养2天左右，使接种用的细菌成为新繁殖起来的菌种。因为菌龄老的细菌，其致病力显著减退。新繁殖的细菌，先用灭菌水配成悬浮液。细菌悬浮液的浓度，对于单纯为了测定致病性，就不一定要严格定量，一般来说，浓度较高的（10^6个/毫升以上），接种容易成功。

植物细菌病害的接种方法很多,针刺和注射是各种类型细菌病害的常用接种方法。水稻叶部细菌病害的接种,可通过针刺、喷雾、摩擦和剪叶等接种方法。

① 针刺接种:用解剖针蘸取细菌悬浮液直接穿刺叶片接种。为了连续多次接种,可将针插在毛笔中间,将毛笔浸沾细菌悬浮液,在针刺时细菌就同时从伤口进入叶片组织内。若将许多细针固定在软橡皮上,再蘸取细菌悬浮液接种,这种多针接种法可提高接种效率。

② 喷雾接种:将待鉴定细菌配成大于10^6个/毫升的悬浮液,用喷雾器喷在叶背,接种后要保湿1~2天。如在接种前,植株先经保湿1天,使气孔开张,则效果更好。

③ 摩擦接种:先在叶面上喷洒少量金刚砂,然后用纱布或脱脂棉等蘸取细菌悬浮液于叶面,轻轻摩擦接种。

④ 剪叶接种:对于在维管束组织中蔓延很快的叶枯类型病害,如水稻白叶枯病,可用剪刀在细菌悬液中浸一下,然后用它剪去接种叶片的叶尖一小段,病菌即可从剪口侵入叶片。

⑤ 注射接种:应用医用注射器,将细菌悬浮液注射到植株某一部位。这一方法多用于萎蔫、肿瘤、腐烂等症状类型。叶片注射,可以选择下部老叶于叶脉侧注射。基部接种的,在接种后用吸取灭菌水的脱脂棉包扎伤口,外裹塑料布保湿1~2天。

通过各种人工接种,并经过再分离,获得具有致病力的纯菌种后,再进行形态观察、培养性状、生理生化反应、血清反应、噬菌体测定等鉴定工作。

3. 细菌形态的观察

细菌的形态主要是指其形状和大小,有无荚膜、芽孢和鞭毛,以及鞭毛的数目和位置等。这些性状都需通过细胞染色才能观察。革兰氏染色反应是细菌分类和鉴定的重要依据之一。

细菌的染色先要经过涂片、固定。方法是在很洁净的载玻片中先置一滴灭菌水,再用移植环取培养24~48小时的细菌少许,与水混合,在玻片上轻轻地涂成薄膜,任其在空气中自然干燥。除鞭毛和荚膜染色外,细菌形态、芽孢和革兰氏染色等可再在火焰上来回通过二三次固定染色。

细菌一般形态的观察,常用苯酚品红或亚甲蓝染色;革兰氏染色,常用结晶紫草酸铵或甲基紫(龙胆紫)染色法;芽孢染色常用苯酚品红苯胺黑或孔雀绿痣花红染色法;荚膜染色常用硫酸铜结晶紫染色法;鞭毛的染色都是应用染剂或银盐沉积在极纤细的鞭毛上,待鞭毛加粗后再染色,使一般光学显微镜能明显易见。鞭毛染色的方法很多，目前多采用硝酸银染色法。

4. 培养特征的记述

植物病原细菌在肉汁胨培养液、肉汁胨琼脂平板和斜面培养基上的生长状况显著不同，可为细菌的鉴定提供参考依据。

（1）平板培养特征　通过稀释培养的方法，每天进行观察。菌落的大小，以毫米表示其直径；菌落的形状分针头状、圆形、纺锤形、不规则形、丝状和分枝状等；菌落有边缘可分整齐状、波纹状、裂片状、缺刻状、丝状和卷须状等；菌落的高度分扁平、隆起、凸起、垫状和瘤状等；菌落表面分光滑发亮和粗糙皱褶；菌落质地分黏质、膜质或蜡质；菌落的透明度分透明、半透明或不透明；菌落的颜色分白色、乳白色、淡黄色、黄色、淡蓝色、绿色、浅红色、红色、深红色和褐色等，并注意有无荧光。

（2）斜面培养特征　用移植环蘸取细菌，自斜面培养基底部以直线向上拖过接种。关于菌落特征描述与平板上的菌落相同，但其菌落的形状分为散点状、念珠状、线状、小刺状、根状和树枝状等。

（3）液体培养特征　主要观察培养液表面是否形成絮状、环状、薄膜或薄皮；培养液混浊度是否呈均匀、粒状或片状菌团，培养液底有无沉降物及沉降物的形状，如松散或紧密，粒状或片状等。此外，还应注意培养液有无特殊气味。

5. 生理生化反应的测定

植物病原细菌在通过细胞染色的形态观察和培养特征的比较后，虽然"属"的鉴定已可以作出判断，但"种"的鉴定还需测定生理生化反应。生理生化通常是研究细菌对碳源、氮源的需要和分解情况，以及对环境条件的要求等。

（1）细菌对碳素化合物的利用和分解　碳原是供给细菌的细胞结构与能量的来源，最常用的是通过发酵实验测定细菌对糖类、醇类和糖苷的利用，观察其产酸和产气的情况；通过甲基红试验和乙酰甲基甲醇试验，测定细菌利用葡萄糖代谢产物的变化；以及测定淀粉酶水解淀粉的情况等。例如水稻白叶枯病菌，对碳源的利用情况是：最好的碳源是蔗糖，可使葡萄糖、乳糖和蔗糖发酵产生酸而不产生气体，不能使淀粉水解，不能利用甘油、甘露醇，不能利用水杨苷，甲基红和乙酰甲基甲醇试验反应为阴性等。

（2）细菌对氮素化合物的利用和分解　氮原是构成细菌细胞蛋白质和核酸的主要成分。各种细菌对氮的利用差异很大，有的能够利用无机氮，将硝酸盐还原为亚硝酸盐或进一步分解成氨，有的能利用有机氮和氨基酸、蛋白胨、尿素等。最常用的测定有硝酸盐还原试验，水解氨基酸而产生氨，分解含硫的氨基酸如胱氨酸或半胱氨酸而产生硫化氢，分解色氨酸而产生吲哚，蛋白酶使明胶液化，使牛奶胨化,以及分解乳糖产生大量酸而使石蕊牛奶变红,或分解酪蛋白产生碱性物质而使石蕊牛奶变蓝等。例如水稻白叶枯病菌对氮原的利用情况是:最好的氮原是谷氨酸,不能使硝酸盐还原,可以产生氨和硫化氢,不能产生吲哚,不能液化明胶,石蕊牛乳反应呈微碱性而不胨化等。

（3）细菌对环境条件的要求 外界物理因素对细菌生理有很大影响,如温度、氧气、酸碱度等,每种细菌的要求不一样,而且这也是分离培养工作以及调节环境条件设计病害防治时所必须掌握的。因此,在鉴别细菌时,应测定其对环境条件的要求。例如水稻白叶枯病细菌是需氧菌（好气菌）;pH在3.9～9.5均能生长,最适pH为6.0～7.0;生长温度最低为10℃,最适为26～30℃,超过35℃生长不良,最高温度为40℃;致死温度是53℃,可耐10分钟。

6. 血清学反应和噬菌体的测定

血清反应和噬菌体的溶菌作用已日益广泛应用于鉴别细菌的"种"和"菌系"。虽然这需要一定设备条件,但鉴别比较快速而准确。

血清学反应是先将细菌细胞（即抗原）注射到兔子体内,兔子的血液中便能产生与注入物起作用的物质,这种物质称为抗体。具有抗体的血清就称为抗血清。当将抗原与相应的抗体放在一起时,便会出现凝集反应、凝集吸收反应、沉淀反应等,称为抗血清反应。细菌细胞由蛋白质、糖类、脂类等物质构成。由于它们的结构与组成不同,因此构成抗原的来源与性质就不同,当这些具有不同抗原性质的细菌细胞被注射到动物体内后,也就相应地激发与产生对应的抗体,它们也是由蛋白质等所组成。只有这些对应的抗原与抗体方能相互结合引起血清学反应。它们具有一定的特异性,有的特异性还十分专化,这就成为用来鉴别"种"和"菌系"的方法。

噬菌体是侵染细菌和放线菌的病毒。不同的噬菌体,其寄生细菌的范围不同。有的噬菌体如水稻白叶枯病菌噬菌体Ⅰ型,寄主范围很窄,只能寄生在水稻白叶枯病菌上,这种噬菌体称为单价噬菌体;水稻白叶枯病菌噬菌体Ⅲ型的寄主范围很广,还能寄生在水稻条斑病菌（*Xanthomonas* oryzae pv. *oryzicola*）、棉花角斑病菌（*X. campestris* pv. *malvacearum*）、黄麻斑点病菌（*X. nakatae*）、十字花科蔬菜黑腐病菌（*X. campestris* pv. *campestris*）等许多细菌体上,这种噬菌体称为多价噬菌体。植物病原细菌的鉴定是利用单价的专化性噬菌体。当分离到一种植物病原细菌专化性的噬菌体,经过纯化和繁殖后,就可以用来快速鉴定分离到的细菌是否是这种植物病原细菌。而且,同一种细菌的不同菌系对噬菌体不同株系的反应也不同,所以还可利用噬菌体的不同株系来鉴别不同的细菌菌系。

（三）病毒病害的鉴定方法

通过田间诊断，根据病毒病的特殊病状和发生特点，在初步分析判断为病毒病害后，由于病毒体积远比真菌、细菌更小，在一般条件下，不可能直接根据其形态特性来鉴定，而且病毒病害又最易与生理性病害混淆，室内的鉴定工作，一般先通过一些间接的诊断手段确定病害的性质，然后再进一步鉴定病毒种类。一般的鉴定程序是：检查病株组织的内部变化和细胞中有无内含体，传染性和传染途径的确定，寄主范围及鉴别寄主的反应，病毒的物理性状测定，病毒的提纯及电镜观察，病毒的抗血清反应。

关于水稻病毒病的鉴别诊断，目前在国内多以症状表现、传播方式、电镜检查和抗血清反应为基本依据，以寄主范围和病毒理化性状作为综合分析的参考。

1. 植株组织内部病变及内含体的检查

植物感染病毒后，病株的组织结构、生理活动和理化性状等可能发生变化，观察这些变化可作为诊断病毒病的参考。

通过切片观察发病组织结构上的变化。例如花叶型病毒的叶片组织解剖，往往可见褪绿区栅栏组织细胞显著变短和排列紊乱，海绵组织中的细胞间隙缩小，叶绿体较少甚至消失。而黄化型病毒则往往引起叶脉或基部的韧皮部细胞坏死。

通过化学测定，观察病株生理活动的变化。例如用碘或碘化钾溶液测定花叶型，特别是黄化型病毒的病株叶片积累淀粉的情况。

病株组织细胞感染病毒后，最突出的变化是形成特殊的内含体。内含体主要有不定形和结晶状两种，不定形内含体也称X体。内含体大多产生在叶片的表皮细胞中，尤其在褪色部分容易检查到。一般都是先从病部撕下一层表皮，制成玻片，在显微镜下直接检查。如水稻普通矮缩病在叶部白色斑点的细胞中有比细胞核稍大的近圆形X体，大小为$(3\sim10)\times(0.5\sim0.8)$（微米）。又如水稻条纹叶枯病在变黄白色的叶片中，尤其在叶鞘内侧的表皮细胞中较易检查到呈"8"字形的X体。至于有些病毒的内含体是产生在肉组织中或韧皮部中，这就需切片检查。为了有利于区别细胞中的内含体和细胞核等其他结构，检查材料可用碘液染色法、锥虫蓝染色法等进行染色，或材料先经固定后，再用斐而琴染色法等染色后镜检。

病毒内含体检查作为一种诊断方法是有一定局限性的。因为有许多病毒病害并不形成内含体，而且内含体的形成也有时间性。所以，若镜检时发现有特殊的内含体可作为病毒病害的有力证据,但没有见到内含体不能作为非病毒病害的反证。

2. 传染性及传染途径的确定

对于初步判断为病毒感染的植物,用普通显微镜又观察不到前述的组织病变及内含体时,就应首先采用接种试验来验证其传染性,并进一步明确其传染途径。因为确定传染性是诊断病毒病害的关键,而传染途径不仅是病毒的鉴定性状,而且是制定防治方法的重要依据。

植物病毒的传染途径,已知有机械传染、昆虫和螨类传染、土壤传染、花粉和种子传染、嫁接传染和菟丝子传染等,其中尤以昆虫传染最为重要。例如目前全世界发现的16种水稻病毒病害及植原体病害,其中水稻坏死花叶病(RNMV)以土壤、种子、汁液进行传染,稻条纹坏死病(RSNV)以土壤中的多黏菌传染,水稻黄斑驳病(RYMV)既可由蚜虫传染又可由汁液传染,其余13种病毒病均是以昆虫进行传染的。

当一种可疑的植物病毒病害的自然传染途径尚不清楚时,通常先试用汁液摩擦接种。如果不成功,再进行其他的传染试验。对于不嫁接的禾本科植物,一般就用昆虫传染接种进行摸索。

(1)机械传染的测定 机械传染是指病毒从植物表面的轻微伤口进入细胞内而引起发病。机械接种是证明病毒传染性最简便的方法,最常用的是汁液摩擦接种法。取少许病叶组织在瓷钵中研碎,加水2～10倍,用纱布拧出汁液,再加入少量400～600目的细金刚砂,然后用剪平笔头的毛笔或用洗净的手指蘸取汁液在叶面来回轻轻涂抹,最后用清水洗去叶面的汁液和金刚砂。

有一些很不稳定的病毒,在活体外的时间稍长就会丧失侵染力,则可用病组织直接接种。方法是把7～8张病叶片叠在一起,用手指夹紧,以利刀切齐,立刻把切面在撒有金刚砂的叶面上来回轻轻摩擦。接第二株时,可重新切齐,再用新的切面摩擦接种。接种完毕后,必须用清水洗去叶面的汁渣和金刚砂。

(2)昆虫和螨类传染的测定 昆虫是植物病毒的主要自然传染媒介。虫媒的种类和传染方式是病毒的重要鉴定性状。能传染植物病毒的昆虫大多是具刺吸式口器的昆虫,如蚜虫、叶蝉、飞虱、蓟马等。螨类传染的病毒较少。

测定昆虫传染必须在防虫网笼内进行。所有用来作传染接种试验的昆虫都要事先确定是不带毒的。一般不经卵传的病毒,可以用虫卵在健株上孵化繁殖,或用初孵化出来的若虫移到健株上繁殖;如果有可能经卵传的病毒,就必须事先在有关寄主植物上分别饲育雌雄若虫,确定其不能引致病害后,才可把它们并笼,使它们交配、产卵、繁殖。

获得无毒虫后,将无毒的若虫用吸虫管或毛笔等移到病株上,饲育24小时使其得毒后,再移到待测定的健康幼苗上进行传毒试验。随后观察被接种幼苗是否发病和病状出现的时间。

在进行虫传测定时,除了证明一种病毒可以由某种昆虫传染外,同时还要测定该虫媒的得毒和传毒的最少及最适时间、潜伏期的长短、保持传毒能力时间的长短(持久性)等。

(3) 土传病毒的测定 过去所谓"土壤传染"的病毒病,现在已陆续证明大多数是由土壤中的真菌或线虫作为媒介的。要确定一种病毒是否由线虫或真菌所传染,首先要实地观察病株在田间的分布情况。一般来说由土壤线虫或土壤真菌所传染的病毒病,在田间往往先形成一小块一小块的分布,随后逐年扩大蔓延。在初步分析判断的基础上,再分别进行接种测定。

① 土壤真菌的接种:传染病毒的土壤真菌都是属于低等的藻状菌,它们是通过游动孢子或休眠孢子传染的。由于这些真菌中除了个别腐霉属可人工培养外,都是专性寄生菌,只能在活的寄主植物根上培养繁殖。因此,利用这类真菌接种时,最简便的方法是直接取病株根部,洗净泥土,磨碎、离心,获得孢子悬浮液后,再将孢子悬浮液浇灌在事先播种或栽有健苗的灭菌土壤中,并以浇灌从健根上获得的孢子悬浮液和清水作对照。

② 土壤线虫的接种:传染病毒的土壤线虫都是根部外寄生。利用它们接种时,应取病株周围的土壤,并洗下病根上所带的土壤,然后用过筛沉淀法分离出土中的线虫,再把这些线虫倾注在钵内灭菌土的小穴中,随后将拟接种的幼苗移种在小穴内,并以健根周围的土壤线虫接种作为对照。

对于某些未知因素的土壤传染病毒,可先取磨碎的病根及其周围的土壤作为接种材料,俟一旦接种成功后,再进一步探讨其存在于土壤中的传毒介体。

(4) 种子和花粉传毒的测定 植物病毒由种子传染的种类不是很多。测定种子传染的方法是分别从病株和健株收集种子,在防虫的条件下,播种在灭菌土中,然后观察幼苗发病情况。

造成种子带病毒的情况有两种:一种是通过花药将病毒传染给由它授粉的种子;另一种是病毒从病株中直接把病毒送入种胚,从而使种子带有病毒。测定花药是否传病,可以依照人工杂交的方法,将无病母株去雄,然后用病株的花粉授粉,最后把这种授粉的种子播种在灭菌土中,并在防虫条件下生长,观察幼苗是否发病。至于测定母株中的病毒是否能进入种子并引起发病,可以在有病的母株上去雄,用健株的花粉授粉,在防虫条件下将种子在灭菌土中播种,观察幼苗的发病情况。

（5）嫁接传染及菟丝子传染的测定　对一种可能是病毒引起的病害，使用前述接种方法都不能成功时，可采用嫁接传染的方法。此法在果树和木本植物上用得较多，一年生草本植物上也可进行，但禾本科植物一般是不能进行嫁接的。果树和木本植物一般采用芽接或皮接的方法，接芽和接皮大都从病树上取得，而砧木是健株。一年生草本植物一般用靠接法，其中一株是健株，一株是病株，各在病、健株基部切一斜口，一株向上切，一株向下切，然后把两个"切舌"相互插紧，用缚料扎紧。接活后，剪去病株的上部和健株的下部，成为健穗接在病砧上；或相反，使病穗接在健砧上。以后观察发病情况。

菟丝子传染病毒的性质与嫁接传染相似。有些不容易相互嫁接的植物，可利用菟丝子来传染。测定传染用的菟丝子，最好是以它的种子繁殖。接种时，先使菟丝子寄生在病株上，然后把它的茎蔓引绕到被接种的健株上寄生，病毒即可通过菟丝子从病株传到健株上。

3. 病毒寄主范围和鉴别寄主反应的测定

不同病毒或不同病株的病毒株系，它们的寄主范围和在不同寄主上表现的病状是不同的，所以病毒的寄主范围和在不同寄主上的反应是病毒的鉴定性状之一。

寄主范围是指某一种病毒能寄生在哪一些种、属或科的植物上和不能寄生在哪一些种、属或科的植物上。寄主范围的确定必须经过人工接种测定，这个范围的测定是很难有止境的。从植物病害角度看，主要是测定当地比较普遍而又可能成为病毒媒介越冬越夏寄主的植物。

鉴别寄主是指那些具有鉴别病毒的植物。鉴别寄主主要用于鉴别借机械传染的病毒，一般是用汁液摩擦接种的方法测定。如果能找到几个寄主，其中对病毒既有产生过敏性的局部病斑反应，又有发生系统性病状，还有另一些不受侵染。这三种不同反应的植物组合起来便成为一个鉴别寄主谱。通过这三类植物的接种，便可鉴别病毒的种类和不同株系。

4. 病毒致死温度、稀释终点及体外存活期的测定

各种病毒和不同株系的致死温度、稀释终点和体外存活期都可能不同，常以这些测定作为病毒的鉴定性状。

致死温度是指病毒在植物汁液中，于某一温度下处理10分钟便失去其侵染力的那个温度。测定时把病株汁液密封在2毫升的安瓿瓶中，置于不同温度等级的恒温水浴中处理10分钟，然后取出汁液摩擦接种。如果是刺吸式口器昆虫传染而不能用摩擦接种的病毒，在温水浴中处理后的汁液，可采用薄膜人工饲虫接种测定法或昆虫注射接种测定法。

稀释终点是指病株汁液稀释到超过一定的限度,接种后就不能使植物发病,该限度就叫稀释终点。测定时把病株汁液用蒸馏水稀释成不同倍数的浓度,然后把各个稀释汁液分别用摩擦接种法测定其活力。最后结果以不出现病状的稀释度的前一个稀释度为其终点。

体外存活期是指病毒在病株汁液中能保持侵染能力的时间。将病株汁液分盛在灭菌的试管中,置于20℃的恒温箱中,然后间隔一定的天数,陆续取出进行接种试验,接种后不发病的前一个天数,就是病毒体外保毒期。

5. 病毒的提纯及电镜观察

研究一种植物的病毒,如用作电镜制片和制备抗血清等,都需要得到纯度较高的病毒。所谓病毒的提纯,就是应用物理或化学的方法把病毒粒体与植物中的其他成分分开。

经过提纯的病毒精提液用作电镜制片,观察病毒颗粒的形状和大小。但也可不经提纯而直接采用简单的浸出法或吐水法作电镜观察。如果对含有病毒粒体或植原体的病组织直接在电镜下观察,就要求用超薄切片机将病组织制成50～150微米厚的超薄切片来观察。

6. 抗血清反应的测定

抗血清反应是利用一种已知的病毒抗体来测定一种未知的病毒,是鉴别病毒株系和分析亲缘关系的一种比较好的方法。植物病毒抗血清的制备原理和方法与细菌没有根本区别,但为了排除汁液中存在寄主抗原的影响和获得高效价抗血清,所用的病毒既要求纯,也要求浓度大。如果病株汁液不经提纯就直接用于免疫注射,那么它所产生的抗血清中既有病毒抗体,也有非病毒寄主抗体,因此,在测定前先利用健株汁液中寄主抗原吸收抗血清中的寄主抗体,然后再取其澄清的血清液作测定用。

(四)线虫病害的鉴定方法

植物病原线虫主要是根据其形态和内部解剖学上的特征来鉴定。要鉴定病原线虫以及对线虫的致病性、生理、生态、药剂效果、土壤线虫密度与产量损失关系等试验测定,首先都需大量分离并收集线虫,必要时还需人工接种测定其致病性,然后根据线虫的形态和内部解剖学上的特征确定其种类。

1. 病原线虫的收集和分离

各类线虫为害植物的部位是不同的。少数病原线虫随着寄主植物生长进入地上部的茎叶或穗部,多数病原线虫是在根部营外寄生或内寄生。所以在收集标本时,除采集有明显病变的叶、穗和瘿瘤等组织外,更应注意病株的根系和根际土壤的采集。土壤样本一般只需在20厘米以内的土层中采集。采到的标本或土样宜放在塑料薄膜袋内,以防失水干燥。样本贮存在4℃左右的冰箱中,线虫在较长时期内都不致损坏。

从植物病组织内或土壤中分离线虫的方法很多,最常采用的有病组织直接挑取法、漏斗分离法、过筛分离法和漂浮分离法等。

(1) 直接挑取法　将坏死、瘿瘤等病变组织放在盛有少量清水的培养皿内,在解剖镜下用镊子和解剖针小心地将组织挑开,再用牙签、牙刷毛、竹丝等做成质地较软的细针直接挑取线虫。能活动的线虫,可先静置一两个小时,待线虫自组织中游离出来后再挑取,然后制片镜检。

(2) 漏斗分离法　这是目前应用较广的方法。凡是线虫病害症状表现不明显,或病组织浸在水中,线虫需经较长时间才能离开组织游离到水中的,以及土壤线虫的分离等都可应用这一方法。它的基本装置是将玻璃漏斗搁在支架上,漏斗管末端接一段橡皮管,橡皮管中部装一弹簧夹以控制管的开关,漏斗内铺12层纱布并盛满水,再将切碎的植物组织或土样放入漏斗中。经数小时至一天,线虫就从植物组织或土内游至水中,经纱布沉落到漏斗底部的橡皮管中。然后打开弹簧夹,放出管底部的少量水进行镜检。如果线虫数量少,可以再通过1 500转/分离心2~3分钟,使其浓缩后再镜检。此法对定居在根组织内无移动性的根瘤线虫和胞囊线虫的雌虫不适用。

(3) 过筛分离法　过筛线虫的筛子是用黄铜丝、磷青铜丝或尼龙丝制成,一套有7个,其每11平方厘米(1平方寸)网目(筛孔)数分别为16、25、50、100、160、250和400,网目尺寸分别相当于1毫米、690微米、240微米、140微米、65微米、55微米和30微米。其中最常应用的是16目、100目、160目和400目4个。

取土样100克放在小塑料桶内,加3~4倍水,充分搅动后,倒入16网目的筛子,滤到第二个小桶内。再搅拌第二个桶内的水,倒入100目筛子,滤到第3个小桶内。依此再通过160目和400目筛子。然后将100目、160目和400目筛子上的残留物用细水分别洗到3个烧杯中,再分别取洗液镜检线虫种类和数量,或先将洗液静置沉淀,弃去上层清水后再镜检。

(4) 漂浮分离法　这是针对分离胞囊线虫($Heterodera$)的干胞囊的方法。胞囊线虫的雌虫膨大成球形或梨形,不活动,老熟后成为胞囊而分散在土壤中。湿的胞囊比水重,而干的胞囊比水轻。因此,土样经过风干后就可以用漂浮法分离。

最简易的漂浮法就是取风干细土50克,放在1 000毫升的三角瓶或其他容量瓶中,先加水至半瓶,振荡半分钟,再加水至瓶口,静置约10分钟,待瓶颈内水澄清时,胞囊和轻的杂质都漂到水面而附着在瓶口壁上。然后将这些漂浮物倒在50目的筛子上,再用水冲洗,将胞囊洗到铺有滤纸的漏斗上。滤纸要折叠成波纹状,使水尽快滤去。最后取出滤纸,摊开晾干后检查胞囊。

为了加速和提高分离效率,可采用芬威克和乌斯顿勃林克(Fenwick-Oostenbrink)漂浮法,即所谓漂浮器分离法。

2. 线虫致病性的测定

在植物的腐烂组织中,尤其是地下部分的器官,常有腐生性线虫。虽然腐生性线虫的口腔内没有吻针,多为双胃型食道、尾部大多细长丝状等特点可与寄生性的线虫相区别,但是在根部见到兼性寄生的线虫,有时也不能立即就确定哪个是该植物的病原物。此外,在一种植物的地下部组织上往往也可看到许多不同种的线虫。因此,在鉴定某些线虫时,必要时得进行人工接种以测定其致病性。

各种类型线虫病的接种方法因传播方式不同而异。由种苗传播的线虫病,一般可用带虫种苗混播混栽方法接种;由土壤传播的线虫病,可用病根、病田土或浇注线虫悬浮液来接种;为害幼芽或叶片的线虫,可将线虫悬浮液用滴注或喷雾的方法接种。此外,也可在植物易受害的组织上刺几个小孔,将线虫悬浮液注入孔内的方法接种等。

3. 线虫玻片标本的制作

线虫活体镜检可以观察一般形态和结构,如将其麻醉,使之暂时停止活动,则有利于观察的进行。最好的麻醉方法是在50毫升的水中加2滴二氯乙醚,充分摇动后用其澄清液。但为了进一步仔细观察,并进行分类鉴定,宜先将线虫杀死和固定,再经脱水和染色制成半永久性或永久性的玻片。

杀死线虫一般是用加热的方法。取数条线虫放在载玻片上的水滴中,在小火焰上来回移动五六秒钟,随时用肉眼或放大镜观察,当扭曲的线虫突然伸直时,立即停止加热,以免加热过度而破坏其内部器官。杀死大量线虫时,可将线虫悬浮液放在小烧杯或试管中,加等量的沸水杀死,或浸在65℃的水浴锅中加热2分钟杀死。

杀死后的线虫要立即固定。将杀死的线虫用细针转移到固定液中,或直接在上述有死线虫的载玻片水滴中和小烧杯的水液中,加入与水等量的浓度提高1倍的固定液,线虫的形态和组织结构等特征就可固定下来。固定液种类很多,常用的有以下几种。

(1) 0.1%鲁戈氏碘液　碘0.1克,碘化钾0.2克,蒸馏水100毫升。此液与等

量的活线虫悬浮液混合,可同时杀死和固定线虫;

（2）福尔马林冰醋酸固定液　简称FA,含40%甲醛的福尔马林10毫升,冰醋酸10毫升,蒸馏水80毫升;

（3）福尔马林冰醋酸乙醇固定液　简称FAA,含40%甲醛的福尔马林6毫升,冰醋酸1毫升,95%乙醇20毫升,蒸馏水40毫升;

（4）三羟基乙胺福尔马林固定液　简称TAF,含三羟基乙胺2毫升,福尔马林7毫升,蒸馏水91毫升。

固定后的线虫,除可在TAF固定液中长期保存外,在FA或FAA固定液中时间太长后会使虫体外形有一些改变,宜转移到甘油乙醇溶液(甘油2份,95%乙醇30份,蒸馏水68份)中长期保存。

经过固定液固定后保存的线虫,随时可取出制成临时玻片,进行镜检鉴定。即将固定后的线虫放在载玻片的水滴中央,并使它全部沉没,然后取三根与线虫粗细相仿的玻璃丝或盖玻片的碎片,呈三角形排列在水滴的边缘,加盖玻片,四周再用熔化的烛蜡封固,如果要制成半永久性或永久性玻片,固定的线虫则需先用乳酚油、甘油或甘油精等脱水后制片,或再经多色蓝等染色后制片。

用湿热杀死的线虫,经过固定或再经脱水染色后,其内部器官大都可以看清楚。但有些器官,如神经环、角质膜和头部结构等则用活的线虫直接染色观察更好。这可先用苏木精染色,再用藻红或地衣红复染。

永久性玻片的浮载剂以纯甘油为宜,也常以甘油明胶冻作浮载剂和封固剂两用,白磁漆、火漆或松香石蜡(7∶2)的混合物等也都能用做封固剂。

4. 线虫的分类学特征及其计测

要进行线虫种类鉴定和描述,必须对线虫各部分的结构和形态加以细致观察。线虫的分类,目前多以戚特伍德(Chitwood,1950)父子所创建的分类系统,根据线虫尾部感觉器官的侧尾腺有无"侧尾腺口",分为侧尾腺口亚纲和无侧尾腺口亚纲两大类。亚纲下面分为4个目,植物病原线虫分属于其中的2个目。关于线虫科、属、种的分类依据,主要是根据其消化系统、生殖系统、头部和尾部等形态特征。如头部的突出程度、形状、有无乳突或刚毛;口腔的形状、大小及唇片之间的形状;吻针的形状、长短、基部球;食道的背食道腺开口位置,食道球部的形状和长度,中食道球的形状和大小,后食道部的形状和大小及其与肠的连接情况;肛门的位置和形状;尾部的形状和长度,侧尾腺口的位置和大小,生殖乳突的位置和数目;雌虫的阴门位置和方向,生殖管的数目、位置、直生或转折,卵巢和输卵管的结构,受精管、子宫及卵的形状和大小,会阴部分的形态特征则是异皮线虫的分类重要依据;雄虫生殖器官的位置、数目、直生或转折,输精管的形状和长度,交接刺的形状、大小和数目,引囊的形状和大小,交合伞(抱片)的有无等。

关于"种"的划分,有人提出还应考虑线虫的寄主范围。

为了确定线虫的大小及其有关器官的相互位置,常需分别测量出线虫的主要解剖部分并绘出准确的图。测量数据的记载,大都采用德曼(De Man)公式来表示。

L = 体条(指自头顶至尾尖的全长,以毫米或微米表示)

$$a = \frac{体长}{最大体宽(指生殖孔部位的直径,如雌虫梨形,则是宽部位的直径)}$$

$$b = \frac{体长}{食道长(自头顶至食道末端的长度)}$$

$$b' = \frac{体长}{自头顶至中食道球的长度}$$

$$c' = \frac{体长}{尾长(自肛门至尾尖的长度)}$$

$$V = \frac{自头顶至阴门的长度}{体长} \times 100$$

$$T = \frac{雄虫精巢的长度}{体长} \times 100$$

虽然描述记载某一种线虫时,常对虫体的形态、体积和比例进行计测,但应注意的是,在同一种线虫的个体之间往往存在很大差异,并且在不同的寄主植物上或不同抗性的同一种寄主植物上,线虫的大小往往亦有差异。所以,这种测量数值并不能作为分类的依据,而只可作为形态描述的一种方法。

第二篇

水稻传染性病害

自新中国成立以来,为确保水稻优质高产,党和政府都十分重视水稻病虫害的研究与防治工作,20世纪50至60年代就在"南螟、北蝗"、稻瘟病、白叶枯病等防治工作方面取得了卓著的成绩。但随着对产量的要求不断提高,水稻种植在60年代大力推行高秆改矮秆。进入70年代,在长江中下游和华南稻区进行大规模耕作制度改革,将稻麦和双季稻两熟制改为肥(绿肥)—稻—稻、麦—稻—稻、油(油菜)—稻—稻等三熟制,并推广了杂交稻。随着复种指数的提高、密植程度的增加、肥水条件的充足等,在虫害方面,使褐稻虱和稻纵卷叶螟为害上升,和水稻螟虫一起成为水稻三大害虫;在病害方面,除稻瘟病和白叶枯病的为害仍然逐步上升外,最突出的是50年代末才引起人们注意的纹枯病,竟在70年代初急剧上升为水稻三大病害之首(图2-1)。各地反映,病害对水稻造成的损失大于虫害,在病虫害所造成的减产中要占60%。

因此,不断探索各种病害的流行规律,寻求以三大病害为主要对象,结合各地区某些病害的发生特点,制定出一套切实可行的综合防治对策,诸如以抗病品种为主体,协调好栽培管理技术并辅以适当的药剂防治。

引致水稻发生传染性病害的病原物主要有真菌、细菌、植原体、病毒、线虫及寄生性种子植物。现将水稻病害按照六大类病原物分别进行阐述。

一、真菌性病害

真菌是引起水稻传染性病害中最重要的一类病原物。全世界记载与水稻发

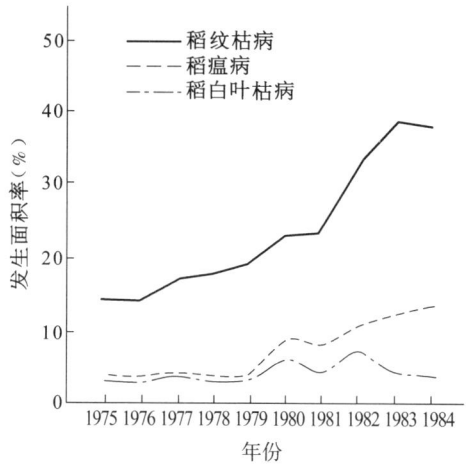

图 2-1 水稻三大病害发生面积率变动情况

生侵染关系的病原真菌为140余种。大多数真菌性病害分布都较广,很多遍及全球各稻区。如稻瘟病,据英联邦真菌研究所1981年记载,全世界有85个国家和地区发生此病。另如纹枯病、恶苗病、胡麻斑病等几乎遍及世界各稻区。

我国已知的水稻真菌病害有50余种,约有半数病害比较常见。诸如稻瘟病、纹枯病、烂秧、菌核病、胡麻斑病、窄斑病、云形病、恶苗病、稻曲病、粒黑粉病等都在很多稻区造成较严重的为害,其中稻瘟病和纹枯病被列为全国水稻三大病害之首。

稻瘟病是水稻上一个为害历史很久远的重要病害,在全国一般每年造成减产约10亿千克。纹枯病在过去对水稻的为害都很轻微,自20世纪50年代后期开始,随着矮秆多蘖品种及密植、增施氮肥等高产栽培措施的推广,其为害日益严重,在多数稻区很快超过稻瘟病的为害。兹将国内较为常见并对水稻具有一定为害性的22种真菌病害分别介绍于后。

(一) 稻 瘟 病

稻瘟病又名稻热病。据石山哲尔(T. Ishiyama)1953年报道,本病最早于1560年在意大利就有记载。我国也早在1637年(明朝后期)宋应星著的《天工开物》中就有类似稻热病的记载。1704年日本亦记录了这一病害。现在,本病的分布极为广泛,遍及全世界各稻区,其中以亚洲、非洲和拉丁美洲为害较重。我国南北稻区均有发生,其为害程度因品种、栽培管理及气候条件不同而有很大差异，但以日照少、雾与露持续时间长的山区，雾多露浓、气候较温和的沿江、沿海，以及水稻生育期适逢雨季的稻区发病为重。一般山区重于平原，粳、糯稻重于籼稻。除华南稻区早稻重于晚稻外，其他稻区则晚稻重于早稻。流行年份一般减产10%～20%，严重的达40%～50%，局部田块甚至颗粒无收。如1980年长江下游因低温影响，浙江晚稻发病面积达33.3万公顷，减产2.5亿千克；江苏苏南的晚稻和苏北的中粳稻发病面积24.5万公顷，减产8 500万千克。又如1981年广东、福建在早稻抽穗期遇阴雨，诱使穗瘟流行，仅福建的闽北地区发病面积就达13.3万公顷，减产1.5亿千克；接着，1982年太湖稻区、1983年东北稻区、1984年四川温江地区、1985年江西宜春地区都有稻瘟病相继严重为害的报道。

【症状】(图版1) 稻瘟病在水稻整个生育期中都可发生，为害秧苗、叶片、节、穗颈、枝梗和谷粒，分别称为苗瘟、叶瘟、叶枕瘟、节瘟、穗颈瘟、枝梗瘟和谷粒瘟。

1. 苗瘟

因秧苗受害时期不同，又分为苗瘟和苗叶瘟。苗瘟是指发生在三叶期以前的幼苗上，多由种子带菌引起，先在幼芽或芽鞘上出现水渍状斑点，后幼苗基部变暗褐色，上部呈褐色枯死。苗叶瘟指发生在三叶期以后的叶片上，其症状与本田叶瘟相同。

2. 叶瘟

指本田成株期叶片发病。由于气候条件和水稻品种间抗病力不同，叶瘟病斑可分为白点型、急性型、慢性型和褐点型4种（图2-2）。

（1）白点型　斑点白色，圆形或近圆形，病、健界限清楚，多在雨后突然转晴或稻田受旱情况下，发生在高度感病品种的幼嫩叶片上，表面不产生孢子。这种病斑很少发生，出现后遇阴雨或高湿，可迅速转变为急性型。

（2）急性型　初生水渍状小点，后迅速扩大成圆形、椭圆形或两端稍尖的暗绿色水渍状病斑，表面密生灰绿色霉层。这种病斑既无黄色中毒部，也无褐色坏死部，暗示病菌对寄主攻击力很强。它的出现，表明稻株生长状况和气候条件均有利发病，是病害流行的预兆。如果天气转晴燥，或经药剂防治后，暗绿色病斑四周出现黄色或褐色部分，表示病斑钝化，已向慢性型转化。

（3）慢性型　这类病斑最为常见，通常呈纺锤形，也有近圆形或长达2～3厘米的长条形。典型病斑的最外围是黄色的中毒部，内层是褐色的坏死部，中央是灰白色的崩溃部，病斑内部常有褐色的坏死线向两端延伸。这种病斑色泽变化层次，表明病菌对寄主同化组织细胞逐步破坏的过程。稻瘟病菌也能从机动细胞和气孔保卫细胞侵入。当病菌的侵染丝贯通病叶角质层、侵入表皮细胞内

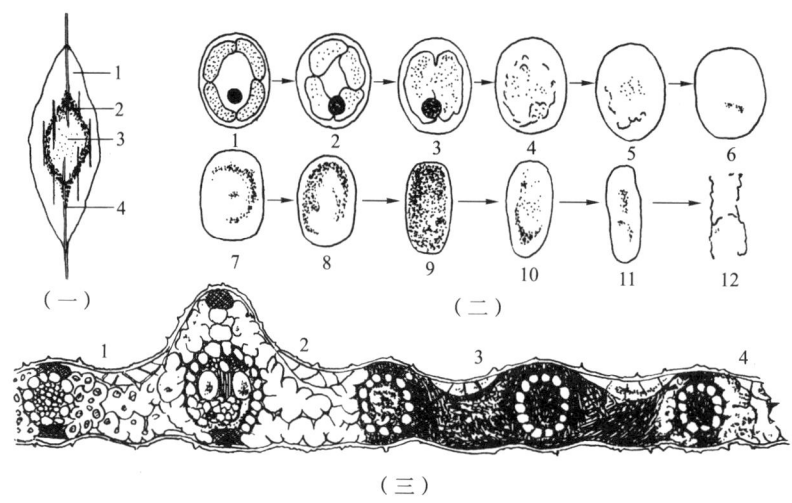

图2-2 叶瘟慢性型病斑解剖及其形成过程和横断面
（一）病斑解剖
1. 中毒部（黄色）；2. 坏死部（褐色）；3. 崩坏部（灰白色）；4. 坏死线（褐色）
（二）病变过程
1. 健全细胞；2～6. 细胞中毒期；7～10. 细胞坏死期；11～12. 细胞崩坏期
（三）病斑横断面
1. 健全部；2. 中毒部；3. 坏死部；4. 崩坏部

后，侵染丝尖端稍微膨大形成泡囊，再由泡囊产生菌丝，向邻近细胞不断扩展。在病菌进入含有叶绿体的薄壁细胞后，由于病菌分泌毒素的影响，叶绿粒先膨软，继之和细胞核一起解体消失，使病斑外围褪绿呈现黄色晕圈；随后这些细胞内含物被破坏，收缩死亡，并逐渐充满褐色树胶状酚类物质，因而病斑内层出现褐色环；最后树胶状物质消失，细胞内含物崩解，残留崩溃的细胞壁，使病斑中央呈灰白色；同时，病斑内的褐色坏死线向两端延伸，表示病菌的攻击力减弱，只能向维管束发展。在天气潮湿时，慢性病斑背面也能产生灰绿色霉层。

（4）褐点型　通常局限于两条叶脉间的褐色小点，坏死线和中毒部一般不很明显，多发生在抗病品种或稻株下部的老叶上，表面不产生孢子，没有传病的危险。

3. 叶枕瘟

稻株的叶耳、叶舌很容易感病。病斑初呈暗绿色，后渐向整个叶枕部及叶鞘、叶片基部扩展，形成淡褐色至灰褐色的不规则形大斑，可导致叶片早期枯死。由于稻穗紧贴剑叶叶枕而抽出，因而也常引起穗颈瘟。天气高湿时，病斑表面长有灰绿色霉状物。

4. 节瘟

多在穗颈下第一、第二节上发生。初生暗褐色小点,以后逐渐作环状扩展,使部分或整个节部变黑褐色,干缩凹陷,影响稻株营养和水分的输送,严重的病节断裂,造成上部枯死或白穗。病节上较容易产生灰绿色霉层。

5. 穗颈瘟和枝梗瘟

发生在穗颈、穗轴和枝梗上。病菌最易从穗颈节的苞叶、退化枝梗、退化颖及枝梗分枝点侵入,初为水渍状暗褐色斑点,后渐作环状和上下扩展,最后变成黑褐色,变色部可长达2～3厘米。早期侵害穗颈节的常造成"全白穗",侵害穗轴的形成"半白穗",局部枝梗被害的形成"阴阳穗";发病迟或受害轻时,秕谷增加,千粒重降低,米质差。穗颈瘟一般发生在出穗后,多自穗颈节处侵入,但也有在远离穗颈的下方、包裹在剑叶叶鞘内的节间部分受侵染而形成白穗。高湿时,病部多长有灰绿色霉状物。

6. 谷粒瘟

发生在谷壳和护颖上。谷壳早期受害,病斑褐色,中央灰白色,椭圆形,严重的可延及整个谷粒,造成暗灰色或灰白色的秕谷;受害迟的多产生椭圆形或不规则的褐色斑点,这种症状与其他病菌侵染引起的斑点很易混淆,特别是谷粒黄熟后更难区别,需经保湿培养、镜检孢子后才能鉴别。

护颖很易感病,病斑初呈黄色,后变灰褐色或灰黑色。护颖发病虽较少影响谷粒的饱满,但常是第二年苗瘟的重要侵染来源。

【病原】 *Pyricularia*(=*Piricularia*) *grisea*(Cooke)Sacc.,属半知菌亚门、丝孢目、梨孢属、灰梨孢菌。本病菌的无性时期曾有过两个属名,即*Pyricularia*(曾被拼为*Piricularia*)和*Dactylaria*。因此,文献中有*Pyricularia orgzae*、*Dactylaria orgzae*、*D. grisea*和*D. parasitans*等同种异名,其中尤以前者最为常见。

早在1880年萨加杜(Saccardo)将北美血马唐(*Digitaria sanguinalis*)上的梨孢菌命名为*Pyriculuria grisea*(Cooke)Sacc.(灰梨孢菌)。1891年卡瓦纳(Cavara)在意大利将水稻上的梨孢菌命名为*Pyricularia oryzae* Cav.(稻梨孢菌)。但到1898年,堀正(S. Hori)将日本的稻瘟菌和美国所称的*P. grisea*标本进行了比较,曾认为*P. grisea*从气孔产生3～5个分生孢子梗,每个孢子梗产生多个分生孢子;而*P. oryzae*只产生单个分生孢子梗,并在其顶端产生1个分生孢子。随后在1901年、1902年,川上认为*P. grisea*和*P. oryzae*是无法区分的。在1965年,明日山(H. Asuyama)不仅认为*P. grisea*是有关这类相似病菌的最早名称,按照命名法规定,应该用这个名称,而且提出在种名下可考虑根据病菌的致病性再分为若干个专化型的意见。有性时期为*Magnaporthe grisea*(Hebert)Barrnov,属于真菌亚门、球壳菌目。关于本病菌的有性世代过去曾认为是 *Mycosphaerella malinverniana*，但一直没有定论。20世纪70年代，日本将稻瘟病菌和龙爪稷瘟病菌(*Pyricularia* sp.)在培养基上进行混合培养，形成了有性生殖子囊壳。这与在龙爪稷上分离到的 *Pyricularia* sp. "+" "−" 菌丝相互杂交所得的子囊壳形态一致，也与美国在1971年将马唐瘟菌(*Pyricularia grisea*)的 "+" "−" 菌丝混合培养成功的 *Ceratosphaeria grisea* Haberr 的形态相似，而且日本学者在水稻上也已分离到稻瘟病菌的 "+" "−" 两型菌。但其有性世代仅在人工培养基上产生，在自然情况下尚未发现。1995年云南省农业科学院李成云在人工接种条件下，两个组合在水稻植株(叶鞘)上成功地产生了子囊壳和子囊孢子，使自然条件下尚未观察到有性世代的稻瘟病菌的研究有了新的进展。

1. 形态

分生孢子梗从病部的气孔或表皮伸出，前者常3～5根成束，后者多是单根。孢子梗细长，不分枝，大小为(112～456)×(3～4)(微米)，有2～8个隔膜，基部稍微大，略带淡褐色，愈至上端色愈淡，顶端屈曲，可陆续产生分生孢子5～6个，多的达9～20余个，屈曲处有孢子脱落的瘢痕(图2-3)。分生孢子呈鸭梨形或慈姑形，通常有2个隔膜，分隔处稍微缢缩，顶细胞的端部略尖，基部细胞钝圆，并有小突起的脚胞。分生孢子单个无色透明，密集时呈淡灰绿色，大小为(16～34)×(6～12)(微米)。孢子的大小常随不同的环境条件而有较大差异，在培养基上、较高温度(27～30℃)和潮湿等条件下，比与之相反的条件下

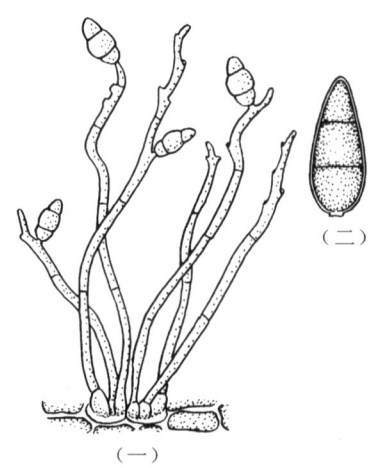

图2-3　稻瘟病菌分生孢子梗和分生孢子
(一)从表皮伸出分生孢子梗和分生孢子
(二)分生孢子

产生的分生孢子要长些。孢子萌发时,从一端到两端细胞产生芽管,并在芽管顶端膨大形成附着胞(压力胞),紧贴于寄主组织表面。附着胞球形或椭圆形,淡褐色,直径8～12微米,从其底部再长出侵染丝,入侵寄主组织。

稻瘟病菌的有性世代,子囊壳具有长颈,壳部球形,直径为57～150微米,褐色至暗褐色;孔口部长(33～95)×(50～100)(微米),先端部透明,下部褐色,内部有缘丝;子囊棍棒状至圆柱状,大小为(8～12)×(50～70)(微米),多数内含8个子囊孢子,少数16个,呈不规则排列,子囊单层壁,囊壁后期消解;子囊孢子纺锤形至半月形,无色透明,3个(1～3)隔膜,大小为(4～6)×(14～24)(微米)。

2. 生理

(1) 温度 菌丝体的发育温度范围为8～37℃,以26～28℃最为适宜,用稻节培养的菌丝体在干燥条件下经10年以上其活力仍不丧失。分生孢子在10～35℃都可形成,以25～28℃为最适宜,在28℃时孢子产生很快,9天后开始下降,但在16℃、20℃、24℃时,甚至15天后孢子形成量仍有所增加。孢子萌发的温度要求与孢子形成相近,最适的发芽温度也为25～28℃;在27℃时只需23小时就开始发芽,在16℃时需经20小时才开始发芽;最高的发芽温度,在蒸馏水中为33℃,在琼脂培养基中为35℃。病菌侵入寄主组织的温度,以24～30℃为最适宜,34℃时不能侵入。病菌的致死温度,湿热处理的分生孢子为52℃存活5～7分钟,谷粒内的菌体为55℃存活5分钟,病节内的菌丝体为55℃存活10分钟;但对干热的抵抗力均较强,分生孢子和菌丝体经100℃处理1小时仍能大部存活。病菌对低温的耐力也较强,约1/5菌丝体在-6～-4℃下仍能存活50～60天,用快速冷冻可使培养菌在-30℃至少保存18个月;分生孢子在干燥条件下,-10℃经2个月,其发芽率还有10%～30%,但在-10℃的冰冻中经31天即全部死亡。

(2) 湿度 分生孢子形成率与大气相对湿度的关系极为密切。只有当相对湿度高于93%时,稻叶上病斑才能产生分生孢子,大气湿度饱和时,最适于孢子的形成。孢子的萌发对湿度的要求更高,临界大气湿度是92%～96%;只有当相对湿度达96%以上,且有水滴存在时,孢子才能萌发良好;如果没有水滴,即使大气湿度达到饱和,萌芽率也只有1.5%左右。但当分生孢子在水中浸20分钟至3小时后使其干燥,即使再遇水也不能发芽。长时间的水滴或雨滴能促成附着胞的形成,促使孢子固着于稻株的表面。附着胞形成率,雨天可高于晴天数倍。

(3) 光线 菌丝的生长随着光照的减弱而增强。在培养中降低光照会使病菌产孢减少。孢子脱落须具有光照和黑暗时期的交替。受害叶上的病斑保持相对湿度100%时,只在夜间释放孢子。一般傍晚天暗后孢子开始脱落,6～8小时达到高峰,随后逐渐减少,至黎明时终止。如用连续黑暗或光照处理1～2天,孢子几乎停止脱落,直至病斑再分别给予适当的黑暗或光照条件,孢子才又开始脱落。在散射光下,孢子萌发率减少,仅为黑暗时萌发率的一半左右。光线也会抑制芽管的伸长。黑暗有利于其侵染的发生,散射光会抑制侵染。

(4)营养 稻瘟病菌的碳源以蔗糖、葡萄糖、麦芽糖、果糖等为宜,氮源以天门冬氨酸、谷氨酸、甘氨酸、硝酸钾、硝酸钠等为宜。在合成培养基中加入微量的维生素H和硫胺素,或适量的玉米粉和稻草浸汁,可促进孢子的形成。病菌生长适宜的pH为6.0～6.5。

(5)代谢产物 从稻瘟病菌培养滤液和重病株组织中已提取到五种毒素,即稻瘟菌素(piricularin)、α-吡啶羧酸(α-picolinic acid)、细交链孢菌酮酸(tenuazonic acid)、稻瘟醇(piriculol)和次生霉素香豆素(coumarin)。这些毒素在高浓度下对稻株的呼吸、病菌孢子的萌发以及菌丝体的繁殖有抑制作用,低浓度时则有刺激的作用。将稻瘟菌素、吡啶羧酸和细交链孢菌酮酸的稀释液分别滴在叶片的机械伤口上,会产生极似稻瘟病的坏死斑。病菌分生孢子中也含有吡啶羧酸,且对其萌发有抑制作用,只有当孢子浸在水中,吡啶羧酸被溶出后才能发芽。

3. 生理分化

稻瘟病菌在培养性状、生理特性、抗药性以及对水稻品种的致病性等方面都很易发生变异。例如不同来源的分离菌株,其分生孢子大小有一定的差异。不同分离菌株在相同培养基上或同一菌株在不同培养基上所形成的菌落,其气生菌丝体的疏密可由稀少到厚棉絮团状,色泽可有近白色、淡红色、淡褐色、灰色和暗灰色等。在培养基中逐渐增加硫酸铜、升汞等杀菌剂含量时,可发现某些原分离菌株抗药性增强,而另一些仍保持其致病性。如日本有些地区长期使用抗菌素春日霉素防治稻瘟病后,已发现其防效显著降低。

在稻瘟病菌的变异中,最引人注意的是病菌存在对不同水稻品种的致病力不一样的生理小种。由于生理小种的变动,常导致抗病品种的抗性丧失。如广东的窄叶青8号、湘西土家族苗族自治州的珍汕97、福建的红410以及四川和浙江的汕优6号,都是由于B群小种急剧上升而导致了稻瘟病大暴发。区分稻瘟病菌生理小种是采用一套鉴别品种来进行的。20世纪60至80年代,许多国家先后筛选出各自的鉴别品种并分别鉴定出小种类群。1963—1965年美、日协作在菲律宾国际水稻研究所筛选出8个国际鉴别品种,即辛尼斯(Zonith)、乌尖(Usen)、杜勒(Dular)、关东51(Kanto 51)、卡罗柔(Cadoro)、拉米纳德品系3(Raminad str 3)、沙田早"感"(sha-tian-tsao "S")和NP—125等。

1976—1979年,我国由浙江省农业科学院主持的全国稻瘟病菌小种研究协作组筛选出特特勃、珍龙13、四丰43、东农363、关东51、合江18、丽江新团黑谷7个适合我国情况的鉴别品种,并提出一套相应的鉴定方法,在全国有关地区进行生理小种的分布、监测和利用研究。至80年代初期,初步了解了稻瘟病菌小种种群分布及优势种群。广东小种数最多,计7群63个小种;福建有7群50个小种,优势种群均为中B群;湖南有7群29个小种,优势种群为中B和中C群;四川有7群28个小种,优势种群为中G群,但川西平原优势种群已由中G群转向中B群;浙江有7群21个小种,优势种群为中F和中G群;江苏有6群9个小种,优势种群为中G_1。至于我国北方稻区,除吉林省有7群29个小种及丹东地区有毒性较强的小种群外,一般省区小种较少,且优势种群都为中G_1群。

此外,稻瘟病菌生理小种的区系和分布还与不同地区的生态条件、耕作制度及品种的繁简等有关。总的来说,南方稻区的广东、广西和云贵高原的病菌致病力强,小种数目也较多;长江流域的次之,北方稻区都较弱;具有南强北弱的趋势。

4. 寄主

本病菌在自然条件下除为害水稻外,据日本明日山(H. Asuyama)1965年报道,还能侵染苇状羊茅(*Festuca arundinacea* Schreb.)、秕壳草(*Leersia sayanuka* Ohwi)等,人工接种能侵染小麦、大麦、燕麦、黑麦、玉米、粟,以及稗、狗尾草等多种禾本科作物和杂草,其侵染随病菌不同小种而有差异;反之,来自其他不同禾本科作物和杂草上的梨孢菌等也能侵染水稻。

【**侵染循环**】 病菌以菌丝和分生孢子在病草、病谷上越冬,其中病草更是翌年病害初次侵染的主要来源。

越冬病菌存活期的长短,与外界环境条件有关,尤与湿度关系最密切。北方稻区由于常年比较干燥,病菌存活时间比南方长,病草、病谷上的病菌大都可成为翌年病害初次侵染源。南方稻区,病菌的存活期则视病菌所处的场所而异。据浙江测定,草堆内部干燥,病草中的菌丝经一年尚有60%存活,病草上所附的分生孢子至翌年4—5月还有生活力;而草堆表面的菌丝经7~8个月全部死亡,分生孢子至翌年早春全部死亡。至于埋入土下或浸入水中的菌丝,经1个月就全部死亡。散落在室外病草中的病菌约经4个月失去生活力。利用病草做堆肥,经10天充分发酵,温度达52~62℃,病菌可全部死亡。病草垫猪圈的经27天后病菌也可死亡。病谷上的病菌至翌年7月下旬才开始死亡。

病谷播种后易引起苗瘟,但病谷的传病作用常因育秧时期和育秧方式的不同而异。在以往水育秧的情况下,由于种子长期浸在水下因缺氧和产生有机酸而影响病菌活动,一般不会引起发病。目前,广泛采用湿润育秧,由于北方稻区播种期和南方早稻播种时的气温均较低(露地育秧一般都在15℃以下),也不利于病菌的活动,病谷的传病作用不大;但南方的单季稻和双季晚稻育秧,由于气温上升,适宜发病,用未经消毒的病种子播种,不仅易引起苗瘟,而且病部产生的分生孢子还可以引起再次侵染。

病草上的越冬病菌,至翌年育秧期间,当日平均气温回升到20℃时,每遇降雨就能不断产生分生孢子。越冬病草产生孢子的始见期,北方约在6月,浙江则在4月中旬左右。孢子通过风雨传播,引起周围的秧田或早插本田的稻苗发病。浙江田间病害初见期多在5月中旬前后,随后病部不断产生分生孢子,辗转传播,扩大为害。

病斑上孢子多在夜间大量形成。一个典型病斑在温、湿度适宜时,每天可产生2 000~6 000个孢子,且可持续14天左右。孢子主要借气流传播,其次是雨水和昆虫。孢子飞散以晚间12时至清晨6时最多。孢子落附在叶片上的数量,随叶片的位置及叶片和茎秆之间的角度大小而有很大差异。叶片披度近乎水平的品种比叶片与茎秆成锐角的品种所附着的孢子数大得多;第三叶的孢子附着量远比第二叶的多,顶叶上更少;就一张叶片来说,上表面与下表面的孢子附着数,除顶叶差异不大外,第二与第三叶的上表面均比下表面多得多。孢子传到寄主组织表面后,当温、湿度适宜时,经0.5~1小时开始发芽。萌发侵染需要6~10小时持续结露。侵入寄主细胞所需的时间,32℃下至少10小时,28℃下8小时,24℃下6小时。从病菌侵入到病状表现的潜伏期长短,也随温度而变化:9~10℃时为13~16天;17~18℃时为7~9天;24~25℃时为5~6天;26~28℃时为4~5天。当叶上病斑出现3~8天后,病斑上孢子的形成达到高峰。叶瘟随着稻苗生长而不断蔓延扩大,至抽穗前10天左右,倒三叶上的病斑产生孢子达到高峰,并能持续到抽穗后。因此,倒二、倒三叶上所形成的孢子是引起穗颈瘟的主要菌源,剑叶叶瘟仅对穗瘟后期病势具有一定作用。

南方双季稻区,早稻苗叶瘟可诱发早稻本田叶瘟;早稻叶瘟不仅直接影响早稻穗瘟,而且增加晚稻秧田苗叶瘟的感染机会;而晚稻苗叶瘟又反过来增加早稻叶瘟和早稻穗瘟的田间菌源,并直接影响晚稻叶瘟;早稻穗瘟和早稻病稻草又对晚稻苗叶瘟和本田叶瘟产生影响;最后晚稻叶瘟诱发晚稻穗瘟。早、晚稻收割后,病菌以分生孢子及菌丝在病种子和病稻草内越冬。其间关系简示如下。

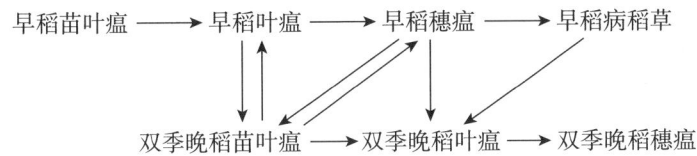

近几年来,长江流域及其以南稻区,随着经济的发展,越来越多实行单、双季稻混栽,更增加了病菌相互传染的机会。早稻发病后传到中稻、单季晚稻或双季晚稻,并互相辗转传病扩大为害。因此,更应加强对早、中稻病害的防治。

关于本病的菌源除前述主要来自稻草和种子外,1984年朱灿星报道马唐瘟菌在自然条件下也是引起稻瘟病的菌源,其毒性与中D_2小种相当。福建发现铺地黍的叶瘟等可侵害珍龙13、关东51和丽江新团黑谷等水稻品种,其毒性相当于中B_{27}小种。

【发病因素】 稻瘟病的发生和发展,除在前面病原部分中已述及受病菌变异的影响外,还受水稻品种抗病性、栽培管理技术和气象条件等多种因素的影响。

1. 品种抗病性

不同的水稻类型有不同的抗病性。一般来说,籼稻比粳稻、糯稻抗病;籼稻较抗侵入,粳稻较抗扩展。但各稻作类型的品种间抗病性差异很大,就是同一品种在不同稻区间种植,其抗病性也不一样。据全国抗稻瘟病品种联合试验结果,总的趋势是:南方稻区品种向北移或西移,抗性都比原产地增强;北方和长江流域稻区的品种南下至华南或西南稻区,其抗病性都下降;云贵高原粳稻品种移至华南和长江中下游种植,一般抗性变化不明显,而至北方稻区则抗性增强。

同一品种的不同生育期,其抗病性也不一样。一般以四叶期、分蘖盛期和抽穗至齐穗期最易感病,圆秆拔节期比较抗病。同一生育期中,以一张叶片来说,开始展叶40%至完全展叶后2天最容易感病,5天后抗病性增加,13天后就很少感病。穗期则以始穗时最容易感病,出穗6天后抗病性逐渐增强,此后随出穗日数增加而抗病性提高。品种对叶瘟和穗瘟的抗病性一般呈正相关。

(1)抗病性的机理 品种的抗病性与稻株的形态、组织结构以及生理生化等有关。稻株叶片宽阔、披度越接近水平的品种,分生孢子落附在叶片上的数量越多;反之,叶片窄而挺直的孢子数少。同时株型披散的田间相对湿度高,凝聚在叶片上的水滴不容易消失,因而有利于病菌的侵染和孳生。

稻株表皮硅质突起密,表皮细胞硅质化程度高,尤其是机动细胞硅质化程度越高,抗侵入的能力越强。稻株细胞膨压度大,也有抗侵入作用。

再看稻株的外渗物质和体内营养生理状况。叶片的外渗物质主要是碳酸钾和氯化铵,碳酸钾有阻碍孢子发芽和附着胞的形成作用,而氯化铵则有助长作用。抗病品种的外渗物质钾多于铵,感病品种却相反。体内营养生理状况中以可溶性氮化物的含量与抗病性的关系最为密切。因为谷氨酸和天冬氨酸等可溶性氮是稻瘟病菌的良好氮源,其含量高时,不仅有利于病菌的生长繁殖,而且稻株组织柔弱,叶片浓绿披垂,田间湿度大,也有利于病菌的侵入,因而增加感病性;反之,稻株体内含非可溶性的蛋白质氮较多,其抗病性也较强。此外,硅、镁、锰、硼等都能减少稻体内铵态氮和可溶性氮化物的含量,从而提高稻株抗病性。多元酚含量高时,稻株抗病性也增强。

稻株受侵细胞的过敏反应的快慢与品种抗病性的关系很密切。抗病品种的细胞在病菌侵入时能迅速反应,产生褐色颗粒或树脂状物质,细胞变褐坏死,使菌丝停止生长,因而引起褐色小斑点。这种抗扩展的过敏反应较抗侵入的抗病作用更大,是鉴别抗病品种的主要标志。褐变的过敏反应是水稻组织中的多元酚经多酚氧化酶氧化为醌,再与氨基酸缩合而合成黑色素所致。稻瘟病菌所产生的毒素有抑制褐变的作用,但抗病品种体内的叶绿原酸和阿魏酸含量高,这两种多元酚对病菌毒素具有解毒作用,可与病菌产生的稻瘟菌素吡啶羧酸等毒素结合成复合体而呈无毒状态,从而使受侵细胞迅速进行褐变反应。在感病品种上,受侵细胞反应缓慢,菌丝可迅速扩展蔓延,因而形成较大型的病斑。

(2) 抗病性的遗传及其丧失的原因　水稻对稻瘟病的抗病性遗传,就是指抗病基因的遗传。当控制着抗病性遗传的某一个或几个片段(基因)在染色体链上的定位排列发生变化,其后代的抗病性也就发生变异。抗性基因的发现是根据品种对生理小种的反应而得出的。从病菌生理小种对水稻有无专化性,将抗病性类型分为垂直抗性和水平抗性。目前对品种抗病性遗传的研究多局限于垂直抗性方面,所发现的抗性基因多数为显性,少数为不完全显性或隐性。

品种的抗病性是针对病菌不同生理小种反映出来的,生理小种的组成则是依存于品种的组成。在一个地区,随着品种的推广,会引起适应于该品种的生理小种的数量的增加,当这一劣势小种上升为优势小种时,该品种的抗病性就将丧失。由于地区间小种分布的不同,将某地区的抗病品种引入另一地区时,也可能成为感病品种。另外,可能由于病菌本身的异质状况、遗传性状突变、寄生适应性等原因而产生新的生理小种,或从其他地区侵入新的生理小种,使本来的抗病品种变为感病品种。诸如广东的窄叶青8号、湘西土家族苗族自治州的珍汕97、福建的红410及浙江、四川的汕优6号都是由于病菌中B群小种急剧上升而导致稻瘟病大暴发。因此,探明生理小种的区系和分布情况及消长规律,对于抗病良种的选育、品种的布局、病害的预测预报和防治等都极为重要。

2. 栽培管理

栽培管理直接影响水稻抗病力，田间小气候也为病菌生长发育创造条件，其中以肥、水管理关系最为密切。

（1）肥料　根据水稻生长发育规律，适时适量合理施肥，才能达到既增强抗病性又能获得高产的目的。

多种营养元素的失调都与稻瘟病的发生发展密切相关，尤以氮素失调为最。当氮肥施得过多或过于集中，会使碳素同化作用产生的糖或储藏的淀粉分解所形成的糖，供应跟不上过量吸收的氨合成蛋白质的需要，氮素就以氨或氨基酸形态存在，并且部分氨与氨基酸中的谷氨酸和天门冬氨酸结合，形成谷氨酰胺和天门冬酰胺等，使稻体内铵态氮和可溶性氮（酰胺态氮）大量增加。这些物质都是稻瘟病病菌的良好氮源，有利于病菌的生长发育。同时，氮肥过多时，稻株徒长，硅化细胞数减少，叶片浓绿披垂，过早封行封顶，通风透光差，湿度增加，又为病菌的孳生和侵入创造了良好的环境条件。氮肥施用过迟，则使稻株贪青，生育期推迟，无效分蘖增加，抽穗迟缓而不整齐，并由于抽穗以后不再生长新的茎叶，其吸氮量大大减少（一般只需整个生育过程中吸氮量的一成左右），过多吸收的氮素不再合成蛋白质，而以铵态氮和可溶性氮的形式残存下来，再加刚抽穗的穗颈和枝梗组织尚柔嫩，就很容易导致穗瘟的发生。

磷能促使稻株的新陈代谢和蛋白质的合成。如果水稻缺磷，光合作用和呼吸作用降低，蛋白质合成不良，稻体内的铵态氮和可溶性氮积累增多，就容易诱发病害。

钾能促使稻株的碳素同化作用、蛋白质的合成、多种酶的活性以及纤维素和木质素的形成等。水稻缺钾带来的后果是：同化作用减弱，呼吸作用加强，碳水化合物减少；蛋白氮减少，氨基酸和酰胺态氮的积累相应增加；纤维素和木质素形成少，机械组织发育不良，茎秆软弱；稻根中亚铁氧化酶的活性减弱，易受亚铁和硫化氢为害，根系活力恶化等，从而降低稻株抗病力，引起严重发病。当氮肥施用量过多再增施磷钾肥，会助长水稻体内氮素过剩而加剧病害的发生。

硅是水稻吸收的营养元素最多的一种，其需要量约等于氮素量的10倍。硅酸由稻根吸收后，随着蒸腾作用与水一起在稻体内上升，水从叶表面蒸发，大部分则在茎叶、谷粒等表皮细胞中沉积，形成一层坚硬的硅胶，不仅能阻碍病菌的穿透侵入，而且这种硅化细胞能增强茎叶硬度，使叶片挺直、角度变小，可缓和多肥条件下叶片生长过于繁茂和易于发生披叶的不良影响，改善通风透光条件，降低田间湿度，不利于病菌的孳生繁殖。从目前的资料分析，硅与氮似有相反的作用。凡硅氮（SiO_2/N）比值大的，稻株生育健壮，抗病力强，产量高；若偏施过量氮肥,硅的吸收减少,硅氮比下降,则叶片软弱披散,易受病菌侵染。所以氮素用量较多的高产田,增加硅肥更为重要(图2-4)。

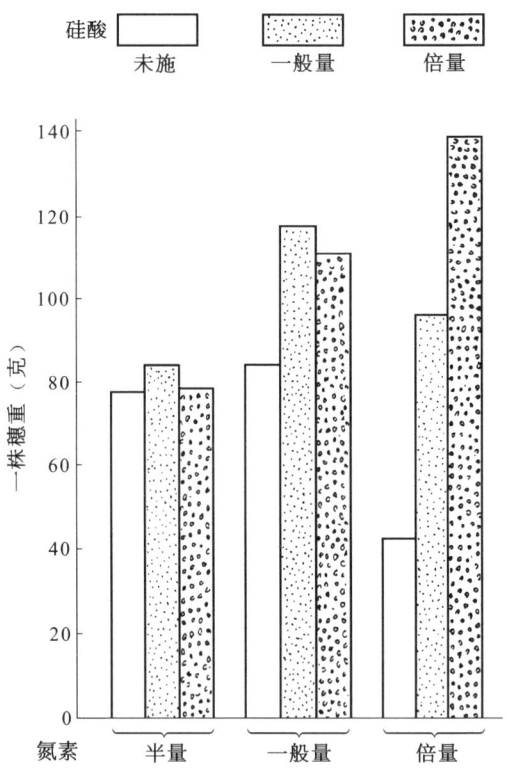

图2-4 氮素施用量的不同对硅酸效果的影响

此外,钙、镁、硫、锰、硼等营养元素,在各稻区虽然很少出现大范围的失调现象,但在某些特定条件下会有一定面积的发生。当水稻一旦出现上述元素的缺素症时,表明稻株生理活性已受到严重干扰,最终都导致稻体内碳水化合物含量减少,可溶性氮化物增加,从而有利于稻瘟病菌的发生和发展。

(2)灌溉 水与发病的关系比较密切。长期深水灌溉或冷水串灌、漫灌以及地下水位高,土质黏重,排水不良等,有利于病菌繁殖,而且造成根部氧气不足,阻碍根系生长,稻根甚至发黑腐烂,影响稻株碳、氮代谢;田间湿度高,还使蒸腾作用减弱,碳素同化降低,糖的含量少,钾和硅的吸收减少,表皮细胞硅质化程度低,而铵态氮和可溶性氮显著增加,因而大大降低了水稻抗病力。但在水稻秧苗期、孕穗期和抽穗期等需水期间若遇干旱缺水,也容易诱发稻瘟病。通常所见旱秧田、漏水田发病较重就与蒸腾作用减弱,硅的吸收、传运受阻有关。

3. 气象条件

影响稻瘟病流行的气象因素,最主要的是温度和湿度,其次是光和风。

温度主要影响水稻和病菌的生长发育,湿度则影响病菌孢子的形成、萌发和侵入,两者相互关联。病菌孢子产生的高峰,一般在适温范围内遇降雨或持续高温的情况下出现,时晴时雨或早晚雾浓露重,最利于病菌的生长繁殖。当气温在20~30℃、田间相对湿度为90%以上、稻株体表保持一层水膜的时间达6~10小时的情况下,孢子最易萌发侵入。侵入后的潜育期随温度高低而异。如果旬平均温度为24~28℃,且有一天以上的饱和湿度,稻瘟病就容易流行。南方双季稻区,早稻秧苗期由于气温较低,发病较少,至分蘖期间气温升高,加上持续梅雨,叶瘟常易流行。穗瘟的发生流行则受降雨日数和降雨量所制约,一般来说,早稻中的早熟类型因遇梅雨的机会多,发病常重于迟熟类型;晚稻秧田叶瘟通常发生较多,分蘖期遇高温干旱,病情受抑制,但抽穗期容易遇冷空气和雾多露重的天气,往往引起穗瘟的大发生。一般来说,晚稻中、迟熟品种遇低温的机会较多,穗瘟常重于早熟品种。

光照不足,稻株同化作用降低,碳水化合物的合成减少,可溶性氮化物增加,并且硅质化细胞数减少,稻株组织柔嫩,有利于病菌的侵入和病斑的扩展,日照则能抑制病菌的发育。

风是传播病菌的动力,风速和风向直接关系到病菌孢子传播的距离和方向,越近发病中心,所受影响越大,下风头比上风头的孢子数量多,孢子借风传播的最大距离可达400米以上。但风又能降低湿度,不利于孢子萌发侵入。

山区海拔高,受山脉和林木的影响,光照少,水温低,气流强,云雾多,露水重,水稻生活力差,也有利于病菌的孳生、传播、侵染和发育。因此,山区往往比平原发病严重,特别是两山对峙的峡谷垄田,土质多系重砂性土,土层浅薄,加之长期冷水灌溉,稻株硅化程度很低,抗病力极差,往往是稻瘟病猖獗流行的常发区。

【发病流行特点】 我国稻区辽阔,各稻区的耕作制度、稻作类型品种、菌源以及气候条件等都差异很大。如果出现病菌的优势种群生理小种与该地区当家品种的感病性相一致,以及水稻感病生育期与有利病菌的气候条件相吻合,病害就会迅速发生,流行成灾。根据本病发生流行的特点,全国大致可分为下列4个类型稻区:

1. 北方一季粳稻区

包括东北、华北、西北等单季粳稻区。发病特点是育秧期间气温较低,苗叶瘟极少发生;6月下旬至7月上中旬分蘖期雨水较多,叶瘟常较重;8月上中旬抽穗期,如逢秋雨,气温在20℃以下,穗瘟流行。

2. 长江中下游单双季、籼粳稻混栽区

包括江苏、上海、浙江、安徽、江西、湖南、湖北及贵州东部等稻区。发病特点是晚稻重于早稻。3月下旬至4月上旬,早稻育秧期因气温较低,早稻苗叶瘟极轻;5月下旬至6月上旬早稻分蘖盛期,如多雨高温,叶瘟会发生较重;6月下旬至7月上旬早稻抽穗期,常遇梅雨,温暖高湿,早稻穗瘟较重,此时中、晚稻处于苗期,苗叶瘟也可能发生较重;7月上旬至8月下旬,多因高温干旱,病害受到抑制,如遇凉夏、阴雨天多,则中稻穗瘟和晚稻叶瘟较重;9月中旬至10月上旬,晚稻抽穗期如遇冷空气影响,气温偏低,阴雨天多或雾多露重,晚稻穗瘟严重。少数年份,晚稻叶瘟轻,齐穗稍后的穗瘟亦轻;但至乳熟、蜡熟期穗瘟突然增加,这主要由于后期偏施氮肥,使水稻生育期延迟,同时在乳熟、蜡熟期气温偏高,时晴时雨或雾露持续时间长,有利于病菌的繁殖、侵染和发展。

3. 华南双季籼稻区

包括福建、广东、广西、海南等双季籼稻区。发病特点是早稻重于晚稻。两季水稻生育期间的温度均适宜于病菌的侵染,相对湿度是左右发病程度的主要因素。4月早稻处于分蘖盛期,5月下旬至6月上旬抽穗期,如持续阴雨,叶瘟、穗瘟流行;晚稻于10月中下旬抽穗,此时一般雨水较少,雾也不重,一般发病都较轻。

4. 西南单双季、籼粳稻混栽区

包括云南、贵州、四川等混栽稻区。云南及贵州西南部的发病特点是中晚稻重于早稻,因为这些稻区地处赤道季候风地带,旱季(11月下旬至5月中旬)、雨季(5月下旬至11月中旬)分明,早稻分蘖和抽穗期均处于旱季,叶瘟、穗瘟都轻;6月下旬至7月中旬稻已进入分蘖盛期和抽穗期,9月中旬晚稻处于抽穗期,均逢雨季,所以,中、晚稻叶瘟、穗瘟发生严重。四川省的发病特点是西北部地区早、中稻重于晚稻,而川东南则晚稻重于早、中稻。因为川西北5—9月的气候条件均适宜发病,形成早、中稻叶瘟、穗瘟严重,至晚稻抽穗期,随着气温下降,雨水减少,穗瘟发生就比早、中稻轻;川东南地区一般在7—8月伏旱,日平均气温高达34℃,中稻生长后期,病情明显受到抑制,穗瘟较轻,9月下旬至10月上旬晚稻抽穗期,常连续阴雨,气温又在20℃左右,因此穗瘟流行。

【预测预报】 由于稻瘟病对生产的为害严重,早在20世纪50年代我国就开始对本病测报方法进行研究。诸如根据水稻孕穗期的叶瘟轻重、病斑类型及叶枕瘟多寡等进行穗瘟的预测;应用气象预报的阴雨日、温度、结露时间长短等因子进行叶瘟、穗瘟的预测;应用空中孢子捕捉了解空中孢子浮游量进行叶瘟、穗瘟的预测；测定叶鞘淀粉含量、剑叶硅化细胞数等来预测穗瘟；应用电子计算机分析历年稻瘟病发生与气象、病理等因子的关系，建立多元回归预测方程，组建预测模型，进行穗瘟中、长期预测等。但由于影响稻瘟病发生与流行的因素十分复杂，这些预测方法都有一定的局限性，在生产实际中应用还有待进一步完善与提高。

目前生产上大多仍然是以大田直接调查病情为主，结合品种的抗病性、稻苗生育期和长势，以及气候条件等因素的综合分析，对苗叶瘟、叶瘟和穗瘟等各个阶段的发病趋势作出预测。

1. 苗叶瘟的预测

早稻秧苗期由于气温较低，苗叶瘟一般发生较迟、较轻；晚稻在三叶期即可初见苗叶瘟，四五叶期常是发病高峰期，但五六叶期，由于秧苗本身抗病力增强和受高温影响，往往有一个病情抑制过程。苗叶瘟的发生程度，应根据育秧方式、播种密度、品种抗病性、施肥情况、秧苗长势、气候等条件来分析。如果品种感病、施肥量多、播种量大、秧苗长势黑嫩、气候又多阴雨，秧苗发病常较重。因此，秧田苗叶瘟发病趋势的预测，可在秧苗三叶期开始，按不同品种、不同播种期，选择若干类型田块，每类型田固定2～4点，每点正方形规定秧苗100株，每3～5天调查一次，记载病株数、病叶数和各类型病斑数，计算株发病率、叶发病率和严重度。为了及时指导防治，定点时要注意选择村前屋后或肥料堆积地秧苗长势嫩绿、发病较早的田块。

2. 本田期叶瘟的预测

早稻一般在返青后逐渐上升，分蘖盛期开始病情增长较快，至孕穗末期破口始穗时，叶瘟达到高峰；而双季晚稻前期由于高温干旱影响，常有一个病情停滞过程，直至分蘖盛期才逐渐发展加重。一般当田间出现发病中心后，如品种感病，稻苗生长嫩绿，又遇多阴多雨天气，约一星期以后，田间将会普遍发病，10～14天病情加重。如果出现急性型病斑，并且逐日增加时，可预测3～5天内以至一星期左右叶瘟将会严重发生，应立即组织防治。因此，本田期叶瘟的预测，可在稻苗返青后，选择当家品种的早、中、迟或好、中、差类型田若干块，每块田固定5丛，每3～5天调查一次。调查时只检查绿色健叶，不计枯黄叶。记载和计算株发病率、叶发病率、病情指数和病斑类型，然后作出叶瘟发展趋势的预测。

3. 穗瘟的预测

是稻瘟病测报的重点。穗瘟一般在齐穗至齐穗后5天初见，大量出现约在齐穗后半个月。穗瘟症状一旦出现，造成的减产就难以挽回。因此，要求能预测出穗瘟是否会大发生以及严重趋势,以便确定需要防治对象田的范围,及早做好防治的准备工作。

穗瘟发生发展趋势的预测,主要是根据品种抗性、稻苗长势、抽穗前的叶瘟发生情况及抽穗前后的天气状况来综合分析。如果在水稻孕穗至抽穗期,稻株贪青,剑叶宽大软弱,抽穗推迟,叶瘟发病率高或继续发展,且有急性型病斑出现,而始穗期至齐穗期与适宜发病的天气吻合,即早稻遇阴雨天气,晚稻遇气温20℃以下持续3天以上,且有连续小雨或早晚雾大露重,则预示穗瘟将会大发生。因此,对穗瘟的预测,可在抽穗前10天左右加强对叶瘟的定点观察,然后结合天气预报进行综合分析,作出各类型田的穗瘟发生发展趋势的预测。

为了总结穗瘟预测的经验教训,可选不同抽穗期、不同品种的类型田各2块,每田定2点,每点100～200穗,自齐穗期开始调查,每5天一次,直至蜡熟期为止,调查时按病情分级标准记载,计算穗发病率、病情指数和损失率等。

【防治方法】 应以选用抗病品种为基础,切实抓好以肥水管理为主的丰产防病措施,尽可能减少菌源,以及在发病期间及时辅以药剂防治的综合防治措施。

1. 选用抗病高产良种

因地制宜,选用抗病高产良种是稻瘟病综合防治中最经济有效的措施。全国各地通过鉴定,都选育出一批抗病或耐病的高产品种。

(1) 西南稻区 早籼有85—183,中籼有辐汕1027、352、2366,晚籼有滇瑞306、谷梅2号,晚粳有云粳27和85品—2,杂交稻有威优63等。

(2) 华南稻区 早籼有三黄占5号、三芦占7号、三桂占6号、双朝25、籼128、闽科早22号、三黄占2号等,中籼有特青2号,晚籼有珍桂矮1号、青六矮1号、晚六早2号、晚华11选、晚桂早1号、晚华矮1号等。

(3) 长江中下游稻区 早籼有湘早籼3号、湘早籼7号、辐籼6号、浙733、浙852、中83—49,中籼有南京14号、南农籼2号、中育87—1,晚粳有春江1号、浙湖3号、秀水84—11,杂交稻有汕优10号和协优64等。

(4) 北方稻区 粳稻有吉粳62、吉88—46、吉84—84、中花9号、中作321、中系8215、中系8611等。

一个品种的抗病性常因环境的改变而异。因此,选育或引进一些抗病品种,必须遵循就地鉴定、就地评选、就地推广、充分利用的原则。同时,还应尽量注意丰产多抗的品种,特别要选能兼抗三大病害的品种。如对稻瘟病、白叶枯病都比较抗的金陵57、扬稻2号(苏)、城特232、秀水48(浙)、湘早籼3号、湘州5号(湘)、青华矮6号、玻惠占1号(粤)、汕优63、双桂36(川)以及威优64等。

在推广种植抗病品种时,先要了解病菌生理小种的消长变化规律,注意选取适宜于当地种植的抗病品种,合理安排品种布局,严防品种单一化种植,以防病菌产生变异菌株,形成新的生理小种或劣势小种上升为优势小种,延缓抗病性的丧失,并注意合理的栽培措施和开展良种的提纯复壮,提高品种的抗病性。

2. 消灭菌源

(1) 及时处理病草、病谷　病田应分别收割,病草、病谷另行堆放,做到病草先用,病谷先吃,有病秕谷及早加工。病草一般宜用作燃料、饲料和造纸等;用作堆肥或垫猪、牛栏时,应充分腐熟后施用;不要用病草搭棚、盖舍。春播育秧前多余的病稻草,应移至室内,或用茅草、塑料薄膜覆盖,保持干燥。切不可用病草催芽和捆秧把等。

(2) 选留无病种子及种子消毒　种子应从无病田中选留。带菌种子特别是晚稻的病种子应进行消毒。浸种药剂可选用25%咪鲜胺乳油2 000倍液浸种6小时,或10%"401" 1 000倍液,或80%"402" 4 000倍液,或50%多菌灵可湿性粉剂1 000倍液,或70%托布津可湿性粉剂1 000倍液,浸种时间均为2天。

3. 加强栽培管理

(1) 培育无病壮秧　除做好选种、消毒、催芽等工作外,还要强调适当稀播和适施基、追肥。因为秧田发病重常与播种过密和施肥过多有密切的关系,特别是双季晚稻培育老壮秧,更要注意降低播种量,三四叶期以后适当控肥、控水,防止栽后返青快,分蘖早。

(2) 合理施肥　根据土壤肥力、品种特性、稻苗长势、气候条件以及水稻各个生育阶段的生产目标合理施用肥料。在移栽后至有效分蘖终止时,要求返青快,分蘖早,叶片嫩绿不披,株型松散矮壮;在分蘖末期至幼穗分化期,要求稻苗壮健,生长平衡,根系深扎,叶色稍褪淡,叶鞘内淀粉含量有较多的积累;至抽穗结实期,能养根保叶,增粒增重,青秆黄熟。既要避免氮肥偏施、迟施和一次过量施用,又要防止后期因缺肥脱力而早衰。一般应施足基肥,慎施穗肥(尤其是双季晚稻),基、追肥比例恰当;在增施有机肥,配施有机肥,配施磷、钾肥的基础上,还应根据不同地区和不同田块的土壤营养状况,注意硅、镁、锌等其他营养元素的施用。

绿肥田早稻,在浙江有些地区常因紫云英绿肥生长较好,翻入量过多;或翻耕过迟,气温偏低,绿肥分解慢等原因,造成前期不发,后期猛发的"笑苗哭苗"现象。一般要求在插秧前10~15天翻耕,每公顷用量宜控制在30 000千克以下。对于翻耕较迟或冷水田、泥层过深的烂田,宜在翻耕时每公顷撒施石灰375~750千克,以加速绿肥分解和消除有毒物质。

（3）科学用水　根据水稻各生育期的需水要求，看苗、看土、看天进行合理灌溉，以水调气，以水调肥，促控结合。一般在"深水还苗"以后，至分蘖末期以前，实行浅水勤灌，对于地下水位高、黏性重的高肥田块，宜结合反复排水露田，以利根系生长发育，提高抗病力。分蘖末期至幼穗分化以前，应及时搁田。搁田要掌握沙田轻搁，泥田重搁；瘦田轻搁，肥田重搁；叶色浓绿、叶瘟发生重的田块重搁。幼穗分化至抽穗期，也要浅水勤灌，保证"做肚水"，特别要防止于花粉母细胞减数分裂期缺水受旱，但对低洼黏糊田块，则宜适当露田，防止根系早衰，降低抗病力。灌浆结实期，应灌"跑马水"，实行干干湿湿灌溉，使水、气协调，以利养根保叶。

为确保合理浇灌，需进行农田基本建设，改善排灌条件。每块田要开围沟，小田块有"十"字沟，大田块有"井"字沟，使排灌灵活、均匀。山垄梯田更要开好过水沟和坎里壁沟，防止冷水串流漫灌，降低土温，影响根系发育而诱发稻瘟病。

4. 适期喷药防治

根据发病的调查预测，及时确定药剂防治的对象田、适期和次数。药剂防治的策略是：在南方稻区狠抓两头，巧治中间，即狠抓穗瘟与苗叶瘟，巧治叶瘟；北方稻区则应早抓叶瘟，狠治穗瘟。苗叶瘟的防治重点是中、晚稻秧田，一般在四五叶时和移栽前各防治一次。叶瘟应着重保护易感病的分蘖盛期，心叶及控制孕穗末期剑叶和倒二、倒三叶的叶瘟，尽最大可能地压低穗瘟的菌源。穗瘟是药剂防治的重点，要抓住破口始穗和齐穗期的保护，施药掌握适期偏早的原则。除很抗病的品种可以不喷药外，对于生长较嫩绿、叶瘟发生率在1%～3%而气象预报又有低温时，分别在破口和齐穗期各防治一次，必要时还应在灌浆前期再治一次，特别是山区的山垄田更有必要。至于稻株生长较差，叶瘟发生较轻的，如果气候不适宜于发病时，一般可以不治，但如果天气阴雨，或早晚雾大、露重时，仍需治两次。抢雨前用药的防治效果较好。如遇连续阴雨，也应抓住雨停间隙抢治，只要喷洒后药液还没有干燥，即使再遇雨淋，仍可收到效果。喷时雾点要细，喷洒要均匀周到，药液量要喷足。常规小型喷雾器，每公顷需喷洒药液750～900千克；东方红18型弥雾机喷雾，每公顷只要150～225千克药液。利用植保无人驾驶航空器施用上述药剂的用水量为每公顷30升左右。

目前防治效果较好的药物种类和浓度如下：

（1）20%三环唑可湿粉剂1 000倍液或75%三环唑水分散粒剂2 000倍液；

（2）40%稻瘟灵或富士一号乳油1 000倍液；

（3）40%克瘟散乳油500～1 000倍液；

（4）9%吡唑醚菌酯微囊悬浮剂500倍液；

（5）70%肟菌·戊唑醇水分散粒剂750倍液；

（6）32.5%苯甲·嘧菌酯悬浮剂300倍液。

附1　稻瘟病病情调查记载分级标准

（1）苗叶瘟（以株为单位）

0级：无病；

1级：每株病斑5个以下；

2级：每株病斑5个以上；

3级：病斑满布，叶片枯萎。

（2）叶瘟（以叶片为单位）

0级：无病；

1级：叶片病斑少（少于5个）而小（长度小于1厘米）；

2级：叶片病斑小而多（多于5个），或大（长度大于1厘米）而少；

3级：叶片病斑大而多；

4级：全叶枯死。

如有急性型病斑，应按少（病斑5个以下）或多（病斑5个以上），另行记载。

（3）穗瘟（以穗为单位）

0级：无病；

1级：每穗损失5%以下（个别枝梗发病）；

2级：每穗损失20%左右（1/3左右枝梗发病）；

3级：每穗损失50%左右（穗颈或主轴发病，谷粒半瘪）；

4级：每穗损失70%左右（穗颈发病，大部瘪谷）；

5级：每穗损失100%（穗颈发病，造成白穗）。节瘟分级与穗瘟相同，按节部病情所造成的损失计。

附2　稻瘟病品种抗病性调查记载分级标准

（1）苗叶瘟和叶瘟（人工接种和大田自然诱发鉴定以病斑反应型为准）

苗叶瘟和叶瘟的病情分级可用目测调查，具体分级标准如下：

HR（高抗）	0级：	无病；
	1级：	针头状大小褐点或中心未产生孢子的稍大褐点；
R（抗）	2级：	小圆形至稍长的边缘褐色的灰色病斑，直径1～2毫米，病斑多在下部叶片上；
MR（中抗）	3级：	病斑类型与2级相同，但病斑在上部叶片上；

MS(中感)	4级：典型纺锤形病斑，为害面积不超过叶面积的2%；
S(感)	5级：典型纺锤形病斑，为害面积为叶片面积的2%～10%；
	6级：典型纺锤形病斑，为害面积为叶片面积的11%～25%；
HS(高感)	7级：典型纺锤形病斑，为害面积为叶片面积的26%～50%；
	8级：典型纺锤形病斑，为害面积为叶片面积的51%～75%；
	9级：为害面积超过叶片面积的75%。

叶片上无叶瘟，但有叶枕瘟的发生者，作S段记载，叶瘟在发病后期病情稳定时调查，调查时叶片上可能产生不同类型的病斑，以最高级为准。除观察病斑反应外，同时对每一品种多数叶片上产生的病斑数也要加以记载。病斑数分级标准：

+(少)：每一叶片上病斑数在2个以下；

++(中)：每一叶片上病斑数在3～5个；

+++(多)：每一叶片上病斑数在6个以上。

例如：某一品种病斑反应型为S，多数叶片上S型病斑在6个以上，则该品种应记载为S++，其余类推。

（2）穗瘟（以穗颈和主轴发病率为准）

HR(高抗)	0级：无病；
R(抗)	1级：发病率低于5%；
MR(中抗)	3级：发病率为5.1%～10.0%；
MS(中感)	5级：发病率为10.1%～25%；
	7级：发病率为25.1%～50%；
S(感)	9级：发病率超过50%。

穗瘟在黄熟初期调查。主轴指穗节上部1/3。如穗颈和主轴均不发病而枝梗发病者，则检查枝梗瘟，按枝梗瘟分级标准记载。分级标准如下：

HR(高抗)	1级：枝梗发病率为5%；
R(抗)	2级：枝梗发病率为5.1%～10%；
MR(中抗)	3级：枝梗发病率为10.1%～25%；
S(感)	4级：枝梗发病率超过20%。

枝梗瘟指穗轴第一次枝梗发病，如不发病而有第二次枝梗发病者，仅记载病情符号。在没有穗瘟而有节瘟发生时，其病情按穗瘟分级标准记载。

附3 应用鉴别品种鉴定稻瘟病菌生理小种病斑反应型分级标准

R(抗病型)	无病斑或仅产生针头状褐点；
M(中间型)	产生中央灰白色，边缘褐色的稍大的小病斑；
S(感病型)	典型梭形病斑，或连接愈合为大病斑。

（二）稻 纹 枯 病

稻纹枯病菌最初是1905年日本佐佐木（R. Sasaki）在樟苗上首先发现。1906年经白井（M. Shirai）研究后，定名为 *Hypochnus sasakii* Shirai（樟苗白绢病）。接着，1911年泽田（K. Sawada）在我国台湾也发现樟苗白绢病，并经接种试验，1912年证明此病菌就是引起水稻纹枯病的病原菌。但此后很长时间内，稻纹枯病并未引起人们注意，直至20世纪50年代才逐渐被重视。

【分布为害】 稻纹枯病广泛分布于亚洲、欧洲、非洲和美洲，尤以亚洲各稻区为害严重。如日本在1965—1984年的20年中，因此病造成的损失约占总产的0.8%。

我国在20世纪50年代中期之前，对本病尚未引起重视。至50年代末，随着矮秆多蘖品种、杂交稻组合及密植增肥等高产栽培措施的推广，纹枯病的为害急剧上升，且日趋严重。到80年代，我国除宁夏和新疆两自治区未见报道外，其余各地均有发生，尤以高产稻区的为害更为突出，已居水稻三大病害之首。据不完全统计，1982年全国水稻因纹枯病的为害减产约5 000万千克。

稻纹枯病的为害一般早稻重于晚稻，单季晚稻重于双季晚稻，早稻中又以早、中熟品种受害最大。

纹枯病对水稻产量的影响主要表现在秕谷率增加和千粒重降低。病斑仅局限于稻株基部的则对产量影响极微，如病斑上升到倒四叶以上时，对产量的影响则随病斑上升的高度而递增，当病斑上升到剑叶叶尖时减产将达三成左右。

【症状】（图版2） 水稻从秧苗至抽穗结实的各个生育期中都可发生。一般在分蘖期开始，至抽穗前后为害最烈。主要为害叶鞘和叶尖，严重时可侵入茎秆和蔓延到穗部为害。

叶鞘受害，先在近水面处生暗绿色水渍状边缘模糊的斑点，后渐扩大成椭圆形病斑，病斑边缘淡褐色，中央灰绿色，外围稍呈湿润状；湿度低时，边缘暗褐色，中央灰白色。病斑多时，常数个相互融合成不规则云纹状大斑。重病叶鞘常引起上面的叶片发黄枯死。

叶片上病斑与叶鞘上相似，但常形成不规则形大病斑，深褐色边缘的外围组织褪黄。当环境条件很适宜于病情发展时，病斑呈污绿色，似开水烫伤；发病重的叶片很快青枯或腐烂。

稻穗受害呈污绿色到灰褐色。如破口前剑叶叶鞘严重受害时，往往不能正常抽穗而造成"胎里死"，或出穗后就呈现一段变灰褐色的颖壳。

茎秆上一般很少见到病斑,但在发病严重时仍可见茎秆组织呈黄褐色坏死斑块,常诱使稻株折倒。

阴雨高湿时,病部会长出白色蛛丝状菌丝体,匍匐于病组织表面或攀缘于邻近的稻株之间。随后菌丝体集结成白色绒球状菌丝团,最后形成暗褐色菌核。在病斑表面及其附近还可产生一层白色粉状物,此为病菌的担子和担孢子构成的子实层。

【病原】 稻纹枯病菌有性时期为 $Thanatephorus\ cucumeris$(Frank)Domk,隶属于担子菌亚门、层菌纲、胶膜菌目、亡革菌属、瓜亡革菌。无性时期为 $Rhizoctonia\ solani$ Kühn,隶属于半知菌亚门、无孢菌目、丝核菌属、立枯丝核菌。自从1912年日本泽田证实1906年白井定名的樟苗白绢病菌($Hypochnus\ sasakii$ Shirai)就是稻纹枯病菌以后,1926年Palo又认为稻纹枯病菌的无性时期是 $Rhizoctonia\ solani$ Kühn。1954年我国魏景超在研究华南稻区的稻纹枯病中,确认本病亦属 $Rhizoctonia\ solani$ Kühn。此后,纹枯病菌的无性时期虽然也出现过可能的同物异名10余个之多,但均认为是丝核菌属($Rhizoctonia$),而且始终以立枯丝核菌($R.\ solani$)为主,直至现在。有性时期的异名更多达10余种,而且由于不经常发生,分类地位上各学者的见解又不同。因此,其属的隶属就曾有 $Hypochnus$、$Corticicum$、$Botryobasidium$、$Ceratobasidium$、$Pellicularia$ 等,直至1965年塔尔伯特(P. H. B. Talbot)认为稻纹枯病菌用 $Pellicularia$ 属不恰当,应改为 $Thanatephorus$(亡革菌属),并将其种名改为 $T.\ cucumeris$(瓜亡革菌),沿用至今。

菌丝幼时无色,老熟时淡褐色,分枝不远处有一分隔。气生菌丝集结形成菌核时,细胞中间膨大,两隔膜间距离缩短,分隔处明显缢缩,使菌丝细胞呈藕节状。

菌核初为白色,后变暗褐色;球形或肾形,黏附在病斑的一面稍扁平凹陷,因而多呈扁球形,并常数个愈合成不规则形,大小1.5~3.5毫米;菌核借少量菌丝联系于病斑表面,很易脱落。菌核表面粗糙具有较多的圆形小孔,菌核在形成过程中,由孔洞向外排出分泌物,在萌芽时也由此伸出菌丝,故又称萌发孔。老熟菌核有内、外层之分,虽然色泽一致,但外层由死细胞腔所组成,是菌核越冬的保护层,内层则为活的细胞群。内外层的厚薄决定菌核在水中的浮沉。在自然条件下形成的菌核,一般浮核多于沉核,浮核率达59.9%~98.4%,沉核率为1.6%~40.1%。

病斑表面的白色粉状物为病菌的子实层,是由粗菌丝和聚伞状排列的担子所组成。担子无色,倒卵形或棍棒形,单胞,大小为(8~13)×(6~9)(微米),顶端生2~4个小梗,其上分别着生一个担孢子。担孢子单胞,无色,卵圆形或椭圆形,基部稍尖,大小为(6~10)×(5~7)(微米)(图2-5)。

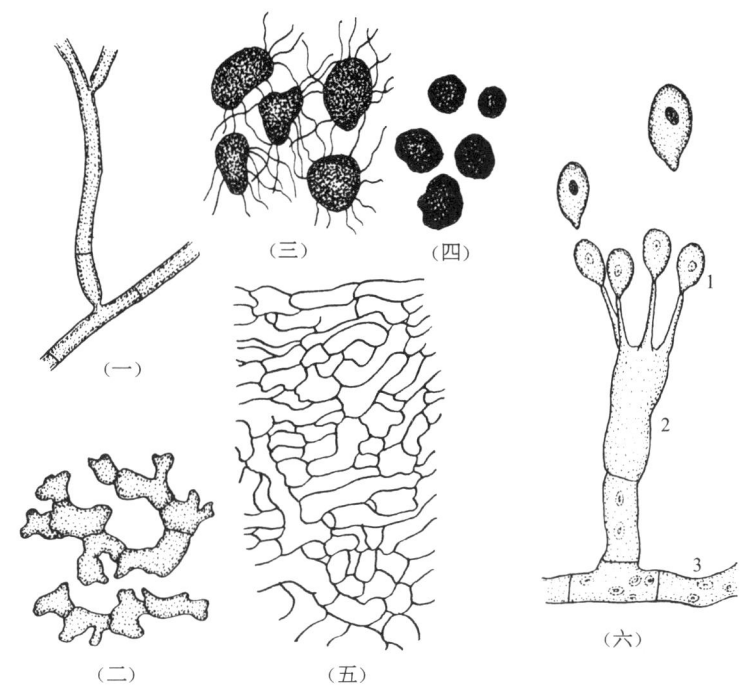

图2-5　稻纹枯病菌
（一）幼嫩菌丝　（二）老熟菌丝　（三）初期菌核
（四）后期菌核　（五）菌核剖面　（六）有性世代
1. 担孢子；2. 担子；3. 多核菌丝

病菌菌丝生长发育的温度范围为10～38℃，最适温度为28～32℃。浮于水面的菌核在17℃时开始萌发，20℃时萌发率显著增高，30℃时萌发率可达96%。菌核萌发不需要经过休眠期或后熟期，即新产生的菌核，只要条件适宜就能萌发。侵染稻株的温度范围为23～35℃，但要求相对湿度96%以上，如果相对湿度在85%以下，则侵染受抑制；在最适温度下，如有水分，经18～24小时即可完成侵入。菌核形成的数量与气生菌丝的形成量呈正相关，在12～15℃时开始形成，30～32℃形成最多，超过40℃就不能形成，日光对菌核形成有刺激作用，但对菌丝的生长则有抑制作用。病菌对酸碱度的适应范围为pH 2.5～7.8，而以pH 5.6～6.7为最适宜。致死温度，菌丝为53℃ 5分钟，菌核为55℃ 8分钟。

纹枯病菌存在着生理分化现象。我国台湾地区在300个分离菌株中，根据其对16个水稻品种的致病差异，区别为7个培养型和6个生理小种。

纹枯病的寄主极为广泛，在自然情况下可以侵害15科近50种植物，包括菊科、伞形科、田麻科、豆科、十字花科、柳叶菜科、苋科、蓼科、旋花科、唇形科、桑科、樟科、石竹科、莎草科和禾本科。其中主要的寄主作物有水稻、玉米、大麦、粟、稷、大豆、花生、甘薯、甘蔗、黄麻、紫云英等。主要的杂草寄主有稗、游草、莎草、马唐、狗尾草等。据广西人工接种结果,发病的寄主达54科210种植物。

【侵染循环】 纹枯病病菌主要以菌核在土壤中越冬,也能以菌丝和菌核在病稻草、田边杂草及其他寄主上越冬。水稻收割前及收割过程中,大量菌核落入田中,成为次年或下季的主要初侵染源。据有关单位调查,水稻收割后遗留田间的菌核数量,一般病田每公顷平均为150万粒,重病田达800万～1 200万粒,最重病田可高达3 000万粒左右。菌核的生活力极强,据湖南省测定,各种不同冬作物的稻田中,在土表越冬的菌核其存活率达96%以上,在土表下10～25厘米处越冬的菌核存活率也在87.8%以上。在室内水层下保存32个月的菌核萌发率仍达50%,在室内干燥条件下保存11年之久的浪渣菌核仍有27.5%的萌发率。

春耕灌水耕耙后,越冬菌核漂浮于水面,插秧后菌核附在稻丛近水面的叶鞘上,在适温高湿的条件下,菌核萌发长出菌丝,菌丝在稻株叶鞘上延伸并从叶鞘缝隙进入叶鞘内侧,先形成附着胞,从叶鞘内侧表皮的气孔或直接穿破表皮侵入。菌核萌发伸出的菌丝,也可侵染稻株水下的及水面上的叶鞘。菌丝侵入后,少则1～2天、多则3～5天便出现病斑。

病菌在稻株组织中不断扩展后,就向外长出气生菌丝,在病组织附近继续蔓延扩展,并通过接触或攀缘,对邻近稻株进行再次侵染,扩大为害。一般在分蘖盛期至孕穗初期,主要在株间或丛间不断作横向扩展(水平扩展),使病株率或病丛率增加,随后病部由下位叶鞘向上位叶鞘发展(垂直扩展),导致严重度增加。条件适宜时,在高秆品种上发病部位每上升一个叶位需3～5天,在矮秆品种上只需2～3天。垂直扩展的速度以孕穗末至抽穗灌浆期最快,乳熟后又逐渐缓慢。病部新形成的菌核脱落后,随水流传播,也可立即萌发进行再侵染。病部所产生白色粉状物的担孢子,虽经人工接种可引起发病,但田间观察,其传病作用不大。

【发病因素】 纹枯病的发生和为害,受菌源数量、田间气候、肥水管理、品种抗病性和稻株生育情况等多种因素的影响。

1. 栽培管理

此病在新中国成立前后发生甚少;1958年以后,随着密植程度普遍增加、施肥水平不断提高、矮秆品种全面推广而逐年加重,说明它的发生与栽培管理关系极为密切。

肥料对纹枯病的影响,一般与稻瘟病、白叶枯病相似。凡偏施、迟施氮肥的,稻株长势过旺，叶片浓绿披垂，过早封行又封顶，田间郁闭，湿度增大，并且稻体碳氮比下降，纤维素、木质素减少，茎秆软弱，抗病力明显下降，因而很有利于病菌孳生、侵入和蔓延，特别是倒伏的稻株，更会促使病情加重。重施基肥，注意氮、磷、钾三要素的配合，对抑制纹枯病病菌有重要作用。据日本试验，纹枯病病菌在定量的氮素营养液（0.8～1.3毫克/毫升）中培养，菌丝丛的生长随着淀粉量的增加而变差，如营养液中把淀粉量加大到25毫克/毫升时，即使增加氮素含量也能抑制菌丝生长。在基肥与追肥的比例方面，据浙江省农科院调查，早稻有芒早粳品种在每公顷施225千克氮肥的水平下，如以基肥与追肥为85:15的比例，发病指数为35.5，每公顷产量4811千克；基肥与追肥为70:30的比例，则发病指数高的达67.28，产量下降到4341千克。连作晚稻的情况也与早稻相似。

灌溉状况对纹枯病的发生发展影响较大。凡长期积水或深灌的田块，稻丛间湿度大，有利于病菌的孳生和蔓延，特别是孕穗至灌浆期保持深灌，病害更重。湿润灌溉和适时适度搁田，能有效地控制病害的发生为害。湿润灌溉使田间保持干干湿湿状态，稻丛间湿度较低，病菌气生菌丝的生长和蔓延便受到抑制。而且湿润灌溉和搁田，还可以增强土壤氧化能力，消除土壤还原性有毒物质，有利于根系发育；促使稻秆基部的两个伸长节的节间短而粗壮，秆壁增厚，组织紧密，增强抗病和抗倒能力；并可促进早发，控制无效分蘖，减少丛间密集程度，提高光合作用效能，增加稻株碳水化合物的积累等，从而抑制或减轻为害。

密植程度与纹枯病的发生也有相当关系。一般来说，当密植达到一定程度以后，每666.7平方米（1亩）栽插丛数和每丛插秧本数越多，丛间和株间湿度越高，适于病菌的气生菌丝生长和蔓延，而且光照差，光合效能低，不利于稻株积累足够的碳水化合物，抑菌能力就差。如据江苏省农科院调查，早稻在每公顷插15万～120万丛，发病指数的幅度在6.1～12.5，而密度达150万～180万丛时，发病指数就上升到15.3～21.1；晚稻在24.9万～60万丛时，发病指数为1.9～11.61，而到90万丛时则为20.6。另据浙江省农业科学院试验，早稻青森5号在行株距为15～5厘米时，每丛插1本、3本、5本的病害轻，而插7本、9本、11本的病害明显加重。

2. 气候条件

纹枯病是一种高温高湿的病害，在品种和栽培条件变化不大的情况下，不同年份病害发生轻重主要受温、湿度的综合影响。温度主要影响每年病害在早稻上初发期和晚稻上终止期的出现迟早，在温度达到适宜范围以后，则湿度对病情发展起着主导作用。当日平均气温达22℃又有雨湿时，病害开始零星发病；

在23～35℃并伴有相当雨湿的情况下,有利于病情扩展;特别在28～32℃和97%以上的相对湿度时最有利于病害的蔓延为害。

在适宜的温度范围内,如降雨频繁,田间郁闭,株间湿度越高,病害发展越快。长江流域一带的双季稻区,6—9月的气温一般都适于发病,常年病期约在5月下旬或6月上旬;至9月下旬,因受北方寒流影响,气温常降至22℃以下,病害就渐趋停止。因此,早稻生育的中、后期及晚稻生育的前、中期为纹枯病的主要发病期。早稻在孕穗期前,由于气温较低,病害扩展缓慢;孕穗后,气温升高,又常逢梅雨季节,病害发展迅猛,一般在6月中旬至7月中旬病害进入流行高峰期,尤以早稻中的早中熟品种,此时期正值水稻抽穗成熟阶段,所遇的雨季长,受害常较严重。7月下旬至8月中旬,常是高温干旱时期,双季晚稻处于返青和分蘖阶段,田间小气候湿度低,温度高,病势进展缓慢;8月下旬至9月中旬,双季晚稻进入孕穗到抽穗阶段,此时易遇台风暴雨或阴雨天气,田间小气候的湿度增高,温度又适宜,病情出现上升,但随后气温逐渐降低,病害受到抑制,所以双季晚稻一般不会受到严重为害。但个别年份9月间气温偏高时,也有可能发病较重。

3. 品种和生育期

水稻的不同类型和品种对纹枯病的抗病性有一定差异,但不显著,也不很稳定。一般来说,矮秆阔叶型比高秆窄叶型易感病;稻作类型中以糯稻最感病,粳稻次之,籼稻又次之;生育期较短的早熟品种比生育期长的迟熟品种发病较重。

水稻的生育期与发病也有关系。除晚稻在秧苗期就有发病外,一般都在分蘖盛期开始发病,孕穗至抽穗期为发病高峰期,乳熟期后病势开始下降,蜡熟期基本停止。分蘖盛期稻株叶片开始交错,田间初步形成郁闭环境,逐渐构成有利于发病的条件。进入圆秆拔节期,叶鞘开始松散,进一步有利于菌丝侵染,使丛、株发病率增加。孕穗至抽穗期,水稻叶面积达到最大值,叶片重,群体密闭,株间形成高湿条件,而且此时根系生长发育达最高点,根系呼吸作用强,需氧量大,容易出现缺氧和还原性物质中毒,加上此时稻体内养分大量转运到穗部,集中于生殖生长,因而,稻株抗病力锐减。至乳熟后,下部老叶逐渐枯死,株间湿度下降,病情发展趋向缓慢。蜡熟期后,病害就基本停止。

从稻株组织老嫩来看,一般2～3周龄的叶鞘、叶片比5～6周龄的耐病,抽穗以前,上部的叶鞘、叶片比下部的抗病;抽穗以后,上部叶鞘、叶片的抗病性随着株龄的增加而减退。抽穗以后,病情严重度迅速上升。另据日本测定,发现品种抗病性与生育期迟早有关。纹枯病在各品种上垂直扩展的速度顺序是早熟＞

中熟＞迟熟。这种抗性差异与叶鞘内淀粉和氮素的含量有关。早熟品种叶鞘中的淀粉含量较少,并随稻株生长而迅速下降,故垂直扩展速度快,发病较重;迟熟品种叶鞘淀粉含量较多且保持平稳,故垂直扩展速度慢,发病较轻。

4. 菌源基数

田间越冬菌核残留量的多少与初期发病轻重有密切关系。上年或上一季轻病田,一般发病较轻;反之,越冬菌核残留量大,初期发病就较多。但后来病情的继续发展,由于受田间管理、稻苗长势等因素的影响,与原来菌核残留量的关系往往不显著。

【预测预报】 纹枯病的测报主要是根据菌核残留量、肥水管理、密植程度、稻苗长势及其生育期、天气状况等动态状况,对病害的发生期和发展趋势作出估计,以指导大田防治。

1. 菌核残留量的调查

在稻田翻耕前,选择上年发病轻、中、重三种类型田各一块,每块田5点取样,每点0.11平方米,将1厘米厚的表土连同冬作物和残渣一并挖起,分别放入水缸内,加水搅动,捞取上浮的菌核计数,然后将沉淀物逐步洗去泥土,再细检沉核数,最后合计折算每666.7平方米菌核的残留量。

2. 病情系统调查

选择本地当家品种中长势好、中、差各类型田各一块,从分蘖期开始,每块田固定两条平行线,每间隔一定距离调查一定丛数,共查200丛,每3～5天查一次,计算丛发病率,并在其中固定20～40丛,调查总株数、病株数和严重度,计算株发病率和病情指数,直至乳熟末期为止。

3. 一般性的测报

如受人力、条件等限制,不能进行上述的菌核残留量和病菌系统调查时,可直接在分蘖盛期、孕穗中期和始穗期,选择长势不同的各类型水稻当家品种田各一块,每块田固定两条平行线,每间隔一定距离调查一定丛数,共查200丛左右,计算丛发病率。

4. 病情预测及防治指标

根据稻田残留菌核量和各时期调查的病情,参照气象条件,稻苗长势及肥水管理等进行综合分析,估计病害的发生发展趋势。一般早稻在分蘖末期发病率达10%～15%,或孕穗期丛发病率达15%～20%的田块;晚稻孕穗期丛发病率达15%～20%的田块,为用药防治的适期。但历年的重病田,排水不良的田,以及过肥、过密、生长过旺的高产田,即使发病率没有达到上述标准,也应定为防治对象田。

附　病情调查记载分级标准

0级：全株无病；
1级：顶叶或剑叶以下第三叶鞘、叶片发病；
2级：顶叶或剑叶以下第二叶鞘、叶片发病；
3级：顶叶或剑叶以下第一叶鞘、叶片发病；
4级：顶叶或剑叶的叶鞘、叶片发病。

【防治方法】　防治纹枯病必须以肥水管理为中心，结合喷药保护，才能控制其为害。

1. 打捞菌核，减少菌源

在秧田或本田翻耕灌水耙平时，多数菌核浮于水面，混杂在"浪渣"内，被风吹到田边或田角，可用细纱网或畚箕等工具打捞"浪渣"，并带出田外深埋或晒干后烧毁。还应注意铲除田边杂草，及时拔除田中稗草，防止病稻草还田，病草垫栏的肥料须充分腐熟后才可施用。

2. 湿润灌溉，适时搁田

必须根据水稻生长发育和气象条件，在比较多肥密植的情况下，分蘖末期以前应以浅水勤灌，结合适当排水露田为宜；分蘖末期须及时搁田，做到肥田、泥田或冷水田重搁、瘦田、砂性田轻搁，稻苗生长过旺的田还宜分次搁田；孕穗至抽穗灌浆阶段，宜以浅水勤灌，反复落水露田；乳熟后仍应干干湿湿，以湿为主。

3. 合理施肥，增强抗病力

总的要掌握基肥足，追肥早，基、追肥比例恰当的原则。在施肥种类上，要以有机肥和化肥相结合，注意氮、磷、钾配合施用，切忌过施、偏施氮肥。务使稻苗前期能早发，中期控得住，叶片挺立，叶色适中，后期不脱力早衰。

4. 适期喷药保护

（1）目前防治纹枯病效果高的抗菌素主要是井冈霉素，其产品有2%、3%、5%的井冈霉素水剂，每公顷用量分别为3 750克、2 250克、750克，各加水1 125千克喷雾；

（2）240克/升噻呋酰胺悬浮剂每公顷150毫升，兑水750～900千克喷雾；

（3）30%苯甲·丙环唑乳油每公顷225～300毫升，兑水750～900千克喷雾；

（4）24%己唑·嘧菌酯悬浮剂每公顷300毫升，兑水750～900千克喷雾；

（5）18%噻呋·嘧苷素悬浮剂每公顷600毫升，兑水750～900千克喷雾；

（6）19%啶氧菌酯·丙环唑悬浮剂每公顷900毫升，兑水750～900千克喷雾。

利用植保无人驾驶航空器施用上述药剂的用水量为每公顷30升左右。

轻病田一般可在孕穗期用药一次。多肥重病田如需用药两次的，可选用噻呋酰胺、苯甲·丙环唑和抗菌素类农药配合使用。

（三）稻菌核病

稻菌核病是指水稻受侵染后，在病部表面或组织内形成菌核的多种病害的总称，一般不包括稻纹枯病和稻叶鞘网斑病。

水稻菌核病有多种，我国稻区为害较重的主要是小球菌核病和小黑菌核病两种病害单独或混合发生，通称稻小粒菌核病或稻秆腐病。病害较重的田块一般减产10%～25%，多的达50%～90%；有些年份造成大面积倒伏，成为水稻后期重要病害之一。病害主要分布在长江中下游和华南稻区，北方稻区如辽宁偶尔发生。该病除为害水稻外，还寄生于光头稗子、茭白、慈姑及蔺等植物。

国内次要的还有褐色菌核病，主要发生在南部稻区，吉林和黑龙江省偶有发生，除水稻外，还寄生于野生稻、水蒿草及茭白。球状菌核病在四川、浙江、安徽、江西、上海和台湾等地有少量发生，除水稻外，还寄生水莎草、荸荠、大叶菰和马唐。

此外，灰色菌核病在台湾地区发生，也寄生川谷和稗子。还有黑粒菌核病曾在吉林省发现；在浙江省曾发现赤色菌核病，以及褐色小粒菌核病和其他若干种菌核病。

【症状】（图版3） 稻小球菌核病和小黑菌核病的症状相似，都侵害稻株下部的叶鞘和茎秆，最初在近水面叶鞘上产生黑褐色小病斑，渐渐向上发展成黑色细条状、纺锤状和椭圆形病斑，可扩大至整个叶鞘。菌丝侵入内层叶鞘和茎秆，在茎秆上形成黑褐色线条状病斑。随着病情发展，病轻的脚叶黄花枯死，病重的茎秆基部受害部组织腐朽变褐色和红褐色，常纵裂软化倒伏，谷粒干瘪泛白。发病后期剖开叶鞘和茎秆内部，可见灰色菌丝和黑褐色的菌核。病菌的分生孢子也可直接侵害稻穗，引起穗枯。

稻褐色菌核病侵害稻的叶鞘和茎，在叶鞘上形成(0.3～0.7)×(0.5～1.5)（厘米）椭圆形病斑。病斑中心灰褐色，边缘褐色，分界明显，常互相连接成云纹状大斑。近水面处的病斑由于浸水，呈暗绿色，边缘模糊。茎部受害变褐枯死，但一般不倒伏。后期在叶鞘组织内或茎秆腔内形成小的褐色菌核。

稻球状菌核病，使叶鞘变黄枯死，一般不形成明显的病斑。在孕穗期发病时，因幼穗被病鞘紧裹，以致不能抽出；茎秆也可受害。菌核小，黑色，球状，主要在叶鞘组织内形成。

稻灰色菌核病，为害叶鞘，形成淡红褐色小斑，抽穗后21天也可在剑叶鞘上看到长的病斑，一般不引起水稻倒伏。在病斑的表面及内侧形成灰褐色小粒状菌核。

其他几种菌核病的症状见附录中的检索表。

【病原】 稻小球菌核病菌 *Helminthosporium sigmoideum* Cav. 其有性世代为小球腔菌属的 *Leptosphaeria salvinii* Catt., 在我国尚未发现。在叶鞘的病斑上或在浮出水面的菌核上长出稀疏不分枝、深褐色的分生孢子梗，其上产生新月形的分生孢子，大小为 (41～63)×(11～15)(微米)，有0～4个隔膜，普通为3隔4胞，中央两细胞暗褐色，两端细胞淡色或无色。菌核球形，表面光滑，黑色有光泽，大小约0.25毫米，剖视菌核，有内外两层，外层细胞黑褐色，内部淡褐色。菌核在土中或水中能存活238天以上，在干燥的稻桩中可存活750天以上，在日光下晒133小时才丧失活力（图2-6）。

稻小黑菌核病菌 *Helminthosporium sigmoideum* Cav. var. *irregulare* Crall. et Tullis 是稻小球菌核病的一个变种，其有性世代尚未发现。分生孢子有2种形态：在叶鞘病斑上形成的分生孢子和稻小球菌核病菌相似；而从菌核上形成的大多有4个隔膜，其顶端有 (25～100)×2(微米) 的卷须。菌核较小，约0.14毫米，球形、椭圆形、圆柱形或不规则形，表面粗糙，黑色无光泽。剖视菌核，无内外层之别，均为深榄褐色（图2-7）。

稻球状菌核病菌 *Sclerotium oryzae-sativae* Saw., 菌核在茎秆、叶鞘的空隙内、叶鞘组织内或偶尔在叶鞘外形成，数量很少，球形、卵圆形或圆柱形，可相互连结，先是白色，渐变深褐色，大小0.3～2毫米，表面粗糙；剖视内部，切面为淡褐色，无内外层之分。

关于稻球状菌核病菌 *Sclerotium hydrophilum* Sacc.、稻灰色菌核病菌 *Sclerotium fumigatum* Nakata ex Hara、稻黑粒菌核病菌 *Helicoceras oryzae* Linder et Tullis、稻赤色菌核病菌 *Rhizoctonia oryzae* Ryk. et Gooch、稻褐色小粒菌核病菌 *Sclerotium orizicola* Nakata et Kawam. 等的区别（表2-1），以供参考。

现将国内已发生的7种菌核病的症状及其病原形态列检索表如下：

A_1 叶鞘上病斑黑色，椭圆形或纺锤形，可扩大至整个叶鞘；茎秆生黑褐色线状条斑，严重的茎秆整段变黑腐朽，仅留维管束；叶鞘组织和茎腔内产生大量黑色菌核

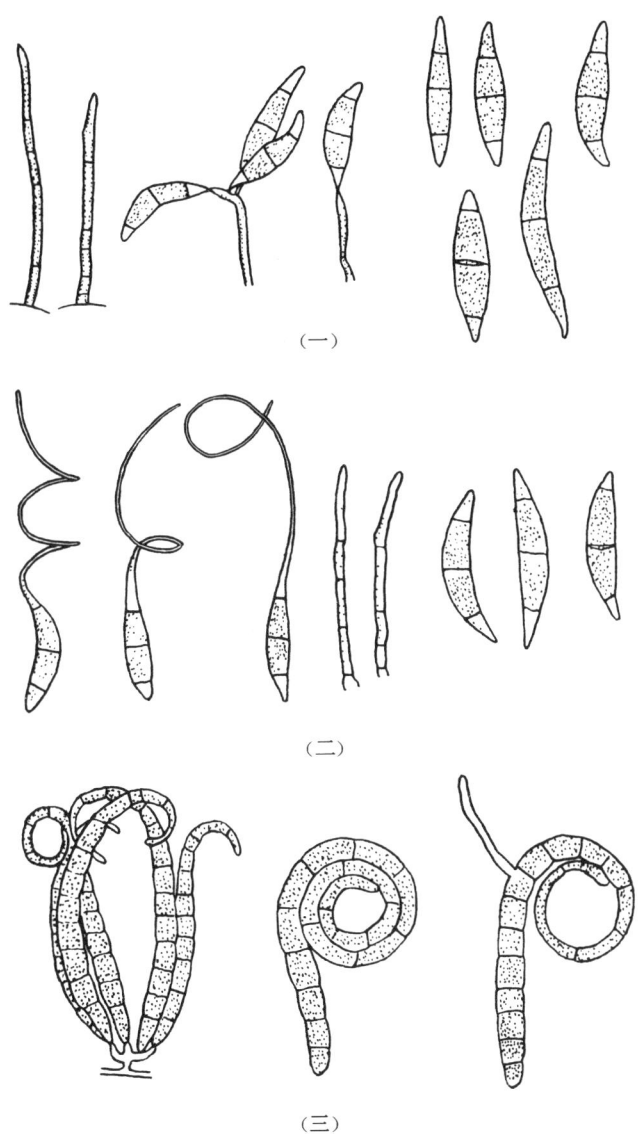

图 2-6 稻三种菌核病菌的分生孢子
（一）小球菌核病菌的分生孢子梗及分生孢子
（二）小黑菌核病菌的分生孢子梗及分生孢子
（三）黑粒菌核病菌的分生孢子长在菌丝的小突起上

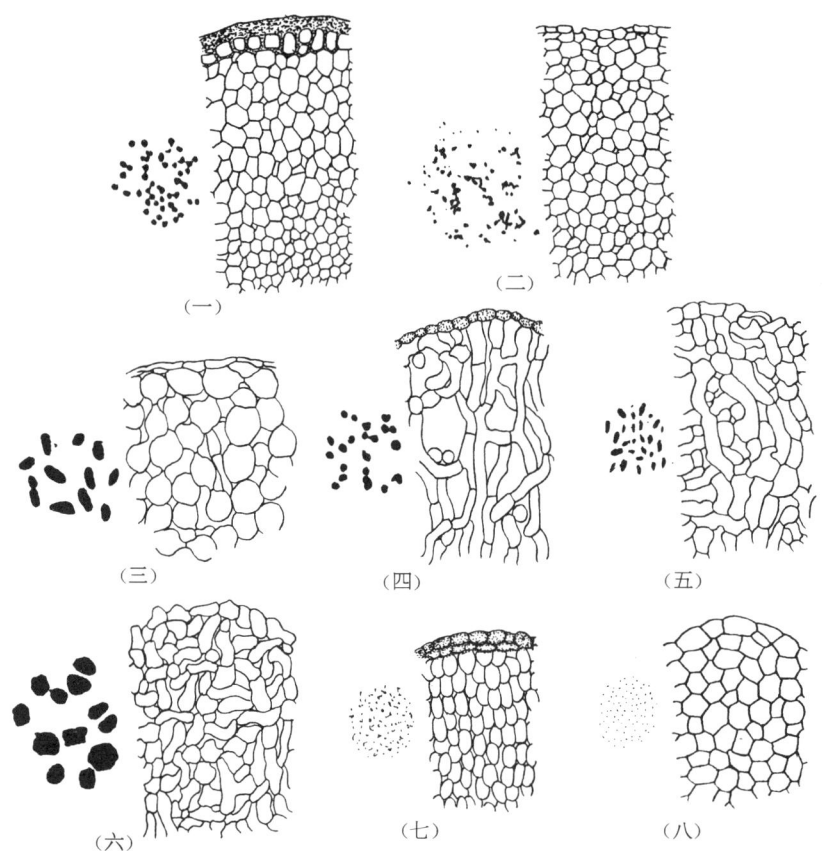

图 2-7　八种水稻菌核病菌的菌核及其剖面
（一）小球菌核病　（二）小黑菌核病　（三）褐色菌核病
（四）球状菌核病　（五）赤色菌核病　（六）灰色菌核病
（七）黑粒菌核病　（八）褐色小粒菌核病

B_1 菌核球形，细小，0.13～0.39（0.25）毫米，表面平滑有光泽，外层黑褐色，内层淡褐色；病斑和菌核表面产生的分生孢子均为纺锤形，三分隔，顶端无卷须

　　……………………… 小球菌核病（*Helminthosporium sigmoideum* Cav.）

B_2 菌核球形或不规则形，更细小，0.1～0.2（0.15）毫米，表面粗糙无光泽，剖面无内外层区别；菌核表面产生的分生孢子多为新月形，顶端细胞细长卷须状

　　……………………… 小黑菌核病（*Helminthosporium sigmoideum* var. *irregulare* Cralley et Tullis）

表 2-1 几种水稻菌核病的区别

病菌性状		小球菌核病	小黑菌核病	褐色菌核病	球状菌核病	黑粒菌核病	灰色菌核病	赤色菌核病	褐色小粒菌核病
病斑	形状	线条斑	线条斑	椭圆形斑	不明显(叶鞘变黄)	不整齐斑	不明显(叶鞘变淡褐色)	长椭圆形斑	纺锤形,不整齐斑
	颜色	黑色	黑色	褐色,有明显边缘	—	黄褐色	淡红褐色	褐色	褐色
	大小(厘米)	>10	>10	0.5~1	—	—	小斑	1~2	1
	发生部位	叶鞘,杆	叶鞘,杆	叶鞘,杆	叶鞘,杆	叶鞘,谷粒	叶鞘,杆	叶鞘	叶鞘
	倒伏	倒伏	倒伏	无	倒伏	无	无	无	无
菌核	形成场所及数量	茎腔内,叶鞘组织内,多	茎腔内,叶鞘组织内,多	叶鞘组织内,茎腔内,多	茎腔内,叶鞘组织内,少	叶鞘组织内	叶鞘表面	叶鞘组织内或叶鞘间,故少	叶鞘组织内
	外表颜色	黑色有光泽	黑色粗糙	暗褐色	褐色至黑色	黑色	灰色至灰褐色	淡红	深红褐色
	形状	球形	球形至不规则	球形至圆柱形	球形	鼠粪状	球形至灰椭圆形,下面扁平	内:短圆柱形 外:扁平圆形	球形至不整形
	大小(毫米)	0.25(0.15~0.34)	0.15(0.1~0.2)	1.00(0.3~2.0)	0.35(0.25~0.68)	0.19(0.14~0.24)	1.00(0.3~1.5)	0.50(0.4~1.0)	0.09(0.07~0.10)
	切面	内外二层	一层	一层	内外二层	一层	一层	一层	一层
孢子形态		新月形,中间2胞,色较深	新月形,菌核生出的孢子有卷须	未见	未见	螺旋状	未见	未见	未见
发育温度(℃)	最适	25~30	25~32	30	25~30	—	28~30	31	27~30
	最高	38	38	40	39	—	34~40	38~40	37
	最低	<15	<15	<10	<15	—	<15	<5~14	<9
生长酸碱度(pH)	最适	4~5	6.5~7	4.2	7~8.1	—	5.5	7.5~8	—
	最高	9.6	9.6	8.2	9.8	—	9.8	—	—
	最低	3.2	3.0	2.7	3.1	—	3.1	—	—

A_2 叶鞘上病斑褐色至深褐色

B_1 病斑椭圆形或长椭圆形,边缘深褐色,中央淡褐色,菌核断面内外层不明显

C_1 病斑椭圆形,较小,0.5～1.0厘米,边缘与中央的色泽分界明显,常多个群集成云纹状;菌核褐色,叶鞘组织内的菌核短圆柱形,0.3×1.9(1.0)(毫米),茎腔内的菌核近球形

·················· 褐色菌核病(*Sclerotium oryzae-sativae* Sawada)

C_2 病斑长椭圆形,较大,12厘米,边缘与中央的色泽分界不甚明显;菌核主要在叶鞘组织内形成,红色,椭圆形或短圆柱形,0.4×1.0(0.5)(毫米)

·················· 赤色菌核病(*Rhizoctonia oryzae* Ryker et Gooch.)

B_2 病斑不规则,褐色,或不形成显著病斑

C_1 病斑不规则形,褐色;菌核在叶鞘组织内形成,细小,0.14～0.24(0.19)毫米,不正形,外层黑褐色,内部淡褐色

·················· 黑粒菌核病(*Helicoceras oryzae* Linder et Tullis)

C_2 叶鞘呈枯黄色,不形成明确的病斑

D_1 叶鞘变黄枯死;菌核主要在叶鞘组织内形成,球状,0.25～0.5(0.3)毫米,外层深褐色,内层黄白色

·················· 球状菌核病(*Sclerotium hydrophilum* Sacc.)

D_2 叶鞘变淡褐色枯死,菌核在叶鞘表面形成,球形或馒头形,0.3～1.5(1.0)毫米,外层灰色至灰褐色,内部黄褐色

·················· 灰色菌核病(*Sclerotium fumigatum* Nakata.)

【侵染循环】 几种水稻菌核病的发病规律基本相似,兹以分布最广、为害最重的小球菌核病和小黑菌核病为例阐述。稻小球菌核病菌和稻小黑菌核病菌主要以菌核在稻桩和稻草中或散落在土壤中越冬。菌核的生活力很强,其中小球菌核病的菌核在干燥状态下可存活190天,埋在稻田土中经133天不死亡,沉在水下至少可存活319天,晒于日光下经145小时就死亡;如把菌核存放在室内20℃下可存活3年,25℃可存活10～13个月,35℃高温下只能存活4个月。由此可见,在低温、湿润条件下,菌核的生活力较长;日光、高温和干燥都不利于菌核的生存。

稻桩、稻草和土壤中的越冬菌核,在春耕灌水耕耙时,漂浮于水面,插秧后附着于稻苗基部,温、湿度适宜时就萌发出菌丝,直接从叶鞘表面或伤口侵入为害。病害潜育期在平均气温17.5～20.2℃时为12天,23.4℃时为7天。发病初期,病菌多停留在叶鞘组织内蔓延扩展,至抽穗前后,病菌突破叶鞘内侧表皮到达茎秆,随后菌丝逐渐侵入茎秆髓部,使茎秆发黑腐朽,仅留纤维状微管束,并在

叶鞘和茎腔内产生大量黑色小菌核，又成为下一年的菌源。受害的稻株有时也在病斑表面产生一层薄薄的浅灰色霉，即分生孢子。漂浮在水面的菌核也能产生分生孢子，一个菌核可产孢几次。分生孢子可随气流或叶蝉、飞虱等昆虫传播，进行重复侵染，扩大为害。水稻收割后，遗留在稻桩内的病菌仍可继续不断形成菌核，从而增加越冬的菌核量。侵害稻穗时可形成穗枯。

【流行规律】 稻小球菌核病的发生多于稻小黑菌核病，如1983年江西省调查，前者占60%以上。这两病也可在同一田块发生。从秧田即开始发病，移栽后至分蘖期发生较多，稻成熟期达发病高峰。早稻病株率可达18%～35%，产生菌核较少，一般不倒伏；晚稻病株率可达60%～90%，在田中一小块一小块提前枯死，有时一丛稻中的一部分植株枯死，后期常倒伏。茎内产生大量菌核。稻小球菌核病和稻小黑菌核病为弱寄生菌，如将病菌人工接种到健壮稻株上不易侵染，而接种到生长衰弱的稻株上就很容易成功。因此，它的发生、发展与水稻生育是否正常及抗病力强弱等关系密切。这两病的流行与菌源、气候、品种与生育期、肥水管理等关系密切。

1. 菌源

水稻收割后，病菌在越冬期于稻桩内仍可不断形成菌核，到春季稻桩带菌率多的高达80%。一部分菌核散落在田土中。老病田菌核多，发病重，如1983年湖南省益阳调查，老病田中每平方米菌核可达40万粒，发病重；而新垦田及旱改水田菌源少，发病轻。又据江西省报道，水稻连作5年以上的病株率31%～82%，连作2年的7%～19%，连作1年的2%～10%。菌源的积累常是大流行的主因。

2. 气候条件

据江西省报道，日平均气温17～31℃是田间发病的适温，26℃时病情增长最快。4月中旬至6月下旬，8月下旬至10月下旬气温适于病菌发育。如6月至7月中旬及8月至10月中旬降雨多，相对湿度90%以上，易于发病；而相对湿度在80%以下则病情明显受到抑制。又据浙江省富阳报道，1983年6月至7月中旬低温多雨，秧苗素质差；7月中旬至8月中旬受旱；9、10月气温偏高，雨日多，日照少，菌核病暴发成灾。台风引起的水稻倒伏，也会加重发病。

3. 品种与生育期

水稻品种间抗病性有较大差异。当大面积连年种植感病品种时会造成菌核病的流行。20世纪60年代后期，江苏、浙江等地大面积种植桂花黄、农垦58、南粳8号、朝阳18号、金台38、沪选19、先锋1号、台中糯、金糯等都是较感病的品种，病情重；70年代改种农虎6号、汕优6号等品种后病情大为减轻。据浙江省报道,1983年汕优6号、双糯4号,1990年秀水37、丙861局部田块病重。江西和湖南省1983年分别报道中国2号、萍矮1号、754、红矮1号及农垦58、农虎6号、农红73、天津31、矮秆23、68-116等抗病力弱。而汕优4号、早广2号、IR24,粳稻184及闽晚6号、倒种春病较轻。在同一品种的不同生育期中,一般抽穗后抗病力较弱,尤其是在灌浆后,抗病力明显下降。

4. 肥水管理

菌核病菌属弱寄生菌,当水稻生育不正常,抵抗力弱时容易受害。凡氮肥施用过多、过迟,磷、钾肥缺少的,水稻贪青倒伏的,及缺乏有机肥、偏施化肥的发病重。因为在高氮低磷钾的情况下,稻体内铵态氮和可溶性氮增多,纤维素和木质素等含量减少,茎叶徒长,茎秆软弱,丛间湿度增大,容易引起倒伏,便于病菌孳生蔓延,稻株根系也易衰老,抽穗后往往提早衰亡,致使病情加剧。后期脱肥,不利于水稻生长,也会加重发病。长期深灌或排水不良田块,或不晒田的病重。烤田过度或后期断水过早会促使稻茎内的病菌进一步扩展为害而加重发病。

5. 耕作制度

单季晚稻发病最重,双季晚稻次之,早稻一般较轻。棉、油、稻轮作,可减轻发病。湖南省益阳报道,棉花—稻—稻、油菜—稻—稻轮作栽培,发病率低于绿肥—稻—稻。据浙江省报道,早熟晚粳秀水37应在7月上旬播种,如提前为6月下旬和普通的晚粳稻同时播种,则易引起早衰而流行菌核病。

其他如褐飞虱、叶蝉、螟虫的为害,削弱水稻抵抗力,或形成伤口,或分泌氨基酸等物质,都易造成菌核病菌的侵染,均加重菌核病的发生。青枯病的为害也会加重菌核病。

【防治方法】 应着重采用减少菌源,种植抗病品种,加强肥水管理等农业防治措施,结合防治纹枯病、稻曲病和治虫,适时施药保护。

1. 结合防治其他病虫害,减少菌源

一般越接近稻株基部,菌核数量越多。可以结合防治螟虫,提倡齐泥割稻,处理绿肥田和春花田的外露稻根,将病稻草带出田外,以减少田间残留的菌核。重病田稻草宜作燃料或垫栏,栏肥需经堆积高温发酵后施用,堆肥经60℃ 6小时高温发酵,可使稻草中菌核死亡;有条件的地方可实行水旱轮作。春耕灌水时,结合防治纹枯病;在插秧前用纱布袋打捞浪渣菌核,防病效果可达50%~80%。

2. 病区宜选种适于当地的抗病高产良种

据各地调查试验,20世纪80年代推广的高产良种,如浙江的粳稻秀水系统,糯稻祥湖系统,早稻嘉籼系统,大多菌核病较轻;江西的早广2号、汕优4号、IR24、粳稻184,湖南的闽晚6号、倒种春较抗病。

3. 加强肥水管理

与防治稻瘟病、纹枯病基本相同。水稻生育前期浅灌勤灌，开好排水沟；分蘖末期适当晒田；孕穗期保持水层，后期保持田面湿润，严防断水过早。当晚稻灌浆至蜡熟期，遇久晴不雨，应立即灌跑马水，保持土壤湿润，养根保叶，以免土壤干燥过度而加速病情发展。如遇刮较大的西北干风，还应适当短时间灌深水，以免引起较青的病株突然失水青枯。在施肥上，宜多用有机肥作基肥，并配施磷、钾肥；既要防止氮肥施用过多、过迟，稻株徒长贪青，又要避免后期脱肥早衰，影响稻株生活力。据江西、浙江、辽宁等省报道，插秧前每公顷施氯化钾或硫酸钾112.5～150千克，有明显降低病株率的作用。施用硅肥可增加水稻的抗病性。

4. 药剂防治

据各地试验，一般以拔节期和孕穗期用药效果好。防治一次的，应掌握在孕穗初期；防治两次的，可在圆秆拔节期和孕穗期各喷药一次；如果病情基数高，抽穗期又遇低温多雨，还宜再喷药一次。有效的农药有：70%甲基硫菌灵（70%甲基托布津）可湿性粉剂1 000倍液，50%多菌灵可湿性粉剂800倍液，井冈霉素$(50～75)\times10^{-6}$，40%异稻瘟净或稻瘟净600倍液，40%敌瘟灵（克瘟散）1 000倍液、9%吡唑醚菌酯微囊悬浮剂500倍液等。生产实践中。一般均将防治本病与防治稻瘟病等结合在一起，但喷雾时要特别注意喷在稻株基部的叶鞘上。

另外，结合防治其他虫害、病害，增强水稻的抗病力。

（四）水 稻 烂 秧

烂秧是水稻的种子、幼芽和幼苗在秧田前期死亡（即烂种、烂芽和死苗）的总称。可分为非传染性和传染性两大类。非传染性烂秧是指纯属由于管理不善和不良环境条件所造成，传染性烂秧则多指不良环境诱致腐霉菌、绵霉菌、水霉菌、镰刀菌、丝核菌等弱性寄生菌为害而引起的。

一般来说，烂种纯属非传染性，死苗青枯型和黄枯型多属传染性，而烂芽则两者兼有之，但以传染性（绵腐型和立枯型）为严重。

水稻育秧依其秧田水分管理的情况分为水育秧、湿润育秧和旱育秧3种（图2-8）。

烂秧往往是紧随着育秧方式的改变，烂种、烂芽、死苗的发生与轻重程度各异。20世纪50年代初期之前，我国各稻区均以水育秧为主，烂种、烂芽和死苗均较严重。随着50年代后期湿润育秧的推广，重视留种晒种和浸种催芽技术并逐

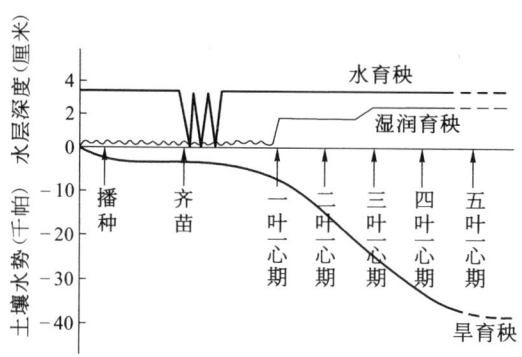

图 2-8 三种育秧方式秧田水分管理示意

步改善秧畦的通气条件以后,烂种已很少发生,烂芽有所减轻。因耕作制度的改变,复种指数的提高,以及生产季节的抓紧,早稻育秧一再提前,而我国长江中下游及其以南很多稻区,这一期间冷暖空气活动频繁,且多阴雨,当冷空气侵袭,连续低温阴雨,常有烂秧发生,尤以二三叶期往往出现大面积死苗,严重时造成秧苗不足,打乱品种布局,延误农时,以致影响当季和下季产量。

1981年黑龙江省引进日本北海道的"寒地旱育秧"技术取得较好成果,并逐渐在东北、华北、西北稻区推广。1991年,湖南又率先将这一技术引入长江以南地区。"旱育秧"本是我国应用较早的育秧方法之一,但因整地及秧苗管理不善,在遭遇低温时,死苗严重,未能推广。随着引进的"寒地旱育秧"的推广应用和总结过去的旱育秧经验教训,开展了苗床培肥、旱育旱管和大田配套技术等多方面研究,才形成了一整套的"肥床旱育秧"技术,不仅在水、土、肥等方面从根本上抑制了引致烂芽、死苗的病原菌孳生,使烂秧问题基本上得到解决,而且使该秧苗具有发根力强、植伤轻、分蘖快等高产的优点。因此,"肥床旱育秧"技术已在长江流域及其以南各稻区广为应用,仅江苏省在1998年就达到了153.3万公顷,超过水稻播种面积的三分之二。

至于烂种和非传染性病害的烂芽另在本书第三部分非传染性病害各论中叙述,这里主要阐述传染性病害烂芽和死苗。

【症状】

1. 烂芽

指芽谷播种后至不完全叶伸出(冒青)期间的根、芽死亡现象,以水育秧最为严重,湿润育秧次之,肥床旱育秧最轻。传染性烂芽根据症状分为绵腐型和立枯型两类。

（1）绵腐型　绵腐型烂芽主要发生在水秧田中,或湿润秧田中遇持续低温阴雨而使秧田积水时偶有出现。最初在根、芽基部颖壳破口处产生乳白色胶状物,逐渐向四周呈放射状长出白色绵毛样的菌丝体和孢子囊,呈近圆球形,以后常因氧化铁沉积或藻类附着上面,逐渐变成土褐色或绿褐色,幼芽渐变黄褐色枯死,俗称为"水杨梅"。

（2）立枯型　立枯型烂芽是烂芽中的重要类型。开始时零星发生,以后迅速向四周蔓延,严重的成簇、成片死亡。主要发生在湿润秧田中。最初在根、芽基部呈现稍带水渍状淡褐色斑,随后以根、芽基部为中心长出白色绵毛菌丝体平贴于土表,并很快变成土褐色,需仔细观察才能辨认,也有一些长出淡金黄色霉状物。幼芽基部多软弱,很易拔断,最后幼芽变褐、扭曲、腐烂。

2. 死苗

指第一完全叶伸出至三叶期的幼苗死亡。在早稻二三叶期常易发生,以湿润育秧最为严重,水育秧次之,肥床旱育秧最轻。死苗根据症状可分为青枯型和黄枯型两类。

（1）青枯型　青枯型死苗的病株最初叶尖停止吐水,后心叶突然萎蔫,卷成筒状,随后下叶也很快失水萎蔫筒卷,全株呈污绿色枯死,群众称为"卷心死"。病株根系色泽变暗,根毛稀少。青枯死苗大多发生在二三叶期,往往一墩墩突然出现,迅速蔓延,严重的成片枯死,但发病点周围仍有病健株交错现象。

（2）黄枯型　黄枯型死苗的病株则从下部叶片开始,先由叶尖向叶基逐渐变黄色,再从叶片向上延及心叶,最后幼苗基部变褐软化,全株呈黄褐色枯死,群众称为"剥皮死"。病苗根系色泽变暗,根毛很少,易拔起。黄枯死苗常多在一叶一心时就开始发生,初期多在生长矮小的弱苗上先发病,随后逐渐蔓延扩大,严重时也一墩墩或成片枯死。

【病原】　导致烂芽和死苗的病原菌种类很多,它们都是广泛存在于土壤和污水中的弱性寄生菌。据吉林通化地区农科所的研究,以镰刀菌为主,其次是丝核菌、腐霉菌等。江苏周燮的研究认为腐霉菌是最主要的致病菌。据笔者多年的随机取样镜检,浙江地区在湿润秧田育秧情况下,似乎在不同年份及田块间存有差异,以腐霉菌最为常见,绵霉菌次之,镰刀菌和丝核菌较少出现。已报道引发烂芽和死苗的病原菌有8个属29个种和1个变种(图2-9)。

1. 水霉属(*Saprolegnia*)

隶属于水霉目水霉科。菌丝粗壮,很少分枝。游动孢子囊生在菌丝顶端,棍棒形或长梭形。游动孢子两游现象明显。新孢子囊从旧的空孢子囊基部长出,具显著的层出现象。藏卵器球形或卵形,顶生,少数间生,内含卵孢子,1个至多个。本属菌多腐生,少数引起鱼病。已报道可引起烂秧的仅1个种,即异孢水霉菌(*S. amisospora* de Bary)。

2. 网囊霉属(*Dictyuchus*)

隶属于水霉目水霉科。菌丝发达,孢子囊顶生,与菌丝相仿或长棍棒形,新生孢子囊以合轴分枝式生出。静子(休止孢)在孢子囊内形成,排成数行,互相挤压成为多角形,使孢子囊呈网状,萌发时生芽管或次生肾形的游动孢子,藏卵器内只含1个卵球,卵孢子球形。已知能引起烂秧的有3个种,如异常网囊霉菌(*D. anomalus* Nagai)。

3. 绵霉属(*Achlya*)

隶属于水霉目水霉科。孢子囊丝状或棍棒状,新生孢子囊从老孢子囊的外侧基部长出(含轴式)。游动孢子在排孢口处聚集成团休止,随后静子萌发产生次生游动孢子。本属依据卵孢子或成熟卵球中油球的位置可再分为3个亚属。

4. 腐霉属(*Pythium*)

隶属于霜霉目腐霉科。孢囊梗与菌丝无区别。游动孢子囊丝状至瓣状、或球形至卵形,成熟萌发时先形成球形泄囊,再在其中产生游动孢子。卵孢子球形,壁平滑或具纹。这一属的菌生长在水中或土内,侵害植物的根或近地面部分,虽然寄生性弱,但破坏力强。已知腐霉属能引起烂秧的有12个种。如稻腐霉菌和瓜果腐霉菌等。

5. 类腐霉属(*Pythiogeton*)

隶属于霜霉目腐霉科。游动孢子不在孢子囊内形成。孢子囊先将内含物挤出体外后,也不形成明显的活囊就产生游动孢子。孢子囊的纵轴与孢囊梗近乎直角交接。已知类腐霉属引起烂秧有3个种,如单态类腐霉菌(*P. uniforme* A. Lund)。

6. 疫霉属(*Phytophthora*)

隶属于霜霉目腐霉科。本属名有8个异名,如*Pythiomorpha*、*Pseudopythicem*等。本属菌在形态上的变异很大,不论孢子囊形状、大小,是否产生厚垣孢子、性器官的类型和大小等,变幅都相当大。因此,本属内种的鉴定还要结合它们的寄主、生长、温度及其在某种培养基上的生长能力等来确定。已知疫霉属中能引致烂秧的有两个种,如稻疫霉菌(*P. oryzae* Ito et Nagai)。

7. 镰刀菌孢属(*Fusarium*)

隶属于瘤座孢目。分生孢子梗无色,不分枝至多分枝,上端是产孢细胞,内壁芽生瓶梗式产孢。分生孢子有二型:大型分生孢子椭圆形至镰刀形,无色,多胞,两端稍尖,略弯曲,基部常有一明显突起的脚胞;小型分生孢子卵圆形至椭

一、真菌性病害

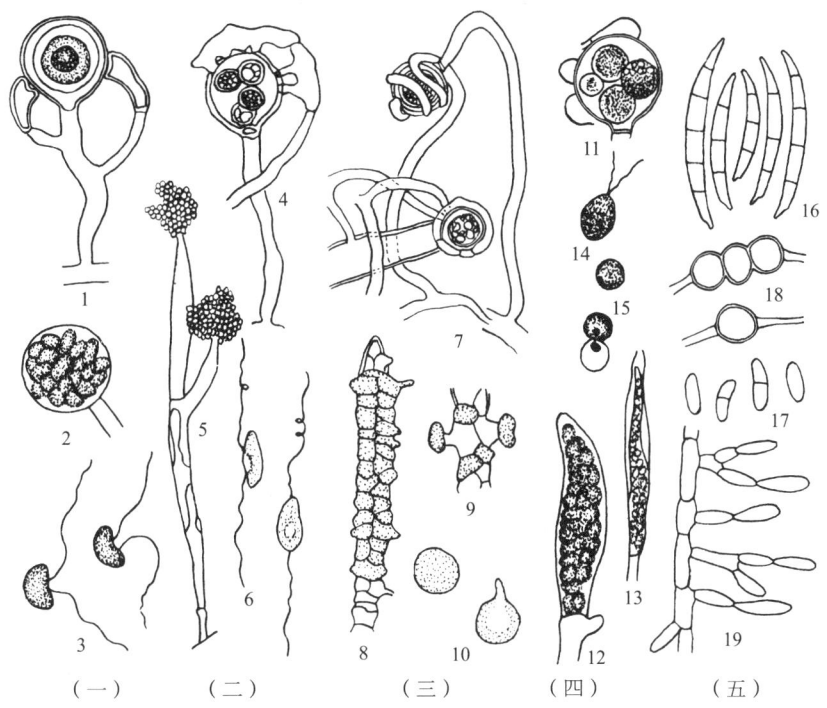

图2-9 水稻烂秧病病菌

（一）*Pythium oryzae*
1. 藏卵器及雄器；2. 孢子囊；3. 游动孢子
（二）*Achlya klebsiana*
4. 藏卵器及雄器；5. 孢子囊及游动孢子的溢出；6. 游动孢子
（三）*Dictychus anomalus*
7. 藏卵器及雄器；8. 孢子囊；9. 游动孢子的溢出；10. 休止孢子及其萌发
（四）*Saprolegnia amisospora*
11. 藏卵器及雄器；12. 孢子囊；13. 孢子囊层出现象；
14. 游动孢子；15. 休止孢子及萌发
（五）*Fusarium oxysporum*
16. 大型分生孢子；17. 小型分生孢子；18. 厚垣孢子；19. 产孢组织

圆形，无色，大多单胞，少数双胞或三胞单生或聚合成假头状，或串生成链状。有的可在菌丝末端和中间或分生孢子上形成近球形的厚垣孢子，无色或有色，单生或串生。属以下根据培养中是否形成大型或小型分生孢子和厚垣孢子及各种孢子的形态，分生孢子座和黏分生孢子团的性状及培养基中产生色素种类分成组、种、变种（品种）。已知镰刀菌孢属引致烂秧的有4个种，其中尤以尖孢镰孢菌（*F. oxysporum* Schlecht）最为重要。

8. 丝核菌属（*Rhizoctonia*）

隶属于无孢目。无性态不产生分生孢子。菌核与菌丝彼此相连，褐色或黑色，表面粗糙，内外层色泽一致，结构较疏松。老熟菌丝淡褐色，近分枝处形成隔膜，呈缢缩状，多为直角分枝。此属在国内已报道3个种，最常见的是立枯丝核菌（*R. solani* Kuhn），它也可以引起水稻烂秧。这个种还可以分为9个菌丝融合群，每一菌丝融合群体有一定的寄主范围。

引起绵腐型症状的病原菌主要是前述6个属病菌在水育情况下侵害发生的，而呈现立枯型症状并不只是立枯丝核菌和镰孢菌侵害引起，以江苏、浙江的情况看，在湿润育秧中所出现的立枯症状（青枯、黄枯死苗和烂芽），其病原菌仍以腐霉和绵腐等鞭毛菌为主。

【侵染循环】 引致烂秧的病原菌，均能在土壤中长期营腐生生活，一旦遇有机会就侵染生长衰弱的幼芽和幼苗，引起烂秧。但不同病原菌，它们的越冬方式和传播途径有所差异。水霉菌、绵霉菌和腐霉菌等鞭毛菌类还普遍存在于污水中，主要以菌丝、卵孢子在水中和土壤中越冬，条件适宜时形成游动孢子囊，再萌发产生游动孢子，借水流传播，侵染幼苗，随后病菌上又不断产生孢子囊和游动孢子进行再次侵染，扩大为害。镰孢菌一般以菌丝及厚垣孢子在各种寄主病残体及土壤中越冬，在适宜条件下产生分生孢子，借雨水和气流传播，进行初次和再次侵染。立枯丝核菌则以菌丝和菌核在各种寄主病残体和土壤中越冬，菌丝在幼苗株间进行近距离接触传播，不断扩大为害。

【发病因素】 引起传染性烂芽和死苗的病原菌虽然在土壤和污水中普遍存在，但它们的寄主性都很弱，只有当不良的外界环境条件影响导致幼苗生长衰弱、抗性降低时，病菌才得乘虚而入。诸如气候条件、秧苗抗性、育秧方式、催芽质量、肥水管理等，都与秧苗生活有关，其中尤以气候条件更为密切。

1. 气候条件

育秧期间的气候条件与烂秧密切相关，特别是低温阴雨更是烂芽、死苗的前奏，低温前的异常高温和冷后暴晴，温差过大，又是促使死苗发展快、为害程度加重的重在诱因。我国南方稻区早稻育秧期间，冷暖空气交替活动频繁，时冷时热，且多阴雨。以杭州地区为例，4月上旬的最低气温常在5℃以下，极端最低气温竟低至0.7℃，而最高气温却可达34℃左右；5月上旬极端最低气温仍可低至9℃。因此，每当冷空气侵袭，温度低于幼芽生长的最低温度12℃，又多阴雨、少日照时，幼芽的生理机能大大减弱，抗逆力差，迟迟不能扎根出叶，就诱使腐霉、绵霉等弱性寄生菌侵染而烂芽。特别是二三叶期，胚乳内贮藏的营养物质即将耗尽，幼苗体内贮糖量不足，抗寒力最弱，若遇到低温更易造成青枯、黄枯死苗。

土温低于15℃时,早籼稻幼苗的叶基生长与根尖生长受阻;低于8℃时,幼苗根系活力严重受害,"吐水"发生障碍。随着低温时间的延长,根内的可溶性糖类与氨基酸等还会向根际土壤外渗,这就为腐霉等菌侵入根部创造了营养条件(图2-10)。而且腐霉菌和绵霉菌等又耐低温生长,故在零上低温情况下,持续时间愈长,低温强度愈大,愈易引起腐霉菌等侵入,导致死苗。如果低温前后出现异常高温,更会促使严重死苗。例如1981年浙江省早稻育秧前期,从3月27日至4月15日出现了长达20天的连续阴雨,其时间之长,为30年来同期所罕见。光照时数普遍偏少,4月上旬杭州光照时数不到1小时,比常年同期少42小时,同期,浙北、浙中又出现连续两天以上日平均气温9～11℃的"倒春寒"天气;而且从3月14日至4月4日的短短20天中,出现历史上少见的四次冰雹,在下冰雹前一天或当天的最高气温多在18～24℃,有的高达29℃。因此,1981年的绿肥田塑料薄膜搭架育秧和早播露地育秧的秧苗,发生严重的烂芽和死苗。

镰刀菌和丝核菌的生育温度范围也较宽。如禾谷镰刀菌、木贼镰刀菌温度范围为3～35℃,丝核菌为13～30℃,低温削弱幼苗抗性,同样有利于侵染。

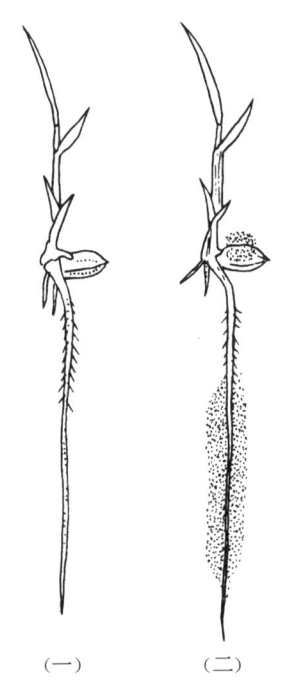

图2-10 低温引起水稻幼苗氨基酸外渗示意
(一)幼苗处于25℃下36小时
(二)幼苗处于5℃下36小时,氨基酸从幼根和种子部分向外渗漏

2. 幼苗抗性

幼苗的抗病性与其抗寒性成正相关,而幼苗抗寒性则与水稻类型、品种、种子质量、催芽技术、幼苗生育期、肥水管理等密切相关。一般粳稻比籼稻抗寒。而籼稻不同品种的抗寒性也不一致,同一品种不同生育期的抗寒性差异更为明显。种芽对经较长时间6℃低温都无大影响,甚至能耐1~2℃;一二叶期就不能忍受11℃以下的低温了;三叶"离乳期"的抗寒性最差,15℃以下都难忍受,这是传染性死苗的危险期;四叶以后,叶片光合作用和根系吸收能力都增强,耐寒力显著提高,死苗就极少发生。

种谷成熟度不高或不饱满,贮藏养分少,发芽力差,抗逆力也低。浸种未浸透或浸种时间过长,发芽力差,也会降低幼苗的抗逆力。催芽后,根、芽的长短与烂芽有密切相关关系,短芽的抗逆力比长芽强;种根超过2厘米,入土能力就下降。根芽过长,常缠绕一起,既难撒播均匀,又易损伤幼芽和碰断种子根,影响及早扎根竖芽而导致烂芽,播后阴雨天更甚。群众的"天雨播谷"经验,主要是指在持续阴雨天气下,催芽时间宜短些,以增强其抗逆力。在根、芽长短比例中,特别是芽长根短或根芽过长最不利于扎根竖芽,也极易遭受腐霉菌、绵霉菌等侵害。

播种应避免阴雨天进行。播后如排水不良或过早灌水上畦面,就易造成缺氧而诱致烂芽。一叶展开后,遇寒潮来临,幼苗受冻,诱使病菌侵入,如冷后暴晴,很易出现死苗。秧苗偏施氮肥,苗体内氮代谢过旺,游离氨基酸过多,使之出现"得氮耗糖"的当时效应,碳氮比率下降,抗寒性差,极易诱发病菌侵害而造成死苗。

此外,各类型秧田生态环境不同,各种传染性烂秧的发生也有差异。例如水霉菌和绵霉菌适于水生环境,所以老式的水秧田有利于其发生,湿润秧田为害较轻,肥床旱育秧则能抑制其为害。各种镰刀菌以土壤含水量10%~25%的低湿生育良好,所以肥床旱育秧仍能受害。

【防治方法】 防治烂秧应以提高育秧技术,改善环境条件,增强稻苗抗病力为重点,适时进行药剂防治。芽谷播种后至幼苗一叶期,其主要矛盾是扎根立苗,只有使种子根和一叶期芽鞘节上长出的次生根(鸡爪根)及时扎入土中,才能使幼芽正常地成长为幼苗,这是防止烂芽、培育壮秧的关键。扎根的首要条件是向根部供氧。因此,防止烂芽应狠抓秧田、催芽、播种的质量以及芽期湿润灌溉等措施。一叶伸展以后,应着重通过肥水管理,增强幼苗抗性,减少低温影响,必要时辅以喷药保护。

1. 提高秧田质量

秧田位置应选择肥力中等,避风向阳,排灌方便而地势较高的地方,避免四周空旷、遮阳及有潜水的田块。秧田制作应提倡燥耕、燥做和水耥,达到面平沟深,上糊下松,软硬适度,畦宽恰当。凡冬、闲田作秧田要冬耕晒垡,多施温性基肥,以增加土温和通透性。

2. 精选谷种

种谷要纯、净、健、壮,成熟度高,浸种前抓住晴天晒种1~2天,使种子的含水量降低,增强吸水能力,促进新陈代谢,提高种胚的生活力,以求发芽迅速而整齐。晒种后进行风选,盐(泥)水选种和种子消毒。

3. 提高浸种催芽技术

浸种要浸透,以胚部膨大突起、谷壳呈半透明状态、透过谷壳隐隐可见腹白和胚为准。既要防止未浸透,又要防止浸种过水,造成胚乳中营养物质外渗,种子发黏而降低发芽力。催芽过程使水分、温度、氧气三者关系协调,露白前温度过低和水分过多容易出现"滑壳",露白后温度过高又易发生"烧芽",要求做到"高温(36~38℃)露白,适温(28~32℃)催根,淋水长芽,低温炼芽",避免出现根长芽短、芽长根短、根芽过长等不良现象。

4. 掌握播种质量

根据品种特性,确定播种适期、播种量和秧龄。南方稻区要在当地平均气温稳定通过12℃时,方可大批播种露地育秧。适期播种要相应适时催芽。浸种催芽应根据天气预报,抓住暖尾冷头开始,以便在冷尾暖头抢晴播种,使播后有3~5个晴天,有利于芽谷扎根现青。根据秧龄期长短,严格控制播种量,并均匀播种。播后适度塌谷,以谷陷半为宜,防止露籽或淤籽。塌谷后盖灰,保暖保湿,有利于扎根竖芽。

5. 科学管水

芽期的主要矛盾是扎根立苗。扎根的主要条件是向根部直接供氧。因为此时根的持续生长要有5%的氧气,而田水中氧气一般只含0.3%~0.5%。所以,芽期应保持畦面湿润,也要尽可能不灌水护芽。只有遇到暴风雨、冰雹或霜冻,才进行短时间的灌水护芽。

一叶期展开以后,幼苗地上部向根部的供氧能力与叶鞘的贮藏能力明显增强,因此可以适当短期建立薄水层。二三叶期幼苗抗寒力弱,应以灌水缓和温差、保温防冻为主。在寒潮来临时,要灌好深水或"拦腰水"护苗;寒潮期间当水温接近气温后,应适当降低水层或日排夜灌;冷后初晴时会出现极端低温,个别年份甚至出现晚霜,当气象预报最低气温在5℃以下时,可短时间灌深水,但宜在翌晨排去冷水,换上新鲜水,保持畦面在1~2天内留有薄皮水,以防幼苗水分供求失去平衡。等气温比较稳定、幼苗恢复正常的生理机能以后,就不再灌水上畦面，一般保持湿润，并追施少量肥料，以恢复生长。

塑料薄膜搭架育秧的，通风时要先上薄皮水，并宜在上午8～9时膜内外温差不大时进行。全部揭膜后也要先灌水上畦面，防止温湿度突然变化，以维护幼苗活力。

对于土壤含有机质多的排水不良秧田，或已施用过多绿肥及其他未腐熟有机肥的秧田，在低温阴雨转晴，温度上升到20℃以上后，秧田中会产生大量的亚铁、硫化氢等还原性有毒物质，田水中甚至出现"油镜""锈水"，导致幼苗根系发黑。遇到这种情况，可先边灌边排，冲洗有毒物质，然后适当排水落干，以利幼苗恢复。

已发生死苗的秧田，应当立即灌跑马水，每天一次，每次灌水上畦面后再立即排出。

6. 合理施肥

秧田施肥掌握基肥稳，追肥少量多次，先轻后重，先淡后浓，以及提高磷、钾比例等原则。对于肥力较低的秧田，应在"氮断奶"以前的鞘叶至一叶期追施少量速效性氮肥，以利于扎根，即所谓扎根肥。至"糖断奶"以前的二叶到二叶一心时，一般都应及早追施较多量的"断奶肥"，以弥补"糖断奶"时幼苗体内的氮素不足，防止三四叶期脱力黄苗，降低抗性，以利异养苗向自养苗转化。

7. 药剂防治

老秧田或灌溉污水的秧田，宜在发病前用药预防。在烂芽刚开始，或一叶一心到三叶期出现零星卷叶，或无风的早晨出现零星苗叶尖端没有水珠时，应及时用药抢治。

目前防治传染性烂芽和死苗的农药以敌克松的效果最好。据江苏试验，预防浓度为65%敌克松可湿性粉剂700倍液，抢治浓度为300～500倍液，每公顷净秧板用药18.75千克。用药前，先在早晨排出秧田积水，待下午4时左右畦面稍干后，用喷雾器喷粗雾点或用洒水壶浇洒于畦面，尽量使药液全部渗入土内。用药后两天内不要灌水，以免冲稀。此药遇阳光直射或遇碱性物质易失效，所以晴天宜在下午4～5时以后使用，并勿和碱性农药或化肥同时混用，但与硫酸铜（每公顷750～1 500克）合用有增效作用，与硫酸铵等酸性化肥合用，还可以加速病苗恢复。另据广东用65%～70%敌克松120～200倍液，每公顷晴天用药2 250克，阴天用药3 750克，兑水450～750千克喷雾，药效可维持10～15天。施药后经正常排灌管理，不致失效。用于秧板消毒，则可在播种塌谷后用65%敌克松可湿性粉剂120～200倍液，每公顷用药液750千克。

（五）稻苗疫霉病

稻苗疫霉病是我国发现的一种水稻苗期病害，常造成秧苗枯死，或由于部分叶片死亡而影响秧苗素质，移栽后发棵迟，分蘖少。据江苏调查，早稻秧苗发病率一般在60%～70%，重病田块可高达90%。秧苗受害，可造成15%～20%的死苗。

【症状】 稻苗疫霉病主要在早、中稻秧苗和早稻大田前期发生，为害秧苗叶片。最初是在叶上产生黄白色圆形或椭圆形小斑点。环境适宜时迅速发展，形成灰绿色水渍状不规则条斑，长可达34厘米。湿度高时或清晨，病斑上常产生白色至灰白色稀疏霉层。随后条斑中部渐变灰褐色，边缘褐色。病害急剧发展时，病斑扩大或相互愈合，可使叶片纵卷或弯折。一般情况下病害只造成稻苗中、下部叶片局部枯死，严重时全叶或整株稻苗死亡，特别是三叶期前后，死苗比较常见。秧苗移栽后如条件适宜仍可继续发病，但一般随着气温上升，病害明显受抑制，至分蘖期就极少发生。

【病原】 为稻苗疫霉原菌 *Phytophthora fragariae var.oryzo-bladis* Wang et Lu。病斑上的霉层是病菌从寄主叶片气孔伸出的菌丝状孢囊梗。孢囊梗2～5根，单生或偶有1～2回单轴分枝，长度可达405～675微米。一个气孔中或邻近几个气孔中伸出的孢囊梗有散生，也可黏集成束。孢囊梗的宽度为2.9～5.7微米。孢子囊顶生，多数长椭圆形，也有倒梨形，无乳头状突起，顶部钝圆或稍平。多数宽度28.8～57.5微米，最小22.1微米，最大65.5微米，平均42.8微米，多数长度43.1～93.1微米，最小36微米，最大98.3微米，平均65.5微米。孢子囊成熟后不脱落，其萌发主要是在孢子囊内产生游动孢子。游动孢子逐个从孢子囊顶部的孔口散出或先在孔口外形成的孢囊中短暂聚集后再散放，也有些孢子囊中的原生质流到孔口外的泡囊中，最后分化为游动孢子。孢子囊顶部的孔口平阔或稍作圆弧形凹陷，孔径11.5～20微米。一个孢子囊中可形成5～13个游动孢子。游动孢子有肾脏形、洋梨形、椭圆形等形态，直径为10.5～20微米。游动孢子从孢子囊中排出后，空孢子囊内可再生孢子囊，但次生孢子囊一般不露出老孢子囊壳之内。

在自然情况下，病菌的孢子囊在阴湿天气或清晨可大量形成。将有灰绿色病斑的叶片采回室内，放入水中或装在塑料袋中保湿过夜也能产生大量孢子囊。

藏卵器和雄器也在病斑表面霉层中形成。从表现症状到病斑表面霉层形成卵孢子一般只需1周左右时间。藏卵器圆形或不规则圆形，黄褐色，多数直径39.9～58.1微米，最小31.2微米，最大72微米，平均46.9微米，壁厚2.2微

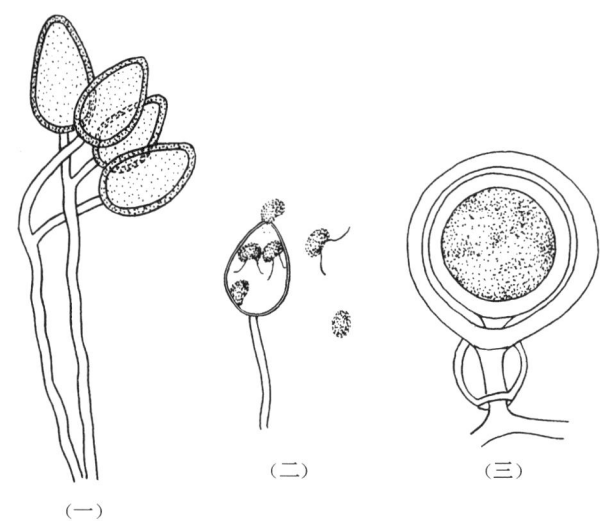

图 2-11　稻苗疫霉病菌
（一）孢囊梗及孢子囊　（二）孢子囊萌发及游动孢子、休止孢子
（三）藏卵器及雄器（卵孢子）

米。卵孢子圆形，黄色，多数直径27.2～48微米，最小21.7微米，最大57.0微米，平均35.5微米，壁厚3微米。雄器围生，圆形，稍扁或略长，淡黄色，大小为（12.2～25.9）×（15～30）（微米），平均19.2×21.9（微米）（图2-11）。

卵孢子壁与藏卵器之间一般不等距，较大一边的距离平均为9.3微米，最小3.6微米，最大18.3微米；较小一边的距离平均5.1微米，最小1.5微米，最大12.4微米。

【侵染循环】　初步研究表明，病菌可能以卵孢子在土壤中越冬，翌年在淹水条件下萌发产生游动孢子侵入为害。在饱和湿度下病部才能产生孢囊梗。孢子囊产生需露滴，漂浮水面的病叶最易产生孢子囊，但深浸在水面以下的叶片并不产生。孢子囊在15～30℃水温中均可产生，但15～25℃比较适宜。黑暗条件有利于孢子囊的产生，紫外线对产孢有抑制作用。适于产生孢子囊的介质pH在5～7，pH在8以上和pH在4以下可以有孢囊梗产生，但不形成孢子囊。

游动孢子的游动性和侵染活力均有随温度升高而下降的趋势。游动孢子在25℃水中可以游动7～9小时，并保持其侵染活动，30℃可保持到5小时，35℃下1小时后就全部死亡。游动孢子休止后，由休止孢萌发产生的芽管从叶片气孔侵入，侵入后菌丝在细胞间扩展。不产生吸器。

病菌侵入后温度对发病影响不大，15～35℃均能发病。25～35℃时潜伏期为25小时左右，15℃时为36小时。受侵染的秧苗只有在饱和湿度下才能发展为典型病斑,在相对湿度60%～90%时只能形成淡褐色小斑点,不扩展,亦无霉层产生。

【流行规律】 病害主要在早、中稻秧苗期发生。在江苏省4月下旬至5月上旬病害初见,5月中下旬是发病高峰,6月上旬以后病情开始下降。发病最适宜温度为16～21℃,气温超过25℃病害受到抑制。阴雨连绵有利于病害发生、发展,相对湿度低于70%时对病害发展蔓延不利。

三叶期前后的秧苗最感病,但在适宜条件下,双季早稻本田前期也会受害。

秧田的水浆管理是影响发病的重要因素。秧田淹水和深灌有利于发病。串灌有利于病害的传播。秧田期浅水勤灌,病害发生后适当晒田,再湿润灌溉,能控制蔓延。

此外,秧田整地质量、播种密度和肥力水平对病害有一定影响。整地质量差,秧畦高低不平,常会造成秧苗局部淹水。受淹秧苗首先发病,成为传播中心。播种过密,不仅有利于病菌的接触传播,而且秧苗细弱,抗病能力差,发病重,恢复慢。施肥水平也影响秧苗素质,适当增施氮肥,特别是三叶期的断乳肥,对增强秧苗素质、提高抗病性的作用很大。

【防治方法】

1. 秧田轮换

可减少初次侵染来源。群众经验证明,病区年年更换秧田,防病效果明显。

2. 田间管理

精心做好秧田,加强肥水管理。秧田畦面要平光,防止低处浸水。肥水管理首先要注意水浆管理,要浅水勤灌,避免漫灌、串灌,适当增施肥料,提高抗病力,增强病苗的恢复能力。

3. 药剂防治

以早、中稻秧苗三叶期为重点防治对象田。有效药剂有72.2%霜霉威(普力克)水剂800倍液,64%杀毒矾可湿性粉剂500倍液,40%乙膦铝可湿性粉剂300倍液,58%甲霜灵锰锌可湿性粉剂500倍液,25%嘧菌酯悬浮剂2 000倍液,50%多菌灵可湿性粉剂1 000倍液,50%硫菌灵(托布津)可湿性粉剂1 000倍液,50%苯菌灵(苯来特)可湿性粉剂1 000倍液,1∶2∶240波尔多液,80%克露可湿性粉剂700倍液。

(六)稻霜霉病

水稻霜霉病又称黄化萎缩病,寄主广泛,能侵害禾本科作物和杂草43属以上,常见的有玉米、小麦、大麦、元麦、黑麦、粟、稗、看麦娘、马唐、鹅观草等。本病早在东北、华东地区有发现,以江苏、浙江发生较普遍。由于病株大都不能结实,可造成个别地方连片失收。2001年据安徽省黄山植保站调查,全区中稻发病面积达1 300多公顷,其中秧田发病200多公顷,平均病株率为20%~30%,严重田块高达70%;大田平均病丛率为10%,高的达60%。

【症状】(图版4) 感病稻苗在秧田后期开始出现症状,分蘖盛期症状显著。病株矮缩,叶片淡绿,呈斑驳花叶,斑点黄白色,圆形或椭圆形,排列不规则。孕穗后,病株矮缩更为明显,株高不及健株的一半。叶片宽短肥厚,由于叶片黄化,有时黄白斑点不清。病株心叶常黄化卷曲或捻转,不易抽出,下部老叶逐渐枯死。受害叶鞘略现蓬松,表面有不规则波纹,有时产生皱褶或扭曲。分蘖减少,所有分蘖均感病,为系统侵染。重病株不能孕穗,轻病株即使孕穗,也不能正常抽穗,常包裹于剑叶鞘中,或从其侧面拱出,成蜷曲状,穗小不实,且扭曲畸形。

【病原】 水稻霜霉病菌 *Sclerophthora macrospora* (Sacc.) Thirum et al. 孢子囊世代似疫霉菌,卵孢子世代似指梗霉菌。病菌的藏卵器球形、淡黄褐色,雄器侧生,结合而成卵孢子。卵孢子在稻株发病初期,较难在病组织内查到,往后到孕穗期则易见于显微镜下。卵孢子初为无色到淡黄白色,嵌于病组织的深层细胞中,不易与病组织分离。随着病株老化,卵孢子逐渐成熟,便从病组织内离散出来。卵孢子有后熟作用,未成熟的卵孢子可在病组织内放置10~15天后,明显老熟。成熟卵孢子外壁与藏卵器壁具有相愈合的特征。卵孢子呈近球形或近卵圆形,黄褐色,表面光滑或微有皱褶,大小为(36~46)×(44.8~65.6)(微米)。孢子囊柠檬形,无色,单生于孢囊梗顶端。孢囊梗自气孔伸出,常为单根,其上有分枝。孢子囊遇水萌芽,将内含物分割为多个游动孢子。游动孢子椭圆形,具双鞭毛,静止后呈球形。孢子囊多于尚未完全展开的被害叶及其浮于水面的叶片上见到(图2-12)。

【侵染循环】 病菌以卵孢子在病叶内或随病株残留土壤中越冬,或以菌丝体在大麦、小麦及多年生杂草寄主中越冬。翌年春,卵孢子在淹水条件下萌发产生游动孢子,或越年寄主上的菌丝体产生孢子囊和游动孢子,随水流传播,进行侵染。在淹水条件下,卵孢子产生孢子囊和游动孢子,待游动孢子活动休止后,很快产生菌丝侵害寄主。故大水淹漫明显加重发病。卵孢子在10~26℃均可发芽,以19~20℃最适。在10~25℃均能致病,以15~20℃最宜。孢子囊发芽必须有水存在,干燥时数分钟便死亡。病害的潜育期一般约需14天,最短9~10天。秧田期幼芽受侵染至三四叶期就可出现症状。本田期的分蘖芽及刚处于伸长的心叶也可被侵染,一般自病菌侵染后所形成的分蘖都会发病,而侵入以前已长成的分蘖则不发病。本病的发生与洪涝极为密切,其次才是温度和品种。

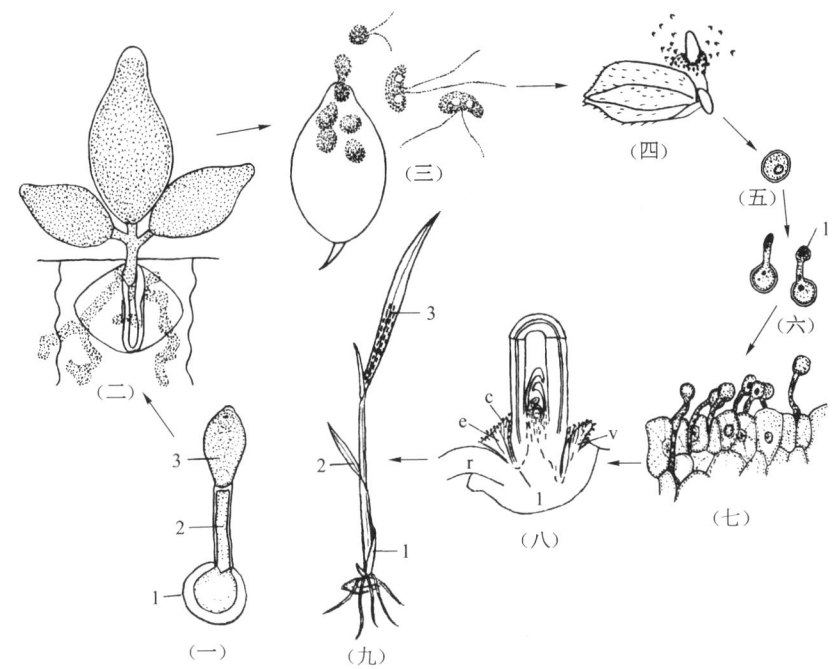

图 2-12 稻霜霉病菌对稻株幼叶侵染步骤的简要图解
(一)卵孢子萌发
1. 卵孢子;2. 芽管;3. 顶生游动孢子囊
(二)孢囊梗和孢子囊从叶片气孔中生出
(三)孢子囊萌发产生的双鞭毛游动孢子
(四)游动孢子有向芽谷外胚叶和腹片的化学趋势
(五)游动孢子的鞭毛收缩形成休止孢子
(六)休止孢子萌生芽管或在芽管顶端先形成附着胞,再产生侵入菌丝
1. 附着胞
(七)休止孢子的芽管直接进入外胚叶表皮细胞缝隙
(八)侵入菌丝(1)及经过外胚叶(e)或腹片(v)的组织扩展至幼叶的生长点
c. 休止孢子;r. 初生根
(九)病苗发病初期,叶鞘与第一叶组织内无菌丝,
第二叶中下部组织内有菌丝分布
1. 叶鞘;2. 第一叶;3. 第二叶

【流行规律】 秧田期和本田初期遭受淹水是重要的发病条件,过水秧田、深水护苗、暴雨淹漫或连续阴雨都有可能造成严重发病。所以早稻育秧期间如遇低温和连续阴雨,进行深水护苗或遭大水淹苗的,往往发病较重。河、溪两旁易受洪涝的田块最易发病。低温有利本病的发生,早稻育秧期间温度恰在 10~20℃ 范围,与病菌发育适温相符,故早稻罹病常重于中晚稻。秧苗期是水

稻主要感病的生育期,本田发病多由罹病秧苗带来。早稻品种间的发病程度有较大差异,据江苏调查,二九南1号、朝阳1号和福矮20等比较抗病,而二九青、矮南早1号发病较重。

【防治方法】

(1)加强农业防治措施,建立完善排灌系统。病区应注意清除沿沟杂草。

(2)选择地势较高地块做秧田,建好排水沟搞好田水管理,防止淹苗。

(3)清除病源。拔毁病株,清除菌源。

(4)药剂防治:发病初期喷洒25%甲霜灵可湿性粉剂800~1 000倍液,或80%烯酰吗啉水分散粒剂800~1 000倍液,或90%霜疫净可湿性粉剂400倍液,或72%霜脲·锰锌可湿性粉剂700倍液,或64%杀毒矾可湿性粉剂600倍液,或58%甲霜灵·锰锌600倍液,或70%乙磷·锰锌可湿性粉剂600倍液,或72.2%霜霉威水剂800倍液。

(七)稻胡麻斑病

稻胡麻斑病是水稻病害中分布最广的一种病害,新中国成立前被视为国内水稻三大病害之一。全国各稻区均有发生,一般由于缺肥缺水等原因,引起水稻生长不良时发病严重。新中国成立后,随着水稻生产管理及施肥水平的提高,为害已日益减轻。但晚稻秧龄过长时,发病仍然较多,是引起晚稻后期穗枯的主要病害之一。

【症状】(图版5) 从秧苗期到收获期都可发病,稻株地上部均能受害,尤其以叶片最为普遍。种子发芽不久,芽鞘就会受害变褐。严重的,甚至不待鞘叶抽出,随即枯死。秧苗叶片和叶鞘上的病斑,大多为椭圆形或近圆形,浓褐色至暗褐色,有时扩展并相连呈条形,病斑多时会引起秧苗枯死,如遇潮湿条件,死苗上会生出黑色绒状的霉层,即病菌的分生孢子。

成株叶片受害,初现褐色小点,逐渐扩大成为椭圆形病斑。病斑大小如芝麻粒,病斑周围一般有黄色晕圈。用扩大镜观察时,因变褐程度不同而呈轮纹状,后期病斑边缘仍为褐色,中央则呈黄褐色或灰白色。一般稻株缺氮的病斑较小;缺钾的病斑较大,且病斑中的轮纹更加明显。病情严重时,叶片上病斑密布,并往往愈合成不规则的大斑,最后使叶片干枯。受害严重的稻株,生长受到抑制,分蘖少,抽穗迟。

叶鞘上初形成的病斑,椭圆形或长方形,暗褐色,边缘淡褐色,水渍状,以后变为中心部呈灰褐色不整齐的大型病斑。

穗颈和枝梗受害变暗褐色,与穗颈稻瘟很相似,但穗颈稻瘟病病部色泽深,为黑褐色，以后成为灰褐色，变色部较短。而胡麻斑病穗引起的，穗部色泽浅，为棕褐色，变色部长。此外，发生期也有不同。穗颈瘟发生较早，多出现在水稻乳熟期，而胡麻斑病引起的穗枯，大多出现在后期。如两病混淆不清，可取病部保湿培养，镜检孢子，加以区别。

谷粒受害迟的，病斑形状、色泽与叶片上的很相似，仅较小而边缘不明显，病斑多时可互相愈合。受害早的，病斑灰黑色，可扩至全粒，造成秕谷，空气潮湿时，在内外颖合缝处及其附近，甚至全粒表面，产生大量黑色绒状的霉层。

【病原】 病原菌无性世代为 *Helminthosporium oryzae* van Breda de Haan。在自然情况下，通常所见的都是其无性世代。分生孢子梗常2～5个成丛，从气孔穿出，基部较粗，暗褐色，愈向上颜色愈淡，大小为(99～345)×(368～377)(微米)，不分枝，稍曲折，有多个隔膜。孢子散落后，顶端尚有屈曲的孢子着生痕。分生孢子为倒棍棒形或长圆筒形，弯曲或不弯曲，褐色，有3～11个隔膜，大小(24～122)×(11～23)(微米)，一般自两端萌发。

有性世代仅在人工培养基上发现。子囊壳球形或扁球形，大小为(500～950)×(368～377)(微米)，内有多个子囊。子囊圆筒形或长纺锤形，大小(142～235)×(21～36)(微米)，内含4～6个子囊孢子，子囊孢子线条状，卷曲，无色或淡橄榄色，大小(250～469)×(6～9)(微米)，6～15个隔膜（图2-13）。

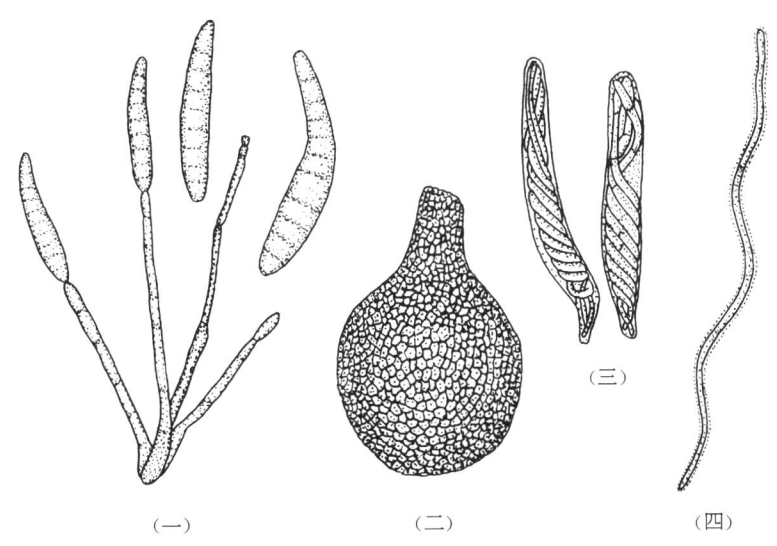

图2-13 稻胡麻叶斑病菌
(一)分生孢子梗及分生孢子 (二)子囊壳
(三)子囊及子囊孢子 (四)子囊孢子

病原菌培养需要的氮源以蛋白胨、碳源以麦芽糖为优,酸碱度反应以微碱性为宜。在培养基中加入米粒浸出液能刺激病原菌的生长。人工培养基上的菌丝体经12小时近紫外线照射和12小时暗处理,能促进大量分生孢子的形成。菌丝生长温度为5～35℃,以28℃最适。分生孢子形成的温度为8～33℃,以30℃左右最适;萌芽的温度为2～40℃,以24～30℃最适。孢子发芽时不仅需要水滴,而且要求92%以上的相对湿度,如无水滴,在相对湿度96%下尚不能完全发芽。当湿度饱和、温度为20℃的条件下,经8小时即能侵入寄主组织;在25～28℃时,4小时就完成侵入过程。

【侵染循环】 病菌以菌丝体在病草与颖壳内或以分生孢子附着在种子和病草上越冬,成为初次侵染源。在干燥的情况下,病组织上的分生孢子可存活2～3年,潜伏的菌丝体可存活3～4年,但翻埋土中的病菌经一个冬季便失去生活力。遗落土面的病草,其中一部菌丝体有越冬能力。

病谷播种后,潜伏的菌丝体可直接侵害幼苗。在病草上越冬和由越冬菌丝产生的分生孢子,都可随风散布,在秧田和本田引起初次侵染;病部产生的分生孢子可进行再侵染。飞散到稻株上的分生孢子,在适宜的条件下,经1小时即可萌芽。芽管的前端形成附着器,附着于寄主表面,然后产生侵染丝,穿透表皮细胞或从气孔侵入。侵入后,在适宜条件下,经一天即可表现症状,并形成分生孢子。在高温和遮阳条件下潜育期短,在低温和强光下潜育期延长。

【流行规律】

1. 肥力

土壤瘠薄缺肥时发病重,特别是缺乏钾肥时更易发病。双季晚稻由于秧龄期长,常以少施肥料控制秧苗的生长,最易诱发此病。大田绿肥翻耕过迟,或过量施用石灰,也会增加发病机会。

2. 土质和翻耕

一般酸性土、砂质土和泥质土发病重。在土壤缺水或积水田中,发病也重。生产实践证明,适当深耕的稻田发病轻。

3. 品种和生育期

品种间的抗病性有差异。同一品种的不同生育期,其抗病性也不一样。一般苗期易感病,分蘖期抗病性增强,但分蘖末期以后抗病性又减弱,此时因叶片内积蓄的养分迅速向穗部转运,叶片随之衰老,愈是下部的叶片愈易感病。穗颈和枝梗以抽穗至齐穗期抗病性最强,随着灌浆成熟,抗病性逐渐降低。谷粒则以抽穗至齐穗期最易感病,随后抗病性逐渐增强。

【防治方法】 由于水稻胡麻斑病的侵染循环与稻瘟病基本相似,所以种子消毒、病草处理以及药剂防治等方法也与稻瘟病相同。应该注意的是,预防本病着重于增施基肥,及时追肥,并做到氮、磷、钾适当配合。砂质土更应多施腐熟堆肥作基肥,以增加土壤保水、保肥力。无论秧田和本田,当氮肥不足、稻叶发黄而引起普通型病斑大量发生时,应立即适量施用硫酸铵、尿素等速效氮肥。出现大斑型病斑时病田施用钾肥,有较好的防病效果。在灌溉方面,既要避免田中长期积水,又要避免过分缺水而造成土壤干裂,影响根系的吸收。还有穗期药剂防治时期,应略迟于稻瘟病的防治期。

(八) 稻 云 形 病

稻云形病又称褐色叶枯病。可因水稻品种和环境条件的不同产生云形和褐色叶枯型两种迥异的症状,因而长期来将这两种症状当作不同的病害。现国内外已探明两者是同一种病原菌所引起。此外,又因褐色叶枯型的前期症状和稻胡麻叶斑病相似,常将这两种病害混淆在一起,直至20世纪60年代后期引起人们注意才予以区分。水稻云形病的分布很广,尤以长江流域及其以南各稻区发病较为普遍,是杂交稻和常规中籼稻后期重要病害之一。云形型症状在海拔较高的山区常造成严重为害,如浙江省余姚四明山区,叶尖部病斑常可扩展到叶片下部,重病田叶片几乎全部干枯,影响抽穗,每公顷产量仅1 500～3 000千克。至于褐色叶枯型,以易受大风吹袭地区发生较多、产量影响较大。

【症状】(图版5) 稻株地上各个部位均能受害,以叶片最为普遍。

叶片受害,出现两种症状类型:

(1) 云形型症状 先从叶尖或叶缘开始产生水渍状斑点,后迅速向叶片基部内侧呈灰褐色交互的波浪状扩大,病健交界处灰绿色,界限不明显,当高温低湿、病斑停止扩展时,病健交界则清楚。后期,病斑上有许多暗褐色波浪形云纹;但籼稻叶片在病斑扩展期间遇适温高湿,由于叶片很快呈水渍状腐烂,后期枯死病斑上往往不出现波浪形云纹。病斑在高湿下,接近病健交界边缘产生不很明显的白色粉状物,即病菌的分生孢子。后期病斑的叶尖部散生许多暗褐色小点,即病菌的子囊壳。

(2) 褐色叶枯型症状 叶片上先出现暗褐色小点,后扩大成椭圆形、纺锤形、长梭形或短条状病斑,有的与胡麻斑病相似。但对光观察,斑点周围黄色晕圈较宽而明显,病健交界不清楚,并无轮纹,后期病斑中部变淡褐色或枯白色,周围褐色,最外围仍有黄色晕圈。严重时,叶上病斑极多,常连合成片,使病叶呈褐色枯死。

叶鞘受害,以稻株上部叶鞘为多,特别是剑叶的叶枕部。最初也为暗褐色斑点,后扩大成近棱形或不规则形,病斑中部淡褐色,周围暗褐色或淡紫褐色,最外围黄色部很宽。严重时病斑相互连合,常使叶鞘整段枯死,最后导致叶片枯黄。

穗轴和枝梗受害,形成暗褐色或紫褐色稍长污斑,周围不清楚,枯死后呈淡褐色至褐色。一般先侵染枝梗,后向下蔓延至穗轴。病情进展较慢,很少发生整穗枯死。

谷粒受害,形成边缘不明显的褐色斑点,少数整粒变褐色,随着谷粒成熟黄化,褐变较轻的部分常不明显。

【病原】 本病病原菌有性世代为 *Monographella albescens* (Thümen) *Parkinson, Sivanesan* et *Booth* [=*Phragmosperma* sp.; *Micronectriella*(*Calonectria*) *nivalis*(Schaffn.) C. Booth; *Metasphaeria albescens* Thümen]。无性世代为 *Gerlachia oryzae* (Hasioka et Yokogi) W. Gams(=*Rhynchosporium oryzae* Hasioka et Yokogi; *Fusoma triseptatum* Sacc.; *Fusarium nivale* Ces. ex Sacc.)。

分生孢子产生在病组织表面。分生孢子梗极短,无色;分子孢子无色,多为短新月形,少数纺锤形或梭形,两端渐细,弯曲,多数双胞,部分单胞,极少数三胞和四胞,大小为$(8.4\sim16.8)\times(2.6\sim4.9)$(微米),平均为$12.5\times3.6$(微米)。

子囊壳在云形型症状的病组织上比较常见。初黄褐色,后暗褐色,球形或稍扁,有乳状孔口,大小为172×71(微米);子囊束生,圆柱形,单层壁,大小为$(44.7\sim70.3)\times(8.5\sim13.2)$(微米),内生8个子囊孢子,平行交叠排列;侧丝长而细,无色;子囊孢子椭圆形或纺锤形,两端钝圆,半成熟时单胞,成熟时3个隔膜,分隔处稍缢缩,大小为$(14.9\sim26.4)\times(3.6\sim6.4)$(微米)(图2-14)。

本病菌在理查(Richard)和查彼(Czapek)等合成培养基上生长不良,也不能形成孢子。但在含维生素B1的特殊培养基上生长旺盛,如在PDA培养基中加入2%稻叶汁液,可明显提高病菌的生长和孢子形成。本菌的生长温度范围为$5\sim30$℃,最适为$20\sim25$℃;产生孢子的温度为$15\sim30$℃,以25℃最适宜。pH 6有利于病菌生长,pH 7有利于孢子形成。高湿有利于病斑上的孢子产生,相对湿度低于90%,孢子产生量少,低于75%时则不能形成孢子。

【侵染循环】 病菌在病稻草和病种子上越冬。翌年播种后,带病种子上的病菌就可侵染芽鞘引起红褐色腐烂。分蘖期受害,叶片病部产生的分生孢子借风雨传播,反复侵染,扩大为害。在条件适宜时,分生孢子先萌发产生芽管或短

一、真菌性病害

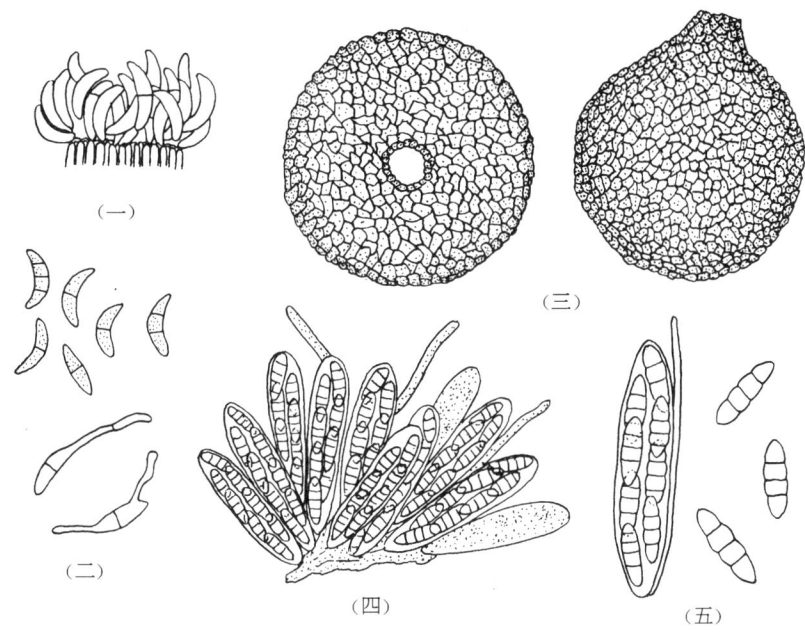

图 2-14 稻云形病菌
（一）病斑表面长出的分生孢子层　（二）分生孢子及其萌发
（三）子囊壳的正面观和侧面观　（四）子囊壳压破后,子囊呈簇生状
（五）子囊,侧丝,子囊孢子

的突起,经相互结合发育成健壮菌丝,在与气孔接触后,形成附着胞状结构,然后再产生侵染丝入侵气孔,在气孔腔中形成菌丝进入细胞间隙。经3～4天的潜育期,病菌又从气孔伸出短的分生孢子梗,并产生分生孢子。

一般稻株下部叶片先发病,后逐渐向上部蔓延,至孕穗末期病害发生普遍,特别是扬花至灌浆期,由于水稻花粉有促进病菌分生孢子发芽的作用,发病猛增,叶片大量枯死,并侵染枝梗、穗轴和谷粒。

【流行规律】

1. 品种与生育期

一般杂交稻重于常规稻,籼稻重于粳稻,糯稻发病最轻。籼稻中又有早熟品种比较感病的趋势。同一品种不同生育期的感病程度仍不一致。一般苗期极少见到感染,分蘖末期开始发病,孕穗以后逐渐上升,扬花灌浆期病情急增;穗部以谷粒感染最早,抽穗后不久就发病,枝梗和穗轴发病都较迟。

2. 气候条件

较低温度和高湿有利于病害的发生,如在水稻感病阶段的孕穗至抽穗开花期,遇连续阴雨高湿和气温偏低的年份,发病就较严重。此外,遇台风暴雨侵袭,稻叶互相擦伤,有利于病菌侵入为害。所以,沿海地区和山区的风口田往往发病较重。

3. 栽培管理

在栽培管理中,一般密植程度高,偏施氮肥或后期过多集中追施氮肥,以及长期深水灌溉或排水不良等,往往造成稻株徒长披叶,通风透光差,这就有利于病菌的繁殖和侵入为害。另据广东省调查,早稻受稻蓟马为害的程度,与云形病发生早迟、轻重有密切关系。

【防治方法】

1. 选用无病种子

避免在病田留种,做好谷种消毒和病草处理,具体方法详见稻瘟病防治方法。

2. 加强农业防治

采用配方施肥技术,合理施肥,防止偏施氮肥,增施磷钾肥,浅水灌溉,适时搁田,见干见湿,湿润灌溉,降低田间湿度。栽培密度不宜过大。

3. 药剂防治

于水稻破口至齐穗期每公顷喷洒20%三唑酮乳油105～135克或40%多·酮可湿性粉剂450～600克,也可在发病初期每公顷喷洒40%克瘟散乳油750～1 125毫升,或50%甲基硫菌灵可湿性粉剂1 125克,或50%多菌灵可湿性粉剂1 500克,或20%三环唑可湿性粉剂1 125～1 500克,或胶体硫5 000克,兑水750～1 125千克喷雾。发病田每公顷施石灰水150～225千克,或草木灰300千克,有一定效果。

(九)稻窄条斑病

稻窄条斑病又名褐条斑病、条叶枯病,由于病株茎秆在后期往往呈紫色,又俗称紫秆病。该病曾在缅甸、印度、印度尼西亚、马来西亚、菲律宾、泰国和亚洲其他国家报道过;在美国、巴西、哥伦比亚、多米尼加共和国、危地马拉、尼加拉瓜、波多黎各、苏里南、委内瑞拉和澳大利亚、巴布亚新几内亚以及非洲报道过。稻窄条斑病的分布除欧洲外遍及全世界。奥伯瓦特(1960)报道,1953—1954年在苏里南因此病水稻产量损失40%。1970年以来,在我国长江中、下游及华南各省的晚稻上普遍发生,一般造成减产5%左右,较重的约减产10%,感病品种严重发病田块,甚至超过30%。

【症状】(图版5) 稻窄条斑病菌可侵害叶片、叶鞘、穗等。

1. 叶片

以中脉或中脉附近的病斑最明显。病斑初期为褐色小点,很快沿叶脉向两端扩展,形成长约1毫米的小条斑,再继续扩大长达5毫米,宽0.5～1毫米的短线状条斑。此时,病斑周围呈紫褐至褐色,中心部呈灰褐色。抗病品种的病斑较窄、较短、色较深;感病品种的病斑较宽、较长、色较浅。有时病斑两端稍尖,略呈纺锤形。当严重发病时,常数个病斑连结成长条斑,有时可长达数厘米,这种叶片常比其他叶片早枯。

2. 叶鞘

一般在叶片和叶鞘的连接处开始发病。初期症状与叶片上的相似,但常见数个细条斑很快融合成紫褐色斑块,由小渐大甚至扩大到全部叶鞘变为紫色,当叶鞘大部变紫时,其上部叶片就呈现早枯。

3. 穗颈、枝梗

病斑初为褐色小点,然后褐变部逐渐扩大。发病严重时颈节上、下部都变褐色,可长达6～7厘米,至黄熟期有时会出现大量穗颈枯死,甚至穗头折断呈倒挂现象,易被误认为穗稻瘟。不过本病在颈部的病斑甚长,偏紫色,两端可隐约见到细长条斑,有别于穗颈。枝梗部症状与穗颈部雷同,但病斑略短。

4. 谷粒

多发生于护颖部或谷粒表面,呈褐色小斑点。

【病原】 稻窄条斑病原菌 *Cercospora jansena* (Racib) O. 病菌在6～33℃都可发育,而以25～28℃为最合适。病菌的单孢子在马铃薯洋菜培养基上,经4～5天长出直径1～2毫米的白色菌落。随着病菌的生长,小菌落陆续增多,以至互相联结,此时菌落呈米褐色。最后菌丝集结成块粒状,表面略带粉白,内面有黑色的子座,其上可以长出较多的褐色孢子梗与无色的分生孢子。孢子梗单生或是3～5个为一簇,具3个以上分隔,大小一般为(34.3～55.8)×(4.3～4.8)(微米)。顶端长出分生孢子。分生孢子淡橄榄色或无色,短鞭状,少数呈圆筒形,一般分3～4隔,大小为(5.7～34.3)×(4.3～5.2)(微米)(图2-15)。

【侵染循环】

1. 病菌来源

病菌主要来自稻种、稻草。

(1)稻种 江苏省镇江地区农科所检查了23个主要晚粳稻品种的种子,其中73%品种带有稻窄条斑病菌,最高的稻种带菌率达16.5%。经测定稻种上的病菌可存活到翌年7月。

(2)稻草 稻草上的病菌可安全越冬。由于存放场地不同,存活力有较大

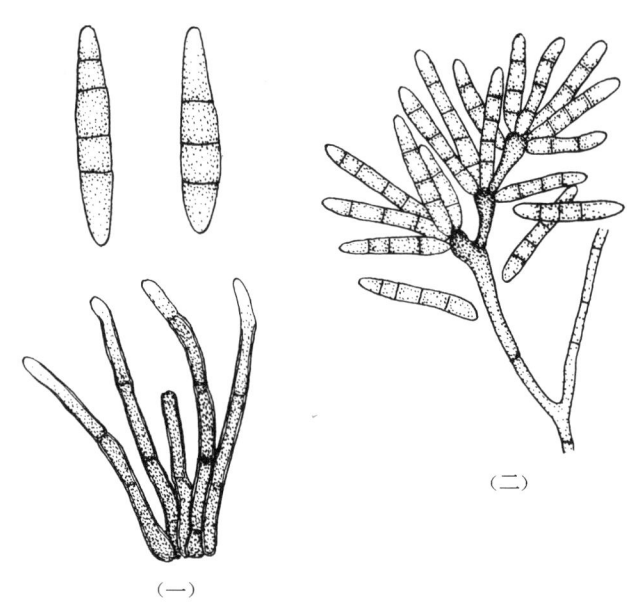

图 2-15　稻窄条斑病菌
（一）在寄主上形成的分生孢子梗及分生孢子
（二）在培养基上形成的分生孢子梗（次生）及分生孢子

差别。室内或草堆内的病菌可存活到次年8—9月。3月上旬稻草由室内移放到场地土表的，病菌可存活到5月。如5月底将它露置于秧田旁或散放于田水中，或埋于草塘泥表层的，可维持活力20～30天；而深埋于草塘内部或混于猪粪中的，则不到5天病菌就失去活力。

（3）杂草　接种结果，窄条斑病菌仅侵害假稻。在发病大田的田畔也可找到自然感病的假稻，但其传病的重要性如何，需做进一步实验验证。

2. 侵染

（1）稻种传病　在适宜的温度下，稻种上的病菌在水湿条件下即能产生孢子，且能随着稻芽的伸长而继续增殖。江苏省镇江地区农科所曾在幼芽期进行接种，感染率达18.5%。由此证明本病可由种子传染，引起苗期发病。

（2）稻草传病　在5月中旬将病稻草插入盆栽和大田的稻丛中，经7天病草上出现孢子梗；再经5天形成大量分生孢子；又达7天，邻近的稻株上就出现初期病斑。将病草插入秧苗间也同样引起发病。由此证明病草上病菌确能传病。

3. 病害的发展与蔓延

稻窄条斑病在秧苗期就可发生，但发展缓慢，一般要到拔节期才逐渐明显。

病斑由下部叶片向上部和左右蔓延。抽穗期前主要是普遍率增加,齐穗期后严重度加重,并出现叶鞘、枝梗、穗颈变紫。其后随着稻株成熟,严重度递增。

【流行规律】

1. 品种

据多年观察,不同品种对本病的抗性有明显差别,籼稻比粳稻抗病,早稻、中稻比晚稻抗病;晚粳稻发病较重。目前推广的良种中有农垦58亲缘的品种,抗性弱;有矮银坊、桂花黄亲缘的品种一般都较抗病。又抗性与生育期有关,分蘖期新叶不断产生,新叶抗性强,因此分蘖期发病较轻;分蘖停止后,新叶少、老叶多,下部叶片衰老,抗性降低,发病随之逐渐加重。

2. 肥水管理与发病关系

(1)肥料 有机肥料多少与发病关系最为密切。凡施足有机肥作基肥,适量追施化肥的,水稻生长健壮,发病均较轻;有机肥中以绿萍的作用最明显。据调查,凡每公顷倒萍22 500千克以上的,比不倒萍的发病率可减轻40%~80%;倒萍45 000千克左右的发病更轻。

在缺磷的土壤,如板浆白土、砂土中增施磷肥,也有较好的防病作用。据江苏省观察,施磷肥的上部有3片绿叶,而未施的平均只有1.5片。盆栽试验,倒萍22 500千克/公顷,结合施磷肥的(300千克/公顷)病轻,每株平均2.3片绿叶;倒萍不施磷肥的次之平均2片绿叶;而不倒萍不施磷肥的病重,仅1.88片绿叶。钾肥与本病的关系不明显。

(2)水 长期深灌,田脚软烂,土壤通气性差,稻根发育不良,或经常受到旱害的漏水田、高燥田或后期脱水田块,特别是寒流来临时脱水的田块,稻株虚弱发病严重。浅水勤灌,及时烤田(晒田),合理排灌的发病轻。江苏省调查,长期深灌的病株率为90.4%,长期干旱的病株率为87.1%,浅灌结合晒田的病株率为29.7%。

3. 气候条件

气候因素中与本病明显有关的是温度、湿度以及雨日和雨量。在20~30℃,特别是25~28℃并且有高湿条件,都适宜病菌生长、发育和侵染。接种试验时,平均气温21.3~21.9℃经4天、22.1~25.2℃经3天、25.4~27.4℃经2天都可发病。故从水稻孕穗期开始,如阴雨天多,气温又保持在22~28℃,对本病的流行特别有利。江苏省根据大流行的气候特点,将此病分为早发、晚发两个流行型。

(1)早发型 主要看8月中下旬的气候情况。例如,1972年8月中下旬合计雨日11天,雨量142.7毫米,日平均气温25~27℃,相对湿度83.3%~87.8%,稻窄条斑病在拔节期即开始蔓延,孕穗期明显上升,灌浆期急剧发展,为害严重。

（2）晚发型　主要看9月上中旬的气候。如1970年、1975年的9月上中旬日平均温度分别为22.9～26.1℃、25.3～27.2℃，相对湿度为82.7%～87.8%、90.2%～92.0%，雨量为86.1毫米、111.9毫米，雨日9天、17天，适宜于本病发生，这两年造成大流行；反之，则病情相对减轻。又10月份10℃以下的低温如出现早，加上阴雨连绵，阴雨天20天以上，稻株抗性减弱，可促成病害暴发。

【防治方法】　实行以选用抗病品种，加强肥水管理为主，药剂重点辅助的原则，同时处理好有病稻种、稻草等。

1. 选栽抗病高产品种

各地可根据条件，选栽优质、高产、抗性较好的品种，合理布局，合理利用。至于感病品种，要设法淘汰或少种。

2. 狠抓肥水管理

（1）施足基肥　基肥以有机肥为好，施草塘泥的，一般每公顷要75 000千克以上；能够放养绿萍的田块要争取块块养萍，及时倒萍，每公顷倒萍量22 500千克以上，追施适量化肥。缺磷的土壤，每公顷增施磷肥300～375千克。

（2）做好排水工作　积水田，要开好边沟、中心沟，排去积水，改善土壤的通气条件，排除有毒气体，提高土壤肥力。漏水田，要多施有机肥，改善土壤质地，增加保水、蓄肥能力，同时还要防止后期脱水过早，当冷空气来临前要注意灌水保温。一般大田要掌握浅水勤灌，及时晒田，促进水稻扎根，增强吸肥能力，防止早衰。

3. 药剂防治

可用50%多菌灵可湿性粉剂600倍液，或70%硫菌灵可湿性粉剂1 500倍液，防治效果可达80%～90%。施药时期以破口到齐穗期最好。孕穗期以前喷药基本无效，灌浆期效果也差。施药方法，每公顷用50%多菌灵可湿性粉剂1 500克的标准量，以喷雾法（每公顷水量1 500升）最好，如增至2 250～3 000克时，则采用毒土（每公顷土量225千克）、泼浇、动力喷雾（水6 000升左右）等方法，均可收到70%以上的效果。防治后增产率可达11.6%～18.6%。

此外，病稻种、稻草也要及时处理，方法参照稻瘟病。

（十）稻　恶　苗　病

稻恶苗病又名徒长病、白秆病，全国各主要稻区都有发生，为害较重。新中国成立后，经大力开展种子消毒和换种无病种子，曾在很长时期内控制了为害，但近几年由于放松了种子处理工作，在许多稻区的为害又有回升，应引起注意。

【症状】（图版6） 从苗期至抽穗期都可发生。苗期发病与种谷带菌有关。重病谷粒往往不发芽，或萌发后幼苗不久即死亡。病轻的种子长出的苗比健苗高而细弱，叶片和叶鞘窄长，全株淡黄绿色，根系发育不良，根毛稀少，部分病苗在移栽前死亡。在枯死苗上有淡红色或白色粉霉，即病菌的分生孢子。

本田期一般在移栽后半月至一个月左右出现病株，症状与苗期相似，分蘖少或不分蘖，节间显著伸长，节部常常弯曲露出叶鞘之外，下部几个茎节生有许多倒生不定根。剥开叶鞘，有时可见节的上下组织呈暗色，茎上有暗褐色条斑。剖开病茎，可见白色蛛丝状菌丝体，以后茎秆逐渐腐朽，重病株多在孕穗期枯死，轻病株常提早抽穗，穗形短小或籽粒不实。天气潮湿时，在枯死病株的表面长满淡红色或白色粉霉，后期有时散生或群生蓝黑色小粒，即病菌的子囊壳。

水稻抽穗期谷粒也可受害，严重的变为褐色，不能灌浆结实，或在颖壳合缝处生淡红色霉。发病轻的仅谷粒基部或尖端变为褐色，有的外表无症状表现，但内部有菌丝潜伏。

徒长是本病的主要特征，但也有病株矮化或外观正常的，这和病菌的株系有关。

【病原】 恶苗病病原菌的有性世代为 *Gibberella fujikuroy* (Sawada) Wollenw.，无性世代为 *Fusarium moniliforme* Sheld.。病菌的分生孢子梗无色，分生孢子有大、小两型。小型分生孢子卵形、椭圆形或纺锤形，无色，单胞，间或双胞，最初在孢子梗上串生成链状或簇生成球状，以后分散，大小为$(4\sim6)\times(2\sim5)$（微米）；大型分生孢子无色，细长，新月形，两端弯曲尖削，基部有足胞，一般有$3\sim5$个隔膜，大小为$(17\sim28)\times(2.5\sim4.5)$（微米），通常着生于多次分枝的无色分生孢子梗上，多数孢子集聚时，呈淡红色或橙红色，干燥时呈粉红色或白色。

子囊壳一般在将成熟的水稻病株下部茎节附近或叶鞘上产生，蓝黑色，球形或卵形，表面粗糙，大小为$(240\sim360)\times(220\sim420)$（微米）。子囊圆筒形，基部细而上部圆，大小为$(96\sim120)\times(8\sim12)$（微米），内生子囊孢子$4\sim8$个，排列成一行或两行。子囊孢子长椭圆形，无色，双胞，分隔处稍缢缩，大小为$(5.5\sim11.5)\times(2.5\sim4.5)$（微米）（图2-16）。

病菌菌丝生长温度范围为$3\sim39℃$，以$25\sim30℃$为最适。侵害寄主以$35℃$为最适，并以$31℃$时诱发徒长病状最明显。分生孢子在$25℃$的水滴中，经$5\sim6$小时即可萌发。子囊壳的形成以$26℃$左右最为适宜，$10℃$以下或$30℃$以上均不能形成。子囊孢子在$25\sim26℃$时，经5小时大部分可萌发。

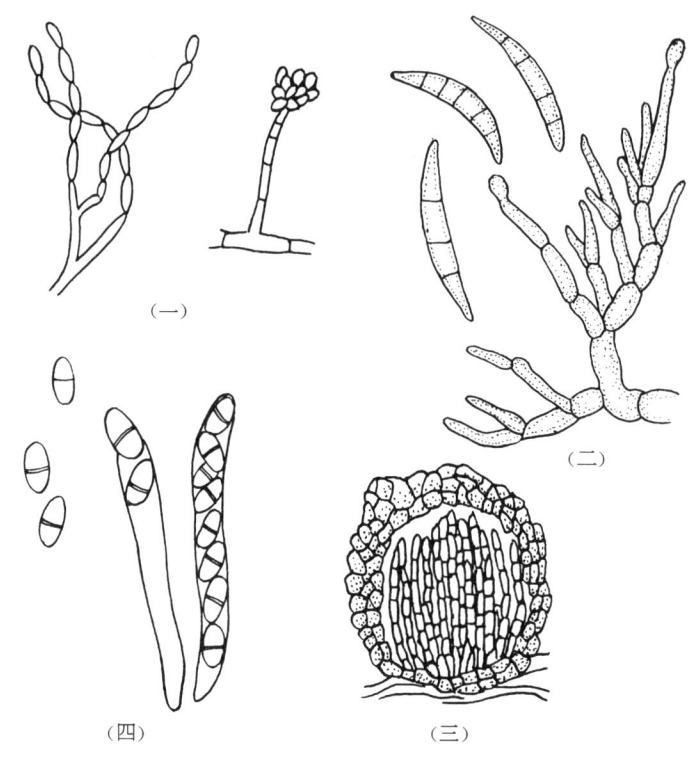

图 2-16 稻恶苗病菌
(一)分生孢子梗及小型分生孢子 (二)分生孢子梗及大型分生孢子
(三)子囊壳 (四)子囊及子囊孢子

病菌在新陈代谢过程中分泌赤霉素、赤霉酸、镰刀菌酸、去氢镰刀菌酸、脉镰刀菌酸5种物质。赤霉素和赤霉酸能引起稻株徒长,并抑制叶绿素的形成;镰刀菌酸和去氢镰刀菌酸则有抑制稻苗生长的作用。在不同条件下,这些物质的形成可因病菌的株系及温度、营养条件等不同而异。如有的菌株可引起稻株徒长或矮化,有的则对稻株高矮无影响。赤霉素的刺激作用无专化性,对许多大田作物和果树蔬菜等都有刺激生长的效果。

【侵染循环】 此病的初侵染原主要是带菌种子,其次是带菌稻草。病菌以分生孢子在种子表面或以菌丝体在种子内部越冬。在浸种时分生孢子又可污染无病种子而传病。据报道,将1%～10%的带菌种子混在无病种子中,经1～4天的浸种过程可使大部分无病种子附有分生孢子。浸种的水温在30℃以内时,温度越高污染病菌种子越多,苗期发病越严重。稻草内的菌丝体和分生孢子在干燥条件下可分别存活3年和2年。在潮湿土面或翻入土中的病菌一般在短期内即死亡。

播种带菌种子或用病稻草覆盖催芽,均可引起幼苗发病,严重的可引起苗枯。病死植株表面产生的分生孢子,可传播到健苗,从茎部伤口侵入,引起再侵染。

带菌秧苗移植到大田后,在适宜条件下陆续呈现症状。病株中的菌丝体蔓延扩展至全株,并刺激茎叶徒长,但不扩展到花器;在个别情况下也有使病株矮缩而不抽穗的。在发病后期,下部叶鞘和茎部产生分生孢子。水稻开花时,分生孢子借风雨传播到花器上进行再侵染,从内外颖壳部位侵入颖片组织和胚乳内。一般以抽穗灌浆期最易感染,接近成熟时病菌不易侵入。稻谷发病后,病菌侵入内外颖片组织和胚乳内。一般以抽穗灌浆期最易感染,接近成熟时病菌不易侵入。稻谷发病后,在内外颖合缝处产生红色至淡红色团块,造成秕谷或畸形。如病菌侵入较迟,种子受害较轻的,虽外观无异常症状,但菌丝已侵入颖或种皮组织内而使种子带菌。脱粒时,病部的分生孢子也会黏附于无病谷粒表面而使无病谷粒带菌。

【流行规律】

1. 气候条件

此病发生与土温关系较大。土温30～35℃时,病苗出现最多,25℃时病苗很少出现,20℃时病苗不表现症状,但可分离到病原菌。当土温升到40℃时,病原菌和水稻的生长都受到抑制,不表现症状。移栽时,若遇温度高或中午阳光猛烈,则发病较多。

2. 品种抗病性

水稻不同品种对恶苗病的抗菌能力有所不同,但无免疫品种,一般糯稻较籼稻发病轻。

3. 栽培管理

伤口有利于病菌侵入,脱粒时受伤的种子或移栽时受伤的秧苗都易于发病;旱育秧比水育秧发病重;中午插秧或插隔夜秧的发病也较多;增施氮肥有刺激病害发展的趋向。

【防治方法】 建立无病留种田和进行种子处理,是防治此病的关键。

1. 建立无病留种田

在发病普遍的地区,可改种抗病品种,并选用健壮种谷,剔除秕谷和受伤种子。

2. 种子处理

可选用25%咪鲜胺乳油1 500～2 000倍液浸种,杂交稻种子浸种12～24

小时,常规稻种子浸种48～72小时。浸种后直接催芽;或用25%氰烯菌酯悬浮剂2 000～3 000倍液浸种,先将药液搅拌均匀,再浸入干稻种,以浸没一段时间后稻种不再露出液面为止。稻种与药液比为1∶1.2,浸种期间温度控制在15～20℃,一般浸种2天,浸种后直接催芽播种。

3. 加强栽培管理

催芽时间不能太长,以免下种时受伤;拔秧也要尽量避免秧根损伤过重,并尽量避免在中午高温时插秧,以减轻发病。广西提出拔秧和插秧"五不要",即:不要在冷水中浸秧;不要在烈日下拔秧;不要在烈日下插秧;不要插隔夜秧;不要插老龄秧;不要插深泥秧。

4. 及时拔除病株

发现病株及时拔除,并集中晒干烧毁。

5. 处理病稻草

病稻草尽量用作燃料或沤制肥料。不要用病稻草作为种子消毒或催芽时的覆盖物或捆秧把。

(十一)稻叶鞘黑点病

稻叶鞘黑点病又称黑点病,最早于1910年在日本发现。后来缅甸、印度、马来西亚、塞拉利昂、菲律宾和泰国也有过报道。我国江苏、浙江、江西、四川、云南都有发生,为害轻微。

【症状】 主要为害叶鞘,也能侵害叶片和颖壳。病斑最初为黄褐色,扩大后呈长椭圆形,长达3.3厘米左右,边缘为褐色,中部变灰白色或淡灰褐色,上散生小黑点。严重时上部叶片枯死,或在病部折断。

【病原】 *Pyrenochaeta oryzae* Shirai ex Miyake 属半知菌亚门、须壳孢属。病部小黑点为分生孢子器。分生孢子器埋存于组织内,黑褐色,半球形或椭圆形,直径200微米,孔口稍突起,露出表皮。孔口周围有深褐色多隔的针状刚毛6～12根,大小为(60～140)×(4～5)(微米),潮湿时坚硬,干燥时作星状张开。孔口外宽约12微米。分生孢子作卷须状放出,纺锤形或椭圆形,无色,单胞,大小为(4～6)×(1.5～2)(微米),两端有油球(图2-17)。

【侵染循环】 病菌以菌丝体和分生孢子在病草上越冬。翌年,分生孢子萌发,从叶鞘、叶片的伤口或直接穿透侵入。在长江流域一带,8~9月发生较多。

【防治方法】 本病为害轻微,一般情况下只要结合防治稻瘟病等加强栽培管理,提高稻株抗病性即可,无需单独进行防治。

一、真菌性病害

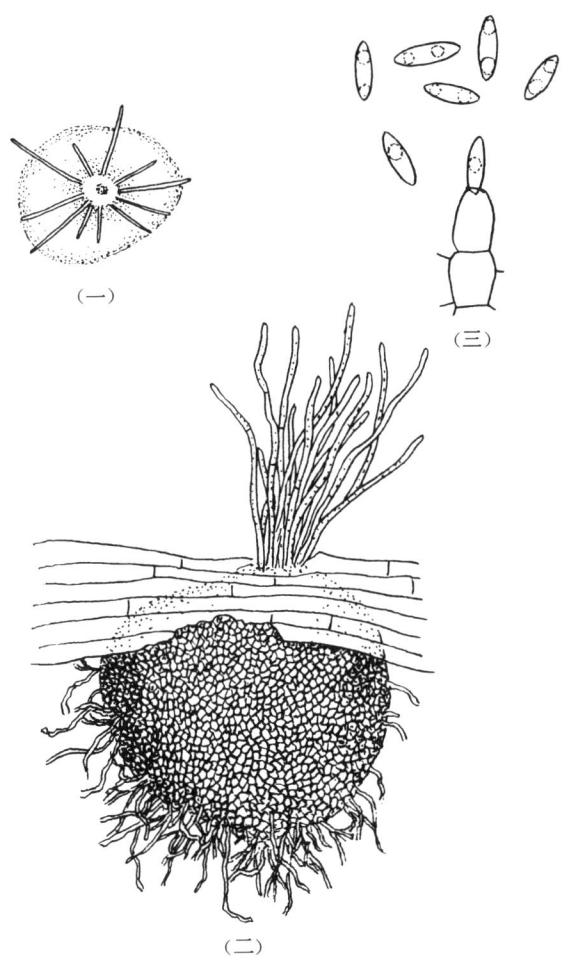

图 2-17 稻叶鞘黑点病菌
(一) 叶鞘上黑点(分生孢子器)的正面观
(二) 突破寄主表皮组织的分生孢子器
(三) 分生孢子梗及分生孢子

(十二) 稻叶鞘网斑病

稻叶鞘网斑病是水稻上比较常见的病害，一般年份零星发生，为害较轻；病重时，病株叶片发黄，影响光合作用，使谷粒千粒重减轻。

【症状】(图版7) 病菌主要为害稻株下部的叶鞘。在自然条件下，只发生于叶鞘。先在近水面的叶鞘上发生，初为湿润状黄绿色小斑点，随后变淡黄褐色,逐渐扩大呈13厘米椭圆形或纺锤形的病斑,其上布满褐色或黑褐色网纹。病斑表面有霜状白霉,即病菌的分生孢子和分生孢子梗。剥检病叶鞘内侧组织,可见成行排列的白色石灰质粒状物,此为病菌的菌核。此时症状易与二化螟低龄幼虫群集为害的变色叶鞘混同。检视病鞘内侧组织,可见白色石灰质粒状物,表面有白霉。病叶自叶尖向下褪黄。

【病原】 稻叶鞘网斑病菌 *Cylindrocladium scoparium* Morgan ex Aoyaqi 属于半知菌柱枝双孢霉属。病斑表面白色霉状物为病菌的菌丝及分生孢子梗等。分生孢子梗无色,2～3次双分叉式分枝,末端为小瓶式内分生孢子梗,其第一、第二、第三和最后分枝的大小分别为(27～39)×(5～6)(微米)、(18～21)×(4～5)(微米)、(10～12)×4(微米)和(8～10)×4(微米)。主轴棍棒形,其顶端膨大部分(20～22)×(7～11)(微米)。顶端着生分生孢子。分生孢子圆筒形,无色,具有1个分隔,大小为(41～75)×(2.9～5.8)(微米)。病鞘内部白色物为菌核。病菌生长温度为5～35℃,以25～30℃为最适(图2-18)。

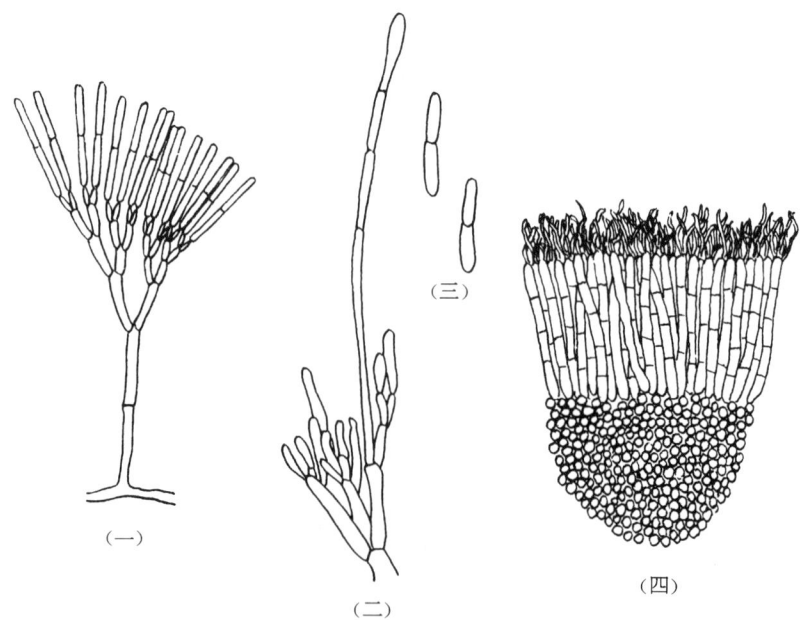

图2-18 稻叶鞘网斑病菌
(一)2～3次叉状分枝的分生孢子梗
(二)分生孢子梗主轴的膨大顶端
(三)分生孢子 (四)菌核剖面

【发病规律】 侵染来源尚不清楚。藤川(1955)发现病菌能在田间或保存室内的病稻草上越冬存活。据报道,人工接种可侵染大麦和荞麦。初步观察,水稻处于分蘖盛期到拔节期前后发生最盛。排水不良的田导致发病重;品种之间的抗病性也有较明显的差异,如糯稻就较抗病。藤川等人(1962)测定了30个水稻品种并发现victory(糯稻)、Norin Glutinous No.1和Norin No.24等品种是高度抗病的。

【防治方法】 在防治方面,发病地区应做好选用抗病良种,加强肥水管理,及时排水晒田,防止长期深水灌溉,以及做好处理病草等工作。

(十三)稻叶鞘腐败病和紫鞘病

稻叶鞘腐败病,是由泽田(1922年)首先描述的,为水稻常见病害之一,我国以长江流域及其以南稻区发生较多。一般年份为害不重,但有的年份,早稻、杂交稻和杂交稻制种田的母本稻发生普遍,受害重,减产率可达20%以上。国外如印度、菲律宾、日本亦都有发生为害的报道。

【症状】(图版7) 据实验观察,本病因品种、侵入方式、菌株等不同,其症状可分成两个类型。

1. 叶鞘腐败型

水稻孕穗期,在剑叶鞘上发生,初为暗褐色小斑,逐渐扩大呈虎斑状大型斑纹,边缘暗褐色或黑褐色,中间色较淡,严重时病斑蔓延到整个叶鞘,幼穗全部或局部腐败,形成半枯穗或枯穗。剥开穗苞,在颖壳及叶鞘内壁,有时在穗苞外部产生淡粉红色霉,即病原的菌丝体、分生孢子梗和分生孢子。

2. 紫鞘型

水稻抽穗后,在剑叶叶鞘上发生,初为密集的、针尖状的紫色小点,后渐扩大至叶鞘的大部或全部变紫褐色,叶鞘的外壁症状明显,但也有少数的可侵至内壁,甚至达到茎部,严重时常引起剑叶早枯7～10天,有时甚至导致第二、第三叶鞘变紫,不过叶片不枯死。在高湿下,病部常长出一层白粉状霉,即分生孢子和分孢子梗。病菌也可侵染谷粒,造成褐斑,影响结实或降低千粒重。

【病原】 病原为 *Sarocladium oryzae* (Sawada) W. Gams. et Webster 称稻帚枝霉,属半知菌亚门真菌。异名 *Acrocylindrium oryzae* Sawada。病部产生的分生孢子梗呈圆柱状,有1～2次分枝,每次分枝3～4根,在分枝顶端着生分生孢子。分生孢子单胞无色,圆柱形至椭圆形,大小(3～20)×(1.5～4)(微米)(图2-19)。病菌生长温度10～35℃,菌丝生长和产孢子适温为25～30℃,适宜pH为

图2-19 稻叶鞘腐败病菌
分生孢子梗和分生孢子

3～9,其中pH 5.5最适。光照对病菌的生长发育、产生孢子有抑制作用,黑暗时产孢多。30℃潜育期1天,20～28℃为2天,23℃为3天,19℃为4天。诸葛根樟研究认为本病与紫鞘病为同一病原,病菌通过伤口侵入寄主的组织,往往造成组织坏死,出现鞘腐病。从自然孔口侵入的往往造成细胞死亡,则出现紫鞘病。但陈吉棣等研究认为紫鞘病是另一病原所致。

【侵染源】

1. 种子

据江苏省镇江测定17个品种的结果,带菌率达59.7%;另据浙江省农业科学院试验,带有病斑的种子可使75%～80%以上的秧苗罹病。病菌可侵及颖壳、籽粒。病菌可在种子上存续到次年的8—9月。

2. 稻草

病叶上都带病菌。室内保存的稻草,病菌存续力达397天以上;早春散落场地的,存续137天;浸泡田水中存续38天。

3. 昆虫与螨

从病株上采集褐稻虱、蚜虫、螨,它们的体躯上都可测到病菌,最高的每头褐稻虱可培养出71个菌落。据浙江省农业科学院调查,病区褐稻虱带菌率为70%,而细螨的带菌率高达90%。

侵染方式可分为3种:第一,种子带菌,病菌在种子发芽后,侵入生长点,随稻苗生长而生长,有系统侵染性质;第二,伤口侵染,由虫害伤口或产卵的斑侵入;第三,由水孔等自然孔口侵入。

【流行规律】

1. 品种

品种不同,发病轻重不同。紫鞘型一般以杂交稻、国际稻以及多数的早稻发病较重。浙辐802、原丰早、二九丰、四梅四号、沪南早等早稻;嘉湖5号、农试4号等晚稻较抗病。鞘腐型以杂交稻制种田母本易感病。抽穗不齐整的中、晚稻品种发病也多,至于一般的晚稻发病则较轻。

2. 栽培条件

偏施氮肥,或后期脱肥引起早衰的都会加重发病。在砂质土壤中增施钾肥;或在制种田及时喷洒赤霉素,出穗齐整,能减轻为害。长期积水不搁田和荫蔽的田病情也重。

3. 气候条件

病菌侵染剑叶叶鞘的最适温度为24~25℃,还需要较高湿度。凡水稻始穗前10天中有4个以上雨日的,有利发病。

【防治方法】

1. 种植抗病品种

选栽早熟、穗颈长、抗倒、抗耐避病品种,淘汰感病品种。早稻选用浙辐802、原丰早、二九丰、四梅四号、沪南早;晚稻选用嘉湖5号、农试4号等抗病品种。

2. 控制传染源

及时处理带病稻草,铲除田边水沟边杂草,压低病害的传染源。

3. 合理用肥

加强健身栽培,提高稻株抗病力,不偏施氮肥,注意分期施肥,预防后期脱肥、早衰。砂土田要适当增施钾肥。杂交稻制种田的母本要及时喷赤霉素,防包颈穗,促抽穗。

4. 做好排灌工作

积水田要开深沟,防止积水,一般田要浅水勤灌,适时搁田,使水稻生育健壮,提高抗病能力。

5. 药剂防治

防治方法参见稻瘟病。可结合其他稻病,进行种子消毒,以减少菌源。田间喷药结合防治稻瘟病可兼治本病。鞘腐型可在防治稻瘟病时兼治。紫鞘型防治时期在抽穗6%左右时,喷药1次。可喷洒50%苯菌灵可湿性粉剂1 500倍液,隔15天喷1次,防治1次或2次。此外还可选用0.02%高锰酸钾溶液,防效70%;或50%丰米超微可湿性粉剂,每公顷用药1 125克,防效60%左右;比多菌灵、粉锈宁、三环唑、瘟特灵防效高。提倡使用40%禾枯灵可湿性粉剂,每公顷用药900~1 125克,兑水60千克喷雾,还可兼治水稻紫鞘病、叶尖枯病、稻曲病等。

6. 改进杂交稻制种技术

稻株破口抽穗期喷施"九二〇"1.5万~2万倍稀释液,以促进稻穗伸长,防止包颈;孕穗至抽穗期用50%多菌灵或50%甲基硫菌灵1 000倍稀释液,或40%异稻瘟净600倍稀释液喷雾,可收到良好的防治效果。

(十四)稻叶黑肿病

稻叶黑肿病又称稻叶黑粉病。该病通常不造成多大损失,但广泛分布于全世界种稻地区。亚洲的阿富汗、缅甸、印度、印度尼西亚、日本、马来西亚、菲律宾和泰国,南美洲的阿根廷、圭亚那、哥伦比亚、古巴、多米尼加共和国、苏里南、委内瑞拉,北美洲的美国,以及埃及、法国、澳大利亚北部和巴布亚新几内亚都有过报道。我国中部和南部稻区晚稻及部分中稻上发生普遍,北部稻区较少发生。过去主要发生在晚稻中后期中、下部衰老的叶片上,影响不大,但近年局部地区在杂交稻上发生普遍而较严重。

【症状】(图版7) 为害稻叶,叶面、叶背均可发生。多由下部叶片开始,逐渐向上扩展,尤其是营养不良的下部叶片发病最多。病斑初期褐色,细小散生或群生,沿叶脉呈断续线状。以后变黑色,稍隆起,里面充满暗褐色的厚垣孢子堆。隆起病斑周围呈黄色。重病叶病斑密布,促使叶片提早枯黄,叶尖破裂成丝状。

【病原】 稻叶黑肿病原菌 *Entyloma oryzae* Syd,厚垣孢子堆散生或群生,黑色,多为长方形,也有椭圆形或近圆形,宽0.5~1.5毫米,长0.5~4毫米,始终埋在寄主表皮下面。厚垣孢子近圆形或多角形,壁厚,暗褐色,大小为(7.5~10)×(7.5~12.5)(微米)(图2-20)。萌发时生无色短棍状的菌丝,顶端生38个淡橄榄色棒状或纺锤形的担孢子,大小为(10~15)×(2~5)(微米)。担孢子顶端再生次生小孢子,作叉状排列。厚垣孢子在21~34℃温度内发芽,28~30℃为其最适温度。

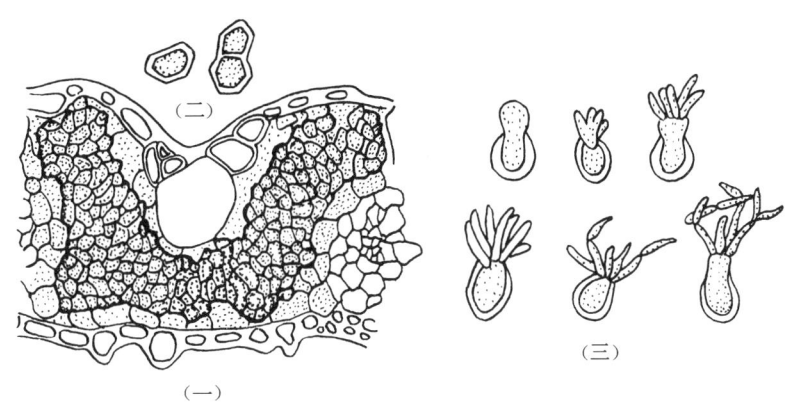

图 2-20 稻叶黑肿病菌
（一）病叶组织内的厚垣孢子　（二）厚垣孢子
（三）厚垣孢子的萌发过程

【发病规律】 病菌以厚垣孢子在病草上越冬。第二年夏季萌发，长出担孢子及次生小孢子。次生小孢子借气流传播侵入叶片。用次生小孢子人工接种在叶片上，经1～2天后开始出现症状，20天后开始产生厚垣孢子堆。主要发生于晚稻，早熟品种比迟熟品种发病重。近年杂交稻常在分蘖盛期和末期就开始发病，个别田块较严重。

本病在土壤瘠薄、缺肥，特别是缺磷、缺钾肥水稻生长不良的田块中发病较多；靠近路旁、田埂边发病显著增加，处于营养不良的茎部叶片发病最多。品种间的抗病性有明显的差异。长江流域稻区，杂交稻、农垦品系和嘉农品系都较感病。秧田期发病，8—10月本田期发生最盛。

【防治方法】

1. 选用抗病品种

在发病较重地区，应选用抗病力强、丰产性能好的品种。

2. 处理有病稻草

重病田的稻草要及时处理。用病草做堆肥，须经充分腐熟后才可施用。

3. 合理施肥

避免因缺肥而造成早衰，同时配合施用磷、钾肥，提高抗病力。

4. 药剂防治

喷药防治稻瘟、稻叶尖枯等后期叶病，也可兼治此病，一般情况下可不必单独用药防治。

（十五）稻叶黑霉病

本病多发生于晚稻接近收获的衰老叶片上，一般为害轻微。

【症状】(图版7)　叶片和叶鞘上初生褐色斑点，后渐生出明显的黑色粉末状霉点，严重的布满整个叶面，连成一片霉层，促使叶片提早枯萎。谷粒表面同样散生黑色霉点或霉层。

【病原】　病原为 *Cladosporium herbarum* (Pers.) Link.，由半知菌枝孢霉属引起。分生孢子梗从表皮伸出，丛生，很少有分枝，屈曲，褐色，顶端较淡。分生孢子连续单生或2～3个串生，淡褐色，有长圆形、卵圆形或长椭圆形不等，1～3个分隔，多数双胞，分隔处稍缢缩，大小为（10～18）×（5～8）(微米)（图2-21）。

【侵染循环及发病因素】　本病菌寄生性很弱，仅为害已衰老的茎叶。除水稻外，还可侵害大麦、小麦等禾本科植物。常在遭褐飞虱、叶蝉严重为害的晚稻后期，有时可检查到本病菌附生于这些害虫的分泌液处，形成所谓"煤病"，这对水稻更是间接关系。

【防治方法】　本病仅发生于水稻接近收获时的衰老叶片，对产量影响不大，除加强肥水管理，防止早衰以及注意飞虱、叶蝉的防治外，一般情况下无需单独施药。

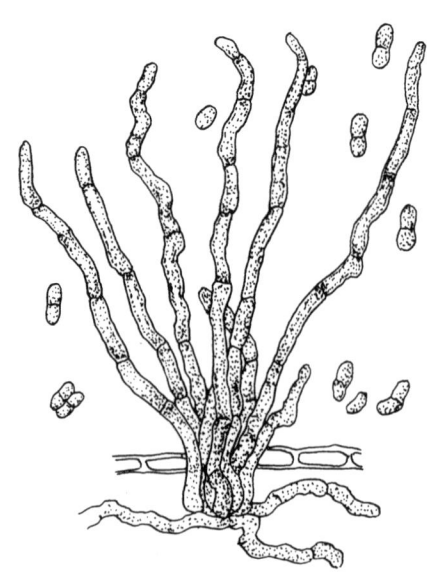

图2-21　稻叶黑霉病菌
病原菌的分生孢子梗及分生孢子

（十六）稻 烟 灼 病

稻烟灼病又称毛孢叶斑病。由戈德弗利（1916年）在美国路易斯安那州和得克萨斯州首次描述。现已知分布在许多国家，包括大多数东南亚国家，及埃及、尼日利亚、马尔加什和苏里南。我国江苏、浙江、江西、四川都有发生，未见严重为害。

【症状】 叶上病斑初为褐色小点，扩大后成圆形、椭圆形或卵圆形，边缘深褐色，中部灰白色，上生小黑点。病斑大小不一，长度0.3～1厘米，有时具有同心圈。保湿后，病斑上形成明显的白色棉絮状菌丝。谷粒受害，生灰褐色至白色斑点，边缘深褐色，中部有小黑点。幼苗受害，幼根生深褐色至黑色斑，随后腐烂枯死，上生黑色小点。

【病原】 由半知菌毛孢霉属 *Trichoconis padwickii* Ganguly 引起。分生孢子梗与菌丝相似，稍直立，有隔膜。分生孢子顶生，长纺锤形，3～5个分隔，分隔处稍缢缩，基部第二或第三个细胞较大，蜜黄色，大小为（103.2～172.7）×（8.5～19.2）（微米）（图2-22）。顶部有一根与孢子几乎等长的附属枝。病部的小黑点为菌核，菌核近球形，表面有网状壁，由菌丝与基质相连。1971年埃利斯（Ellis）将此菌改名为 *Alternaria padwickii*（Ganguly）Ellis。

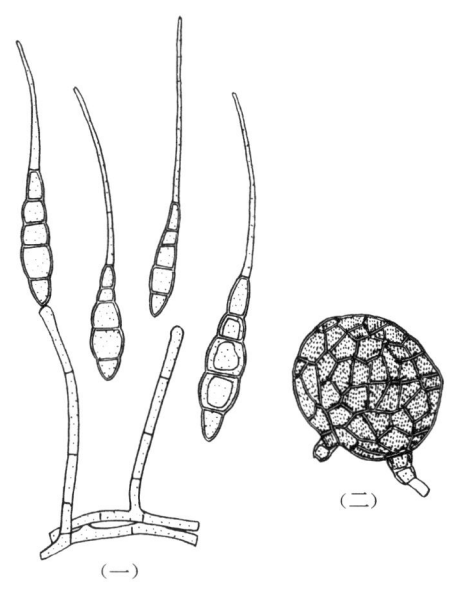

图2-22 稻烟灼病菌
（一）分生孢子梗及分生孢子 （二）菌核

【发病规律】 本病的侵染循环尚不清楚。据报道,病菌是在土壤中和病稻中越冬,病种子也可能是初次侵染的来源。侵入途径主要是伤口。

【防治方法】 本病仅偶有发生,一般结合稻瘟病、胡麻斑病等进行防治即可。

(十七) 稻 叶 尖 枯 病

水稻叶尖枯病,也称水稻叶尖白枯病、水稻叶切病。分布于江苏、安徽、山东、江西、湖南、广西、四川、辽宁和台湾等地。20世纪80年代以来,在江苏等省的杂交稻和常规中籼稻中后期发生普遍。水稻发病后,上部功能叶提前衰枯,秕谷率增加,千粒重下降,一般减产10%左右,严重的可达20%以上。除为害水稻外,还寄生无芒稗、西来稗、双穗雀稗、狗尾草、李氏禾、千金子、牛筋草、虎尾草、白茅、菰、马唐和芦竹等禾本科植物。

【症状】(图版9) 一般水稻拔节至孕穗期开始发生,主要为害叶片。初期病斑通常始于叶尖或叶缘,有时也始于叶片中央,然后沿叶缘或中部向下扩展,形成长条状病斑。病斑初为墨绿色,后变灰褐色,最后呈枯白色。病健交界处常有一褐色条纹,一般抗病品种褐色纹较明显。病部薄而脆,易纵裂破碎。病害严重时,全叶枯死。也可为害稻谷,颖壳上形成深褐色斑点后病斑中央呈灰褐色,病谷不充实。

后期稻叶和稻颖病部内生许多黑褐色小点,即病菌的分生孢子器。

【病原】 水稻叶尖枯病原菌,无性世代为 *Phoma oryzaecola* Hara[=*Phyllosticta oryzae* Hara]。这是据原江苏农学院通过透射电镜超薄切片观察,病菌产孢方式为内壁芽生瓶梗式(eb～ph),因此,参照Boerema提出的分类标准,其无性世代应属于 *Phoma*,而不是 *Phyllosticta*,故而改定名的。

病菌分生孢子器散生或集生于寄主表皮下,后稍外露;近球形,直径70～150微米;器壁拟薄壁组织状,初为黄褐色,成熟时黑褐色,顶端有一孔口,直径8～12微米;孢器内含有黏性物质,分生孢子释放时成团涌出。产孢细胞为单细胞,很短,不分枝,产孢方式为内壁芽生瓶梗式。分生孢子卵圆形或椭圆形,单细胞,无色,端部具1～2个小油球。PDA上形成的分生孢子大小为(2.8～7.0)×(2.8～3.9)(微米),平均4.6×3.4(微米),而病叶上产生的分生孢子稍大些,大小为(4.8～6.6)×(3.4～4.0)(微米),平均5.4×3.6(微米)(图2-23)。

病菌有性世代 *Trematosphaerella oryzae* (Miyake) Pawick[=*Phaeosphaeria oryzae* Miyake],我国至今未发现。

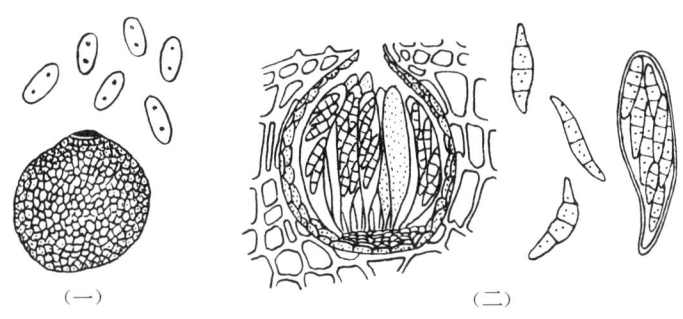

图2-23 水稻叶尖枯病菌
(一)分生孢子器及分生孢子 (二)子囊壳、子囊及子囊孢子

病菌在PDA上,25℃下培养,菌落呈放射状生长,气生菌丝稠密,基质颜色初为白色,后呈黄褐色。菌丝生长速度较慢,培养15天的菌落直径为6～8厘米。生长温度为10～35℃,最适为22～25℃;分生孢子形成的温度为15～30℃,最适为25℃;分生孢子在10～35℃下均可萌发,最适为30℃。菌丝生长的pH为3.5～11.5,最适为6.5～7.5;分生孢子器在pH为3.5～10.5下均能形成;分生孢子萌发的最适pH为6～8。持续光照对菌丝生长和分生孢子萌发具有一定的抑制作用,但光暗交替有刺激效应。

病菌能利用多种碳源,其中以果糖、甘露糖、乳糖、蔗糖、葡萄糖、麦芽糖和淀粉为最佳;木糖、鼠李糖和海藻糖次之;阿拉伯糖和果胶较差;山梨糖和草酸最差;乙酸则不能被利用。氮素营养中,酪蛋白水解物和硝酸钾较好,而天冬氨酸、谷氨酸和硫酸铵则相对较差。对菌丝生长来说,查彼培养基和马铃薯稻叶培养基最好,PDA和理查培养基次之。但是,分生孢子器在查彼和理查等合成培养基上不形成,而在麦粒或稻粒培养基上最易产生,一般培养7天后,分生孢子器开始形成。分生孢子在加有新鲜番茄汁、橘子汁、土壤浸出液的培养液和1%葡萄糖液中萌发较好,培养12～24小时后萌发率达80%以上,而在加有V8液的培养液和灭菌水中萌发率较低。

【侵染循环】 病菌主要以分生孢子器在病叶和病种颖壳内越冬。在老病区,落在田中的病叶是主要的初侵染来源。据原江苏农学院研究,自然土表或土下的稻叶上病菌续存率8个月后可达50%左右,室内存放2年的病叶上病菌续存率仍达20%以上。病稻种对于新病区的形成起着重要作用。病区稻种带菌率一般为0.5%～2.5%,其带菌部位主要是颖壳。此外,病菌能侵染田间10多种禾本科杂草,因而杂草带菌也是病害侵染循环中一个不可忽视的因素。

越冬后的分生孢子器何时释放孢子以及与病害的始发期关系如何尚不太清楚。一般分生孢子随风雨传播至水稻叶片上，条件适宜时主要经叶尖、叶缘或叶部中央的伤口侵入。据江苏省东台市1982—1990年调查，始病期一般在水稻拔节至孕穗期，开始在田间形成明显的发病中心，后逐步蔓延。病菌通常侵染6～8天后，开始形成分生孢子器；1～2天后有大量分生孢子溢出，进行再次侵染。一般在水稻灌浆初期，田间病穴率、病叶率和病情指数急剧增长，出现第二个发病高峰。就群体而言，病菌对水稻不同叶位叶片的侵染，一般情况下有一定的序列性，即初期发病主要是倒五、倒四和倒三叶，后逐步扩展至倒二叶和剑叶。

【流行规律】 水稻叶尖枯病的发生和流行，除菌源外，主要取决于气候，稻型与品种及栽培措施等因素。

1. 气候条件

据江苏省东台市观察，水稻孕穗至灌浆期，低温、多雨和多台风有利于病害的发生，其中台风暴雨是病害流行的关键气候因素。发病适温一般为25～28℃，日平均气温在30℃，病害发生迟，扩展慢。大田相对湿度达82%以上，均可发病，且湿度越大，雨日越多，发病越重。台风暴雨的侵袭，不仅造成大量的稻叶伤口，而且提高适合发病的高湿条件，因而有利于病菌的侵入、扩展和传播。所以，暴风雨后病害往往迅速蔓延。

2. 品种与生育期

一般杂交籼稻发病重，常规中籼稻次之，粳、糯稻发病轻。据原江苏农学院通过大田人工接种进行品种抗性鉴定研究，目前包括汕优、威优、协优和D优等差异较大，45个品种中感至高感的占35.6%，中感的占26.6%，中抗的占37.8%。7个粳、糯稻品种大都为抗病类型，占71.4%。此外，一般秆高、叶长且披软的品种较易感病，如杂交籼稻和许多地方籼稻品种。抗病品种特别是粳稻品种，在接种口下面往往有明显的褐色病变反应。

同一品种的不同生育期，感病程度不一致。人工接种试验表明，不同生育期的稻叶虽均可发病，但苗期和分蘖期的病害潜育期较长，病斑扩展缓慢，而孕穗期、抽穗扬花期和乳熟期的病害潜育期较短，病斑扩展速度较快，为前者的4倍左右。因此在自然情况下，大田发病期也往往在水稻孕穗至灌浆阶段。

3. 栽培管理

以肥、水管理与发病的关系最为密切。一般偏施、迟施氮肥，导致稻株旺长，叶片宽长、披垂，风雨后易造成伤口，且抗病性亦下降，同时田间郁闷，有利于病菌的侵染和繁殖，促进病害的发生和蔓延。而多施有机肥，配施磷钾肥，增施硅肥，可明显提高稻株的抗病能力，减轻病害的发生为害。据调查，水稻分蘖后期不及时晒田或晒田不足;生长后期不能排水露田,干干湿湿,而积水较多,一般发病较重。此外,田间栽插密度越大,病害发生越重。

【防治方法】

1. 种子检疫和药剂处理

加强种子检疫工作,这是无病区防止病害传入的一项关键措施。药剂处理方法一般以40%多菌灵胶悬剂250倍液或500倍液浸种24～48小时,或以40%禾枯灵可湿性超微粉剂250倍液浸种24小时(禾枯灵主要成分为三唑酮、多菌灵),不仅杀菌效果达100%,而且对稻种发芽率和幼苗生长无任何抑制作用。

2. 选用抗病高产品种

江苏省目前生产上可用的常规中籼稻中抗品种有扬稻3号、扬稻4号、3037、南农3005和兴籼1号等。籼型杂交稻一般都较感病,但协优、皖四等为中感类型。粳稻品种几乎都是抗病类型,因此重病田可改种粳稻。

3. 田间管理

加强健康栽培要多施有机肥,适施氮肥,增施磷钾肥和硅肥;特别是贫硅土壤,每公顷以硅酸盐粉剂105千克或水玻璃225千克作基肥,或1%水玻璃水溶液在分蘖末期喷雾,可增强稻叶细胞的硅化程序,提高寄主的抗病力。水浆管理上,分蘖后期要及时、适度晒田,生长后期干干湿湿,促进稻株生长老健,降低田间湿度,抑制病菌扩展。

4. 适期喷药防治

效果良好的农药有40%禾枯灵可湿性超微粉剂,每公顷750～1 125克;40%多菌灵胶悬剂,每公顷1 125毫升;20%三唑酮(粉锈宁)乳油,每公顷600毫升。上述药剂也可较好地兼治水稻云形病等。此外,禾枯灵和粉锈宁对作物还有显著的增绿防衰作用。施药适期一般在水稻孕穗后期至抽穗扬花期,当田间出现发病中心后,每公顷兑水900千克喷雾或兑水225千克弥雾。喷药1次的以破口抽穗期为好;喷药2次的分别在孕穗后期和齐穗期进行。

(十八)稻 曲 病

稻曲病由库克(1878)首次加以描述并定名为 *Ustilaginoidea virens*,现在大多数水稻主要产区都有发生,包括亚洲的缅甸、斯里兰卡、印度、巴基斯坦、印度尼西亚、日本、马来西亚、菲律宾、泰国和越南;美洲的玻利维亚、巴西、哥伦比亚、古巴、圭亚那、墨西哥、巴拿马、秘鲁、苏里南、特立尼达、委内瑞拉和美国;非洲的刚果、加纳、几内亚、科特迪瓦、利比里亚、马达加斯加、莫桑比克、尼日利亚、罗得西亚、塞拉利昂、苏丹、坦桑尼亚和赞比亚；以及欧洲的意大利，大洋洲的斐济和巴布亚新几内亚。

国内又名青粉病，过去很少发生，而且多发生在水稻长势好的年份，群众认为该病的发生是丰年的象征，故俗称为"丰产果"。近年来，由于杂交粳稻和单季大穗密穗形品种的推广，国内主要稻区相继出现稻曲病的为害。如北方稻区的辽宁、河北；南方稻区的浙江、江苏、安徽、湖南、广东、广西、福建、台湾等地发病普遍且严重。发病后一般减产5%～10%。该病不仅直接影响水稻产量，且因病菌严重污染稻谷，人、畜食后影响健康，病粒对人、畜有毒，人、畜吃后可造成腹泻、流产、早产等中毒现象，因此水稻稻曲病越来越被引起重视。

【症状】（图版8） 稻曲病仅发生在水稻穗部，为害单个谷粒，少则1～2粒，多至十余粒。受害谷粒在内外颖处先裂开，露出淡黄色块状物，逐渐膨大包裹内外颖两侧，呈孢子球，开始很小，逐渐膨大，稍扁平，光滑，外覆盖一层薄膜，随着孢子球膨大而破裂。孢子球的颜色逐渐变为黄绿色至墨绿色粉末，即病原菌的厚垣孢子。切开病球，外层呈墨绿色，第二层为橙黄色，第三层为淡黄色，内层为白色菌丝。有的病球到后期两侧生黑色、稍扁平、硬质的菌核2～4粒，经风雨震动很容易脱落在田间越冬。

【病原】 稻曲病菌 *Ustilaginoidea virens* (Cke.) Tak.，菌核从分生孢子座生出，黑色，内部白色，长椭圆形，长2～20微米，入土休眠后产生子座，橙黄色，头部球形或椭圆形，直径1～3毫米，有长柄达10毫米左右，头部外围生子囊壳。子囊壳瓶形；子囊无色，圆筒形，长180～220微米；子囊孢子无色，线形，单细胞，(120～180)×(0.5～1.0)(微米)。厚垣孢子球形，墨绿色，表面有瘤状突起，大小(3～5)×(4～6)(微米)，未成熟的孢子较小，色淡，几乎光滑。厚垣孢子在水中萌发产生细小的芽管，生1～3个分生孢子（图2-24）。

【侵染循环】 病菌可由落入土内的菌核或附着种子上的厚垣孢子越冬。次年菌核产生厚垣孢子，由其再生小孢子和子囊孢子，都是主要的初次侵染菌源。病菌在气温24～32℃发育良好，而厚垣孢子发芽和菌丝生长则以28℃最适宜，低于12℃或高于36℃不能生长。稻曲病的侵染时期众说不一，多数研究者认为于水稻孕穗至开花期侵染为主；也有的认为厚垣孢子萌发后能直接侵染幼芽，菌丝在稻体内随着寄主的生长而侵染发病。子囊孢子和小孢子均可侵染花器及幼颖。病菌早期侵入花器，只破坏子房，而将花柱、柱头、花蕊碎片等埋藏于孢子座内；晚期可侵染成熟的谷粒，聚集颖壳上的厚垣孢子吸湿膨胀，挤开内外颖，深入胚乳，然后迅速生长，取代并包围整个谷粒。以落入田间菌核和黏附在种子上的厚垣孢子越冬。

一、真菌性病害 115

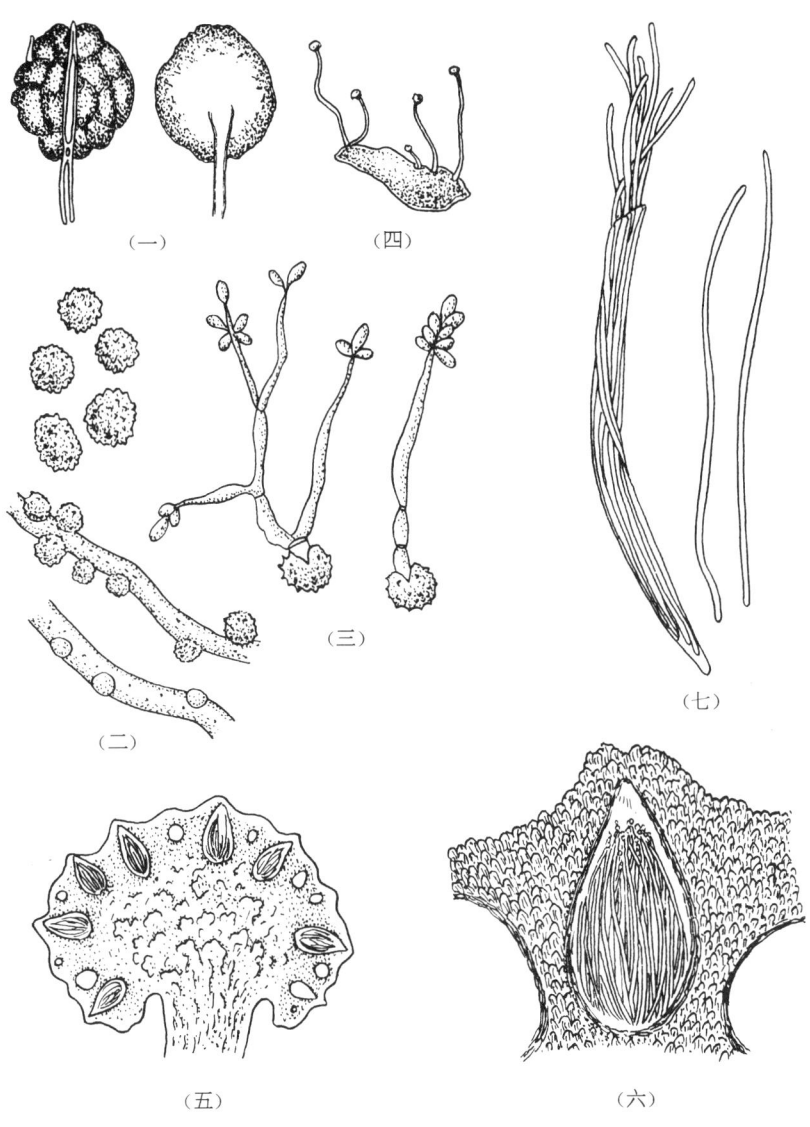

图 2-24 稻曲病菌
（一）稻曲孢子球及其剖面　（二）厚垣孢子及其在菌丝上着生状
（三）厚垣孢子萌发生长分生孢子　（四）菌核萌发出子座
（五）子座顶部纵剖面　（六）子座剖面局部子囊壳放大
（七）子囊及子囊孢子

【流行规律】 病害的发生与品种、施肥及气候条件等关系密切。

1. 品种

目前栽培品种中尚未见能免受感染的品种,但不同品种之间发病程度差异明显。比较感病的品种有秀水48、农虎3-2、桂朝2号、9915、优辐粳、9476、苏香粳等;二系杂交稻,尤其是超级杂交稻对稻曲病的抗性差;发病较轻的有嘉湖5号、矮粳23、双糯4号等。凡穗大粒多、密穗形的品种、晚播晚栽、晚熟品种发病重。

2. 气候条件

除品种固有的特性外,病害的发生还可能与感病期的气候条件有关。一般从幼穗形成至孕穗期,降雨量多,相对湿度大(90%),开花期间遇低温(20℃),又有适量降雨时,水稻生育期延长,则有利病害流行。山区由于雾大、露重、日照少,气温偏低,发病重于平原,即使同一品种在不同海拔,其感病程度也呈垂直分布,一般海拔越高,发病越重。

3. 肥水管理

氮肥用量大,使水稻出穗后生长过于繁茂嫩绿,稻株抗病力减弱,尤其在后期施氮量偏多时发病重。每公顷施纯氮210千克、180千克、150千克,百穗病粒数分别为15.4粒、7.4粒和4.5粒。施用硅酸钙可减轻发病。水浆管理方面,一般长期深灌的发病较重。

【防治方法】

1. 选用抗病品种

辽宁的丰锦、辽粳10号;南方稻区的广二104、选271、汕优36、扬稻3号等发病较轻。

2. 药剂防治

在进行化学防治时要采取"预防为主"的方针,即在稻曲病菌侵入前期或刚侵入时施药,保护花器不受侵染;在田间发现有稻曲病病粒时才施药对稻曲病的防治是没有任何效果的。因此,对稻曲病的防治,确定施药时期非常重要。稻曲病防治适期为水稻破口(顶小穗抽出剑叶鞘即为破口,破口率达5%为破口期)期前5~7天,用药效果最为明显。如需防治第二次,则在水稻破口期(水稻破口率为50%左右)施药。齐穗期防治效果较差。药剂可选用5%井冈霉素水剂每公顷2 250~3 000毫升,或43%戊唑醇悬浮剂每公顷180毫升,或75%肟菌·戊唑醇水分散粒剂每公顷150~225克,或30%苯甲·丙环唑乳油每公顷225毫升,或12.5%氟环唑悬浮剂每公顷750毫升,或75%戊唑·嘧菌酯水分散粒剂每公顷150~180克,或19%啶氧菌酯·丙环唑悬浮剂750~1 050毫升。

（十九）稻粒黑粉病

稻粒黑粉病又称墨黑穗病，俗称黑粉谷、乌米谷等。主要发生在日本、缅甸、印度尼西亚、尼泊尔、菲律宾、泰国、越南和我国。我国主要稻区均有发生，以浙江、江苏、安徽、江西、湖南、四川、云南、河南、辽宁和台湾等稻区发生较多。自20世纪70年代中期推广种植杂交水稻以来，发病日渐普遍，尤以杂交水稻制种田受害严重，一般病粒率5%～10%，重病田块高达50%以上，严重影响制种的产量和质量。

【症状】（图版9） 稻粒黑粉病在水稻成熟前才可见到病粒。病菌侵害稻穗的单个谷粒，一般每穗12粒，多至十数粒至几十粒。病谷米粒全部或部分被破坏，变成青黑色粉末状物，即病原菌的厚垣孢子。症状有三：

（1）病谷不变色，只在外颖背线基部近护颖处裂开，伸出白色舌状的残余物，裂口近旁常黏附着散出的黑色粉末；

（2）病谷不变色，在内外颖合缝处裂开，露出黑色圆锥形角状物，破裂后，散出黑色粉末；

（3）谷粒变暗绿色或暗黄色，不裂开，似青秕粒，手捏有松软感，浸泡水中即显黑色，可与健粒区别。

有时病谷仅局部遭破坏，如种胚尚保持完整，仍可萌发，但出苗细弱。

【病原】 稻粒黑粉病菌 *Neovossia horrida*（Takahashi）Padwick et Azmat Khan.［=*Tilletia horrida* Tak.］，厚垣孢子球形，黑色，大小（25～32）×（23～30）（微米）。孢子表面密布无色或淡色的齿状突起，在显微镜下呈网状，略弯曲，基部宽2～3微米，高2.5～4微米。外围往往有透明的残余物。不育细胞圆形至多角形或长圆形，无色或淡黄色，大小15～23微米，膜厚1.5～2微米，有一短而无色的尾突（图2-25）。厚垣孢子经5个月的休眠期后，在充足的水湿、30℃左右的温度和一定的光线条件下即可萌发。发芽时长出无色先菌丝，其顶端轮生许多指状突起，小孢子集生突起上，数目多达50～60个，线状，稍弯曲，无色透明，无分隔。小孢子萌芽生菌丝或次生小孢子，香蕉状或针状，能侵染发病。

【侵染循环】 病菌以厚垣孢子黏附在种子内、外和散落田间越冬。种子带菌随播种进入稻田和土壤带菌是主要菌源。田间越冬菌量，以连年制种田的菌量大，每平方米多达2亿～4亿个。该菌厚垣孢子抗逆力强，在自然条件下能存活1年，在贮存的种子上能存活3年，在55℃恒温水中浸10分钟仍能存活，通过家禽、家畜等消化道病菌仍可萌发，该菌需经过5个月以上休眠，气温高于20℃，湿度大，通风透光，厚垣孢子即萌发，产生担孢子及次生小孢子。借气流传播到

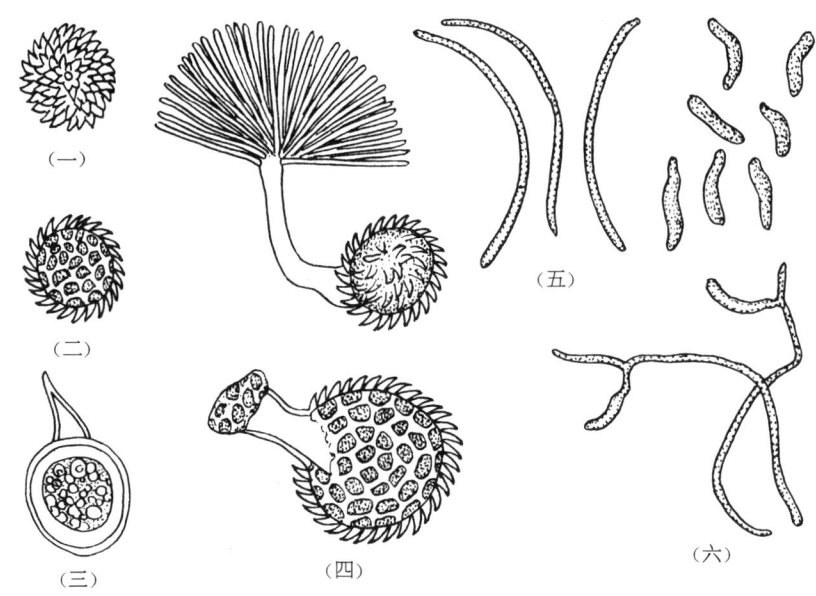

图 2-25　稻粒黑粉病菌
（一）厚垣孢子表面观　（二）显微镜下网纹状厚垣孢子
（三）不稔厚垣孢子　（四）厚垣孢子萌发产生担孢子
（五）担孢子　（六）担孢子再次生小孢子

抽穗扬花的稻穗上，侵入花器或幼嫩的种子，在谷粒内繁殖产生厚垣孢子。病菌主要在水稻开花至灌浆期侵染，高峰为盛花期。病菌从花柱进入子房，再侵入珠心组织，菌丝在其中生长蔓延，病菌入侵花器后2天，子房内出现树脂状膨大菌丝，3天形成锥形厚垣孢子，4～5天后厚垣孢子变褐色，6天形成小刺，11天病粒破裂露出黑粉，掉落田间或黏附在种子上越冬。

【流行规律】　水稻从抽穗至乳熟，特别是在水稻开花期间，如遇连续阴雨，湿度大，温度25～30℃时，有利病菌侵染。水稻孕穗至抽穗开花期及杂交稻制种田父母本花期相遇差的，发病率高，发病重。此外施用氮肥过多也会加重该病发生。在杂交制种不同组合中，存在着母本内外颖最终不能闭合的现象，称作开颖。一般开颖时间长、颖壳张开角度大、柱头外露率高、外露时间长的制种田母本发病重。开颖率高的组合，如汕优63，开颖率高达30%～40%，则发病率高。品种间发病率高低差异较大，汕优63第一年制种田，病穗率高达92%，病粒率25.19%。

【防治方法】

1. 实行检疫

严防带菌稻种传入无病区。

2. 种子消毒

注意明确当地老制种田土壤带菌与种子带菌两者作用的主次。以种子带菌为主的地区,播种前必须用10%盐水选种,汰除病粒,然后进行种子消毒,消毒方法参见稻瘟病。

3. 轮作

实行2年以上轮作,病区家禽、家畜粪便沤制腐熟后再施用,防止土壤、粪肥传播。

4. 栽培管理

避免偏施、过施氮肥,制种田通过栽插苗数、苗龄、调节出秧整齐度,做到花期相遇。孕穗后期喷洒赤霉素等均可减轻发病。

5. 抗病品种选用

在杂交稻的配制上,要选用闭颖的品种,可减轻发病。杂交稻三系中的恢复系早恢1号、IR209,保持系珍汕97B、V41B和不育系闽西早等表现抗病。

6. 药剂防治

杂交制种田或种植感病品种,以及发病重的地区或年份,于水稻盛花高峰末期和抽穗始期,各喷1次14%黑俊净胶悬剂2 400倍液,或灭黑1号胶悬剂250倍液。轻病年则于盛花高峰末期喷1次即可。据湖南省农业科学院介绍,应用20%三唑酮乳油1 000～1 500倍液喷雾,于水稻始花和盛花期各防治1次,防病效果较好;也可用20%三唑酮(粉锈宁)可湿性粉剂。使用三唑酮时应避开花期,于下午施药,以免产生药害。

近年来江苏省农业科学院研制的三唑类复配剂18.7%灭黑灵可湿性粉剂30克,兑水30千克,于制种田母本抽穗30%～50%时,喷细雾防治1次,效果很好。也可在水稻穗期喷洒25%敌力脱乳油2 000倍液,能有效地防治本病,还可兼治纹枯病、稻曲病、叶鞘腐败病。此外,每公顷用30%爱苗乳油225～300毫升,兑水450千克,于水稻破口前3～7天和始穗期各施药一次,防治效果达到90%左右,显著优于常用农药。

(二十) 稻 谷 枯 病

稻谷枯病又名稻颖枯病。首先发现于美、日两国,是世界性的病害,主要分布在日本、巴西、斯里兰卡、印度、塞拉利昂、坦桑尼亚等国的产稻区;我国主要是在长江流域的产稻区。病菌主要侵染谷粒颖壳,使千粒重下降,造成减产。2005年,安徽省天长市天长镇1.34公顷(20多亩)镇稻2号发生了稻颖枯病,重病田病穗率达60%,病穗上一般有40%的粒子发生病变,严重的病粒占60%,病粒小枝梗上没有明显病变,有的能灌浆,有的不能灌浆,严重地影响了产量。在江苏金湖县,少量的田块也发生过此病,且有上升趋势。过去该病在我国南方稻区、珠江三角洲及广州市的稻田均有零星发生,但一般发病不重。近年由于多种原因,该病发生渐趋严重,在广州市发病面积超过1万公顷,受害的水稻结实率和千粒重下降,稻谷减产5%~8%,严重的损失20%以上,成为广州地区早稻的主要病害之一。在浙江萧山一带,曾因本病为害减产25%。

【症状】(图版9) 谷枯病菌只为害谷粒。于水稻始穗后的23周侵害幼颖最盛,初起在颖壳尖端或侧面生出椭圆形边缘不清晰的小斑点,逐渐扩大,褐色变深。有时几个病斑愈合成不规则大斑,占据谷粒的大部以至全部,然后转成枯白色,中心散生无数小黑点,即病菌分生孢子器。稻穗于开花及乳熟初期受害的,往往造成花器干枯和瘪谷等现象;于乳熟后期受害的,会引起米粒变小,重量减轻,米质下降;若在接近成熟时受害,一般仅在谷粒上略显变色或呈褐色小点,对产量影响不大。

【病原】 水稻谷枯病菌 *Phoma sorghina* (Sacc.) Boerema, Dorenb.& V. Kest [=*Phyllosticta glumarum* (Ell.et Tr.) Miyake] 分生孢子器初生于病部表皮下,逐步突破表皮外露,最后成为表生,或仅留基部在病组织内,散生或群集,球形或扁球形,黑褐色,上深下浅,基部黄褐色,顶端突起为孔口,大小(48~133)×(40~95)(微米)。分生孢子小,无色或淡色,单胞,卵形或椭圆形,大小(3~6)×(2~3)(微米)(图2-26),成熟后遇水,成群由孔口挤出,相连如带状。

【侵染循环】 分生孢子器在病粒上越冬。翌年水稻抽穗后,分生孢子释出,侵入花器及幼颖。田间主要以分生孢子借风雨传播,进行再次侵染。

【流行规律】 在水稻抽穗扬花至灌浆期的多雨天气,尤其暴风雨天气,造

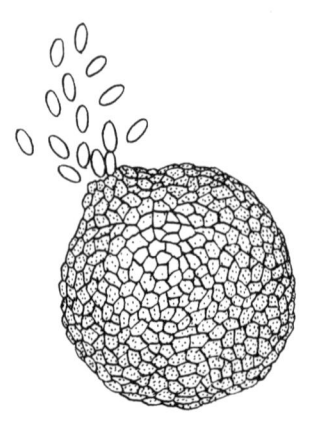

图2-26 稻谷枯病菌
分生孢子器和分生孢子

成稻穗互相摩擦产生伤口,有利病菌侵入而病重,是该病发生和流行的主要条件。其次,与田间施肥也有关。偏施、过施或迟施氮肥,造成植株贪青晚熟,会增加病菌侵害的机会;一般倒伏田块,地面温湿度高,有利病菌孢子发芽侵入,病害会严重。另外,在冷浸田块中,植株抗性差,也易促成发病。

【防治方法】

1. 播种无病种子

选用无病种子,进行种子消毒,方法同稻瘟病。

2. 选育抗病品种

较抗病品种有华优广抗占、抗优63、Ⅱ优98、抗优63、汕优63和Ⅱ优9号等。

3. 处理病秕谷

及早处理带病秕谷,制成高温堆肥。

4. 加强肥水管理

避免偏施迟施氮肥、增施磷钾肥;同时,适度露晒田,使植株转色正常,稳生稳长,延长根系活力,防止倒伏,增加抗性。

5. 改造冷底田

改造冷水田,提高地温,促进根系生长,增加抗性。

6. 喷药预防

常发重病区应在暴风雨将临的出穗初期喷药预防,药剂施用可结合稻瘟病防治。

(二十一)稻 赤 霉 病

引起小麦赤霉病的真菌也侵染水稻,引起与小麦赤霉病相似的症状,在水稻上的症状发现于颖壳和叶片上,这一点是意大利由卡特略1877年提出的。此后在巴西、中国、印度和乌干达曾有记载。该病不经常引起严重损失,但在有利病害发生的条件如高湿度下可能严重。

【症状】 罹病颖壳上产生病斑或变色,起初白色,后变黄色、赤色或洋红色。有时整个籽粒都受害。这些病斑生出分生孢子座和大量分生孢子。受侵染的籽粒轻、皱缩而脆,往往不能萌发,即使能够萌发的也会长出病苗。病菌还能侵害茎节,使其变黑和崩解,并使茎秆枯萎和破裂。

【病原】 稻赤霉病菌 *Gibberella zeae* (Schw.) Petch 属子囊菌亚门、球壳目、赤霉属、玉蜀黍赤霉;子囊壳蓝黑色,卵形。子囊孢子呈纺锤形,直或略弯,两端钝圆,多数为3个隔膜,大小(18～27)×(3.4～5)(微米)。无性态为 *Fusarium* graminearum Schwabe，属半知菌亚门、瘤座孢目、镰孢属、禾本科镰孢。分生孢子层为密丝组织，有各种色泽，多为橘红色。分生孢子镰刀菌，稍弯，两端尖，3～5个隔膜，大小(30～60)×(3.5～5.5)(微米)。寄主植物有水稻、小麦、大麦、玉米等禾本科植物。

【侵染循环和发病因素】 此菌在生理上与小麦赤霉病相似，生长适温为28℃左右，侵害水稻以20～24℃时最适宜。病菌主要在开花期侵染谷粒，乳熟后就较难侵染。花期遇连续阴雨天气有利于发病。浙江主要在早稻上偶有发生。

【防治方法】 本病发生不普遍，一般只要结合防治稻瘟病、胡麻斑病、谷枯病等穗期病害防治即可。

（二十二）稻一柱香病

水稻一柱香病是西道(1914)在印度首先描述的。此病在我国分布于云南和四川。新中国成立前，云南病区的病穗率一般为5%～20%，严重的达30%。新中国成立后，曾将本病列入检疫对象。由于广泛推行种子处理、从无病区引换良种及改进栽培技术，该病基本得到控制。

【症状】(图版9) 主要为害穗部。病株的各个分蘖，往往全部受害，但也有主穗不发病而分蘖发病的。受害稻穗在抽出剑叶叶鞘之前，病菌在颖壳内长成米状的子实体，将全部花蕊包埋在子实体内。壳内子实体可以从内外颖的合缝延伸至壳外，形成各种不同形状的子实体，外壳逐渐变成黑色。同时还有菌丝将小穗缠绕，使小穗不能散开。因此，抽出的病穗呈直立圆柱状，故有"一柱香"之名。有时在抽穗之前，剑叶与剑叶鞘上发生与叶脉平行的白粉状条纹。

【病原】 稻一柱香病原菌为 *Ephelis oryzae* Syd. 属半知菌亚门、瘤座孢目、柱香菌属、稻柱香菌。病穗内外颖上的子实体，为病菌的分生孢子座，浅杯状，散生，可产生大量的分生孢子。分生孢子梗密生于孢子座上，有分枝，无色，大小(57～85)×(0.85～1.43)(微米)。分生孢子针形或棒状，单胞，直或弯曲，无色，大小(12～22)×(1.2～1.5)(微米)(图2-27)。菌丝生长适温为28℃左右，在8℃以下、34℃以上不能生长。孢子在18～30℃萌发，以26℃为适宜。孢子抗干旱力强，贮藏162天尚有32%的萌发率。

【侵染循环和发病因素】 稻一柱香病为系统侵染性病害，病菌以分生孢子座混杂在种子中存活越冬。带菌种子为翌年病害的主要初侵染源。分生孢子抗旱力强，贮藏162天尚有32%的萌发率。带菌种子播种后，病菌从幼芽侵入，造成当年发病，多数引起系统侵染，病株的分蘖往往全部受害，但也有主穗不发病而分

一、真菌性病害　　123

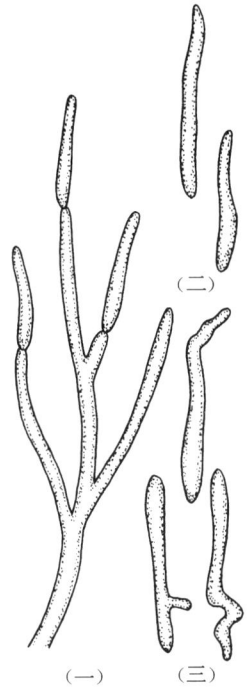

图2-27　稻一柱香病菌
（一）分生孢子梗及分生孢子
（二）分生孢子　（三）分生孢子萌发

蘖发病的。病菌在稻株体内随着植株的生长发育而扩展，在稻株抽穗之前，病菌已进入幼穗为害。被害幼穗颖壳受破坏而变成蓝黑色，并长出小粒点状的子实体（即病菌分生孢子座），小穗因被病菌菌丝体缠绕而不能展开，致抽出的病穗呈圆柱状。有时部分小穗受害后虽仍能散开，但穗粒基本不实。通常旱育秧有利病菌侵染。土壤无传病作用。病菌也可危害稗草。水稻品种之间发病有差异。

【防治方法】

1. 实施检疫

严禁将病区种子调入无病区。选无病田留种，或从无病区引种。

2. 种子处理

播前进行盐水或泥水选种，以汰除混在种子中的病菌子实体，减少菌源；实行温汤消毒，用52～54℃温水浸种10分钟，可基本杀死种子上的病菌。也可用药剂处理，即用70%抗菌素402的2 000倍液，每50升药液浸30～35千克稻种，浸种48小时，捞出洗净药液，催芽、播种。

3. 药剂防治

该病在水稻各个生育时期均能感染,关键是要抓住发病初期用药防治。每公顷用40%多硫胶悬剂3 000克,加水900千克喷雾;或用60%多菌灵可湿性粉剂900克,加水750千克喷雾;或50%多菌灵可湿性粉剂1 125克,加水1 125千克喷雾。根据病情,隔1周再喷1次,效果良好。

二、细菌性病害

水稻由细菌引起的病害,全世界已报道12种。除了下述国内发生较常见的6种细菌病害外,日本在米粒上还发现有3种细菌性病害,即黑蚀米病(Xanthomonas itoana)、黑眼米病(X. atroviridigenum)和桂皮米病(X. cinnamona)。

国内已知水稻细菌病害有6种,即白叶枯病、细菌性基腐病、细菌性条斑病、细菌性褐条病、细菌性褐斑病和细菌性粒腐病。其中白叶枯病是全国水稻三大病害之一,常区域性流行,形成局部性灾害。20世纪70年代初就曾连续三年在长江流域大流行,损失惨重,重病稻田几乎绝收。另外,20世纪60年代尚在争论至70年代末才明确的水稻细菌性基腐病,已知从东北稻区黑龙江省直至华南稻区广西、云南均有发生,重病地区株发病率高达90%以上。但由于本病菌主要侵害地下部根系和根节部,轻病株仅影响千粒重,重病株的枯心苗、枯孕穗和青枯穗又常易误诊。因此,对该病的危害性在较多地区存在认识不足现象,还有待进一步提高认识。此外,主要分布在南亚和东南亚国家、国内尚局部发生的稻细菌性条斑病,1983年被列为国内植物检疫对象。兹将国内已知的6种水稻细菌性病害及其检索表分别记述于后。

(一)稻白叶枯病

稻白叶枯病俗称茅草瘟、白叶瘟等,19世纪末首先在日本发现,是水稻上的重要病害之一。水稻因受白叶枯病的为害所致的损失,一般约为10%,发病重的可达50%~60%,甚至90%以上。发病的轻重和对水稻影响的大小与发病早迟有关。抽穗前发病,顶叶枯死,往往造成瘪粒、同时青米粒也增加、千粒重降低,对产量影响很大;灌浆后发病,则损失较小。

白叶枯病最早于1884年在日本福冈地区发现。20世纪50年代以来,发病范围扩大,目前白叶枯病的发生范围已遍及世界各水稻产区,在欧洲、非洲、北美洲、南美洲、大洋洲、亚洲都有发生,而以日本、印度、我国发生较重。我国在20

世纪30—40年代以前在江苏、浙江一带已有发生,现主要在华东、华中、华南稻区发生,西北、西南、华北和东北部分稻区也有分布,西藏也有发现,目前只有新疆、甘肃等地未见报道。流行年份稻叶焦枯,造成严重减产。

白叶枯病一般在沿海、沿湖、丘陵和低洼易涝地区发生较为频繁,籼稻发病重于粳、糯稻,双季晚稻重于双季早稻,单季中稻重于单季晚稻。多发生在孕穗至抽穗阶段,如提前发病,可使抽穗延迟,穗形变小,粒数减少。孕穗后发病,粒重减轻,不实率增加。病株结实差,青粒多,米质松脆,出米率低,发芽率也低,如在分蘖期出现凋萎型白叶枯,造成稻株大量枯死,损失更大。1962年江苏白叶枯病流行成灾,发生面积达13万公顷,损失稻谷9万吨。1974年,该病在浙江、贵州、江苏、安徽、四川、广东等省暴发成灾,发病面积达146万公顷,损失稻谷60.5万吨;浙江省曾在20世纪50—60年代在较大范围内流行,1970年以后,凡有利于发病的气候条件年份仍有较大面积的发生,如1990年。

【症状】(图版10)　白叶枯病主要为害叶片,严重时也可侵害叶鞘。由于病菌侵入时期、侵染部位、环境条件和品种抗病性的不同,表现的症状也各异。

1. 苗期症状

由带病种子育成的秧苗,以及病菌自幼芽、胚根的伤口或从苗叶的水孔侵染的秧苗,在早、中稻秧田中,由于温度低,菌量少,病情发展缓慢,一般并不表现症状。这种已感染而未表现症状的秧苗被称为"带菌苗"。把带菌苗移栽到本田后,遇到适宜条件就出现明显的症状,成为本田的发病中心。在双季晚稻秧田中则常可直接看到病苗,病斑多发生于中、下部叶片的尖端和边缘,初呈狭小短条状,黄褐色,后扩展成长条斑,与成株期症状相似。

2. 成株期的症状

可以分为以下五种类型:

(1)叶缘型　最常见的典型病斑。发病初期,先在叶尖或叶缘出现针头大小的黄绿色或暗绿色水渍状侵染点,在侵染点周围迅速形成淡黄白色短线状病斑,继续扩展,沿叶缘两侧或中脉向上下延伸,形成黄褐色长条状病斑,最后呈枯白色。病斑边缘常呈不规则波纹状,与健部界线明显。病斑症状常因品种而异。籼稻上的病斑多为橙黄色或黄褐色,粳稻上的病斑多为灰白色。另外在病健交界或病斑的前端还有黄绿相间的断续条斑,也有在分界处显示暗绿色变色部分。这些特征都与机械损伤或生理因素造成的叶端枯白有区别。

(2)急性型　常见的症状类型。主要发生于多肥栽培,易感品种或温度极有利于病害发展时。病叶先产生暗绿色病斑,随后迅速扩展使叶片变灰绿色,并向内侧卷曲,失水呈青枯状。在种植感病品种、高肥水平或温湿度适宜的情况下病害容易发生,多见于上部的叶片,不蔓延到全株。此种症状出现,表示病害正在急剧发展。四川、江苏都把它作为预测指标之一。

(3) 凋萎型　又称枯心型,一般不常发生。1963年湖南省首先观察到这种症状,近年来南方稻区都有发生。经湖南试验证明是系统侵染的结果。多见于杂交水稻系统及一些高感品种,常在秧田后期或本田分蘖期发生,与菌量大或根茎部受伤有关。病株最明显的症状是心叶迅速失水、内卷、青枯而死,很似螟害造成的枯心苗;有的病株随着病势的进展,可使主茎及分蘖的其余叶片相继凋萎。一丛内有时主茎或者2个以上分蘖同时发病,心叶失水青枯,随即凋萎而死,其余叶片也先后青枯卷曲然后全株枯死;也有仅心叶枯死,其他叶片仍能正常生长;也有先从下部叶片开始发病,再向上部叶片扩展,与因螟虫造成的枯心苗极为相似,但基部无虫蛀孔。解剖病株在内腔泌有大量菌脓;病叶的叶鞘基部,特别是连接假茎的近水面部位,常呈黄褐色病变,自外而内逐步入侵。当假茎受到严重侵染时,茎节部位变褐色。剥开病叶,切断病节或病叶鞘,用手挤压,可溢出大量黄色菌脓。切片镜检,也可见到病组织的维管束内充满细菌。严重田块的生育后期,除有凋萎枯心外,还可出现因茎节受害或剑叶枯死而引起与螟害近似的"枯孕稻"或"白穗"。

(4) 中脉型　亦系湖南首先观察到的一种系统侵染症状。水稻自分蘖期或孕穗期起,在剑叶或其下一二叶,少数在三叶的中脉中部开始表现淡黄色症状。病叶两侧有时相互折叠。病斑沿中脉逐渐往上、下延伸,可上达叶尖,下至叶鞘,并向全株扩展成为中心病株。此病株往往未抽穗即死去。

(5) 黄化型　不常出现的一种症状。初期心叶并不枯死,可以平展或部分平展,其上常有不规则形的褪绿斑,进而发展为枯黄的小块或大块的病斑。病叶基部偶有水渍状断续的小条斑出现,可检查到病菌。

南方稻区有时可同时见到上述五种中的两种或多种症状;有时也可以在同一植株上见到几种症状相继出现。

上述各类型病叶,在天气潮湿或晨露未干时,常在叶缘或新病斑表面排出蜜黄色带黏性的小露珠——菌脓。干燥后,成鱼子状的菌脓,易掉落田间,并溶散于水中随水流传播而侵害健苗。

【病原】　稻白叶枯病原细菌 *Xanthomonas oryzae* pv. *oryzae* (Ishiyama) Zoo (1990)是稻黄单胞杆菌 *Xanthomonas oryzae* (Ishiyama) Dowson (1943)中的致病变种。

1. 形态特征和生理性状

菌体单细胞,短杆状,两端钝圆,大小为(1.0～2.7)×(0.5～1.0)(微米),

单鞭毛,极生或亚极生,鞭毛长6～9微米,宽约30纳米。革兰氏染色反应阴性。不产生芽孢和荚膜,但在菌体表面有黏质的胞外多糖包围,使菌体互相黏连成团。病菌生长比较缓慢。一般培养2～3天甚至5～7天后才逐渐形成菌落。在肉汁胨琼脂培养基上的菌落为蜜黄色,能产生非水溶性的黄色素。菌落圆形,周边整齐,质地均匀,表面隆起,光滑发亮,无荧光。

生理生化特性:病菌好气性,能利用多种醇、糖等碳水化合物而产酸;最适合的碳源是蔗糖;谷氨酸是最适合利用的氮源;不能利用淀粉、果糖和糊精等;能轻度液化明胶,产生硫化氢和氨;不产生吲哚;不能利用硝酸盐、石蕊牛乳变红色;病菌生长温度范围17～33℃,最适生长温度25～30℃;最低、最高生长温度分别为5℃和40℃10分钟;致死温度在无胶质保护下(潮湿状态)为53℃10分钟,在有胶质保护下(干燥状态)为57℃10分钟。病菌生长最适宜的氢离子浓度为中性偏酸(pH 6.5～7.0)。

在血清学上,我国已从白叶枯病菌的种群中鉴别出三个血清型:Ⅰ型全国分布,为优势型;Ⅱ、Ⅲ型仅在南方稻区的个别地方出现。印度、日本也有报道,但它们在流行中所起的作用,还不清楚。

白叶枯病菌除为害水稻外,在国内自然情况下,还可侵染游草(李氏禾 *Leesia hexandes*)、假稻(鞘糠草 *L. oryzides* var. *japonica*)和茭白。日本报道尚有异假稻(*L. oryzides*)和秕壳草(*L. sayanuka*),以上为自然寄主植物;人工接种可为害千金子(*Leptochloa chinensis*)、虮子草(*L. panacea*)、草芦(*Phalaris arundinacea*)、芦苇(*Phragmites communis*)和柳叶箬(*Isachne glabosa*)。

2. 致病小种(型)

20世纪70年代国内外的研究认为,白叶枯病菌致病力的变异只是强与弱的区别,是数量的差异。以后随着试验的进展,江苏省农业科学院发现供试菌株与品种之间存在强互作反应,表明白叶枯病菌的致病力有特异性。如南粳15对菌株GD1358表现高抗并有褐斑出现,对OS—225和JS49—6则表现高度感病;相反,IR26对OS—225和JS49—6表现高度抵抗,而对GD1358表现感病反应。

1985—1988年全国白叶枯病菌致病型研究组进一步开展研究,由广东省农业科学院收集并测试华南稻区,包括福建、贵州、广西、广东、云南等地的菌株;南京农业大学和江苏省农业科学院收集、测试长江流域稻区,包括安徽、江苏、上海、浙江、湖南、湖北、江西、四川等菌株;中国农业科学院收集、测试华北稻区,包括北京、天津、河北、河南、山东及东北稻区与陕西、宁夏等地的菌株。根据几年来在各基点的测试和1988年在南京联合试验的结果,各地参试的菌株在不同鉴别品种上的反应,可区分出7个小种(型)(表2-2)。

表 2-2 我国白叶枯病菌的致病小种（型）

小种	鉴别品种（抗性基因）				
	金刚30[①]	Tetep (1,2)	南粳15[②] (3)	爪哇14 (1,3,12)	IR26 (4)[③]
C_1	S	R	R	R	R
C_2	S	S	R	R	R
C_3	S	S	S	R	R
C_4	S	S	S	S	R
C_5	S	S	R	R	S
C_6	S	R	S	R	R
C_7	S	R	S	S	R

注：R=抗病，S=感病。
① 类似金刚30的品种：沈农1033、台中本地一号、南京11、珍珠矮11等。
② 类似南粳15反应的品种：中国45、早生爱国三号。
③ 括号中的数字1、2、3、12、4分别代表白叶枯病菌不同小种。

我国白叶枯病菌的致病小种（型）的分布范围和流行种群有一定的地理特点，小种 C_2 和 C_4 分别占测试总数的33.57%和23.50%，是全国的优势小种；其次是小种 C_1 和 C_3，分别为17.51%和13.67%；小种 C_5、C_6、C_7 是稀有小种。以不同稻区分析，北方稻区以小种 C_2 为主，小种 C_1 和 C_3 次之，小种 C_4 和 C_6 稀有；长江流域以小种 C_2 和 C_4 为多；而南方稻区则以小种 C_4 和 C_2 为最多，在广东和福建还有少量的小种 C_5 出现（表2-3）。

通过分析与比较，我国白叶枯病菌的致病小种与日本的小种相近；与菲律宾比较，其小种 P_1、P_2 和 P_3 与我国 C_2、C_3 和 C_1 相同。

表 2-3 白叶枯病菌致病小种地理分布（1986—1988）

地点	0	I	II	III	IV	V	VI	VII	∑1
广东	6	15	50	29	58	1			159
广西	8	14	17	6	14		1	1	61
福建	2	4	13	4	3	1			27
贵州	3	9	15	3	8				38
云南	9	7	12	3	9				40
西藏		1							1
四川		2							2

续 表

地点	0	I	II	III	IV	V	VI	VII	Σ1
湖南		1	2	2					5
湖北			1						1
江西		1	2						3
上海			1						1
浙江			1		1		1	1	4
江苏		5	5		2		1	1	14
安徽					2				2
河南		1	2	2					5
河北	1		6	1			1		9
陕西			1	1					2
宁夏	2	3	1						7
山东		1			1				2
天津		1		1					2
北京	2	1	4				1		9
辽宁	2	4	3				2		11
吉林		1	3	1	1				6
黑龙江		2	1	1			1		5
Σ2	35	73	140	57	98	2	8	3	416

3. 噬菌体

寄生在细菌和放线菌等微生物上的一种病毒。它的结构，外为蛋白质外壳，内为脱氧核糖核酸（DNA）等成分。当细菌被噬菌体寄生后，细胞壁溶解或破裂，细胞消失。在液体培养基中，能使混浊的菌液变清；在固体培养基平板上，表现为透亮的无菌空斑，称为溶菌斑或噬菌斑。凡有白叶枯病菌存在的场所，如病田的土壤、田水、感病的稻叶、茎和种子内，甚至灌溉水和打谷场上，几乎都有白叶枯病菌的噬菌体存在，并对白叶枯病菌有相应的专化寄生性和稳定性，而且数量与白叶枯病菌的数量成正相关，在病菌多的情况下，噬菌体的数量也多。因此，可以利用噬菌体来检验白叶枯病菌的有无或多少。目前，它已成为应用于检验和预测白叶枯病发生和流行的一种重要方法。

白叶枯病菌的噬菌体，形如蝌蚪。头部多角形，直径70纳米，下连一杆状的尾，大小为（90～150）×（5～25）（纳米）。分布在各地的白叶枯病菌噬菌体，在外形上区别不大，但其生理生化性状和寄主范围却不相同。江苏从各地收集的许多白叶枯病菌的噬菌体，经分析测定，分属三个类型。各型间不同，溶菌斑大小分别为7～13毫米、2～3毫米、1～1.2毫米；潜育期分别为80～90分钟、210～240分钟、300～330分钟；失毒温度（致死温度）分别为63℃ 10分钟，74～76℃ 10分钟，76～78℃ 10分钟。血清中和反应很专化。各自的寄主范围也有明显差别。如测定7个属25种病原细菌的结果，可以看出，Ⅰ型噬菌体的寄主范围最窄，非常专化，只能寄生白叶枯病菌；Ⅱ型的寄生范围稍宽，除能寄生白叶枯病菌外，还能寄生水稻细菌性条斑病菌（Xanthomonas oryzae pv. oryzicola）和李氏禾条斑病菌（X. leersiae）；Ⅲ型的寄生范围最宽，除能寄生上述Ⅱ型的三种病原细菌外，还能在棉花角病菌（X. malvacearum）、黄麻斑点病菌（X. nakatae）、核桃黑斑病菌（X. uglandis）、甘蓝黑腐病菌（X. campestris）及一种禾本科弱寄生菌（X. protypus）等黄单胞杆菌属细菌上寄生。同时也可看出，溶菌斑大的，潜育期较短，寄主范围较窄；溶菌斑小的，潜育期较长，寄主范围也较广。

白叶枯病菌噬菌体的平均繁殖量10～30个不等，一般为12～16个。噬菌体在低温潮湿的条件下，能长期保持活性，但在干燥条件下，夏季不超过3个月，冬季一般也不超过半年，这和白叶枯病菌特性恰巧相反，因此在检验稻种时须考虑到这方面因素。

噬菌体对强氧化剂和表面活性物质十分敏感，如与漂白粉、高锰酸钾、肥皂粉、洗净剂等接触，很快钝化，故稻田喷施农药后，田水中噬菌体锐减。紫外光照射，也容易使噬菌体失活或发生突变，但对乙醇、氯仿等则不大敏感，故在测定田水中噬菌体时可用氯仿消灭杂菌。

【侵染循环】

1. 越冬及初冬侵染源

本病的初次侵染来源，主要是带病稻草、病稻种和残留田间的病株稻桩。病种来源：一是来源于系统侵染，病菌通过稻株维管束输导至种子内；二是在水稻抽穗开花时，病菌借风雨露滴飞溅，沾染稻穗，渗进谷粒，寄藏在颖壳组织内或胚和胚乳表面越夏越冬。在干燥贮存条件下，据四川、云南用噬菌体测定，可活8～10个月，直到第二年播种季节。不过在贮存期，病菌会逐渐死亡，到播种时种子带菌率很低。但由于播种量大，仍有足够的传病来源。近年杂交稻在海南大量制种，调进的稻种引起了新病区的出现，足以证明稻种传病。

（1）病稻草传病　由于从干稻草上分离病菌很难成功，后经江苏研究，剪取一段病稻草，插入湿的河沙内保湿，取剪口上溢出的菌脓接种，引起稻苗发病，取得了稻草传病的依据。目前已明确稻草传病能力与其存放条件有关。干燥贮存，在江苏、广东、湖北病菌可存活7～9个月，在云南元江可存活11个月，在陕西可存活17个月。存活率高,传病率也高。如果稻草散放在田野场地,受日晒雨淋影响,病菌会随稻草腐烂而很快死亡,即失去传病能力。

（2）病稻桩传病　特别是高度感病的品种或杂交稻,在田间残留的稻桩内潜存大量病菌,冬后形成干结菌脓,用少许灭菌水稀释,针刺接到稻苗上即可发病。在冬季气温较高的南方稻区,稻桩上的病菌能过渡到再生稻苗上,成为传病来源。后又在江苏省试验,证明在自然条件下,病田土壤中有病菌存在,也能传病。在自然条件下,病菌可侵染水稻、陆稻、野生稻、李氏禾、茭白（*Zizania latifolia*）等。人工接菌可侵染多种禾本科的异假稻[*Leesia oryzoides*（L.）]等杂草;在江苏曾发现自然发病的假稻,广东、湖南、江西发现自然发病的茭白,但其传病作用尚待研究。病菌还可在玉米等植物的叶面或根围存活或增殖,但不一定侵入寄主,也不产生症状,成为带菌植物,在流行学上可以成为侵染源。

综上所述,白叶枯病的初次侵染菌源,老病区以有病稻草和残留的稻桩为主,新病区以稻种为主。

2. 传播特点与发病过程

在稻草、稻种上的病菌,到次年播种期间,一遇雨水,便随水流传播。对初次侵染途径有几种看法:一种认为病种萌芽时首先感染芽鞘,当真叶穿过芽鞘接触病菌时,叶尖即受侵害而成带菌苗;另一种认为根部先受病菌污染,再从茎基叶鞘基部的伤口侵入;还有一种认为稻苗叶鞘上有部分开张的变态气孔,病菌可以由此侵入,能到达维管束的,就在内繁殖运转直至发病,到不了维管束的,就在组织内繁殖,并泌出体外进行再侵染。上述早期进入稻体内的病菌,在维管束内繁殖转移过程中,当被局限于一处时,所表现的症状是局部的,如常见的叶部病斑,称为局部侵染;当病菌沿维管束输导到其他部位,有的就表现为枯心或全株凋萎等,有的即使未表现症状,但在叶、叶鞘、茎穗等部均有细菌存在,这种全株性的,称系统侵染。1964年湖南用人工分别接种水稻芽鞘,第一至第四片真叶及不定根等和1975年以^{32}P标记白叶枯病菌浸根,都指出病菌可以向地上任何部分扩展,形成系统侵染。1976年湖北亦以^{32}P标记试验,得出浸秧根和针刺主脉能系统侵染,但针刺叶肉则只出现局部侵染,从而证明了在一定条件下,系统侵染确实存在,不是前人所作的只有局部侵染的结论。

在病区,田间传病来源很广,除了带病种子外,还有带病稻草等。如用病稻草裹秧包、覆盖或下垫催芽堆、搓秧绳、扎秧把、堵涵洞、水口或还田做肥料等,都有机会与水接触,病菌随之大量释放出来。据测定,水中的细菌,在28℃水温下可活4天,21℃下可活10天以上。由此可知,水孔和伤口等是入侵的主要途径,秧苗期是建立初次侵染的关键时期。灌溉水和暴雨是病害传播的重要媒介。秧田期淹水,会加重秧苗的感染,淹水的次数愈多,病苗数量愈大。邻接早稻病田的晚稻秧田,秧苗带病率在广东可高达80%以上,这些带病苗,在南方一般生长到三叶期,即出现典型症状,以五叶期病苗最普遍,至移栽前,由于老叶脱落,典型病苗率相对降低。江苏和北方稻区,感病稻苗一般从基部叶片开始,但菌量少不易见到症状,经过大田内一段时间的增殖与积累,菌量急增直到水稻封行后,田间阴湿的环境形成;稻株在生理上亦处于易感阶段,入侵处出现病斑,并发展为中心病株,开始蔓延扩大。发病快慢,与品种的抗病性、菌量的多少、温度高低、湿度大小有关。其中品种的抗性是主要的。对感病品种来说,菌量多,温度适宜,湿度大,病害潜育期就短。日平均温度稳定在25℃以上时,潜育期7~8天;遇台风暴雨,可缩短至5天;在23℃左右时约14天;低到20℃左右,则需要20天以上。病害在大田发展后,病叶从组织里分泌出的菌脓愈来愈多,不断引起重复侵染。病菌从感染发病到排菌再传染的循环周期约10天,发病具骤发性高潮,故在环境条件适宜时,短期内能导致全面暴发流行。

病菌能借灌溉水、风雨传播到较远的稻田。低洼积水,大雨涝淹以及窜灌漫灌,往往引起连片发病。在风雨交加时,病菌可依风速强度和风向传播,传播半径60米~100米;晨露未干时进出病田操作或沿田边行走,都能带菌,助长病害扩散。

【流行规律】 白叶枯病发生的先决条件是有足够的菌源。至于病害流行与否和流行程度,则受品种抗病性、气候条件和栽培因素等影响。

1. 品种

在目前栽培的品种中,还未发现有免疫性的,只是品种间的抗病性有着明显的差别。现已研究明确,品种抗性表现与生育期有关,一类是全生育期抗性,即苗期到穗期的各期都具有抗病性,如IR_{26}等;另一类是成株期抗性,即苗期无抗病性,要到第十片叶左右时,才表现出抗性,如南粳15等。因此利用品种抗性的特点,选栽抗性品种和合理安排抗病品种布局,就可达到控制或明显减轻发病的目的。如在20世纪50年代江苏省以中稻为主的流行区,由于压缩了中稻,扩大了双季稻和单季晚稻,淘汰了感病品种早籼稻,选栽了抗病品种农垦58,收效显著,其他如安徽南部地区亦有类似的情况;至80年代各地都已先后选出一批早、中、晚熟的籼、粳杂型的抗病品种,在生产上发挥了作用。

不过在应用抗病品种上,目前尚存在以下几个问题:

(1) 抗病性随品种种植时间的增长而减退,如江苏、浙江、上海开始推广农垦58时,其抗病力很强,经过10年左右,有的已无抗病力,感病较重;

(2) 品种抗病力对地区的优势小种反应不同,如IR_{26}在全国大部分稻区高

抗,但在广东、福建一些稻区,由于C_5小种的出现已见感病,因此,今后育种工作必须注意广谱抗病性亲本的选择;

(3)在改种双季稻而减轻发病的地区,由于品种不断更换,引起病势回升,不论早、晚季都有严重发病的新情况,主要原因在于双季稻还缺乏配套的抗病品种;

(4)高产与抗病的矛盾不易统一,故高产抗病的品种并不多,兼抗稻瘟病以及病虫兼抗的更少,解决这些问题,对抗性品种的利用前途至关重要。

2. 气候条件

本病一般在气温25～30℃,相对湿度85%以上,多雨、日照不足、风速大的气候条件下暴发流行。20℃以下,30℃以上,发病就会受到抑制。天气干燥,相对湿度低于80%,则不利于病菌的繁殖。高湿条件对病菌的繁殖很重要。早稻前、中期,晚稻中、后期,如遇长期阴雨,稻叶上菌脓多,叶面保持潮湿时间长,气温虽低到20～22℃,病害仍可流行。台风暴雨的袭击,往往加速病害的扩散,加重病势。据华东地区多年的调查结果分析,气候对病害流行的影响是:6月下旬雨日达到8天左右,早稻发病可能严重,7—8月中旬阴雨达20天以上,气温在30℃以下,中稻有大发病的危险。单季晚稻除与7—8月雨日有关外,其间台风、暴雨如配合出现6次以上,发病往往严重。广东将16年的气象资料加以分析,看出温度只影响病害潜育期的长短,而决定流行的因素是大风和雨量,特别是台风、暴雨、洪涝,损伤稻叶,助长发病。从早稻4—6月,晚稻7—9月来看,病害暴发的月雨量指标为250～300毫米,以5天为一候计算,凡候平均温度在22～26℃,相对湿度在87%以上,总雨量30～40毫米,日照每天少于5小时,风速大于2.5米/秒,适于病害发展。在连续出现2～3候的这种气候条件时,病害就会在短期内暴发流行。因此,从气候上预测病害发生,早稻主要看5—6月,晚稻看7—9月份的总雨量,同时还要结合看阵雨频率,雨日多少和风速大小而定。从湖南省安仁县6年晚稻生育期间的气象资料和病害流行情况,同样看出,8—9月雨量、雨日较多,相对湿度高和日照偏少是大流行年的气候特征。8月份多雨高湿,有利于病菌的传播和再侵染。

3. 栽培

稻株的幼穗分化期和孕穗期是两个比较容易感病的生育期。在此期间,如绿肥压青量大或偏施速效氮肥,特别是化肥过多,稻株生育过茂,浓绿披叶,则易严重发病,其原因与植株本身的新陈代谢受到干扰有关,表现为细胞内部生理生化的改变,蛋白质氮化合物大量降解,游离氨基酸尤其是酰胺类化合物和胱胺酸含量的增加,助长和加速病菌的繁殖;同时,也由于这两个生育期分蘖的骤增,茎叶的成长，株间通风透光度明显减弱，湿度显著增加，有利于病害的发生和发展。绿肥压青量多还容易引起根部窒息中毒，削弱稻株的抵抗力。

水的关系同样重要。水是白叶枯病菌侵入稻体和传播蔓延的重要媒介。淹水和串灌、漫灌不但直接有利传病，而且同时促成土壤还原性强，有毒物质不断累积，以致生理上受影响而产生根衰、黑根多，活力相对下降，减弱稻株抗病力，易于感病。浅水勤灌，结合干田，增强稻株抗逆力，可减轻受害。

【防治方法】 白叶枯病发生的特点是病菌来源广，传播途径多，侵染时间长，情况比较复杂，因而依靠单一的防治方法不易取得成功，必须因地制宜，实施以抗病品种为主体，协调秧（培育无病壮秧）、水（防淹、防窜灌）、药（控制发病中心）的综合防治对策。

1. 选用抗病品种

利用品种抗病性控制白叶枯病是经济有效、切实可行的办法。各地生产上推广了一批单抗白叶枯病或兼抗稻瘟病、褐稻虱的良种，如长江流域稻区大面积种植的金陵57、南京14、水源290、扬稻二号、扬稻三号、武育粳、二九丰等，华南稻区种植青华矮、晚华矮、特二矮竹包384、特青63等。此外，在杂优水稻组合中，比较抗白叶枯病的有汕优6号、南优6号、汕优63、威优6号等，其中以汕优63种植面积最大。但汕优63不抗C_4小种，在C_4为优势小种的地区应避免种植。

抗病品种不是一劳永逸的。为了延缓抗性的退化，要注重选种，提纯复壮，以提高品种纯度和保持其原有特性。

2. 清除病菌来源

（1）严格执行检疫制度，防止带菌种子传入无病区 必须引种时，应先进行小面积种植，证明无病后再扩大；同时，要坚持选种和种子消毒。根据具体情况，可用1%石灰水浸种2天（宜于晚稻），或用80%抗菌剂402乳油2 000倍液浸种2天，也可用福尔马林50倍液浸3小时或闷种处理，洗净再催芽。以上种子消毒方法都可兼治由种子携带的其他病害。

（2）妥善处理病稻草 不让病菌有接触种、芽、苗等机会。重病田稻草和打场的残体、秕谷等应尽先处理。如做肥料，宜采用高温堆肥或草塘沤制，促使充分腐熟。应避免直接还田，以免病菌扩散。病区还应强调不用病草扎秧把；不用病草做草套围秧畦；不用病草做浸种催芽覆盖物；不用病草堵塞水口和涵洞；不用病草铺垫拖拉机道路等。打谷场及村庄附近应开截水沟，防止菌水流入进水渠，污染秧田和大田。在华南稻区，宜在春耕及夏种前，结合放养绿萍，提早整田，消除田边再生稻株和杂草。

（3）狠抓秧田预防工作，严防秧苗受淹 秧田位置事先应有计划地选择在背风向阳(早稻)、地势高而开阔、水源近、排灌方便、远离三边(村庄、打谷场、牛栏)的田块;中、晚稻秧田应尽量分片集中,不与早稻病田插花,以防传染。秧田整地要平整。采用通气、湿润或旱育秧方式,用绿肥或草木灰等盖种,做好防寒保温工作。开好平水缺口,防止大水淹苗。要把管好秧苗水作为育秧防病技术上的一个重要环节来抓。同时,根据秧田病情检查及预测,在秧苗三叶期及拔秧前数日各喷药一次,消灭初侵染源,保护秧苗不带病到大田。

3. 采用优良农业措施,协调肥水促控关系

(1)健全排灌系统,搞好水浆管理　首先结合平整土地,修筑圩堤,治理河渠,实现沟渠配套,排灌分开,增强排涝防洪能力,建成旱涝保收高产稳产防病农田。在此基础上,切实抓好科学用水,水既能传病,也能控病。适时适度进行晒田(烤田),对抑制病害尤其重要。晒田的标准是:"田边有裂,新根露白,叶色褪淡,脚踩不陷。"但晒田过度,又会加重病情,造成减产。管水的要求是:浅水(前期)、湿润(后期)与晒田(中期)相结合,采取返青养苗水(2～4厘米)、分蘖润泥水,苗足放干水(晒田),孕穗扬花不断水,穗期跑马水的科学管水方法。要切实做到严防深灌、串灌和大水涝淹,真正做到"田外排水沟,田内丰产沟,灌排顺沟流"。

(2)根据叶色变化,科学施用肥料　具体方法可参阅本书稻瘟病关于用肥方面的介绍。

(3)合理安排品种布局,改变病区面貌　品种布局是否适当与病害流行有密切关系。苏、皖等省多年来的实践证明,中籼稻白叶枯病为害最重;早、晚稻和后季稻为害较轻。江苏省有些丘陵稻区,狠抓布局调整,缩小中籼稻,扩大早稻和后季稻,并引种了抗病中稻,有的还采取抗病品种下冲(低田),感病品种上岗(高田),双季稻入塝(坡中田),使发病面积大大缩小,病情显著减轻,产量大幅度提高,改变了病区面貌。四川省有些地区也以扩大双季稻代替中稻,同时推广春玉米同作马铃薯再连作晚稻,既提高了复种指数,也避过了病害流行期,发病少,影响小,是一项防病增产的有效措施。广东在早稻发病重的地区,推广薄膜育秧,提早播种,亦可避过发病高峰期,减少损失。

4. 药剂防治

根据病情测报,及时喷药防治,控制病害发展蔓延。当田间病害进入点发阶段,或根据预报病害即将发生而气候条件又适于发病时,特别是在台风暴雨发生后,应发动群众进行全面普查,并立即组织喷药防治。喷药前,第一要排水搁田并暂停追肥,以改善稻株生育环境,增强稻株抗病力,并防止病菌随水流窜,助长传播;其次是带药下田侦察,及时喷药封锁发病中心,但须在露水干后进行,防止人为传播病菌。

在当前的杀菌剂中,噻唑锌、噻菌铜等对人畜安全,防治白叶枯病有效。施药期要点:秧田期在三叶期和移栽前各喷药一次,大田出现发病中心时挑治,控制在点发阶段。暴风雨后,对病区的感病品种必须立即用药普治。每公顷用20%噻唑锌悬浮剂1 125～1 500毫升或20%噻菌铜悬浮剂1 125～1 500克兑水叶面喷雾。

附1 白叶枯病症状诊断方法

(1)显微镜检查 在病叶的病健交界处切下数毫米大小的一块叶组织,平放在载玻片的水滴中,加盖玻片,挤去切口处的气泡,立即在低倍镜下稍暗的视野检查,如有云雾状的细菌从叶脉中喷出,即是白叶枯病菌。此法亦适用于田间,借放大镜或肉眼直接对光观察辨认。

(2)保湿检查 取培养缸或玻璃杯一个,内盛清洁河沙或泥土2～3厘米深,加水湿润。切取病叶在病斑处约7厘米长一段,下端插入沙或泥中,上端外露,加罩保温24小时。如上端切口处有混浊黄色菌珠形成,即为白叶枯病菌。如用清洁玻管内盛少量清水亦可替代河沙保湿法。

(3)白叶枯病噬菌体检验方法 通过多点取样得到的供测稻种或稻株,或田水等样品,经充分混合后,随机取种10克,或取苗10～20株,或田水70～80毫升。稻种先脱壳;稻株则先经敲碎或磨碎,置于消毒后的烧杯或研钵中,加灭菌水20毫升,浸泡或再研磨,半小时后用已消毒的吸管吸取上层清液或滤液0.5毫升、1.0毫升、1.5毫升;田水则混合后进接吸用,分别放在3个消毒后的培养皿中,然后注入新鲜(移植斜面上生长35天)而浓厚(每管约加灭菌水5毫升)的白叶枯病菌纯培养液1毫升,两相混匀,经2～3分钟,再各加一薄层(约10毫升)溶化并冷却为50℃左右的牛肉汁蛋白琼脂培养基或普通马铃薯琼脂(1.5%)培养基,迅速摇匀,凝成平板后,置26～28℃的温箱中(夏季在室内)培养10～15小时。逐一记载各个培养皿中溶菌斑数目,并换算成每克种子或单株稻苗所含溶菌斑数。每个样品,如一次测不到噬菌体,还须重复测定一次,加以校正,减少误差。如夏季高温,水中杂菌多,影响观察记载,可在水样中加入氯仿杀菌。方法是取清洁试管,吸入田水5毫升,另加氯仿0.5毫升,加管塞猛摇1分钟,静置15分钟,待氯仿下沉,明显分层后,再小心吸取上清液测定。田水取样时,应注意避雨天、喷药、施肥和烈日暴晒的影响。

(4)反向间接血凝法检测 本法是根据医学微生物学和兽医微生物学的血清学研究上的新进展,以血球为载体吸附抗原(正向)或抗体(反向),与相应的抗原相遇,发生凝集,称为间接血凝法。此法操作简便,灵敏度高,特异性显著。此法先制备抗血清,提取IgG血球致敏等步骤。具体检测方法如下:

每孔先滴入稀释液1滴(约0.025毫升),然后分别加样品液1滴(量同上),于第一列的第一孔,由1而2,2而3……依次进行倍比稀释到第11孔,最后一孔即第12孔,不加样品液,作空白对照;每份样品为1列,各列按比法进行。样品液滴加妥以后,每列每孔再各滴入白叶枯病菌IgG致敏血球1滴（约0.025毫升），随即置于微型混合器上（也可以手摇代替）混合约2分钟，置室温下经1～2小时观察结果。凡片血球均匀分布于孔底周围凝集为阳性反应，证明有稻白叶枯病菌存在。

附2　白叶枯病病情记载分级标准

（1）大田目测普查　适用于调查大田病害发生情况以及考察大面积防治效果。以田块或666.7平方米（亩）为单位，分别记载普遍率及严重度。

普遍率：按发病面积划分7级。

等级	代表值
0级：无病；	0
1级：零星发病或有较小的发病中心；	5
2级：发病面积占总面积1/10左右；	10
3级：发病面积占总面积1/4左右；	25
4级：发病面积占总面积1/2左右；	50
5级：发病面积占总面积3/4左右；	75
6级：全田发病。	100

按各田的病情换算成普遍率。

$$普遍率 = \frac{1级田块数 \times 5 + 2级田块数 \times 10 + 3级田块数 \times 25 + 4级田块数 \times 50 + 5级田块数 \times 75 + 6级田块数 \times 100}{调查田块总数 \times 100} \times 100$$

严重度：根据发病叶片多少及受害程度划分三级。记载时以调查中出现最多的级别为代表。

1级（轻）：病叶少，只是零星病斑，无或极少枯死叶片；

2级（中）：大部叶片发黄，1/3以下的叶片枯死；

3级（重）：全部叶片发病，2/3以上的叶片枯死。

（2）小区重点调查　适用于药剂防治效果考察和预测圃系统观察。以叶片为单位，记载病叶率和病叶严重度，求出病情指数。

病叶严重度划分五级。

0级：无病；

1级：病叶占叶面积1/5以下；

2级：病叶占叶面积1/3左右；

3级：病叶占叶面积1/2左右；

4级：病叶占叶面积3/5以上。

(3) 人工接种及自然诱发记载　适用于品种抗病性鉴定。

剪叶法分级标准:(09级)

0级(免疫):剪口处无明显病斑;

1级(高抗):病斑纵向扩展的长度2～3毫米,或者仅有褐斑反应,或病斑面积小于叶面积10%;

3级(抗病):病斑长度小于接种叶长1/4或病斑面积少于叶面积的20%;

5级(中抗):病斑长度达到或超过接种叶长1/4,但小于1/2或者病斑面积在叶面积20%～49%;

7级(感病):病斑长度达到或超过叶长1/2,但小于3/4或病斑面积在叶面积50%～74%;

9级(高感):病斑长度达到或超过接种叶长3/4,或病斑面积大于叶面积75%。

(二) 稻细菌性条斑病

稻细菌性条斑病简称"条斑病"或"细条病",主要分布在亚洲的亚热带区,是国内植物检疫对象之一。

1918年Reinking首先报道了菲律宾水稻上发生细菌性条斑病,后来在印度、巴基斯坦、泰国、马来西亚,以及澳大利亚和非洲的塞内加尔河平原也有此病发生的报道。此病于20世纪50年代初期在广东省首次发现并命名报道。50年代后期至60年代初期曾流行于广东、广西及福建等省(区),且以广东珠江三角洲受害最严重,60年代中期在浙江省嘉兴地区、江苏省里下河地区亦有零星发生。60年代末,我国南方稻区经采取用无"病"种子,消灭菌源和选栽抗病品种等措施,基本上控制了此病的为害,收到了显著的效果。但至70年代后期至80年代初,随着推广感病的杂交稻组合,种子的南繁北调,此病随着"病"稻种而远距离传播,不但在海南省等南方稻区死灰复燃,同时迅速蔓延到江西、湖南、湖北、浙江、贵州、云南和四川等省。

此病常与稻白叶枯病并发,其流行规律也相似(危害后造成结实率和千粒重下降,米质受损。据广东调查,发病较轻的田块减产10%左右,重病田减产20%～30%,特重病田可达60%以上)。

【症状】(图版11)　水稻细菌性条斑病的典型症状是在叶片上形成一条条暗绿色至黄褐色条斑。病斑初起时为暗绿色水渍状半透明小斑点,很快在叶脉之间伸展,形成宽0.25～0.3毫米,长1～4毫米的条斑,对光观看呈半透明状。这些条斑可继续延伸扩展至宽约1毫米,长约10毫米,此后转为黄褐色,但两端仍呈浸润型绿色。病斑上常溢出大量成串的黄色珠状细菌溢。稻白叶枯病在病斑上的细菌溢不多,而且不常看到,而条斑病的病斑上则经常布满小珠状细菌溢。条斑也可在叶鞘上发生。严重发病的后期症状为条斑增多并融合在一起，局部呈现不规则的黄褐色至枯白色斑块，但对光观察时仍可隐约见到这些斑块由许多半透明的条斑融合而成。病情严重时，病株有时矮缩，叶片卷曲，阳光猛烈照射时病叶卷曲更明显，晨间远眺病田一片橙红褐色，叶片干枯后呈现一片黄白色。

条斑病与白叶枯病有时可同田并发，症状有时混淆难分，但只要仔细观察，两种症状是可以被区分开的，现将两者的主要区别列表（表2-4），供参考。

表2-4 稻白叶枯病与稻细菌性条斑病的区别

稻白叶枯病	稻细菌性条斑病
1. 病菌主要从水孔及伤口入侵，病斑多先发生于叶尖及叶缘；	1. 病菌主要从气孔及伤口入侵，病斑多发生于叶片表面；
2. 病斑的典型症状是自叶尖或叶缘呈现长条形枯斑，病、健部分界明显，呈波纹状，急剧发生时，病斑呈开水烫漂过的灰绿色，最后枯白卷曲，远望病田一片苍白色；	2. 病斑初时呈半透明浸润状短条斑或长条斑，初暗绿色，后变黄褐色，但病斑两端仍呈暗绿色，后来条斑可融合一起呈枯褐色或枯白色斑块，远望病田一片橘红色；
3. 早露未干时，在病斑的边缘或叶尖吐出淡黄色珠状粘手的细菌溢，干后容易掉落；	3. 条斑上常分泌成串的细小的黄色珠状细菌溢，干后不易掉落；
4. 秧苗期一般少出现症状，但在双季连作晚稻，特别是在杂交稻幼苗上常可看到少量病苗	4. 水稻全生育期，特别是在晚稻秧苗上，常检出典型条斑病苗

据广西报道，20世纪80年代初期在该地区杂交水稻上发生的条斑病呈现短条斑病状。这种症状与1956年在江苏省南京市郊迈皋桥的稻田上见到过的细菌性短条斑症状有些相似，是否由不同株系的条斑菌侵染所引致，有待研究查明。

【病原】 1958年Pordesimo研究了菲律宾水稻条斑病原，命名为*Xanthomonas translucens* f. sp. *oryzae*。1957年方中达经过比较研究，将病原经鉴定命名为 *Xanthomonas oryzicola* Fang et al.。其后，Goto对此病菌和稻谷类黑颖病菌的几个变种作了比较研究后提出，用 *X. translucens* f. sp. *oryzae*代替*X. oryzicola*。随后，Bradbury（1971）又将其修正为*X. translucens* f. sp. *oryzicola*。最终，Dye重新命名为*X. campestris* pv. *oryzicola*。1990年Swing等根据病原的表型、基因型、化学分类资料重新承认水稻黄单胞菌这个种（*X. oryzae*），包括了分别引起水稻白叶枯病致病型（*X. oryzae* pv. *oryzae*）和细菌性条斑病致病型（*X. oryzae* pv.

oryzicola) 2个变种，属假单胞菌目、黄色单胞杆菌属。菌体短杆状，单生，亦有形成双链，但不成串。大小 $1.2\times(0.3\sim0.5)$（微米），有一极生鞭毛。革兰氏染色反应阴性，不形成芽孢和荚膜。在肉汁胨琼脂培养基上生长的菌落呈圆形，周边整齐，中部稍隆起，蜜黄色发亮并带黏稠性。在斜面培养上生长呈线状。在肉汁胨培养液上不形成显著的菌苔，但后期在液面上呈环状生长，为好气性。生理生化反应与白叶枯菌基本相似，不同之处是细菌性条斑菌能使明胶液化，使牛乳胨化，能使阿拉伯糖发酵产酸，对青霉素和葡萄糖的测试反应钝感，在每毫升马铃薯蔗糖琼脂培养基中加入20单位的青霉素或加入3%葡萄糖时，条斑菌均能正常生长。

条斑菌的最适生长温度为 $28\sim30$℃。至于李氏禾细菌性条病斑 *Xanthomonas leersiae* Fang et al. 是否与水稻条斑病菌同属于一个种，据南京农业大学的早期研究，李氏禾条斑菌与水稻条斑菌在培养特性及生理生化反应上基本相似，所不同之处是前者的液化明胶及胨化牛乳的能力更强，对青霉素及葡萄糖反应更加钝感，因此各定为另一个新种。但另据华南农业大学及广东省农业科学院的早期研究，在同一病区内的水稻及李氏禾条斑病株上收集所得的菌株，有部分菌株对水稻和李氏禾可以交叉感染，并都产生典型症状。李氏禾条斑菌侵染水稻常引致短条斑症状。此外，也观察到李氏禾在病区内有传染条斑病的迹象，在两种寄主上都可分离到上述两种条斑菌。因此，在广东的李氏禾有部分可能是水稻条斑病的自然感病寄主。又据印度报道，在一种田间生长的野生稻上也发现稻细菌性条斑病。

【侵染循环】 病菌在稻种上的存活期，最长可达9个月，在干燥病草上的存活期最长可达12个月。病菌在土壤中只能存活7周。因此，土壤不可能成为越冬菌源。在灌溉水中，于 $15\sim20$℃时，能存活 $70\sim90$ 天，而在 $25\sim40$℃时，只能存活 $10\sim60$ 天。水稻细菌性条斑病在我国南方双季作籼稻的早稻上始发于抽穗期，晚稻始发于秧田期，于幼穗分化至抽穗期暴发流行。每年7—9月暴风雨频繁及稻田受淹，或偏施过量氮肥常是此病流行的诱因。

此病主要由带"菌"稻种及病稻草或田间落粒自生稻病株等传染。在我国南方稻区，也不排除有自然发病的野生稻或李氏禾交叉感染的可能性。引种带"菌"稻种常是此病远距离传播的重要途径，也已由浓缩法接种所证实。对水稻细菌性条斑病菌种子侵染研究结果发现，在小花和种子的不同发育阶段接种，会导致子房、雄蕊及胚乳变成褐色或黑色而坏死，颖片也变褐，病菌存在于成熟种子的颖壳下，在发芽过程中侵染胚芽，然后穿过胚芽鞘的气孔，侵染叶鞘的第一真叶，感病真叶上的病菌再侵染其他叶片，最后剑叶上的菌脓引起种子感染。推广种植高度感染的杂交稻组合成常规稻品种是导致此病普遍扩大流行的重要因素之一。此病的发病条件与传播方式与白叶枯病基本相似,不同之处是条斑病既可从伤口入侵,也可从气孔入侵,经雨水、灌溉水、昆虫及农事操作等作近距离的传播蔓延,也可通过叶片之间接触传播。

【流行规律】

1. 品种

一般糯稻比粳稻、籼稻感病,杂交稻比常规稻病重。品种间抗性差异明显。分蘖期至孕穗期间的植株往往发病较重,嫩叶比老叶感病;在幼苗期,病叶率虽然很高,但严重度较轻。

2. 施肥

有机肥、氮肥施用水平高,或迟施氮肥,均易造成水稻徒长,发病加重。氮、磷、钾合理配合施用能增强植株的抗病性,减轻发病。

3. 气候条件

人工接种结果表明,日平均气温在12～15℃时,需保湿才能发病,而且潜育期长达20天以上,病斑数也较少,病斑长度都在0.2厘米以下。日平均气温高于16℃时,无论保湿与否均能显症。日平均气温在16～20℃时,潜育期为4～5天;而日平均气温在21～24℃时,潜育期为3天;日平均气温在25～30℃时,潜育期也是3天,但病斑扩展速度明显比21～24℃时快。说明在发病温度范围内,温度越高,潜育期越短;在高于发病最低温度、低于发病最适温度的情况下,温度越高,病斑扩展也越快;但高于发病最适温度时,病斑扩展则受到抑制。水稻细菌性条斑病的发生需要温、湿度的协同作用,病菌可以从气孔侵入,湿度愈高,稻叶气孔开启就愈多,时间也愈长,就愈有利于病菌的侵入。湿度愈大愈有利于发病。在发病温度范围内,气温主要影响病害潜育期的长短和病斑扩展速度,与显症率关系不大;而湿度与发病显症率有关,即湿度主要影响病叶率及其病斑数。

4. 伤口

伤口是病菌侵入极为有效的途径,这也是台风暴雨后易造成稻细菌性条斑病流行的主要原因之一。

【防治方法】此病的防治方法与稻白叶枯病基本相同。但根据此病的发生及传播特点,以及已有的经验,应着重抓好以下几个方面。

1. 实施检疫

为了防止此病继续通过调运带病种子向外传播,继续扩大传染,检疫部门已将其列入检疫对象,方法是实施产地现场检疫,稻种经确认无病后准予调出。

2. 综合防治

(1) 选栽抗(耐)病品种及杂交稻组合　较抗病的常规稻品种有青华矮6号、珍桂矮1号、双桂36、秋桂1以及双朝25等,杂交稻组合有广优、梅优、博优及D优等不育系配套的组合等。杂交稻组合汕优30选极易感病,不宜栽种。

(2) 种子消毒　用种时选择来源明确的无病稻种,播种前用强氯精300倍液浸种24小时,冲洗后催芽。

(3) 配方施肥,合理灌溉　提倡配方施肥,避免偏施、迟施氮肥;灌溉用水做到浅水勤灌,避免漫灌、串灌,适时晒田。

(4) 加强秧田防治,防止秧苗感染　秧苗三叶期及移栽前分别施噻唑锌或噻菌铜各一次,一般每公顷每次用20%噻唑锌悬浮剂1 500～2 250毫升或20%噻菌铜悬浮剂1 500～2 250毫升,兑水喷雾,并管好秧田水,杜绝受淹,有很好的防治效果。

(5) 大田防治　发病初期喷施上述同样药剂2～3次,每隔7天施药1次,防治效果可达70%～90%。

(三) 稻细菌性基腐病

水稻细菌性基腐病过去未见正式报道,实际上此病症状早在20世纪60年代就已发现。该病直到70年代末才引起人们的注意。现已知在国内分布很广,在上海、浙江、江苏、安徽、江西、福建、广东、湖南、湖北、山东等地都有发生。浙江省80年代初、中期曾普遍发生且发病严重,在分蘖至拔节期造成枯心苗、枯死株,严重影响单位面积的基本苗数,孕穗至抽穗期引起枯孕穗、半枯穗和枯穗,秕谷率大大增加,千粒重显著降低。如浙江省临海市(原临海县)大汾公社,发病严重的田块,株发病率高达92%,病情指数82.8,每公顷产量不到750千克;原余姚县云楼公社1982年598公顷早稻,发病的有205公顷,损失粮食达7.5万多千克。又如1983年江苏、浙江一带晚稻乳熟期,由于9月底和10月上旬连续两次遇雨后刮较大的西北干风,从江苏的太湖流域直至浙江的杭嘉湖、宁绍和金衢地区,不少田块出现青枯,经调查和分离,证明主要系本病发生所致。可见此病已成为某些地区水稻生产的严重威胁。因该病的主要特征是茎基部变黑腐烂,故有人认为它是由不良环境所引起的生理性病害,同时因为稻苗分蘖期至拔节初期的症状为枯心苗,孕穗期为"胎里死",易被误认为螟害或白叶枯病的急性凋萎型。

水稻发病后,分蘖至拔节初期造成稻株枯死,严重影响基本苗数;孕穗以后引起枯孕穗、半枯穗和枯穗,秕谷率增加,千粒重显著降低,使产量锐减。如浙江省临海市(原临海县)城南公社,一块0.08公顷早稻,品种为青秆黄,株发病率达54.1%,其中枯孕穗、半枯孕穗和枯穗占38.5%。关于本病对水稻穗部经济性状的影响,分级取样考查结果依据(表2-5),供参考。

表2-5 稻细菌性基腐病对水稻穗经济性状的影响

级别	平均每穗粒数	秕谷			千粒重		备注
		每穗秕谷数	秕谷率(%)	比健株增加倍数	(克)	比健株下降率(%)	
0	96.95	10.15	10.47	0	26.35	0	各级均考查100穗品种为双糯4号
1	71.65	10.14	14.15	0.35	24.80	5.9	
2	72.87	15.52	21.24	1.03	24.75	6.1	
3	83.01	29.21	35.18	2.36	19.05	27.71	
4	73.12	54.84	75.01	6.16	10.12	61.54	

注:晚稻分级标准:0级,无病;1级,倒第六节间或以下节间变色;2级,倒第五或第四节间变色;3级,倒第三或第一、第二节间变色;4级,枯孕穗,半包穗或枯穗。

【症状】(图版12) 水稻细菌性基腐病的主要症状特征是根节部和茎基部变深褐色腐烂。一般在水稻分蘖期开始发生,田间常先出现1丛只有1~2株的零星病株。病株先在近土表茎基部叶鞘上产生水渍状椭圆形、长梭形或不规则形病斑,后渐向上扩展成边缘褐色、中间枯白色的不规则形大型病斑,可延及大部叶鞘,基部老叶略呈淡黄色。剥去叶鞘,可见茎基部特别是根节部变褐色至黑褐色,有时仅在节间出现深褐色纵条斑。严重的病株心叶青卷,随后枯黄,酷似螟害枯心苗。此后,这种枯心株基部进一步变黑褐色腐烂,极易拔断,并有一股难闻的恶臭,其叶片自上而下依次枯黄,直至全株枯死。拔节以后,病株节间伸长受阻,叶枕距缩短,较健株明显矮缩,叶片自下而上枯黄,重病株枯死或造成枯孕穗,白穗,轻病株秕谷率增加,千粒重降低。病株茎基部变色程度,晚稻常比早稻浅,有些呈水渍状淡褐色,但晚稻变色长度常可延伸至倒二节间,早稻多停留在根节部和倒四、倒五节间;病株的臭味,早稻中、后期和晚稻前、中期比较浓烈,而到晚稻后期,由于气温低,臭味不明显,特别是断水过早的干燥田块,其病株几乎闻不到臭味。晚稻乳熟期遭遇较大西北风时,由于根节部组织变褐坏死,水分输送受阻,蒸腾大于吸收,常使病株叶片突然失水,萎蔫内卷,全株呈灰色,无光泽,很像已割倒一天的青稻。这种青枯病株在田间多呈零星形分布,病健交错现象明显,甚至一丛中仅数株青枯(表2-6)。

表2-6 3种细菌性病害人工接种症状的比较

接种方法	细菌性基腐病	细菌性褐条病	白叶枯病
注射或针刺茎基部	接种后1～2天，基部叶鞘出现水渍状斑点，后扩展成边缘深褐色、中央枯白色的不规则形病斑；心叶青卷黄枯，随后叶片自上而下依次枯黄，直至全株枯死。茎基部，尤其根节部变褐色至深褐色；有强烈臭味；根系多呈黄褐色	接种后2～3天基部叶鞘出现水渍状斑点，随后向中脊及其两侧扩展成淡黄褐色病斑，并迅速向上延及叶片中肋，形成深褐色长条斑；心叶青卷黄枯，其中肋亦有深褐色条斑；剥去叶片、生长点呈水渍状腐烂，有臭味；茎基部不变色，根系生长正常	接种后3～4天，心叶或心叶下一叶多突然呈青灰色纵卷，凋萎枯死；然后下部叶片常出现叶缘型症状，并有菌脓；无臭味；茎基部不变色，根系生长正常
灼伤或擦伤叶鞘基部	仅在叶鞘基部出现边缘深褐色，中间枯白色的不规则形病斑	仅在叶鞘部先出现水渍状斑点，后扩展成淡黄色病斑	仅在叶鞘部出现伤斑
针刺叶枕	初见叶枕处有水渍状褐色斑点，并沿叶片中肋上升0.5～1厘米长斑，后停止扩展；植株生长正常	先在叶枕处出现水渍状斑点，后沿叶片中肋向上扩展呈深褐色长条斑，向下先沿叶鞘中脊扩展，后使整个叶鞘部变黄褐色水渍状腐烂，严重的叶片失水纵卷枯黄	先在叶枕处出现淡黄色斑点，后向两端扩展呈灰绿色长条斑，随后叶片青卷，叶鞘淡黄色，最后黄枯，叶片上有菌脓
针刺叶片中肋	在针刺处出现1～3.5厘米的边缘深褐色、中央枯白色的长梭形病斑，后不再扩展	在针刺处产生深褐色小点，后不再扩展	先在接种处出现水渍状斑，后向两端扩展，上至叶尖、下至叶枕，呈黄褐色长条状中脉型病斑
针刺叶肉	仅在针刺部出现淡褐色斑点	仅在针刺部出现褐色斑点	先在接种处出现水渍状斑，随后向两端扩展，上至叶尖、下至叶鞘，叶片呈青绿色纵卷，最后全叶黄褐色枯死，叶片上有菌脓
剪叶接种	在剪口处向下扩展0.2～1.2厘米长的黄褐色病斑，病健界限不清	在剪口处向下扩展1～3厘米长的深褐色病斑，病健界限不清	先在剪口处出现水渍状斑，后呈"V"字形向下扩展，可沿中肋直至叶鞘呈枯白色，上有菌脓
剪根接种	接种后约10天出现根节部变深褐色，随后伸长节亦呈深褐色，最后腐朽，并有恶臭味	未表现症状	大多未表现症状，少数出现枯心型病株

【病原】 中国最早报道和鉴定的水稻细菌性基腐病病原为菊欧氏菌(*Erwinia chrysanthemi*)的玉米致病变种(*E. chrysanthemi* pv. *zeae*),该病原菌也是引起玉米细菌性茎秆腐烂病的病原。水稻菌株在生化性状上与玉米菌株十分相似,但水稻基腐病细菌在蓝色素产生、丙二酸和酒石酸钠利用、产氨和过氧化氢酶活性等方面与玉米致病变种不同。在致病性比较中,水稻菌株比玉米菌株致病力强,寄主范围广。菊欧氏菌侵染许多寄主植物,包括11个目16个科的双子叶植物和5个目10个科的单子叶植物。根据寄主的特异性,其种下分为6个致病变种,即pv. *chrysanthemi*、pv. *dianthicola*、pv. *dieffenbachia*、pv. *paradisiaca*、pv. *parthenii*和pv. *zeae*;根据生理生化特性的差异,分为9个生物变种(biovar)。以往菊欧氏菌种较大,现将其成立为新的属*Dickeya*,其中有6个种,分别是香石竹狄克氏菌(*D. dianthicola*)、*D. dadantii*、玉米狄克氏菌(*D. zeae*)、菊狄克氏菌(*D. chrysanthemi*)、香蕉狄克氏菌(*D. paradisiaca*)和花叶万年青狄克氏菌(*D. dieffenbachiae*)。这6个种的划分,在某种程度上与致病变种和生物变种的分类相对应(表),其中,水稻细菌性基腐病的病原已更名为*Dickeya zeae*。*D. zeae*已成为世界性重要植物病原细菌,菌体单生,短杆状,两端钝圆,大小为(0.6～0.8)×(2.6～3)(微米),周生多根鞭毛,无芽孢和荚膜,革兰氏染色反应阴性。

在牛肉浸膏蛋白胨琼脂培养基上,28℃温度下培养24～48小时后出现菌落,呈假根状或变形虫状,边缘不整齐,表面稍凸起,不透明,色暗淡。菌苔成直线形,边缘有锯齿状凸起,其色泽初为乳白色;随着菌龄的增长,逐渐变成淡土黄色,表面稍皱缩,无光泽。在反射光下观察,菌落有网络状闪光花纹。在金氏B培养基上无荧光反应。厌气生长。致病性类型为软腐病,能使马铃薯薯片腐烂,并有难闻的恶臭。此菌不仅能在37℃中生长,还能在39～40℃生长;果胶酸盐降解产生杯状垂直凹陷;卵磷脂酶测定,其菌落周围能见到不透明区;磷酸酯酶测定,菌落变粉红色;对红霉素敏感,产生抑制圈。

【侵染循环】 本病的侵染循环尚未完全搞清楚。据初步研究,病原细菌可在病稻草、病稻桩和病杂草(如千金子、碎米莎草等)上越冬,种子不带菌。翌年,越冬的病原细菌可从叶片上的水孔、伤口、受伤的叶片和根系侵入,以根部的茎基部伤口侵入为主。侵入后主要在根基的气孔中作系统侵染,在水稻整个生育期中可重复侵染,扩大为害。早稻秧田期,由于气温低,秧苗并不发病,一般要在移栽后,稻苗进入分蘖盛期才开始呈现症状,至抽穗期达到发病高峰。晚稻秧田期就开始发病,孕稻期进入发病高峰。一般发病晚稻重于早稻。据江苏、安徽等省报道,杂交稻发病也重。

【流行规律】 本病的发生、发展与水稻品种、秧苗素质、肥水管理、气候条件都有关系,尤以品种和秧苗素质的关系最为密切。

1. 品种

经大面积的调查和不同品种的抗性试验,水稻不同类型和品种之间的抗病性有明显差异,早稻一般早熟品种重于中、迟熟品种;晚稻糯、粳稻重于杂交稻。早稻以双科1号、二九青、原丰早等最为感病,青秆黄次之,军协、广陆矮4号、四梅2号、浙福802最轻。晚稻以台粳1号、祥湖24、秀水48最为感病,矮粳23、8—296、浙粳66等也较感病,C81—117、双糯4号等较抗病,汕优6号、中粳574、C81—47、南粳34、8—570、604等抗病性最强。

2. 秧苗素质

首先要求秧苗粗壮,壮秧移栽后返青快,分蘖早,长势良好,抗病性就强。如浙江省临海市(原临海县)尤溪公社指岩二队相邻两丘田,同是双糯4号品种,一丘秧苗粗壮,移栽后返青快,分蘖早,长势良好,株发病率仅5.8%,病情指数为3.9;另一丘秧苗细弱,返青慢,分蘖迟缓,株发病率达25.5%,病情指数为21.1。其次,拔秧质量要好,即秧苗要求易拔、易洗,务使秧苗根系和基部损伤较轻,减少病菌的侵染机会,发病就轻;反之,则严重。仍以指岩二队为例,同一丘晚稻双糯4号,秧苗来自同一丘田,其中半丘秧苗是在灌水后第二天就拔秧,秧田尚未发软,秧苗难拔、难洗,根系和茎基伤害重,结果株发病率为19.5%,病情指数为15.7;另外半丘秧苗是在灌水后4天拔秧,秧田已充分吸水发软,秧苗易拔、易洗,根系和茎基损伤较轻,因而株发病仅为2.1%,病情指数为1.64,两者实际产量相差23.5%。

3. 插秧质量

插秧质量不好,稻苗返青慢,分蘖迟,抗病性就差;特别是深插的影响更大。据浙江省临安区(原临安县)对早稻双科1号作秧3.3厘米、6.6厘米和9.9厘米深度的对比试验,证明3.3厘米的比6.6厘米、9.9厘米的发病都轻,丛发病率分别为57.5%、66.6%、79.4%,株发病率分别为30%、32.2%、45%。

4. 肥水管理

据肥料实验,肥料的种类和数量与细菌性基腐病的发生发展密切相关。凡偏施或过多、过迟施用氮肥,稻苗过于旺嫩的发病较重;增施磷肥,也不能减轻发病。但增施有机肥,特别是增施钾肥,则有明显延缓发病和减轻为害的作用。如浙江省临海市(原临海县)尤溪公社指岩二队相邻两丘田,晚稻品种均为8—570,一丘每公顷施尿素225千克,株发病率为21.5%,病情指数15.9;另一丘每公顷施氯化钾225千克,株发病率为0.4%,病情指数0.14。又如该队有一丘连续三年发病的老病田,1982年晚稻栽感病品种秀水48,于8月中旬初见病株时,即每公顷施兔粪灰约1875千克,至8月下旬每公顷再施明矾和尿素各37.5千克,黄熟期调查,株发病率为1.4%,病情指数0.46;而毗邻同品种田块,每公顷追施尿素225千克,未施有机肥和钾肥,株发病率为59%,病情指数49.7。从大面积生产情况看,凡地势低洼、土壤黏重、排水不良、通气性差的田块发病较重。据浙江省临安区(原临安县)调查,排水良好的高燥田比排水差的低烂田丛发病率低23%～43%,株发病率低5.9%～30.5%。但也有排水和通气性均良好的沙性田出现发病严重的情况。一般来说,分蘖期浅水勤灌,适当结合露田,分蘖末期适度搁田,后期干干湿湿保持土壤湿润的发病轻。

5. 气候条件

本病原细菌适宜于较高温度。温度左右着发病开始的时间和轻重的程度。一般后季晚稻由于7—8月气温高,不仅秧田期就开始发病,而且本田的始病期也早,稻苗移栽后10天左右即可见病株,而且病情发展迅速。绿肥田早稻前期气温低,秧田期不发病,移栽后还需20～30天才始见病株,病情发展也缓慢,且病情初见期与5月份平均气温20℃以上的出现时间有关。高温早到的年份,病害早发。如同是绿肥田早稻二九青,由于1982年旬平均气温20℃以上出现在5月上旬,5月20日即初见病株;而1981年出现在5月下旬,始病期则延至6月1日。此病一般是晚稻重于早稻,但1982年浙江早稻发生普遍而严重,分析其原因,主要是由于1982年5月各旬的平均气温大多高于1980和1981年。

气候因素中,晚稻后期的天气变化与本病的发生发展关系密切。如果晚稻乳熟期遭遇低温阴雨,其后即刮较大的西北干风,紧接着出猛太阳,温度明显升高,常导致原来轻度病情突然出现失水萎蔫青枯。这种青枯现象有时往往在很大地区范围内同时出现。如1983年晚稻乳熟期,江苏的苏南地区和浙江的杭嘉湖、宁绍、金衢等地均出现较严重的青枯现象,其主要原因就是9月26日以前受10号台风影响,连续下雨,9月27日凌晨零时开始至28日连续两天刮西北或西北偏北的干风,特别是9月27日零时至9时的西北偏北风较大,平均风速6.5米/秒,最大风速达11.3米/秒,大气相对湿度急剧下降;9月28日至29日两天又是猛太阳,29日日照时数11.1小时,29日达10.5小时,因而在28日中午前后开始,这些在正常天气条件下仅根节部边褐色坏死而地上部不表现症状的细菌性基腐病轻病株,出现蒸腾大于吸收、水分供应失调、叶片萎蔫内卷、全株青灰色无光泽,呈典型的失水青枯状。这种青枯株在田间多呈零星分布,不像生理性失水青枯那样普遍,病健株交错现象明显,一丛中往往仅数株或一二株发病。

【防治方法】 根据本病均是侵害稻株地下部、并能不断从根基和茎基部伤口入侵、药剂防治较难奏效以及菌源广泛等特点,目前对本病的防治必须以选用抗病品种为中心,狠抓培育壮秧为重点的农业防治措施。

1. 选用抗病高产良种

选用抗病品种是防治细菌性基腐病的一项最经济有效的措施。各地可因地制宜选用四梅2号、浙辐802、广陆矮4号、中梗574、南粳34、汕优6号、双糯4号等比较抗病的品种。

2. 提高秧苗素质

培育壮秧是减轻本病危害的一项重要措施。在抓好晒种、选种、催芽、稀播的基础上,采用湿润育秧,适当增施磷、钾肥,确保秧苗粗壮,提高抗病力;并在移栽前重施"起身肥",务使秧苗易拔易洗,避免秧苗根系和基部损害过重,减少病菌的侵入机会。

3. 提高插秧质量

插秧力求插得浅、匀、直,防止深插,避免败苗,促使稻苗返青快,分蘖早,增强稻苗抗病力。

4. 加强肥水管理

在合理施肥和科学用水方面的要求,与稻瘟病、纹枯病防治基本相同。但对本病要特别强调及早增施钾肥,促使稻株健壮生长,可明显减轻病害的发生;在用水上要特别注意晚稻乳熟期间的气象预报,一旦有西北大风,应抢在刮大风前,立即适当灌薄层水,防止病株失水青枯,以减轻危害。

5. 药剂防治

可选用具有保护和治疗作用的20%噻唑锌悬浮剂。

(四)稻细菌性褐条病

稻细菌性褐条病又名细菌性心腐病。主要分布在广东、广西、福建、江西、浙江、江苏、湖南、湖北、四川及台湾等省、自治区的局部地区。此病一般以早中稻秧田期发生较为普遍,早稻本田期也常在江河两岸以及地势低洼等易涝地区造成严重为害。洪涝过后,受浸的稻田往往引起发病。2005年8月由于浙南沿海连续受"麦沙"和"海棠"2次台风的影响,普降暴雨,局部大暴雨,造成部分农田受淹的影响,玉环市(原玉环县)陈屿、芦浦等地有166公顷水稻发生细菌性褐条病,发病区平均丛病率达75%、株病率达10.3%;高的田块丛病率达100%,株病率达16.5%。一般发病减产10%～20%,严重的高达50%,田间发出恶臭。此病除为害水稻外,还可为害粟、黍、稗(*Echinochloa crusgalli* var. *frumentacea*)、大麦及燕麦等。

【症状】(图版13) 此病在水稻秧苗期到成株期,甚至孕稻期均可发生。华中及西南稻区多发生于早、中稻秧田。华南稻区则以早稻的分蘖盛期至抽穗期,晚稻从秧苗期、分蘖期到孕穗前发病较多。

1. 秧苗期

苗期受害,初在叶片基部的叶枕处出现水渍状黄褐色小点,随后沿中肋向上下扩展成黄褐色至深褐色长条斑,可与叶片等长,边缘清晰,病叶凋萎枯黄,秧苗生长停滞,严重的整株枯死。

2. 成株期

据我们调查和接种试验观察,由于病菌侵入时的稻苗叶龄和侵入部位不同,症状可分为普通型、伸长型和心腐型三种。

(1) 普通型 最常见的典型症状。病菌侵害节间已伸长的节部上较老叶片,多从叶片与叶鞘交界的叶枕处侵入,先产生水渍状斑点,随后病斑向上沿中肋扩展成深褐色或紫褐色长条斑,可伸达叶尖;向下先随叶鞘中脊扩展成褐条,后使整个叶鞘部变黄褐色水渍状腐烂,严重的叶片失水纵卷枯黄,稻苗生长停滞。

(2) 伸长型 病菌侵入节间未伸长或尚在伸长的节部上的叶片,除其叶片中肋和叶鞘中脊上产生褐条与普通型相同外,受害叶鞘基部的下一个节间(即叶鞘生长节)显著伸长。据测定,发病叶鞘生长节的节间长度平均为14厘米,比健株同一节位的平均节间长度增加5.1倍,在田间显著高出健株,群众称之为"背大旗";而发病的叶片及叶鞘长度与同一叶位的健康叶片及叶鞘比较,并无显著差异。最后,发病的叶鞘多枯死腐烂,病叶常从叶鞘中部折倒而枯黄。

(3) 心腐型 病菌侵害刚伸长露尖的心叶,使幼嫩心叶发生水渍状腐烂,并迅速向下扩展至生长点,致使心腐。当心叶已伸出而未展开以前,病菌多自叶枕处侵入,向上沿中肋扩展成为深褐色长条,向下扩展使幼嫩叶鞘腐烂,心叶迅速青卷,随后变褐色枯心,外观很像螟害的枯心苗。剥去叶片,可见生长点呈水渍状腐烂,但基部的伸长节和根节部仍呈正常的白色或淡嫩绿色。心腐型病株常较健株矮,从茎基部重新抽出的多属无效分蘖。

据我们以每毫升含 9×10^8 个细菌悬浮液,在稻苗分蘖期注射或用针刺茎基部接种,可出现心腐型症状;用针刺叶枕或灼伤、擦伤叶鞘基部接种,可出现普通型或伸长型症状;剪叶接种,则在剪口处形成1~3厘米长的深褐色病斑,未见向中脉扩展成长条斑;而针刺叶片中肋和针刺叶肉接种,均仅在接种点出现深褐色小点,不再扩展。

上述三种症状类型的病组织,用手挤压,都有乳白色至淡黄色浑浊的菌液流出,在自然情况下,病部表面有时也有乳白色菌脓溢出。病组织具有难闻的恶臭,尤以心腐型的臭味更浓烈,发病严重的田块,在田埂上即可闻到一股臭味。茎部常生有较短的倒生根。病株多在抽穗前枯死,能抽穗的常伴有早穗现象。穗茎异常伸长,或未待伸长就从剑叶叶枕下破叶鞘而出,稻穗畸形,小枝梗弯曲,谷粒不实。

【病原】 病原为 *Pseudomonas syringae* pv. *panici*(Elliott)Young et al,属荧光的假单胞杆菌,弱寄生性。菌体杆状,大小为$(0.5 \sim 0.8) \times (1.5 \sim 2.5)$(微米),不形成芽孢和荚膜,极生鞭毛1~3根,革兰氏染色阴性。在琼脂培养基上的菌落呈圆形,隆起,边缘整齐,乳白色,半透明,表面光滑,有荧光。病菌除为害水稻外,还可侵染大麦、燕麦、粟、黍、穄等。

【侵染循环及发病因素】 病菌在病残体或病种子上越冬。借水流、暴风雨传播,从稻苗伤口或自然孔口侵入。当稻种萌发产生第一片真叶时即可显现症状,病部溢出的菌脓随灌溉水传播,扩大蔓延。本病发生轻重,与稻苗受淹程度、气温高低、稻株生育期和长势、品种的抗性等有关。

1. 淹水

本病主要发生于低洼田,特别是洪水淹没过的稻田。稻苗受淹是病害发生与否和危害程度的重要条件。一般稻苗受淹后3~8天开始出现症状。淹水不仅有利于病菌传播,而且稻苗地上部受淹后,光合作用显著减弱或完全停止,有氧呼吸为无氧呼吸所代替,贮藏的碳水化合物大量被消耗,全部生理活动发生紊乱,大大削弱了稻株抗病力;湍急的水流冲刷则给稻株带来更多伤口,有利于病菌侵入。因而稻苗受淹时间愈长,淹水愈深,水流愈湍急,发病愈严重(表2-7)。

表2-7 淹水情况与发病关系

受淹情况		丛发病率(%)	株发病率(%)	备注
淹水时间长短	12小时 24小时 30小时 36小时	50 58 83 100	6.9 10.1 24.0 39.6	调查单位:临海县农业局等 调查日期:1983.6 品　种:青秆黄
水流缓急	缓慢上淹24小时 湍急上淹24小时	2.0 51.3	0.2 14.5	
淹水深浅	上部第一叶以下淹没 仅心叶露出 稻苗全部淹没	23.3 45 100	1.9 4.9 48.5	调查单位:临海县农业局等 调查日期:1973.6

续表

受淹情况		丛发病率(%)	株发病率(%)	备注
受淹次数	淹漫一次（一天）	60	8.4	
	淹漫两次（各一天）	100	39.8	

2. 温度

从历年发病情况的观察，本病主要发生于早、中稻秧田，尤以绿肥田早稻秧田期遇低温多雨年份发生较为普遍，早稻本田期多发生在偏低温度的水涝后，而晚稻本田期则极少发生，这些均表明本病的发生与偏低温度关系极为密切。如浙江省临安区（原临安县）1973年5月15日和25日两次稻苗受淹时的日平均温度各为18.5℃和19.9℃，至5月24日和6月初出现两次发病高峰；浙江省临海市（原临海县）水洋公社1983年5月29日至31日稻苗受淹时的三天日平均温度分别为24.9℃、24.1℃和25.2℃，至6月3日即出现严重发病。

为了进一步了解气温与发病的关系，我们做了四次不同气温的接种观察，从接种至症状表现期间的日平均温度在25℃以下时，叶片上的中肋均明显表现褐色条斑，而日平均温度在27.7℃和28.2℃的只是在接种的伤口处出现褐斑点，未再见扩展。表明气温在25℃以下才适宜病菌的侵染和繁殖。

3. 水稻品种、生育期及稻苗长势

一般来说，矮秆品种、杂交水稻发病重于高秆品种和常规水稻。同一稻作类型的不同品种，其抗病性有一定差异。据我们1983年在浙江省临海市（原临海县）水洋公社调查，在同一的淹水条件下，品种早籼141平均株发病率为54.1%，青秆黄为21.86%，而红410未见发病。在同一品种的不同生育期中，一般秧田期发病重于本田期，本田期中又以分蘖期最易感病，幼穗分化期较轻。稻苗长势方面，凡淹水时氮肥过多，稻苗过于嫩绿的，比生长较正常的健壮的发病重。

【防治方法】

1. 搞好农田基本建设

建立和整治排灌系统，避免洪水淹没稻田，是预防本病的有效根本措施。栽植水稻期间，秧田及大田都应注意浇灌及适度落干，以增加稻株抗病力。

2. 排涝

洪涝过后，立即排干田水，并撒施石灰或草木灰，每666.7平方米用1 520千克，有助于促进新根生长和稻株恢复生机，同时可防止病害扩散传染。

3. 施肥

病稻株新根出现、恢复生机后,迅速补施速效氮肥,促使分蘖增生以补偿损失。

4. 药剂防治

洪涝退后,立即用20%噻唑锌悬浮剂500倍液喷施,具有抑制病害发展的作用。

(五) 稻细菌性褐斑病

水稻细菌性褐斑病又名细菌性鞘腐病,是一种发生于我国东北部稻区的细菌性病害。最早记载发生于吉林、黑龙江和辽宁等省。在吉林省的延边朝鲜族自治州,其发生为害的重要性仅次于稻瘟病。此外,在浙江一带也曾发生。

【症状】(图版13) 水稻细菌性褐斑病发生于水稻的叶片、叶鞘、穗茎及小穗梗及谷粒上,苗期先从叶尖及叶缘开始感染,逐渐扩展及全叶。叶片上的病斑初为褐色水渍状小点,然后逐渐扩大呈纺锤形、长椭圆或不正形条斑,赤褐色,大小1~5毫米,边缘有水渍状黄色晕纹,后期病斑的中心变灰褐色,组织坏死,但不穿孔。小病斑常融合成大形条斑,使叶片局部坏死。病斑可以在叶面任何部位发生,有时沿叶缘蔓延成长条斑,但均不产生菌脓。叶鞘受害时,多发生在幼穗抽出前的穗苞上,病斑也呈赤褐色短条状,后多数融合成不规则形大斑,水渍状,后期中央变灰褐色,组织坏死。剥开叶鞘,可见茎上有黑褐色条斑。穗部受害时,多发生在新抽穗的颖壳上,初为近圆形污褐色的小斑点,严重的整个颖壳变褐色,有的还可深入米粒产生黑褐色斑点。抽穗前的穗苞如严重发病,可导致不孕或部分谷粒不孕。叶部病斑病常易与稻胡麻斑病相混淆,必要时可以取颖壳切片镜检,病部的切口处在显微镜下可见有大量细菌溢出。

【病原】 病原 *Pseudomonas oryzicola* Klement. 为假单胞杆菌属。菌体杆状,两端钝圆,单生,偶尔成双排列,但不成串。大小(1~3)×(0.8~1.0)(微米),无荚膜,革兰氏染色阴性,菌体的极生鞭毛1~3根。在肉汁胨琼脂平板培养基上的菌落白色,圆形,直径2~3厘米,边缘整齐,表面平滑,后期呈环状轮纹,中央略有凸起。在肉汁胨培养液中生长良好,并形成菌膜。

本病菌寄主范围很广,除为害水稻外,尚能侵染陆稻、小麦、小米、高粱等作物;还可传染稻稗、无芒野稗、水稗草、狗尾草、东北鹅观草等20多种禾本科杂草。

【流行规律】 病原细菌能在种子上及水稻和杂草的病组织中越冬,成为翌年的侵染源。在东北自然条件下,本病从4月中旬开始就在杂草上发生,至5月中下旬水稻出苗时,杂草已发病相当普遍,因此这些杂草也是病菌的主要来源。本病多在寒冷地区发生,低温往往加重为害。病菌以伤口入侵为主,也可自气孔及水孔入侵。病原细菌在稻田水中可以存活20～30天,因此可随水流传播,台风暴雨过后促成病害流行蔓延。深水灌溉、偏施氮肥或土壤酸度过大都有利于发病。当前尚无免疫或高抗品种,但不同品种的抗病性存在差异。

【防治方法】

（1）加强植物检疫　防止病种调出,以免扩大传染。

（2）选用抗病品种。

（3）消灭菌源　病种子应进行消毒处理；病稻草应进行销毁,稻田附近或田埂上的野生寄主(杂草)也应清除。方法可参照稻白叶枯病实施。

（4）注意稻田水、肥管理　如浅水灌溉、科学施肥,尤其要严禁病水田串灌。

（5）药剂防治　每公顷用20%噻唑锌悬浮剂1 500～2 250克,或25%叶枯灵可湿性粉剂2 550～5 100克,或14%胶胺铜水剂1 875～2 550毫升,加水喷雾。

（六）稻细菌性谷枯病

稻细菌性谷枯病最早于1956年在日本九州被发现,1967年Kurita和Tabei首次将病原定名为*Pseudomonas glumae* Kurita et Tabei,1994年更名为*Burkholderia glumae*(颖壳伯壳氏菌)。20世纪70年代前该病一直是日本水稻上的次要病害,70年代后期日本大面积推行工厂化育秧,导致病害大流行,成为日本水稻上最严重的病害之一。目前该病在印度尼西亚、泰国、越南、韩国、斯里兰卡、马来西亚、菲律宾等东南亚国家及南美洲的哥伦比亚均有发生。非洲的坦桑尼亚和美国的路易斯安那州也有该病发生的报道。Shajahan等报道在美国该病可导致15%～80%的产量损失。我国的贵州、台湾均有发生。

【症状】(图版13)　水稻细菌性谷枯病是一种为害严重的种传病害。病菌不但侵害谷粒,而且还引起水稻秧苗腐烂。病菌可以通过胚芽鞘和叶片气孔侵入寄主,也可通过第一片叶或次生根的出现所造成的伤口侵染,引起叶鞘病变。谷粒在萌发时受侵染,引起谷粒腐烂而无法出苗,在谷粒腐烂处可形成发病中心。芽谷受侵染,幼芽弯曲,病斑由水渍状转褐色,严重的腐烂枯死,未枯死的病苗叶鞘内有深褐色病斑。

病原菌侵染幼苗后潜伏在叶鞘等部位,随着稻株的不断生长渐向上位叶鞘扩展,孕穗期病菌急剧增殖直达3叶鞘和幼穗,引起穗期病害。剑叶上叶舌被感染后,病原菌在叶舌上繁殖；当稻穗抽出时接触叶舌,病菌极易附着在稻穗上感染稻谷引起发病。水稻齐穗后乳熟期的绿色穗直立,染病谷粒初现苍白色似缺水状萎凋,渐变为灰白色至浅黄褐色,内外颖的先端或基部变成紫褐色,护颖也呈紫褐色。每个受害穗的病谷粒一般10～20粒,发病重的一半以上谷粒枯死,受害严重的稻穗呈直立状而不弯曲,多为不稔,若能结实多萎缩畸形,谷粒一部分或全部变为灰白色,或黄褐色至深褐色,胚乳基部灰白色至黄褐色,谷粒病健交界处有深褐色带状斑纹。

【病原】 *Pseudomonas glumae* Kurita & Tabei 属原核生物界,假单胞菌属。菌体短杆状,大小为(0.5～0.7)×(1.5～2.5)(微米),有24根极生鞭毛。革兰氏染色阴性,有荚膜,无芽孢。在PDA培养基表面菌落小,呈乳白色。在NA培养基上菌落生长慢。菌落呈圆形、隆起、光滑、灰白色。在KB培养基上不产生荧光。氧化酶活性为阳性,不能利用鼠李糖产酸。此外,过氧化氢酶和卵磷脂酶为正反应。能利用木糖、阿拉伯糖、葡萄糖、果糖、甘油等产酸而不产气。牛乳能利用,凝固并消化,明胶液化,不产生吲哚与H_2S,但产NH_3。硝酸盐不还原。生长温度为11～40℃,最适温度为28℃,最低温度为8～12℃,致死温度为50～52℃。

【发病条件】 谷粒带菌,播种带病谷粒,遇有适宜的发病条件,即抽穗期高温多日照,降雨量少易发病。台风暴雨常促成病害蔓延,低温也可加重为害。深水灌溉、多施氮肥或土壤酸性,都有利于发病。不同品种抗病性差异明显,台南6号、新竹糯等易感病,台湾的高雄籼、丰锦等极抗病。

【防治方法】

(1) 加强检疫,防止病区扩大。

(2) 选用抗病品种。

(3) 在抽穗5%时喷洒20%噻唑锌悬浮剂500倍液,或2%嘉赐霉素溶液(kasugamycin)250倍液,或60%百菌通可湿性粉剂500倍液,或47%加瑞农可湿性粉剂600～700倍液喷雾。

三、病毒和植原体病害

水稻由于病毒和植原体引起的病害在病状、传播方式、防治途径等方面都很相似,所以将它们归纳在一起叙述。这两种病害目前在世界上已报道的有20种左右,但被确认的只有16种。其中,在国内尚未发现的有:稻白叶枯病(RHBV),主要分布于美洲热带地区;稻黄化病(RGV),分布于意大利和西班牙;稻黄斑驳病(RYMV)发生在非洲十多个国家;稻坏死花叶病(RNMV)发生在日本和印度;稻条纹坏死病(RSNV),发生在科特迪瓦。

国内已发现水稻病毒病害9种，即黑条矮缩病、条纹叶枯病、齿叶矮缩病、草状矮缩病、普通矮缩病、黄矮病、簇矮病、瘤矮病和东格鲁病；植原体病害2种，即黄萎病和橙叶病。上述前4种病害由飞虱类介体传毒，后7种由叶蝉类介体传毒。这些病害分布在我国华南、华东和华中稻区，极少在北方稻区发生，其中簇矮病、瘤矮病、草状矮缩病和东格鲁病的发生目前还限于华南稻区。从发生历史来看，20世纪40年代初，国内曾有普通矮缩病和黄萎病发生的记载，直至50年代后期开始，随着耕作制度改革、复种指数增加、品种更换频繁、高产栽培措施推行等，病毒病种类不断增加，为害日趋严重，甚至流行成灾。这些病害流行与否和流行程度，主要取决于各种病害有效毒源、相应带毒昆虫介体的虫量和传毒效能，以及介体昆虫迁飞传毒高峰与水稻品种易感阶段的吻合程度等。因此，针对我国水稻病毒病的发生特点，全国水稻病毒病科研协作组提出了一套"以农业防治为基础、治虫防病抓适期"的综合治理措施。兹将国内已知的11种病毒和类菌原体病害及其检索表分别记述于后。

（一）稻黑条矮缩病

我国最早于1963年在浙江省余姚市（原余姚县）、江苏省苏州市和上海市发现稻黑条矮缩病，之后在江西、安徽和湖北等省也有发生。浙江省曾于1963—1967年流行过，当时全省80%的县发病，受害作物主要是玉米和双季晚稻，促使以东阳县为中心的浙中玉米种植区迅速改制。1967年以后发病迅速减轻，到70年代就难以找到病株标本。但到80年代中期以后本病又开始回升，于1991年先在温州市郊的杂交晚稻上突然暴发成灾，接着在台州、金华、丽水、衢州和杭州等杂交稻种植区发生，局部流行成灾。1991—2002年，浙江省稻黑条矮缩病的发病面积达11.8万公顷；2004年发病面积达5.33万公顷。1965—1966年浙江省早稻和单季晚稻株发病率一般在20%左右，最高达90%以上，通常减产10%以上，重病田达50%以上，甚至基本失收。玉米受害则损失更重，株发病率和损失一般约50%，重病田基本无收。

【**症状**】（图版14） 病状主要表现为植株矮缩，分蘖增加，叶片矮而僵直，叶色浓绿；叶背的叶脉和茎秆上出现蜡白色、后变黑褐色的短条瘤状隆起；不抽穗或穗小，结实不良。不同植物和不同生育期感病后的症状有差异。

大、小麦和燕麦于分蘖初期以前发病，植株生长缓慢，分蘖显著增加，矮缩丛生，全株浓绿，叶片短而浓绿，嫩叶扭曲或叶缘破碎成不规则缺刻，大麦叶片及叶鞘上瘤突较明显。常不能抽穗。拔节期后发病植株稍矮，叶片僵直，抽穗迟而小,部分包在叶鞘内,结实也少。

玉米染病病株显著矮缩,全株浓绿,叶片短而直立,排列紧密,几乎呈对生,形似生姜或万年青状,叶背、叶鞘和苞叶脉上的条状瘤突比稻、麦病株明显且多,条长而粗,宽3～5毫米,长10～40毫米不等。

黍于苗期发病,植株显著矮化,叶片丛簇状。稗草苗期症状在叶脉上生细小透明条点,后突起成灰绿色短线条状。

水稻黑条矮缩病在杂交稻上的病状特征没有像其在常规粳稻上发生的那么明显,它在田间很容易与除草剂或植物生长调节剂等化学物质使用不当引起的药害,以及杂交稻种性不纯发生的变异相混淆,也很类似由褐飞虱传播的水稻齿叶矮缩病,因此,有碍于本病的正确识别和预防。

浙江省农业科学院陈声祥等经研究提出了它在杂交稻上的病状识别标准。

1. 幼苗期病状

染病稻苗颜色深绿,心叶叶片短小刚直,叶鞘被包裹在下叶叶鞘里的,为始病3天病苗;而染水稻齿叶矮缩病的病株,发病心叶顶端卷曲;由除草剂引起的药害,稻苗心叶枯黄;由生长素引起的药害,则心叶发生扭曲畸形;由杂交稻种性不纯引起的变异在幼苗期一般看不出。

2. 分蘖期症状

本病病株分蘖增多而丛生,上部数张叶片的叶枕重叠,心叶破下叶叶鞘而出,或从下叶枕口呈螺旋状伸出。汕优10号在分蘖期感染发病的病状发展过程为:始病叶从新生分蘖出现,初病时心叶破下叶叶鞘而慢慢伸出;发病15天后,始病蘖心叶和下一叶枕并列,同时分蘖也开始发病;发病21天后,数个病稻分蘖开始明显矮缩;发病28天后,全株分蘖矮化丛生,每个病蘖上都有2～3个叶枕重叠,叶片短而刚直。在肥水充足条件下,分蘖期初发病株心叶从下叶叶枕呈锥状慢慢抽生,病叶短而刚直;在发病15天时,心叶呈螺旋状从下叶叶枕伸出,老病蘖顶部数张叶片重叠。而处于分蘖期的药害病株,其所有叶片均质地刚直,心叶扭曲畸形,边缘白化。处于分蘖期的水稻齿叶矮缩病病株,除心叶卷曲外,其下几片病叶的叶缘单边碎裂。而杂交稻种性变异株则生长都比较正常,一般呈株形矮小、叶片宽窄和色条变化等。

3. 抽穗期症状

黑条矮缩病病株矮缩丛生,抽穗迟而小,半包在叶鞘里,剑叶短小而刚直;在中上部叶片基部可见纵向皱褶;在茎秆下部节间和节上可见蜡白色或黑褐色隆起的短条脉肿;在感病的粳稻茎秆上可见白蜡状突起的脉肿斑。而水稻齿叶矮缩病引起的病稻,除出现单边碎叶外,其脉肿细长,出现在剑叶叶鞘及叶背叶脉上，与本病明显不同。而由化学物质引起的病稻，在幼穗分化期受害引起花和穗扭曲畸形；在苗期受害，植株矮化、抽穗延迟而包颈、分蘖正常。本病在稗草上的病状和水稻基本相同，即呈全株分蘖增多，矮化丛生，抽穗迟而小，半埋在叶鞘里；而由除草剂引起的药害也同水稻一样，全株分蘖矮化（分蘖数同健株）；叶片刚直，穗颈短缩，在幼穗分化期用药可致花穗和剑叶扭曲畸形，受害轻者可慢慢恢复正常抽穗结实。

玉米受除草剂为害后也严重发生矮化，叶片短小而刚直地向四周伸展，雄蕊短缩在叶鞘里，雌蕊矮而小；而由本病引起的玉米病株，其短小而刚直的叶片向茎秆两侧伸张，病叶背面叶脉上有缝线状断续脉肿条。

【病原】 病原为稻黑条矮缩病毒 Rice black-streaked dwarf virus（RBSDV），属植物呼肠孤病毒科斐济病毒亚组。病毒粒子为球状二十面体或等轴病毒，直径75～80纳米。完整病毒粒子的衣壳有内外两层。内层有B突起12个，突起直径14纳米，高8纳米；外层称A突起，有五邻粒12个突起，直径11纳米，高9～16纳米。病毒核酸为双链RNA，有10个片段，其分子量分别为2.88×10^6、2.52×10^6、2.48×10^6、2.48×10^6、2.25×10^6、1.82×10^6、1.50×10^6、1.32×10^6、1.24×10^6、1.17×10^6。

病叶超薄切片观察到的叶脉瘤状突起，是因韧皮部细胞增生和过分肿大造成。在韧皮部的新生细胞内，有直径约6.5微米、粒状构造的内含物即为病毒质体。在病毒质体内有直径50～55纳米的小粒子，在细胞质周围分散存在直径75～80纳米的大粒子，也看到大粒子组成晶状集块，有时大粒子为带状排列在豆荚状或管状结构内。提纯制剂中病毒粒子为等径，直径约60纳米，表面平滑的亚粒子（核心粒子），可能是病毒粒子在提纯过程中失去外部突起的缘故。

在带毒灰飞虱的唾腺中观察到较多的病毒粒子，而在消化道、脂肪体及卵巢等器官中较少，在脑、马氏管和雄虫生殖器官中未见到病毒粒子。病毒粒子都有明显的结构，包括与醋酸铀密切结合（系RNA与醋酸铀的专一反应）认为，核心部分没有RNA组成。在唾腺、脂肪体和卵巢等器官切片和唾腺提纯液中观察到的三种病毒粒子平均直径分别为71纳米、48纳米和34纳米。这些器官的细胞核无病毒，细胞质中病毒粒子以三种形态存在：第一种，分散或不规则的聚集；第二种，有规则的晶状排列；第三种，许多病毒粒子排列成串，外层一层膜，成豆荚状、鞘状或管状结构，其中含16～22个病毒粒子。在豆荚状结构内的粒子基本上有三类：① 大粒子直径约66纳米，具有明显的衣壳核电子致密的核心；② 直径约为32纳米，形状与大粒子相似，也具有衣壳与核心等细微结构；③ 直径约46纳米，外形为六角形，外套不明显。但分散的粒子，有时可见到空心的六角形外壳。晶状排列的粒子,可看出在每个电子密度高的晶点外围有六角形的电子密度较低的区域。

近年来,将河北保定和武汉的玉米粗缩病分离物与浙江水稻黑条矮缩病分离物在同等条件下进行生物学和分子生物学比较,鉴定结果表明其寄主范围及相互关系,主要寄主症状、介体昆虫及传病特性、病原形态都相同,三者基因组片段$S_7 \sim S_{10}$的核苷酸和氨基酸序列的同源性,分别为94.0%~99.0%和96.3%~100%,与日本RBSDV的亲缘关系很近,与意大利RBSDV的关系稍远。同时根据对山东、河北、江苏和山西玉米粗缩病分离物基因组S_7、S_9和S_{10}的序列测定结果,均表明其病原属RBSDV。比较河北玉米粗缩病分离物与浙江水稻黑条矮缩病分离物基因组($S_1 \sim S_{10}$)全序列测定结果,进一步证明我国玉米粗缩病和水稻黑条矮缩病病原同为水稻黑条矮缩病毒(RBSDV),病毒全基因组10个片段共有29 142个核苷酸(或碱基对)组成,每个片段末端均具有一段该种属特性的相同保守序列5′-AAGUUUU……CAGCUNNNGUC-3′。

病毒的钝化温度为50~60℃。稀释终点病叶汁液为$10^{-4} \sim 10^{-5}$;虫汁液为$10^{-5} \sim 10^{-6}$;体外保毒期病叶汁液为5~6天,虫汁液为6天以上。本病毒与玉米粗缩病毒、马唐矮化病毒和禾谷分蘖病毒有血清学关系。

灰飞虱吸毒后经不同天数取出各器官,注入无毒虫以测定其感染性,结果表明病毒先在消化管内增殖,经体液至唾腺,再传给植物。

【寄主植物】 黑条矮缩病的寄主有水稻、大麦、小麦、玉米、小米、高粱、看麦娘、早熟禾、茵草、稗草、马唐等20多种禾本科植物。上述寄主中,稻、麦、看麦娘、茵草、稗草和马唐等是病毒和灰飞虱的共同合适寄主,在田间,其上的病毒均可通过灰飞虱相互辗转传播,互为毒源寄主和被感染寄主。玉米是上述寄主中对该病最为敏感的作物,在田间极易招引灰飞虱成虫在其上取食,但在田间自然情况下,病玉米作为下一季禾谷类作物的侵染源可以忽略不计。

水稻最易感黑条矮缩病的生育期是在分蘖期以前的苗期,其中最易感病期杂交水稻(汕优10号)在1~5叶期,常规稻(绍糯119)在1~6叶期。而据用已知带毒灰飞虱接种试验,每头灰飞虱带毒虫在二叶一心期可传播6株稻苗,在3~4个分蘖的苗上只能传播2.1株稻苗。水稻发病潜育期杂交稻为17~45天,一般为21~28天;常规稻为14~42天,一般为14~25天。

【侵染循环】 本病的侵染循环基本上与条纹叶枯病相同,但因本病毒不能经灰飞虱卵传至下一代,若虫只有从病株上获得病毒后才能传毒,故与条纹叶枯病稍异。本病毒主要在大麦、小麦等病株内越冬,也有部分在灰飞虱体内越冬。第一代虫在病麦上吸毒后传到早稻和秋玉米上传毒。晚稻田繁殖的灰飞虱成虫和越冬代若虫，又将病毒传给大麦、小麦。由于灰稻虱不能在玉米上繁殖，因此玉米对病毒再传染作用不大。田间病毒主要通过麦—早稻—晚稻的途径而完成侵染循环。

传染途径及介体传毒特性如下：

（1）传染途径及介体种类 本病毒只能靠昆虫为介体传染，其他途径不能传染。介体主要是灰飞虱（Laodelphax striatella Fallen），白背飞虱（Unkanodes sapporonus Matsumura）和白带飞虱（U. albifascia Matsumura）也能传染。

（2）灰飞虱的传毒特性 灰飞虱种群几乎所有个体对本病毒都有亲和性，不同地区虫媒的传毒力无明显差异，但因吸毒条件的限制，一般获毒率在40%～83.3%。最短吸毒时间为30分钟，1～2天能充分获得病毒。吸毒最低温度为8℃。虫龄小吸毒时间长，吸毒虫率高，在吸毒2天时，1龄虫吸毒率为85.2%，3龄虫为65%，5龄虫为25%。吸毒0.5、3、6、12小时，1、3、5、7和10天的，吸毒虫率分别为1.9%、6.3%、22%、31%、60%、68.3%、90%、93%和90%。

传毒循回期与气温有密切关系，在一定气温范围内，随气温升高而缩短。在8～12℃恒温下，循回期大多为27～31天；在16℃恒温下，大多为21～27天；22.1～25℃变温条件下，大都为15～24天，最短8天，最长35天；在28.6℃条件下，循回期缩短到10～13天；但在30℃时反而延长到18天。介体昆虫终身带毒，不因蜕皮而失毒，传毒力个体间差异较大，多数个体是短期间歇传毒，部分个体能几天连续传毒。

传毒时间最短仅为1分钟，传毒虫率为1.8%。传毒为10分钟、30分钟、60分钟、3小时、6小时和24小时的传毒虫率分别为7%、20%、37%、48%、67%和82%。在4～5℃恒温下不能传毒，在12～14℃下能传毒。越冬带毒若虫在7～0℃下历时15天，对传毒虫率无明显影响，但若虫死亡率随温度下降而提高。越冬后的虫感染率较高。

病毒可在虫体内增殖，但不能经卵传至下一代。同一头虫能先传黑条矮缩病病毒，而后传条纹叶枯病病毒，或传毒先后相反，有复合传毒现象。

浙江省水稻黑条矮缩病的介体昆虫主要是灰飞虱。灰飞虱在该省一年可发生6代，以第六代若虫在大小麦、看麦娘和菵草等禾本科杂草上越冬；翌年2月下旬至3月下旬羽化为成虫，在越冬寄主上产卵繁殖第一代虫；5月中旬随着麦子和寄主杂草的衰老，第一代成虫迁到早稻、单季晚稻和夏季杂草寄主（稗草和马唐等）繁殖第二、第三代虫，其虫量达全年最高峰；灰飞虱在晚稻上继续繁殖第四、第五和第六代；10月中下旬后灰飞虱第六代若虫又迁入麦田和冬季寄主杂草上越冬。灰飞虱成虫有雌雄和长短翅型之分、若虫有5个龄期。灰飞虱在病毒寄主上以吸汁获毒,获毒效率以2~3龄期最高,获毒时间最短为1个小时,多数为24小时以上;灰飞虱一经获毒能终生间歇传毒,非经卵传染,传毒时间最短为2小时,多数在48小时以上;灰飞虱从无毒虫获毒到能传毒必须经过一段循回期,一般为14~27天,循回期长短与灰飞虱生存温度高低有关。

（3）白带飞虱　带毒虫率约50%,白脊飞虱约34%。

近10年来,浙江省水稻黑条矮缩病的发生流行均在杂交水稻种植区,其耕作制度主要为麦—单、双季稻,其次为果蔬—单季稻。前者病害的侵染循环为:晚稻收割后,在其上繁殖的灰飞虱第六代若虫及部分第五代成虫迁入麦苗及其周围的看麦娘和菵草等杂草寄主上越冬,同时将晚稻上的病毒传给麦苗和杂草寄主;翌年4月下旬至5月中旬,随着麦子和寄主杂草的老熟,第一代灰飞虱成虫迁向早稻和单季晚稻秧田,同时将麦子和杂草寄主上的病毒传给水稻,成为水稻发病的初次侵染源;灰飞虱在早稻和单季晚稻上繁殖第二、第三代,其虫量在7月中下旬达全年高峰,随着早稻的成熟和收割,以及杂草寄主的衰老,第二、第三代成虫迁向连作晚稻和单季晚稻,同时将早稻和寄主杂草上的病毒传给晚稻,在单季晚稻田繁殖的第3代虫在对处于分蘖期的单晚起再次侵染作用;10月中下旬后,随着晚稻的成熟和收割,在晚稻上繁殖的第六代若虫又迁入麦子和冬季杂草寄主上越冬,同时将晚稻上的病毒又传给麦子和冬季杂草寄主,以此完成水稻黑条矮缩病的年侵染循环。

在果蔬—单季稻种植区,水稻收获后从晚稻获毒的第六代若虫和第五代成虫就近迁入稻田附近的果园和蔬菜棚架地周边的杂草寄主上取食和传毒,致使杂草寄主发病;翌年5月在越冬杂草寄主上繁殖和获毒的第一代灰飞虱带毒虫就集中迁入附近的单季稻秧田取食和传病,成为单季稻发病的主要侵染源;6~7月灰飞虱在单季稻大田繁殖第二、第三代虫,留在田内对处于分蘖期的稻苗起再侵染作用;8月中旬至10月在单季稻大田内繁殖的第四、第五和第六代虫对处于拔节后的单季稻的再侵染作用很小;10月中下旬单季晚稻收割后,在其上繁殖的第六代若虫和第五代成虫又迁入附近的果园和蔬菜大棚地的杂草寄主上越冬,同时又将晚稻上的病毒传给越冬寄主,以此完成年侵染循环。

在"休闲田—单季晚稻"种植区的病害侵染循环类同"果蔬—单季稻"区,但由于纯单季稻区冬春田间及附近道路、沟渠、河塘和山坎边的杂草寄主生长较差,不利于本病和灰飞虱越冬以及作为单季稻发病的初侵染源,因此"休闲田—单季稻"区一般不利于本病侵染循环;然而若在肥水条件好的冬闲田、沟渠和果林地,冬季杂草寄主生长茂盛,则可诱集灰飞虱去越冬和传病,并在其上繁殖第一代带毒虫,若5月份单季晚稻在这些地方育秧,则也可造成这些秧苗在大田严重发病。

三、病毒和植原体病害

【流行规律】

1. 感染与发病

寄主植物幼嫩时较易感病,发病率高,潜育期短,损失重。稻、麦在分蘖盛期前最易感染,分蘖盛期以后感病性降低,发病损失也轻。不同生育期的感病性不同,接种于晚粳农垦58品种的株发病率,三叶期为91.7%,二分蘖期为66.7%,三四分蘖期为31.8%,四五分蘖期为0。不同生育期的潜育期,接种晚粳老来青品种,三叶期为9~14天,七叶(3蘖)期为33天。玉米分别于一、三、五和七叶期接种,平均发病率各为83.4%、53.4%、40.0%和45.0%,潜育期各为11.5天、10.1天、13.5天和20.5天。

不同温度下潜育期不同,水稻老来青品种,在21.8~22.3℃、25.1~26.2℃和26.6~31.2℃时的潜育期各为23~42(多数为23~28)天、14~32(多数为14~25)天和10~19天。相同温度下玉米的潜育期各为11~29(多数为13~20)天、5~25(多数为5~9)天和5~16(多数为5~6)天,玉米比水稻分别缩短3~18天。

田间发病时期,浙江省早稻和一季中稻秧苗期未见病株。二熟制绿肥早稻,在5月下旬至6月上旬水稻分蘖盛期始见病株,7月上中旬乳熟期达发病高峰。三熟制春花田早稻,在6月下旬孕穗期初见发病,7月中旬乳熟期达发病高峰。单、双季晚稻在秧苗期即见病株,单晚本田自移栽后病株逐渐增加,到9月上旬抽穗期达发病高峰。双晚以8月中下旬分蘖末期到孕穗期病株增加最快,抽穗期达发病高峰。

春玉米在6月上旬有少量病株,夏玉米在出苗后10多天即开始发病,以后病株不断增加,在7月上中旬和8月上旬有2个发病高峰。秋玉米在出苗后约10天开始发病,以后病株陆续增加,8月中旬达发病高峰。

早播麦(10月中旬前播)于11月分蘖期始病,次年春暖后病株大量增加,以3月中下旬拔节期病株增加较快,乳熟期达发病高峰。11月以后的中迟播麦,当年仅有少数病株,次年春暖后病株有所增加。

田间主要感染期,江苏、浙江一带早、中稻在5月中下旬,正值本田初期,由第一代带毒灰飞虱传毒。单季晚稻有2次主要感染期,即5月下旬的秧苗期,由第一代成虫传毒;6月下旬至7月初的本田初期,由第二代成虫传毒。双季晚稻在7月中旬至8月初,秧苗到本田初期(早栽田),由第二、第三代成虫传毒。

春玉米在5月中下旬,由第一代成虫传毒。夏玉米有2次感染期,分别在6月中下旬和7月下旬,各由第二、第三代成虫传毒。秋玉米在7月下旬至8月上旬,由第三代及少量迟发的第二代成虫传毒。

早、中播麦在出苗后由末代成虫和越冬若虫传毒为主,迟播麦主要在翌年2月、3月以越冬代成虫传毒。

2. 流行因子

本病流行与耕作制度有极密切关系,与灰飞虱带毒虫量、水稻品种和气候等也有很大关系,可参考水稻条纹叶枯病。另外毒源与发病有较密切相关。从病害的侵染循环看,本病毒除部分在介体昆虫体内越冬外,主要是在大、小麦病株上越冬,翌年由介体从病麦上吸毒传给水稻,因此大、小麦发病较重,即毒源多少,影响水稻发病。大麦、小麦发病重的年份或地区,第一代灰飞虱的带毒虫率就高,水稻发病就重。在病害测报上,可以从当年大、小麦的发病率和虫口密度来预测早稻的发病率。

【综防技术措施】

1. 应急预防措施

是在病害流行区将水稻黑条矮缩病的丛发病率控制到3%以下的应急防病方法。主要抓好以下几个方面。

(1) 抓好种子播种关

① 因地制宜选用抗(耐)病良种:现经初步试验,安Ⅱ优318、协优963、Ⅱ优914、汕优63等组合具有较好的抗(耐)病性。

② 秧田选择宜远离病田,提倡集中连片育秧:秧田不宜选择在上年黑条矮缩病发生较重的田,或边上做秧田,以减少带毒灰飞虱迁入秧田传毒的机会。有条件的地方最好是进行统一连片育秧。

③ 做好秧田及四周杂草的灰飞虱防治:单季稻和连作晚稻种植地区应在播种前及时清除秧田及四周的禾本科杂草,并且做好四周禾本科作物及杂草上的灰飞虱防治,将传毒灰飞虱杀灭在毒源地,阻断其迁移传病。

④ 适当增加种子用种量:增加秧田单位面积上秧苗数,可减少秧苗感染黑条矮缩病的概率,因此,重病区的杂交稻每公顷用种量,建议在大田常规用种量的基础上,适当再增加15%～20%。

⑤ 做好种子药剂处理:在用25%咪鲜胺乳油种子消毒处理的同时,在种子催芽露白后进行拌种,其方法:杂交稻按每千克干种子拌10%吡虫啉可湿性粉剂15～20克,直接与种子拌匀,待药液充分吸收即可播种。

(2) 抓好育秧插种关

① 加强秧苗期管理:秧苗期应合理平衡施肥,切不可氮肥过头,严控秧苗过嫩过绿,否则易招诱灰飞虱传毒发病,杂交水稻秧苗"一黄二密"是健身防病的好措施。

② 改两段育秧为单段育秧：根据病区调查和试验，进行两段育秧田块黑条矮缩病的发生程度重于非两段育秧田块。因此，在重病区不宜进行两段育秧，减少感染概率。

③ 改单本插为双本插：在病区要适当提高插种本数，改单本插为双本插，减轻传毒发病。

④ 在有条件的地区应储备一定数量的预备秧苗，为应急补救做好准备。

（3）抓好治虱防矮关

① 灰飞虱策略性防治：在双季稻区，对早稻穗期黑条矮缩病株发病率超过1%以上时，应做好早稻穗期灰飞虱高龄若虫盛发期的药剂防治。在单季稻区，如有杂草发病的，应做好田边杂草和荒田灰飞虱的药剂防治。同时在成虫迁飞（移）前，做好秧田四周杂草上的灰飞虱防治。

② 做好秧苗二至七叶期和大田初期灰飞虱防治：在秧苗二至七叶期和大田初期，应持续做好灰飞虱防治，秧田每隔3～5天防治1次，大田初期防治1～2次。

③ 选用对口药剂：每公顷选用10%吡虫啉可湿性粉剂600～900克，或50%吡蚜酮水分散粒剂180～225克，或10%三氟苯嘧啶悬浮剂150～240毫升。当灰飞虱成虫大量出现时，应在上面的配方中加80%敌敌畏乳油3 000毫升，兑水450～750千克均匀细喷雾。

④ 改单家独户防治为群防群治，做好统一时间、统一药剂、统一防治，确保全区域有效控制。

（4）抓好应急补救关　在杂交水稻栽后20天内，当大田已经明显严重发病，对丛病率超过7%的田块及时拔除病株（丛），并就地入泥而埋，然后从健丛中掰出一半分蘖或将储备秧苗移栽在拔除病丛留下的空穴中，并适当加施速效肥，可促使秧苗恢复群体生长，其他照常管理。在较重发病的情况下如此措施具有良好的除病保产效应。

2. 持续控制技术

水稻黑条矮缩病的持续控制是在病害流行区通过应急预防病情得到基本控制后，通过以生态调节为基础，结合其他病虫害防治兼行"治虱防矮"措施，使水稻黑条矮缩病的株发病率持续下降，并保持在3%以下水平；或在轻病区（晚稻平均株发病率小于3%），或初见发病区控制其不流行的目的。其技术要点是：一是选用抗（耐）病良种；二是在做好监测和预报的情况下，在水稻秧田期2～7叶期，凡秧苗期有带毒灰飞虱每百株0.5只或大田初期每丛0.2只以上时，进行药剂防治（技术措施参照应急预防措施中的治虱防矮关）；三是杂交晚稻适当提高播种和插秧密度；四是在大田移栽后15天内及时拔除病株，进行掰蘖补栽，减少毒源。

在农业防治各项措施中，应重视连片种植。同一片田块，要同时移栽秧苗，不可有少数田块特别早栽，以免灰飞虱集中迁入为害。预防玉米黑条矮缩病，主要应适当调整播种移栽期，夏玉米可适当早播，在灰飞虱迁飞传毒盛期，玉米已处于较老的生育期，其抗病性增强，秋玉米可适当迟播，使玉米易感病的苗期避过传毒虫迁飞盛期。此外，清除田边杂草，在晚稻收割前，末代灰飞虱成虫产卵盛期，铲除田边杂草沤肥，可消灭大量灰飞虱卵块。

药剂治虫防病方面，除注意秧田和本田前期外，还要重视麦田防治。早播的和靠近晚稻病重的麦田，在出苗后全面喷药1～2次，消灭灰飞虱末代成虫和越冬若虫。迟播麦田在翻耕后进行田埂喷药，出苗后在麦田边畦喷药。冬前麦田防治有遗漏，麦子发病较重，虫量较多，应抓住5月份第一代灰飞虱盛孵末期，全面施药1次，将介体昆虫消灭在迁飞之前。割大麦时，对田埂及邻近早稻田边喷药治虫。

（二）稻条纹叶枯病

稻条纹叶枯病广泛分布于我国华东、华北、东北，西南和中南10余省（自治区、直辖市）。1964年曾在江苏南部、浙江北部和上海市郊普遍发生；70年代在北京郊区和辽宁省盘锦地区发病较重；80年代初在苏南、滇中和滇西，中期在鲁西南，后期在滇中和滇西又先后流行。病株大都不能抽穗，提早枯死，后期发病株虽能抽穗，但穗畸形，结实极少，株发病率接近损失率。1966年浙江省嘉善县早稻、单季和双季晚稻损失率分别达到3%、15%和5%。1986年山东省济宁市郊单季晚稻损失率一般达10%～20%，重病田高达60%～70%，甚至无收。2004年江苏省稻条纹叶枯病大流行，涉及该省40多个县，波及面积133.3万公顷左右，严重发生面积66.7万公顷，最多的地方虫量高达每公顷1.8亿头，是常年的1 000倍。本病寄主都限于禾本科植物，主要有水稻、小麦、大麦、燕麦、黑麦、玉米、粟、黍、看麦娘、早熟禾、狗尾草和画眉草等50多种。

【症状】（图版15） 水稻条纹叶枯病发病之初在病株心叶沿叶脉呈现断续的黄绿色或黄白色短条斑，以后病斑增大合并，病叶一半或大半变成黄白色，但在其边缘部分仍呈现褪绿短条斑。病株矮化不明显，但一般分蘖减少。高秆品种发病后心叶细长、柔软并卷曲成纸捻状，弯曲下垂而成"假枯心"。矮秆品种发病后心叶展开仍较正常。发病早的植株枯死，发病迟的在健叶或叶鞘上有褪色斑,但抽穗不良或畸形不实,形成"假白穗"。糯稻、粳稻和高秆籼稻品种心叶变黄白色,柔软,卷曲下垂,成枯心状。矮秆籼稻品种不呈枯心,叶片展开,现黄绿相间条纹,分蘖减少,病株易提早枯死。老叶仍保持正常,籼稻品种不枯心,糯粳稻品种仅半数现枯心。病株常成枯孕穗或穗小,枝梗及颖壳扭曲畸形,不结实。拔节后发病,在剑叶下部出现黄绿色条点或条纹。各类型稻均不现枯心,但穗畸形、结实很少。

水稻苗期发病先在心叶基部现褪绿黄白斑,后黄白斑向上扩展,形成黄绿相间与叶脉平行的条纹。

大麦和小麦苗期发病先在心叶基部现褪绿黄白斑,以后整叶黄化或卷曲枯死,不分蘖或很少分蘖,多早期枯死。拔节后发病仅在上部叶片或心叶基部现褪绿黄白斑,后扩展成不规则的条纹,一般能抽穗结实,也有形成枯孕穗或畸形穗。

【病原】 病原为水稻条纹叶枯病毒(rice stripe virus, RSV)。RSV属纤细病毒属,其寄主范围较广,已知的有稻、麦、玉米、粟等作物和狗尾草、马唐、看麦娘和画眉草等37种禾本科杂草。

本病毒属水稻条纹病毒组(或称柔丝病毒组)。提纯病毒粒子为丝状,宽约8纳米,长度无法测定。蔗糖密度梯度离心在中部(M)分布的粒子长约400纳米。粒子在各种细胞的细胞质、液泡,特别是核内分散,或形成砂状、颗粒状等不定形的集块,即为内含体,似有很多丝状体纠缠成团存在。病毒外壳蛋白为单一组分,分子量37kD。粒子经蔗糖密度梯度离心,出现了条带,即主要有3种组分,分别为中部(M)、底部(B)、核(nB),沉降系数(S_{20}, w)分别为65S、80S和98S。虽然存在顶部(T)组分,但它是由降解的粒子组成。3种组分的抗原性相同。A260/280=1.38~1.42。浮力密度1.282克/厘米^2(各种组分)。核酸为单链RNA,4种组分的分子量分别为$1.9×10^6$、$1.4×10^6$、$1.0×10^6$和$0.9×10^6$。在M组分存在最小的核糖核酸(是2组分混合),在B组分存在分子量$1.4×10^6$的RNA,在nB组分RNA的分子量为$1.9×10^6$。仅nB组分的粒子有感染性。核酸含量约12%。来自M和B组分的3种RNA为长0.7~1.0微米的丝状分子。等电点约pH4.5时病毒粒子沉淀。稀释终点带毒虫汁液10^{-4}~10^{-5},病叶汁液为10^{-3}~10^{-4},钝化温度(5分钟)50~55℃,体外保毒期虫汁液4天(4℃)和8~12个月(−12℃),提纯液12个月(−20℃)。

光学显微镜可观察到病表皮或叶肉细胞内有环状、"8"字形和杆状的内含体。在感染细胞内结晶状特异蛋白,分子量约21 kD,等电点pH为5.4。内含体常含很多颗粒,也有无颗粒和类似结晶的内含体。内含体可能为无结构的蛋白,与衣壳蛋白无血清学关系。在症状严重的植物感染细胞内充满内含体,但在耐病或抗病品种的感染细胞内很少或没有。浮力密度(S_{20}, w)3S, 在 pH 4～5时提纯无结构蛋白针状结晶。

在病植物细胞内用电镜亦较难观察到病毒粒子，在细胞质内能观察到颗粒状集块有时被膜包住，该颗粒状集块可能由病毒集合而成。用荧光抗体染色，在感病小麦叶片的韧皮部和叶肉组织内检测到病毒粒子的抗原。病毒粒子在韧皮部向下移动速度在30℃时每小时为25～30厘米，病毒在幼嫩组织内增殖。

本病毒与玉米条纹叶枯病病毒有血清关系，但与水稻白叶枯病毒无关，而这3种病毒粒子的结构相似。与水稻矮缩病毒有较远的血清关系。

【侵染循环】

1. 传染途径及介体传毒特性

（1）传染途径及介体种类　本病毒仅靠介体昆虫传染，其他途径均不传病。灰飞虱（*Laodelphax striatella* Fallen）为主要传毒介体，而白脊飞虱（*Unkanodes sapporonus* Matsumura）、白带飞虱（*U. albifascia* Matsumura）和背条飞虱（*Terthron albovittatum* Matsumura）也能传毒，但这三种飞虱主要寄生在旱地杂草上，在水稻条纹叶枯病病毒传播中作用不大。

江苏大部分地区灰飞虱一年发生5代，苏南部分地区发生6代。越冬若虫一般于3月中旬至4月上中旬羽化为成虫，产卵于三麦、绿肥田的看麦娘及其他禾本科杂草上，4月下旬孵化，一代若虫仍留在原越冬寄主上生活，部分侵入附近的早播秧田为害，5月下旬至6月上旬羽化为1代成虫，时值麦收季节，遂大量迁移到秧田、本田产卵繁殖；二代若虫6月上中旬孵化，6月下旬至7月上旬羽化为成虫，主要为害秧田、本田和其他栽培方式的稻田；三代若虫7月上中旬孵化，7月下旬至8月上旬羽化为成虫，仍主要寄生在稻田；四代若虫8月上中旬孵化，8月下旬至9月上旬羽化为成虫；五代若虫9月上中旬孵化，9月下旬至10月上旬羽化为成虫，六代若虫于10月上中旬孵化。灰飞虱为第五代迟孵化若虫和第六代若虫，在晚稻收割前后转移到三麦、绿肥田及杂草上越冬。

灰飞虱有远距离迁飞的迹象，但以当地虫源为主，并通过长翅型成虫在小范围内迁移扩散，扩大分布为害，在江苏，成虫一般只有两次集中迁扩过程。第一次从麦田或其他越冬寄主向秧田或移栽早的本田迁移，这次迁移将病毒传到水稻上；第二次在水稻生长后期和玉米生长后期，由水稻、玉米向三麦、杂草上迁移。

（2）灰飞虱的传毒特性　在灰飞虱种群中，只限于条纹病毒有亲和性的个体才能获得和传染病毒。各地灰飞虱的亲和性不同，高的可达20%～50%。不同亲和性的飞虱，经室内连续选择15～16代，可得到高获毒虫系和低获毒虫系，它们在充分吸毒时,虫带毒率前者高达50%～60%,后者仅6%～7%。高获毒虫系的经卵传毒虫率也高。

① 灰飞虱获毒时间:灰飞虱在已染病稻株上一般需吸食15分钟以上才能获毒,但也有少数只需3～10分钟就能获毒。吸毒1天的许多虫带毒率有一定提高,达10%以上,如再延长更多时间,吸毒虫率几乎不增加。吸毒虫率和田间自然带毒虫率都是雌虫高于雄虫。

② 条纹叶枯病病毒在灰飞虱体内循回期:灰飞虱获毒后不能马上传毒,需要经过一段循回期才能传毒。病毒在灰飞虱体内循回期为7～10天,平均为8.3天。通过循回期后带毒灰飞虱可连续传毒30～40天,但也有间歇传毒现象。循回期在平均气温28.7℃(21～36.5℃)时为平均8.3(4～23)天,在平均气温19.6℃时为平均12.7(10～15)天。

③ 带毒灰飞虱卵传毒特性:水稻条纹叶枯病毒可经卵传递,获毒灰飞虱在第六年的第四十代仍有较高的传毒能力。带毒虫传毒状态,一般在通过循回期后1～2周内传毒力较强,接近老龄,传毒力明显下降。个体间传毒能力有差异,一头带毒虫一生传毒株数(每天换苗1次测定)1～29株,多数虫不连续传毒,传毒间歇时间有的仅1天,有的9天。雌虫的传毒力比雄虫强,短翅型成虫的传毒力比长翅型强。低龄虫吸毒的循回期短,传毒天数有增加的趋势,高龄虫吸毒的则有相反的趋势。传毒最短时间为1分钟,12小时内可充分传毒。

病毒不但可在体内增殖,而且还可经卵传递。能否经卵传毒决定于上一代雌虫是否带毒,带毒雌虫与带毒或无毒雄虫交配产下的卵带病毒,无毒雌虫与带毒雄虫交配产下的卵为无毒。经卵传毒虫率各地虫系有异,低的仅40%,高的可达100%。试验证明经卵传毒虫在室内连续饲养40代,经6年各代带毒虫率均保持90%～100%。经卵带毒虫最早在孵化当天即能传毒,在若虫期和羽化后2～3周内传毒力较强,以后降低。雌虫比雄虫传毒力强。从同一带毒雌虫产出的后代中,也有无传毒力的个体;在无传毒力的个体中,有些个体血清学反应为阳性,进而在下一代产生带毒虫,但大部分完全失去传毒力,需再次在病株上吸毒才能带毒。

④ 显症时间:水稻条纹叶枯病病毒在水稻体内有一定的潜伏期,潜伏期长短与温度和水稻生育期密切相关,如果温度较高,水稻处于分蘖期之前,则潜伏期较短。一般情况下其潜伏期为13～17天。

水稻条纹叶枯病一般年份有3个发病高峰。第一个发病高峰出现在6月中旬至7月初,由一代灰飞虱成虫集中传毒所致。第二个发病高峰出现在7月中下旬,由二代灰飞虱若虫和成虫在田间传毒所致。第三个发病高峰出现在8月中下旬,由三代灰飞虱若虫、成虫传毒造成。

(3) 其他介体的传毒特性 白带飞虱的带毒虫率为28%～35%,经卵传毒虫率一般为30%～50%,最高可达78%,循回期平均为12.4(5～26)天。白带飞虱对本病毒的吸毒虫率明显高,病毒在虫体内增殖快,适用于植株内微量病毒检测,用灰稻虱接种试验,再用无毒白带飞虱回收病毒。白脊飞虱的经卵传毒率为50%,最高可达85%。

2. 传毒介体周年性发生情况

本病毒的侵染循环,主要靠灰稻虱的迁移传毒而完成。病毒终年经介体昆虫传递是本病毒的特征,病毒寄主植物虽较多,但除水稻外,其他寄主植物在侵染循环中作用较小,其侵染源与发病无直接关系。病毒在带毒灰稻虱体内越冬,成为主要初侵染源,大、小麦及杂草上病株极少,且大多提早枯死,故不是重要越冬源。因病毒可经卵传毒,即使在无病毒寄主植物时,带毒虫也不会中断。本病毒的周年发生情形,以具有代表性的4种类型耕作制度为例,详述如下:

(1) 长江中下游大麦双季稻(或单、双季稻混栽)区 以浙江省平原稻区为例,灰稻虱一年大多发生6代。病毒在灰飞虱越冬若虫体内越冬。在大小麦田里越冬的灰飞虱若虫,于3月上中旬羽化后,大多留在麦田继续繁殖;在杂草地越冬的长翅型成虫飞到迟嫩的麦田繁殖和传毒。第一代若虫在4月中下旬至5月初孵化,5月中旬羽化。大麦在5月上旬收割,大多数若虫被消灭,仅少数早发成虫能飞到早稻秧田和早栽本田传毒和繁殖,而小麦田的第一代虫,绝大多数能迁飞到早稻、单季中晚稻的秧田和本田,故小麦田里的带毒虫成为这些稻的主要初侵染源和虫源,并继续繁殖。第二代经卵带毒的灰飞虱若虫对迟熟早稻和单季中晚稻再次侵染,第三代若虫对单季晚稻再次侵染。第二、第三代灰飞虱从早稻和单季中晚稻病株上吸毒及经卵带毒,在7月中旬至8月上旬,迁飞到双季晚稻秧苗和早栽本田传毒繁殖,第四至第六代灰飞虱在晚稻田繁殖和传毒,因夏季高温对灰飞虱的发育繁殖不利,加上早稻收割翻耕及药剂防治,使晚稻前期虫口密度较低,晚稻后期又因褐飞虱大发生而受抑制,故晚稻田灰飞虱密度长期保持较低的水平。晚稻田部分迟发的第五代和早发的第六代成虫,迁到早播麦苗传毒繁殖,10月中下旬孵化的第六代(越冬代)若虫陆续越冬。早稻主要由第一代带毒虫传毒,单季中晚稻主要由第一代成虫和第二代带毒虫传毒,双季晚稻主要由第三代带毒虫传毒。

(2) 小麦单季中、晚稻区 如江苏南部麦田里的越冬若虫于3月下旬至4月上旬羽化,在原麦田繁殖,第一代若虫在5月上中旬,成虫在5月下旬至6月初大发生,此时小麦成熟收割,大量成虫迁入秧田传毒繁殖。6月上中旬和7月上中旬,在秧田后期和本田分蘖期,分别出现第二代若虫和成虫,第三至第六代若虫分别在7月中下旬(水稻分蘖盛期)、8月中旬(拔节至孕穗期)、9月上中旬(抽穗期)和10月中旬(乳熟期)发生。以第六代若虫为主,在小麦或杂草地越冬。第一代带毒成虫传病于秧苗,第二至第四代带毒若虫和成虫传病于分蘖到拔节期稻株,造成田间新病株高峰多次出现,第五代若虫发生虽多,但因水稻处于孕穗至抽穗期,不易感病,故病株增加很少。

(3) 鲁西南小麦单季晚稻区　位于华北平原南部,气候条件与苏南差异较大,灰飞虱1年发生5代。麦田第一代若虫于5月中旬盛发,5月底至6月上旬出现成虫并迁入秧田,6月中下旬秧田若虫盛发,均造成大量传毒为害。6月中旬至7月上旬为水稻移栽期,此时高温干旱的天气,秧苗所带卵块难以孵化,故本田第二代若虫量较少,后期病株增加不多。

(4) 云南稻区　地形较复杂,各地灰飞虱发生情况差异较大,一年发生代数,昆明市郊为4～5代,玉溪及楚雄的姚安等地为5～6代,保山3月下旬至4月下旬越冬地成虫大量迁入秧田传毒和繁殖。秧苗带卵移栽到本田,于5月上中旬若虫盛发,经卵带毒虫引起大量传毒。秧田有少数病株,秧田感染株大多在移栽本田后,在分蘖期发病。本田期感染的在孕穗到抽穗期发病,并达发病高峰。

【流行规律】　造成江苏省2004年条纹叶枯病大流行的主要原因,第一是气候条件有利。2003年暖冬有利于传毒昆虫灰飞虱越冬存活,2004年春季温度偏高和干旱少雨有利于越冬代和第一代灰飞虱发育,导致传毒媒介灰飞虱虫口密度高。据调查,水稻秧田期江淮大部分地区每666.7平方米虫量高达30万～100万头,是常年发生量的10倍,局部高达1 800万头,是常年的1 000倍。第二是灰飞虱带毒率高。据测定,全省越冬代灰飞虱带毒率平均为25.4%,苏中部分地区高达47.9%,超过了历史上最高年份。第三是水稻感病品种比例高。全省易感病的高产、优质粳稻品种占水稻播种面积80%以上,特别是武育粳系列品种面积达40万公顷以上,有利于灰飞虱传毒发病。

1. 感染与发病

水稻的苗期到分蘖盛期最易感病,以后随苗龄增加,感病性逐渐降低,在水稻幼穗分化期后很难感染。病害潜育期因作物种类、生育期和气温而异。在平均气温20.8℃(14～31℃)时,对同为二三叶期苗接种,小麦浙麦1号品种的平均潜育期为19(9～24)天,水稻农垦58品种为23(13～26)天。平均气温23.5℃时,水稻潜育期为9.5(9～19)天。又水稻西南175品种三叶期接种,在平均气温21.5～22.3℃时,潜育期平均19.4～20.3(10～29)天;平均气温

24.9～25.6℃时，潜育期平均13.5～14.4（7～28）天。水稻感病品种京国92，在23.4～23.8℃时，二三叶期接种的潜育期为17.7～21.4天，四至六叶期接种的为23.3～24.4天。水稻农林36号品种，一至三叶期接种的潜育期6～7天，七叶期为10～11天，十叶期为17天，十三叶期为23～25天。

田间病株出现时期，在浙江省早稻秧田未见病株，早栽（绿肥田）早稻于5月中下旬（分蘖盛期）初见病株，其中早熟品种在6月中旬（孕穗期），迟熟品种在6月中旬（拔节期）和7月上旬（始穗期）病株速增，齐穗期达发病高峰。迟栽（春花田）早稻于6月上旬（分蘖期）初见病株，6月下旬至7月上旬（孕穗至始穗期）病株速增，抽穗期达发病高峰。单季晚稻在秧苗期就有病株，本田期在7月中下旬（分蘖末期）病株增加最快，7月下旬至8月中旬（拔节期）发病达高峰。双季晚稻秧田期即始见病株，本田在8月中旬（分蘖期）病株速增，8月下旬至9月上旬（分蘖末期）达到发病高峰。苏南单季晚稻发病情形大致相同。鲁西南稻区单晚秧苗期已现病株，移栽后病株不断增加，在7月中旬病株速增，7月下旬至8月初发病高峰。云南昆明郊区单季中稻，秧田未见病株，本田在6月上旬始见发病，6月下旬（分蘖期）达发病高峰。北京市郊区早栽春稻的本田在6月中旬始见病株，7月底达发病高峰。麦茬晚稻在8月底至9月初为发病高峰。

田间主要感染期，浙江省早、中稻在5月中下旬，本田初期由第一代带毒虫传毒，迟熟早稻和中稻，在6月中下旬盛发的第二代带毒若虫可再次感染。单季晚稻有两次主要感染期，即秧田期的5月下旬，由第一代成虫传毒，和本田初期的6月下旬至7月上中旬，由第二代若虫和成虫传毒。以本田初期的第二次感染的病株比第一次感染多。双季晚稻在7月中旬至8月初，秧田到本田初期（早栽田），由第二、第三代成虫传毒，苏南单季晚稻的感染期同上。鲁西南以6月上旬的第一代成虫和6月中旬的第二代若虫，在秧苗期传毒，且6月上中旬是主要感染期。云南省昆明市郊和保山，在秧田期由越冬代成虫传毒，以及第一代若虫、成虫在本田分蘖期传毒；这两个时期是主要感染期。北京郊区的春稻由5月下旬至6月上旬第一代成虫传毒，麦茬晚稻以6月下旬至7月上旬第二代成虫感染为主。6月中下旬的第二代若虫和7月上中旬的第三代若虫，还可分别引起春稻和麦茬晚稻再次感染。

2. 流行因子

稻田耕作制度、灰飞虱的发生量和带毒率、水稻品种的感病性及气候因子等决定病害是否流行和流行程度。

（1）耕作制度　稻田耕作制度和作物布局是影响灰飞虱发生量和病害流行与否的决定因子。在20世纪60年代中后期，江苏、浙江两省稻、麦两熟制地区，病害曾大面积流行,到70年代两省改为大麦双季连作稻后,病害得以控制,但到80年代前期,苏南恢复小麦单季晚稻二熟制,本病又开始流行;而与之毗邻的浙江省嘉兴市,仍保持大麦、双季稻,病害未见大发生。我国几个条纹叶枯病的流行区,都是小麦单季稻区。因小麦成熟期迟,第一代灰稻虱成虫绝大多数能迁飞至稻田,而大麦成熟收割早,在成虫羽化前因收割翻耕而被消灭。大麦田灰飞虱成虫迁出率为0,而小麦田高达60%～82%。

小麦田面积扩大,即虫源田面积增加,水稻发病率提高。据1983年在江苏省常熟市不同乡的调查结果,小麦田面积占93%时,稻株发病率高达16.5%,小麦占70%时发病率约为6.5%,小麦占60%时发病率为5.2%～6.1%。同年调查,锡山市(原无锡县)各乡小麦单季晚稻面积占水田总面积100%时,第一代灰飞虱的带毒虫率为24.5%,水稻平均株发病率高达21.1%;在小麦单季晚稻面积占50%～60%时,其带毒率为7%～8%,发病率为6.2%～6.5%;小麦单季晚稻面积仅占30%时,带毒率为6.3%,发病率仅为0.3%。

耕作制度的巨大变化,是江苏省水稻条纹叶枯病大发生的重要原因。多年来江苏省实施的"籼改粳""晚粳北移",在大幅度提高水稻单产的同时,也给条纹叶枯病的发生提供了条件。原来江苏省北部地区种植较多的杂交籼稻,本身对条纹叶枯病有很高的抗性,改种粳稻后,由于粳稻品种一般都不抗条纹叶枯病,为条纹叶枯病的发生带来了很大的隐患。晚粳北移,迟熟中粳稻北移到了淮北地区,早熟晚粳稻9520、武粳13等北移过了长江,水稻生产周期拉长,播种期前移、收获期推迟,特别是一些地方近几年大面积推广应用稻套麦、麦套稻技术,为条纹叶枯病传播媒介灰飞虱顺利地在冬前由水稻转移到麦子、第二年由麦子转移到水稻秧苗上提供了便利,加上近几年的连续暖冬气候,灰飞虱种群数量大大增加,进而引起水稻条纹叶枯病大发生。

籼改粳初期,江苏省北部地区因为没有适宜的生育期较短的粳稻品种,农户不得不采用一些迟熟品种,现在适宜北部地区种植的生育期较短的粳稻品种数量及其综合性状大大改观,在淮北地区种植中熟中粳稻,在江中地区种植迟熟中粳稻,产量并不低。通过改变品种布局,适度缩短这些地区水稻的生长期,在水稻收获后对农田进行晾晒、耕翻的过程,可以恶化灰飞虱生存环境,有效压低灰飞虱种群数量,减轻或避免条纹叶枯病的危害。

(2)灰飞虱发生量与带毒虫率 灰飞虱的发生量与发病率没有显著相关性,但带毒虫率则与发病率有显著相关。灰飞虱的带毒虫率与虫量的乘积(即带毒虫量)与发病率有极显著的相关(r=0.902 7**)。

(3)水稻品种 1987年在山东济宁市郊调查,株发病率糯稻高达29.8%,粳稻农垦57为10.4%,而宿福、中国91和徐稻2号等品种仅0.7%～1.3%。水稻条纹叶枯病发生程度在不同水稻品种之间的差异较大,一般糯稻发病重于晚粳,晚粳重于中粳,籼稻发病最轻;籼稻中一般矮秆品种发病重于高秆品种,迟熟品种重于早熟品种。目前生产上对水稻条纹叶枯病比较抗病的水稻品种有:杂交籼稻、常优粳1号、扬粳9538、徐稻3号、镇稻99、盐粳5号、盐粳6号和盐稻8号等。比较感病的品种有:武育粳3号,及武粳、武运粳、香粳等系列品种。

(4) 气候因子　早春气温对越冬代和第一代虫口的影响关系密切。凡1—3月低温和冬春连续大雪,灰稻虱越冬死亡较多,且发生期延迟,如1—3月气温偏高,无特殊低温和连续大雪,则有利于越冬,减少越冬死亡率,加速发育和提早羽化,有利于病毒增殖和感染。4—5月气温偏高,雨水偏少,有利于第一代发育,虫口密度增加,发育提早,迁入稻田的成虫数增加,迁入期提前,传毒期延长,因而发病趋重。

综上所述,条纹叶枯病的流行与灰飞虱的发生量和带毒虫率密切相关。根据麦田第一代带毒虫量预测秧苗病株率,根据秧田带毒虫量预测分蘖期病株率,根据第二代成虫高峰期带毒虫量预测水稻穗期病株率,根据麦田第一代高峰期带毒虫量预测水稻分蘖期病株率,经试用预测理论值检验结果符合率达82.5%以上。

【防治方法】　采用农业、物理、化学等方面的措施都可有效控制水稻条纹叶枯病的流行。在防治工作中,应坚持"预防为主、综合防治"的方针,在优化各单项防治技术措施的基础上,组装配套适宜不同地区的综合防治技术,并加以推广应用,提高水稻条纹叶枯病防治效果,保证水稻优质高产。

1. 预测预报

(1) 灰飞虱常用的调查方法　灰飞虱调查方法主要有盘拍法、灯诱法、黄盘诱集法。最为简便和常用的调查方法为盘拍法。可采取白瓷盘或面盆为查虫工具,对准麦田或稻田灰飞虱聚集部位下方,轻拍植株,将成虫、若虫拍落于盘或盆中,为防止灰飞虱成、若虫逃跑,可在盘中涂抹肥皂液或凡士林,以粘连成若虫。灯诱法主要适用于成虫峰期消长动态调查,可利用当地测报灯进行。黄盘诱集法适用于玉米田调查。

取样方法是:选取不同类型田块,定期用白瓷盘拍查,每5～7天调查一次,每块田对角线定5点取样,每点拍0.22平方米,记载成虫、若虫数量,若虫虫龄,折算秧田亩虫量;本田,用同样方法,每块田5点取样,每点拍10穴,计算百穴虫量。

(2) 灰飞虱田间调查内容　为了解灰飞虱田间发生消长动态,指导防治,田间调查包括灰飞虱成虫、若虫数量与卵量消长,虫态与发育进度等。调查范围包括麦田、稻田及其周边杂草;调查方式包括系统调查与大田普查。

(3)灰飞虱带毒率测定　测定灰飞虱带毒率的方法主要为ELISA法。目前较为快速、实用、灵敏、可为基层农技人员操作的测定方法为江苏省农科院植保所研制的斑点免疫法(Dot-ELISA,DIBA),即将采集的成虫或高龄若虫,单头虫置于200微升离心管中加100微升碳酸盐缓冲液,用木质牙签捣碎后制成待测样品。在硝酸纤维素膜上画0.5×0.5(厘米)方格,每格加入3微升样品室温晾干;在37℃温度条件下,4%牛血清(或0.4%BSA)封闭0.5小时后浸入酶标单抗(封闭液稀释5 000倍)孵育1.5小时,洗涤后浸入固体显色底物液中0.5小时。每步用PBST洗涤3次,每次3分钟。带毒灰飞虱呈现阳性反应。根据带毒灰飞虱数量和参试总虫量计算种群带毒率。

(4)稻田条纹叶枯病病情调查　于灰飞虱迁入秧田高峰后,选择不同类型的田块,定点调查,每5天调查一次,每块田对角线5点取样,每点调查0.22平方米,记载发病穴数、发病株数;大田普查,可分别于一代、二代、三代传毒危害病情稳定后进行,通常在若虫高峰后20天左右进行调查,选择不同类型田块各3~5块,每块田对角线5点取样,每点查10穴,记载病穴率、病株率。以后每隔5~7天查一次,连续查2次。加权平均计算条纹叶枯病发病情况。

(5)发生期、发生量分析　若虫共5个龄期,温度在22~27℃时若虫历期为16~19天。不同温度下卵历期各不相同,一代为20.3天(17.2℃)、二代为10.6天(23.1℃)、三代为6.2天(29.1℃)、四代为7.6天(28.9℃)、五代为11.1天(22.4℃)、六代为16.3天(18.8℃)。本田二、三代灰飞虱发生期的确定可依据历期法,由一代灰飞虱成虫高峰期及卵峰推算二、三代灰飞虱低龄若虫孵化高峰期。

秧田一代成虫迁入盛期的确定:一般年份,小麦收割高峰期前后就是灰飞虱迁入秧田及早栽大田的高峰期,因此,一代灰飞虱迁入秧田高峰期,可通过预测当地三麦收割高峰期来确定。

秧田灰飞虱发生量预测:秧田一代灰飞虱成虫数量可根据麦田一代成虫数量进行推测。麦田一代灰飞虱虫量与秧田高峰期虫量比例系数,同一地区年度之间相对稳定。三麦面积较小的苏南地区一般为0.3~0.5,江淮及淮北三麦面积较大的地区一般为0.3~2.9。因此,可根据麦田后期调查虫量推算迁入秧田高峰期虫量,进行一代灰飞虱发生量的中长期预报。

(6)条纹叶枯病发生程度预测　根据灰飞虱带毒率测定结果、田间发育进度与发生量调查结果,结合水稻品种抗感性,作出水稻条纹叶枯病发生趋势预报。一般灰飞虱带毒率大于3%,一代灰飞虱迁入高峰期与秧苗期比较吻合,品种又较感病,水稻条纹叶枯病流行的可能性较大。

2. 灰飞虱化学防治指标

以单位面积灰飞虱带毒虫量(带毒率×单位面积实际调查虫量)定防治指标。初步研究结果是:秧田一代成虫防治指标为每公顷有带毒虫9万~18万头,即0.11平方米(1平方尺)有虫1~2头。大田二代若虫防治指标,每公顷有带毒虫3.6万~4.5万头,折百穴12~15头。大田如果成虫、若虫并存,并且成虫比例高,则防治指标应从严掌握;带毒率高,品种感病,防治指标取下限;带毒率低,品种较耐病,则取上限。

3. 推广行之有效的农业、物理防治措施

(1)合理应用抗(耐)病品种 各地要因地制宜,合理应用抗病品种,坚持优质、高产、多(高)抗原则,选择品质优、丰产性好、综合抗性突出的品种。条纹叶枯病发生严重的地区要优先考虑抗病品种的应用。

山东省济宁市郊水稻条纹叶枯病重病区,通过扩种抗病品种如中国91、徐稻2号、宿辐2号等,压缩感病品种,取得明显防病增产效果。根据接种鉴定,高抗条纹叶枯病的水稻品种有盐粳20、铁桂丰、合系11和合系12等,可作为抗病育种的亲本。

(2)连片种植 防止介体昆虫在不同季节、不同成熟期和上、下季作物间迁移传病。成片地块合理安排麦田、绿肥田、秧田和早、晚稻的品种搭配和田间布局,不种插花田,尽量将相同作物品种、相同播种期、移栽期和成熟期的作物连片种植,秧田不要与麦田相间布局,便于田间管理,提高药剂治虫防病效果。

(3)适当推迟播种移栽期 结合塑盘育秧、工厂化育秧和机插秧、抛栽稻、直播稻等栽培技术的推广,减少常规水(旱)育秧,从而推迟水稻播栽期,避开一代成虫迁入秧田和早栽大田的时机,减少一代灰飞虱成虫刺吸秧苗并传毒的概率。条纹叶枯病发生严重的地区要尽量压缩麦套稻的种植面积。对麦套稻田要加强灰飞虱防治配套技术的推广应用,缩短麦稻共生期。

(4)优化茬口与布局 江苏里下河、江淮稻区控制大麦茬、冬闲田等茬口较早的水稻播种面积。病害重发地区可进行水稻与灰飞虱非寄主作物如棉花、大豆、薯类、蔬菜、瓜类的轮作换茬,可减轻损失,并可减少虫源,减轻翌年条纹叶枯病发病程度。

(5)集中育苗,培育壮秧 小麦和杂草是越冬代和一代灰飞虱主要寄主。秧田选址应尽量远离麦田,避免麦田建畦进行旱育秧方式育苗,以减少一代成虫迁入传毒。秧田尽量集中连片,减少秧苗被灰飞虱刺吸与传毒概率,同时便于肥水管理和灰飞虱统防统治,提高防治效果。同时要科学施肥,适当控制氮肥施用量,培育老健秧苗,增强植株抗逆性和抗病性。

(6) 防除杂草,清洁田园 农田杂草和"四边"(田边、沟边、路边、渠边)杂草是灰飞虱重要孳生地。要加大水稻秧田及大田周围杂草防除力度以恶化灰飞虱生存环境,减少过渡寄主,截断寄主链,减轻发病。要尽早拔除病苗,既可以减少田间毒源,防止病情进一步加重,又可以促进健株分蘖,让出空间与养分。

改进栽培技术,适当提高每丛苗数;拔秧时剔除病苗;收割麦子和早稻时,背向秧田和大田稻苗方向,减少灰飞虱迁入;本田初期加强肥水管理,促进健株分蘖,以减轻损失。

(7) 积极示范推广物理防治措施 采用防虫网、无纺布笼罩秧苗、秧(大)田周围设置防虫拦板等物理方法可有效阻止灰飞虱迁入,保护秧苗免受灰飞虱传毒危害。据试验,使用防虫网、无纺布笼罩秧田比使用化学农药防治效果高,控制条纹叶枯病第一显症峰的效果达90%以上,有条件的地区要积极推广应用。使用防虫网要把准时期,秧苗越小,灰飞虱吸食传毒的可能性就越大,因此,要在秧田出苗前,把防虫网覆盖好。应选用20目以上无色防虫网。支撑棚架要有一定高度,水稻秧苗期需光性强,如果棚顶与秧苗顶端距离太近,光照弱,将严重影响秧苗素质,与秧苗顶端距离应掌握在50厘米左右为宜。

(8) 抓住适期,搞好化学防治 化学防治是有效控制灰飞虱虫量,防止传毒的重要措施之一。要坚持"切断毒链,治虫控病"的药剂防治策略,采取治麦田、保秧田,治秧田、保大田,治前期、保后期的办法,多个环节控制灰飞虱数量,防止传毒。

药剂治虫防病的关键时期,因各地的主要传毒期而定。浙江省和长江中下游地区,主要在5月中下旬第一代成虫从麦田迁入早栽早稻本田、迟播迟栽的早、中稻秧田和单季晚稻秧田前期;7月上旬至8月上旬,第二、第三代成虫从早稻本田迁飞到晚稻秧田和早栽的晚稻本田。

苏南单季晚稻区,重点药治秧田和本田前期,尤其是早栽早发的本田。云南单双季稻区,应重视药治秧田和本田初期。华北稻区单季中、晚稻,以药剂防治秧田的灰飞虱传毒为主,对部分早栽、前期虫口多的本田初期进行挑治。

① 兼治麦田灰飞虱:加强麦田灰飞虱的查测工作,如果麦田一代灰飞虱成虫量较高,要结合小麦穗期病虫总体防治兼治一代灰飞虱成虫。在药剂选择上,应以吡虫啉、吡蚜酮、三氟苯嘧啶农药复配剂为主,施药时应适当增加用药量和用水量,确保防治效果。

② 全面开展药剂浸种:开展药剂浸种,控制早期迁入秧田的灰飞虱传毒,

赢得防治工作主动。结合水稻种传病害的防治,选用内吸性较强的吡虫啉等药剂进行药剂浸种。将干稻种倒入咪鲜胺或其他种子处理剂与10%吡虫啉可湿性粉剂500～1 000倍液中浸种48小时,然后进行催芽落谷。

③ 突出重点,抓好秧苗期防治:秧田期一代灰飞虱成虫防治是控制前期条纹叶枯病发生的关键,而且可以减轻大田防治压力。要认真抓好秧田防治。秧苗立针后,如果灰飞虱在迁入盛期内,要立即开始防治,以后每隔3～5天防治一次。可选用持效性好的农药如比冲虫啉、三氟苯嘧啶,与速效性强的农药如敌敌畏、混灭威、异丙威、速灭威等进行混用。移栽前2～3天用好送嫁药(起身药),做到带药移栽。秧田防治可适当使用防病毒药剂或病毒钝化剂如菌克毒克或灭菌威等,提高植株抗病毒能力,减轻危害程度。

④ 适期控制大田期为害:第二、第三代灰飞虱若虫、成虫刺吸分蘖期和孕穗期稻株也能造成植株发病,由于水稻后期补偿能力小,为害性也较大,因此做好第二、第三代灰飞虱防治工作十分必要。要把准用药时间,在二三代灰飞虱卵孵高峰至低龄若虫高峰期进行防治。使用药剂与秧田期相同。

⑤ 病毒钝化剂使用方法:在一代灰飞虱成虫从麦田迁入秧田高峰期至发病显症初期用1～2次药。病毒钝化剂品种、用药剂量和施药方法为:8%菌克毒克水剂(宁南霉素)每公顷450～675毫升,或2%菌克毒克水剂1 500～2 250毫升,或50%氯溴异氰脲酸水溶性粉剂600～900克,均匀喷雾。

⑥ 水稻条纹叶枯病发病后的补救措施:水稻主茎发病后,其分蘖往往随主茎死亡而在较短时间内死亡,没有死亡的分蘖也不能够进行正常抽穗。因此,主茎发病后不能采取剥蘖办法移栽秧苗。

水稻发生条纹叶枯病后要根据田间发病株率进行分类管理。要充分利用水稻分蘖期以前补偿能力较强的特点,促进健株分蘖,保证群体茎蘖数。分蘖期病株率在30%以下时,应以管为主,通过加强水肥管理,对水稻产量形成影响较小;病株率在70%以下时,应补管结合,及时拔除病苗,空白补苗,加强肥料运筹和水浆管理,早施增施分蘖肥,浅灌多搁,促进健株分蘖;病株率达到70%以上的田块,应以改为主,依照"宜水则水、宜蔬则蔬"的原则,合理安排茬口,进行翻耕改种。

(三) 稻齿叶矮缩病

稻齿叶矮缩病又称裂叶矮缩病。最早于1976年在印度尼西亚发生;1977年以后,在菲律宾、印度、泰国、斯里兰卡等国也相继发现。我国仅局部地区发生,是1979年在广东省从化区(原从化县)和福建省建阳地区农科所先后发现的。目前分布在广东、福建、台湾、海南、湖南、湖北、江西、浙江等省。

【症状】(图版16) 染病株矮化,叶尖旋转,叶缘有锯齿状缺刻。苗期染病心叶的叶尖常旋转10多圈,心叶下叶缘破裂成缺口状,多为锯齿状。分蘖期染病植株矮化,株高仅为健株的一半,叶片皱缩扭曲,边缘呈锯齿状,缺刻深0.1~0.5厘米,一般不超过中脉,一片叶上常现3~5个缺刻,有时多达13个。有些品种于拔节孕穗期发病,在高节位上产生1至数个分枝(称"节枝现象"),分枝上抽出小穗,多不结实。有时叶鞘叶脉肿大,病株开花延迟,剑叶缩短,穗小不实。

【病原】 病原为稻裂叶病毒(rice ragged stunt virus, RRSV),属呼肠孤病毒组病毒。病毒粒体为等径球状体,大小50~60纳米,含双链的核糖核酸。钝化温度60℃,稀释限点100 000倍,病毒在稻叶韧皮部细胞中生存。

【传播途径和发病条件】 1981—1983年,中国科学院前上海生化所电镜室与湖南协作,对在湖南发生的水稻齿叶矮缩病的传毒昆虫褐稻虱进行了生物传毒实验及电镜研究。该病传毒媒介主要是褐飞虱(*Nilaparvata lugeas*),传毒率为2.5%~55%,病毒在虫体内循回期为10天,能终身传毒,但不能经卵传至下一代,有间歇传毒现象,间隙期为1~6天,水稻感染病毒后经13~15天潜育才显症,潜育期长短与气温相关。发病程度与带毒数量有关。在田间此病有双重或三重感染或复合侵染情况,即同一植株上可以受齿矮病毒及其他病毒多重侵染,出现单独症状或协生症状。本病毒除侵染水稻外,还可侵染麦类、玉米、甘蔗、稗草、李氏禾等。

【防治方法】 可结合防治黑条矮缩病、条纹叶枯病等进行。但本病的媒介昆虫褐飞虱在国内广泛分布,并有远距离迁飞的特征,应密切注意其暴发流行,以免造成严重损失。

(四)稻草状矮化病

稻草状矮化病是1962年在菲律宾的国际水稻研究所首次发现。随后,泰国、印度尼西亚、斯里兰卡、印度等东南亚、南亚地区以及日本都相继有发生的报道。本病曾于1970—1977年在印度尼西亚,1973—1977年在菲律宾,1973—1974年在印度严重发生。我国主要分布于福建、台湾、海南、广东、广西等南方稻区。

【症状】 稻草状矮化病的主要特征是病株严重矮化,分蘖增生,许多小分蘖不正常直立生长,成为扇形或草状。叶片短而窄,呈黄绿色,有很多锈色污斑,并常扩展成不规则的斑纹。重病株早枯或抽不出穗。

【病原】 由于综合症状类型和飞虱的传播，这个病害起初被假设是病毒引起的。后来日本北海道大学所做的电子显微镜观测，发现在病组织中存在类菌原体。因而目前推测该病同水稻黄萎病一样是由类菌原体引起的。

【介体和传播】 此病由褐稻虱传播。传播试验证明，在褐飞虱的一个群体中，有20%～40%的个体能传播这种病毒。雄虫和雌虫，长翅和短翅都具有相同的传毒能力。褐飞虱在病株上饲食30分钟后就有侵染性。在虫体内的循回期通常是10～11天，但变动范围为5～28天。褐飞虱侵染饲食5～15分钟，能使一小部分健康植株受侵染；增加时间提高的百分率以24小时达到最高。在植株中的潜育期为10～20天。带毒昆虫一生保持病毒，但大多数不是每天都能传毒，通常为间歇式传播，3天内能传毒2天。

试验表明，该病毒不能通过种子传播，也不能经卵传递。带毒昆虫比不带毒昆虫的寿命较短。

【侵染循环】 田间病害的发生在很大程度上依靠毒源或病株。在无病区采集褐飞虱，其田间群体的侵染个体的百分率很低甚至没有。但是，从病区来的则是高风险的。虽然在上述两种情况下，采到的褐飞虱都是潜在的传播者。而褐飞虱在有利条件下会迅速繁殖，因而病害的发生率也就很快上升。

长翅型褐飞虱能长距离迁飞，在传播和扩散病害上比短翅型更为重要。

【防治方法】 参见稻黄萎病。

（五）稻矮缩病

稻矮缩病又称稻普通矮缩病，是我国南方稻区的一个重要病毒病。本病最初于1883年在日本发现，1895年高田氏认为该病与黑尾叶蝉有关，是水稻上最早发现的一个病毒病，也是第一个报道由昆虫传播的植物病毒病。我国最早于1939年在西昌发现，50年代在苏、浙一带也有发生。60年代大面积推广种植矮秆品种以来，在长江以南大部分地区为害逐年加重。1968年后，苏、浙、沪一带发病明显上升，到1971—1973年与水稻黄叶病并发流行，造成第二季水稻严重损失。据1971年在浙江省7个县42个生产大队和农场268块双季晚稻田调查，水稻矮缩病平均发病株率为0.1%，最高达88.6%，水稻矮缩病与黄叶病合计发病率平均29.2%，最高田块达98.2%。接着江西、湖南、湖北、福建、广东、广西、云南、贵州和安徽等省区也发病流行。70年代末期以后，本病的发生逐渐减轻。近年该病在浙江、福建和广东等省的局部地区又有上升趋势。

【症状】 水稻矮缩病的症状有两种不同的类型。

1. 白色点条型

田间常见型。病稻植株矮缩,分蘖增多,叶片浓绿而僵直,在叶片和叶鞘叶脉间出现与叶脉平行的虚线状白色点条。稻苗开始发病时,白点首先在刚开展的心叶中部叶脉间出现,后随叶片生长,白色斑点沿叶脉向上下延伸,连成像缝线一样的点条。植株始病叶以上新生叶片及所有分蘖叶片全部产生白色点条症状。病稻可生长到后期,但均不能抽穗结实。孕穗期发病,仅在剑叶叶片或叶鞘上出现白色点条,与同期发生水稻条纹叶枯病出现的黄白色分散斑点有区别。

2. 扭曲型

病株开始比白点型生长缓慢,严重矮缩化。心叶抽出时先呈螺旋状扭曲,后随心叶的伸展,在叶片边缘出现波状或锯齿状缺刻,色泽淡黄。这一病状多在光照不足情况下容易发生,加强光照可变成白色点条型。

本病在植株矮缩、分蘖增多和叶片僵直方面与水稻黑条矮缩病相似。但前者在叶肋间产生白色点条,后者叶片上无白色点条,只在叶脉上产生蜡白色脉肿,可相互区别。

【病原】 本病病原为水稻矮缩病毒(rice dwarf virus),属呼肠孤病毒科植物呼肠孤病毒组(plant reoviruses)。病毒粒体外观呈正二十面体,有双层壳状结构,成晶格状聚集,排列于管状鞘膜内或散布于细胞质中。提纯病毒完整颗粒直径70纳米,外壳由180个壳粒组成,每1个壳粒含3个主要外壳蛋白分子(major outer capsid protein),外壳中还有小量外壳蛋白分子。核心颗粒直径66纳米,蕊壳含主要内壳蛋白(major inner core shell protein),又称蕊壳蛋白(core shell protein)或蕊蛋白(core protein)。在颗粒内还含有复制酶。病毒核酸为双链RNA,占病毒总量的11%,总分子量为1×10^6道尔顿,由12个片段组成,片段在1 000至4 500对核苷酸之间。已知片段大小、结构及编码蛋白性质如表2-8所示。

水稻矮缩病毒有株系差异。用普通株系经人工筛选亦能选出致病性强的株系,此株系第四条核苷酸分子量增加2万道尔顿(1%),外壳蛋白分子量增加1 000道尔顿(2%),黑尾叶蝉更容易传播,在水稻中增殖量更大。

【侵染循环】 水稻矮缩病的传播介体有黑尾叶蝉、二条黑尾叶蝉和电光叶蝉3种。带毒虫能终身传毒,经卵传染。在长江流域及华南高海拔地区,传病介体以黑尾叶蝉为主。黑尾叶蝉吸汁获毒时间最短为5分钟,循回期一般为12~35天。华南低海拔地区的传病介体以二条黑尾叶蝉为主,循回期为10~25天。黑尾叶蝉经卵传递率,第一代可达90%以上,以后随世代逐渐下降。

经卵带毒若虫开始传毒时间,个别在孵化后当天,多数个体是在孵化后的6~12天,即3~5龄虫期开始传毒,也有少数个体在羽化时开始传毒。水稻矮缩病的寄主范围除水稻外还有38种禾本科作物及杂草。

表2-8 水稻矮缩病毒核酸大小、结构及编码蛋白性质

片段	核苷酸对	5′末端及3′末端序列	编码多肽性质			
			个数	氨基酸数	氨基酸分子量	多肽功能
1						
2						
3	3 130	5′GGCAAA……CCCC3′	1	1 019	114 195	主要内壳蛋白
4	4 268	5′GGUAAA……UGAU3′	1	727	79 780	核酸结合蛋白
5	2 571	5′GGCAAA……UGAU3′	1	801	90 495	
6						
7	1 696	5′GGCAAA……UGAU3′	1	506	55 539	核芯蛋白
8	1 424	5′GGCAAA……UGAU3′	1	420	46 422	主要外壳蛋白
9	1 305	5′GGCAAA……UGAU3′	1	351	38 598	少量外壳蛋白
10	1 319	5′GGCAAA……UGAU3′	1	352	39 094	非结构蛋白
11						
12						

水稻在分蘖期以前最易感病,潜育期随温度升高而缩短,同时又与水稻品种抗病性和生育阶段有关。在同一品种上潜育期随生理年龄增长而延长;不同品种间,随品种抗性增强而延长。

水稻矮缩病的侵染循环因介体昆虫各水稻栽培制度以及地理位置不同而异。在长江流域双季稻区,病毒主要在黑尾叶蝉体内越冬。黑尾叶蝉的主要越冬寄主是看麦娘;在华南等冬季温暖地区,病毒在二条黑尾叶蝉和黑尾叶蝉体内及冬稻上越冬。第二年春天随着越冬寄主的衰老,带毒虫迁向第一季早稻秧苗上传病,成为当年水稻的初次侵染源;在早稻上繁殖的第一代经卵带毒虫能引起再次侵染;早稻收割后,从早稻上繁殖的带毒虫迁到第二季晚稻秧田和早

栽大田传病为害,造成晚稻发病流行。晚稻收割后,病毒又随带毒虫迁到看麦娘杂草或冬稻等寄主上越冬,以此完成年侵染循环。

【流行规律】 水稻矮缩病的流行规律与水稻黄叶病类似。所不同的是本病能经介体昆虫的卵传染,故在病害发生流行中,病毒在介体昆虫体内的循回期短,它在早稻和晚稻上繁殖的第一代虫的再次侵染作用均比黄叶病大。同时病毒对水稻的致病性比黄叶病强,在分蘖期以前发生的病株都不能抽穗结实。因此,在病害流行中,介体昆虫数量与带毒虫率,即带毒虫数量与发病株率的关系非常密切(表2-9)。

表2-9 黑尾叶蝉带毒虫量与稻矮缩病发病率关系

处理[①]	黑尾叶蝉			发病株率(%)			
	接种虫量(头)	带毒率(%)	带毒虫数(头)	一	二	三	平均
不同虫量相同带毒率	20	39.1	7.82	1.75	0.50	4.25	2.17
	40	39.1	15.64	8.25	5.75	5.50	6.50
	80	39.1	31.28	19.00	10.75	8.25	12.67
相同虫量不同带毒率	40	7.5	3.0	3.25	2.75	2.25	3.00
	40	15.0	6.0	4.75	5.75	3.00	2.67
	40	30.0	12.0	13.25	7.78	4.00	3.50
不同虫量不同带毒率	20	39.6	7.92	2.50	4.50	0.25	2.08
	40	19.8	7.92	2.75	2.25	6.75	5.42
	60	13.2	7.92	3.50	3.00	12.50	11.14
不同虫量[②]不同带毒率	50	36.7	18.35	28.75	22.00	20.50	23.75
	60	42.8	25.68	36.25	23.25	30.25	29.92
	70	47.2	32.64	34.00	37.75	40.25	36.67

注:① 每处理移栽秧苗400株,接种黑尾叶蝉7天后灭虫,40天后考察发病情况。
② 用特别感病品种农垦58号水稻。

第二季水稻后期矮缩病的发病株率与其大田初期(移栽后2周内)迁入的带毒虫量呈显著正相关。用已知经卵带毒虫人工模拟试验也表明,双季晚稻发病株率高低与其秧苗上接种的带毒虫量多少密切相关,而介体虫量和带毒率的高低与发病率的高低并不完全一致。由此说明,带毒虫量是决定本病流行的主要因素,黑尾叶蝉带毒虫量可作为双季晚稻秧苗期预测后期发病率的关键因子。

【防治方法】 水稻矮缩病的防治与水稻黄叶病类似,仍采取以"农业防治为基础,治虫防病抓适期"的防病策略。所不同的是本病能经卵传染,在双季稻区分别于早、晚稻上繁殖的第一、第四代虫均可成为水稻的再次侵染源;在单季稻上开始繁殖的一、二代虫也能引起再次侵染。因此在防病策略上特别强调适期治虫防病,在病区要重视在稻田繁殖的第一代若虫的及时防治。

1. 农业防治

① 选育和选种抗(耐)病品种。目前虽无高度抗病品种,但品种间的抗病性有一定差异,同时还需进一步开展品种资源的筛选,加强抗病育种工作。

② 早、中、晚稻秧田尽量远离重病田,集中育苗管理,减少感病机会。

③ 生育期相同或相近的品种应连片种植,不种插花田,以减少黑尾叶蝉往返迁移传病的机会,并有利于治虫防病工作的开展。

④ 在早期发现病情后及时治虫,并加强肥水管理,促进健苗早发,可减少病害。

⑤ 收割早稻时,要有计划地分片集中收割,并从四周向中央收割,使黑尾叶蝉被驱赶、集中在中央小面积稻区内,然后进行药杀。

2. 药剂防治

以治虫防病为主,重点做好黑尾叶蝉的两个迁飞高峰期的防治,特别注意做好黑尾叶蝉集中取食而水稻又处于易感期的早、晚稻秧田和返青分蘖期的防治。在越冬代成虫迁飞盛期,着重对早稻秧田和早插本田的防治,同时在第一代若虫孵化盛期注意对迟插早、中稻秧田的防治。第二、第三代成虫迁飞期的防治是全年治虫防病的关键,除应注意保护连晚秧田、做好边收早稻边治虫和本田田边的封锁外,特别对早插本田应在插秧后立即喷药防治。一般当早稻秧田每1.1平方米有虫5～10只,晚稻秧田有虫10～20只,早晚稻本田从移栽到分蘖盛期,平均每丛有虫2～3只;分蘖末期到孕穗期,平均每丛有虫4～5只,均应进行防治。

可选用药剂及使用方法有:每公顷用10%吡虫啉可湿性粉剂300～450克,或40%毒死蜱乳油1 200～1 500克,或2%叶蝉散粉剂22.5～37.5千克,对水75千克喷雾;也可每公顷用3%速灭威粉剂,或2%叶蝉散粉剂22.5～37.5千克,拌细土300～375千克撒施。一般秧田、本田封行前和田边采取喷雾,封行后采取毒土撒施或泼浇。施药时,先四周,再中间。

(六) 稻 黄 叶 病

水稻黄叶病,又称水稻黄矮病。最早于1956年在广东发现,是我国南方水稻上的一种重要病毒病,分布于云南、广西、广东、四川、湖南、湖北、江西、福建、浙江、上海、江苏、安徽和台湾等省、自治区和直辖市。本病最早于20世纪50年代在华南发现,60年代初期在云南、广西和广东局部地区发生为害,中期在华南和台湾省大面积流行成灾。以后病害逐渐向北蔓延,70年代中期扩展到长江流域及其以北稻区,分布北缘达安徽省宿县和舒城一带,其东缘至舟山群岛,西达成都平原。其中流行期最长的是湖南省,1966—1979年湘中、湘北此起彼伏,辗转流行,其中湘潭地区流行期长达8年;在短期内流行频次最多的是安徽省桐城县,1976—1984年间歇流行5次,流行区66.7公顷(1 000亩)以上的平均发病株率达25.1%;一次流行面积最广、损失最大的是1971—1972年江苏、浙江、上海三地,仅浙江省1971年统计发病面积66.7万公顷(1 000万亩)以上,损失稻谷2~3成。

本病在国外分布于日本、越南、老挝、泰国和缅甸等国。寄主范围除水稻外还有李氏禾(*Leersia hexandra*)、大黍(*Panicum maximum* Jacq.)。人工接种能感染黄苗榆烟苗(*Nicotiana rustica*),引起局部枯斑。

【症状】(图版17)　水稻黄叶病病株的植株矮缩,顶部叶片自叶尖开始表现黄绿相间的花叶,与茎秆夹角增大,始病叶以下叶片仍保持正常色泽。病稻最先表现病状的是苗期以顶叶(已开展心叶)或其下一叶为主;分蘖期以顶叶为主;拔节期以剑叶或其下一叶为主。病稻叶的病状发展先从叶片尖端的叶肉部出现淡黄色褪绿斑点,后随叶片伸长逐渐向基部扩展,形成叶肉黄化而叶脉仍为绿色的斑驳花叶或条纹状花叶,有时杂有锈色斑块。以后随着病情的发展,叶片全部发黄,向上纵卷,渐渐枯黄下垂。在分蘖期以前发生的病株,到后期大多黄枯;分蘖以后发病的病株不能正常抽穗结实;拔节后发生的病株一般抽穗迟,穗头小而结实差。

本病在不同品种上的病状大致相似,仅色泽上稍有差异。在籼稻上呈现金黄色,黄绿相间的条状花叶明显;在粳稻上色泽淡黄,花叶不明显;在糯稻上呈灰黄色。

水稻黄叶病病株有恢复现象,即人工接种后发生典型病状的病苗,随着植株的生长和发育,新生叶片的病状一片片地逐渐消失,到后来如同健稻一样抽穗结实。据试验观测,在田间良好的生长条件下,早稻广陆矮4号病株的恢复率为9.52%~38.1%,但在晚稻栽培中未见有病株恢复现象。对新恢复的病株用血清学方法检测呈阳性反应。

【病原】　病原为水稻黄叶病毒(rice transitory yellowing virus,简称RTYV)。我国大陆曾报道为黄矮病毒(rice yellow stunt virus)。病毒粒体含脂膜,在水稻细胞内呈杆菌状,或钝端透明而稍膨大的子弹状,外径(180~210)×94(纳米),多聚集在细胞核的内、外膜之间(装配成完整病毒质粒),也有分布在细核内或散布在细胞质里。提纯病毒质粒为子弹状$(120\sim140)\times(80\times90)$(纳米)。病毒外壳含有6种结构蛋白,分别称为:L、G、N、NS、M_1和M_2蛋白,其分子量分别为170×10^3、84×10^3、60×10^3、43×10^3、31×10^3和29.5×10^3。核酸为单链RNA,分子量为34×10^6。

【侵染循环】 本病在自然界仅由介体昆虫传播,非经卵传染。已知介体是昆虫黑尾叶蝉(*Nephotettix cincticeps*)、二点黑尾叶蝉(*N. uirescence*)和二条黑尾叶蝉(*N. nigropictus*)。病毒在黑尾叶蝉体内的循回期为7~39天,在二条黑尾叶蝉体内为5~27天。本病的初次侵染原因地理环境不同而有所差别。在华南、闽南和台湾等冬季温暖地区,病毒主要在介体昆虫体内,并于冬稻和再生稻上越冬;在长江流域及华南高海拔稻区,病毒主要在黑尾叶蝉体内和看麦娘等杂草上越冬。第二年春季,随着越冬寄主的衰老和介体发育为成虫,迁到第一季水稻上传毒,成为当年水稻的初次侵染源。第一季水稻收获后,病毒随介体昆虫迁到第二季水稻上传毒,第二季水稻发病流行。第二季稻收获后,病毒又随介体和冬季寄主越冬。在一年一季稻地区,病毒也随着单季稻的收获在介体昆虫和冬季冬稻或看麦娘等杂草上越冬,以此完成年侵染循环。

【流行规律】 已知影响水稻黄叶病流行的主要因子有:介体昆虫的数量及其带毒率,水稻品种及栽培制度,气候条件等。

1. 介体昆虫数量及其带毒率

据福建省建阳地区农科所调查,该省1966年、1969年和1973年发病流行与当年黑尾叶蝉大发生密切相关,经当地10个县26个年次统计分析,在7月上旬灯下诱集的黑尾叶蝉数量超过10万头的年份有80%以上属水稻黄叶病大流行。又据福建农学院调查,1973—1977年灯下黑尾叶蝉诱集量与第二季水稻黄叶病病株率呈正相关。浙江农科院调查,第二季水稻上的水稻黄叶病病株率与其大田初期迁入的黑尾叶蝉虫量呈显著正相关。据湖南、云南、福建、浙江等省对黑尾叶蝉的自然带毒率与发病率关系调查结果,凡越冬代黑尾叶蝉的自然带毒率超过10%的年份,水稻黄叶病都属大流行年份。据浙江省农业科学院和安徽省安庆地区农科所联合研究结果表明,黑尾叶蝉虫量与水稻黄叶病的发生并不很密切,而与黑尾叶蝉带毒率,特别是黑尾叶蝉数量与带毒率的乘积,即带毒虫量与发病率的关系最为密切(表2-10)。

2. 水稻品种及栽培制度

目前栽培的水稻品种虽多不抗病,但其耐病性和感病生育期有明显差别。一般籼稻品种的耐病性比粳、糯稻强,籼稻中又以杂交水稻的耐病性最强。但由于杂交稻播种移栽较常规水稻早,且秧田苗数少而在移栽时已有分蘖,大田移栽

表2-10 黑尾叶蝉带毒虫量与水稻黄叶病关系

地 点	年 份	虫量（万头/666.7米^2）	带毒率（%）	带毒虫量（万头/666.7米^2）	发病株率（%）
安徽桐城	1978 1979 1980	12.65 10.82 13.52	6.94 5.06 2.24	0.88 0.55 0.30	25.11 17.12 8.25
安徽太和	1978 1979 1980	14.45 10.88 19.20	4.55 3.09 1.54	0.66 0.34 0.29	15.38 7.65 2.56
安徽安庆	1978 1979 1980	5.03 6.72 6.47	4.03 2.58 1.37	0.20 0.17 0.08	3.28 4.07 1.76
浙江金华	1980	2.71	0.54	0.02	0.59
浙江萧山	1980	3.55	0.81	0.03	0.01
浙江嘉善	1980	20.75	0	0	0

基本苗数也少,这对系统性侵染的黄叶病无疑增加了感染和发病机会,因此在大田,杂交稻发病往往比常规稻严重得多。在20世纪60年代至70年代,我国南方稻区普遍推广双季稻,在栽培上第一季早稻的播种移栽期比单季稻和早中稻提前,而第二季晚稻的成熟和收获期又推迟,同时感病的广陆矮4号、农垦58号的大面积推广,给黑尾叶蝉的发生和水稻黄叶病的传播带来了有利的生态条件,于是水稻黄叶病的发生随之急剧上升,特别是70年代中期以后杂交稻的大力推广,给长江流域以南稻区水稻黄叶病的大流行创造了有利条件。80年代以后,随着双季稻种植制度的稳定,感病的农垦58号和广陆矮4号水稻品种的淘汰,抗耐叶蝉和水稻黄叶病的杂交稻新组合推广,早、晚两季水稻播种和收获期的缩短,冬作春粮和油菜面积的增加及绿肥面积的缩小,再加上高效低残留杀虫剂的使用,黑尾叶蝉的发生量渐渐减少,水稻黄叶病的发生也随之减轻。近年,随着种植业结构的调整,水稻品种和种植制度的变化,对水稻黄叶病的发生也将产生影响,必须引起注意。

3. 气候条件

气候条件对水稻黄叶病的发生关系,主要是指夏季和冬春的气温和雨量对黑尾叶蝉的发生量和越冬虫存活量的影响,进而影响病区带毒黑尾叶蝉的数量和水稻黄叶病的发生(表2-11)。如浙江省1971年晚稻黄叶病大流行,当年

6～8月持续高温干旱,第二、第三代黑尾叶蝉发生量为1957—1972年16年平均发生量的9倍多;湖南省常德地区1973年黄叶病大流行,当年夏季叶蝉发生量比1972年增加6.5倍。又据安徽省安庆地区农科所调查,当地水稻黄叶病和矮缩病的发病株率与8月上中旬的降雨量有密切关系。夏季少雨干旱,气温高,不仅促进黑尾叶蝉的繁殖量,还增加叶蝉在稻株上的吸汁活动次数和带毒虫的传毒机会。同时还缩短病毒在介体昆虫体内的循回期和在水稻体内的潜育期,有利于病害发生流行。

表2-11 雨量、虫量与稻黄叶病的发病关系

项 目	1974年	1975年	1976年	1977年	1978年	1979年
8月上中旬雨量(毫米)	87.7	183.5	66.5	198.2	57.6	70.2
晚稻大田初期虫量(万头/666.7米^2)	—	2.83	11.12	4.62	9.5	8.56
晚稻株发病率(%)	17.61	3.89	17.72	6.34	33.74	20.7

【防治方法】 根据水稻黄叶病仅由黑叶尾蝉传播、病毒在介体昆虫体内为持久性非经卵传染、病毒的寄主范围较窄、水稻最易感病生育期在分蘖末期以前等特点,制定以"农业防治为基础,治虫防病抓适期"的综合防治措施。

1. 农业防治

主要是通过品种和栽培措施控制病毒感染源和提高寄主抗性两个方面。具体方法有:

(1)因地制宜地压缩单、双季混栽面积 冬作压缩绿肥田和休闲田面积,尽可能多种大、小麦、油菜和蚕豆等非寄主作物,尽量避免免耕种植(如稻畈麦、稻畈豆等未经翻耕、作畦就播种),以控制黑尾叶蝉的主要越冬寄主看麦娘的生长,降低越冬介体虫量,减少带毒虫在上下季寄主作物间传毒机会。

(2)稻田合理布局 将相同成熟期的水稻品种连片种植,连作晚稻秧田连片集中育苗,预防黑尾叶蝉在不同成熟期水稻品种上辗转迁移传毒,便于提高治虫防病的效果。

(3)改进栽培方法 大田移栽时适当增加单位面积的插秧苗数,以补偿因病枯死的苗数量,减轻发病损失;早稻收获时背向连作晚稻秧田和早栽大田收割,即背向割稻,以减少黑尾叶蝉从早稻上直接迁到晚稻秧苗上传病为害;合理搭配水稻早、中、迟品种面积,尽量缩短水稻播种、移栽和收割期,减少黑尾叶

蝉迁移传病的时期。

（4）推广种植抗（耐）病和抗介体害虫的品种　控制和淘汰感病品种和不抗介体的品种。

如20世纪70年代末期以来淘汰了感病品种农垦58号（粳稻品种），推广种植含有抗病和抗介体基因品种对控制本病流行起了良好作用。

2. 治虫防病

（1）掌握防治适期　一般是在水稻分蘖盛期以前黑尾叶蝉从上一季毒源寄主向水稻秧苗大量迁移期。在双季稻地区，连作晚稻黄叶病的防病适期是在早稻大量收割期至黑尾叶蝉迁飞高峰期前后一段时间内。在单季稻地区，是在越冬代黑尾叶蝉迁移期和稻田第一代若虫盛孵期。

（2）防治对象田的确定　在双季稻区主要是防治双季晚稻早栽大田，其次是双季晚稻秧田。在单季稻区主要是靠近毒源田附近的早播秧田和早栽大田。

（3）施药治虫的次数和间隔时间　施药次数要依据介体昆虫传毒时期长短来定。在双季稻区，连作晚稻大田初期施药3次左右，每次间隔3～5天。在单、双季稻混栽地区，对单季稻的喷药次数要适当增加。对早稻迟熟品种多、早稻收割期长的地区，以及早栽双季晚稻大田初期施药次数也要增加，对迟栽品种可少喷药或不喷药防治。

（4）治虫防病指标　根据浙江省农业科学院与安徽省安庆地区农科所合作研究，得出双季晚稻黄叶病的防病治虫指标为一个模式：

$$I \geqslant \frac{X \cdot Y}{t \cdot d}$$

式中：I——防病治虫标准阈值，即每666.7平方米田允许介体虫数；

X——每666.7平方米大田稻株数；

Y——每666.7平方米稻田要求控制的发病株率；

t——每头带毒虫有效传播病苗数，其平均值的近似值等于10；

d——介体昆虫带毒率。

模式应用的关键技术是事先用血清学方法测得介体昆虫标准值随介体带毒率的增加而减小，介体昆虫带毒率低，稻田允许虫最高，可少用农药治虫或不防治。如某病区的介体带毒率为5%，大田苗数为每666.7平方米30万株，要求控制的黄矮病株发病率为3%，代入模式算得防病治虫标准为 $I \geqslant \dfrac{30万头 \times 3\%}{10 \times 5\%}$，$I \geqslant 18\,000$头，即每666.7平方米介体虫量大于18 000头时就喷药治虫，小于这个数值就不必用药治虫防病。

(5) 治虫药剂　防治黑尾叶蝉药剂主要选用击倒作用强、低毒而又有适当残效时间的农药。过去多用50%氧化乐果乳剂1 000倍液喷施,也有用甲胺磷和异丙威(叶蝉散)农药。

近年推广应用25%噻嗪酮(扑虱灵)$250×10^{-6}$喷施效果很好。也可每公顷用10%叶蝉散(异丙威)可湿性粉剂3 000克,或25%速灭威可湿性粉剂2 250克,50%杀螟松乳油+40%稻瘟净乳油各750毫升,或25%甲萘威(西维因)3 750克,加水750千克,在秧田或本田黑尾叶蝉和二点黑尾叶蝉达到防治指标时喷雾防治。

(6) 大力推行麦田化学除草　消灭看麦娘等杂草寄主,压缩越冬虫源。

(七) 稻 簇 矮 病

水稻簇矮病原称类普矮病(陈昭炫等,1978),是我国南部稻区20世纪70年代发现的一种新的水稻病毒病。谢联辉发现一种新的水稻病毒——水稻簇矮病毒,及时弄清了病毒的病原性质、传播途径和发病因子,从而有效地控制了病毒的蔓延。

过去曾偶然发生的水稻簇矮病,于2003年在广东一些地区的晚稻普遍发生,有的地方甚至非常严重。田块发病率几乎达100%,棵发病率达6%～8%,严重的达到35%。该病出现暴发性为害,使在育秧至大田生长的水稻秧苗和植株均受威胁;发病品种以杂交稻为主,发病程度以杂交稻重于常规稻。

【症状】　本病症状一般是株形矮缩,分蘖(或分枝)增生,叶片短窄,后期多不抽穗或穗而不实。受害的病株矮,分蘖前期发病的病株不能抽穗;分蘖后期感病的呈包颈穗或半包穗,穗少空粒多,丧失经济价值。具体症状常因品种不同而略有差异,大致可分为以下两种类型。

1. 矮缩型

株形矮缩,颇似普通矮缩病,但叶片上始终没有普通矮缩病那样的黄白色断续条点,叶片较短窄,质地较软,心叶时有脉明、斑驳。

2. 草丛型

株丛簇生矮化,叶形短窄,叶色较淡,茎秆纤细,有的抽生分枝,簇生小叶,状似"雀巢"。

在田间自然条件下,除了能同时见到普通矮缩病株和簇矮病株外,往往还能见到同一病株表现簇矮病与普通矮缩病,或簇矮病与齿叶矮缩病的并发症状。

经试验表明,簇矮病与普通矮缩病毒、簇矮病毒与齿叶矮缩病毒之间没有交互保护作用,但有协生现象。

【病原】 病原为水稻簇矮病毒(rice bunchy stunt virus, RBSV)。在病叶组织的韧皮细胞中有大量球状病毒质粒,直径多在35～60纳米。血清学的初步试验,簇矮病毒与普通矮缩病毒的抗血清无免疫反应。

【传毒媒介】 传毒媒介是黑尾叶蝉、电光叶蝉及灰飞虱,以黑尾叶蝉为主。黑尾叶蝉在病株上吸食的最短获毒时间为5分钟,获毒率为2.86%;12小时以上获毒率可达18.42%～24.11%。病毒在黑尾叶蝉虫体内的循回期,在27.8℃时为8～25天,一般为11天左右。已通过循回期的虫体,在健苗上取食的传毒时间,最短需0.5小时以上,以48小时的传毒效能最高,传毒率可达39.3%。开始传毒后的虫体,仅少数(16.7%)能连续传病至死亡,多数虫体传毒后有明显间隙现象,间隙期有1天、2天、3天不等,也有长达5天的。

【侵染循环】 病毒在虫体内经卵传毒可达7代,病毒在虫体内越冬,翌年带毒叶蝉迁入早稻秧田和早插田传毒,成为早稻的初次侵染源;经卵传毒和从早稻病株上吸毒的带毒黑尾叶蝉,迁入晚稻秧田和早插田传播,成为晚稻的初次侵染源。随着带病毒叶蝉的重复为害,晚稻病情随之扩展。一般成虫的传毒率高于若虫,高龄若虫又比低龄若虫容易传毒。

【发病因素】 该病的发生与农田生态系统和气候条件的变化有密切关系。随着农业生产的发展,耕作制度的改革,品种的更换、栽培管理和病虫防治水平的不同,气候环境的变化,该病在不同年份、不同地区,发生程度有所不同。

随着栽培管理和病虫防治技术的逐渐提高,病虫发生为害受到有效控制,在农业生态系统内创造出有利于水稻生长、不利于病虫发生的环境。

但是,由于年度间、地区水平的差异,该病仍有局部发生为害,如果去年晚稻和今年晚稻秧苗期的气温异常,特别是去年晚稻育秧至分蘖期温度高雨量少,更有利于黑尾叶蝉发生,使病害发生加重。在高温、强光、雨水的气候环境中,特别是一些地势高、光温时间增大的地区,其黑尾叶蝉的发生量就比其他地势较低地区的叶蝉发生量都大,害虫带着病毒传播的概率随之增大,使这些地区水稻簇矮病的发生相应较重。

水稻以苗期和返青分蘖期最易感病,拔节期次之,孕穗期就不易感病。病害潜育期以三叶期最短,平均12.5～13天;孕穗期最长,为28～30天。

此病的发生,一般晚稻重于早稻,晚稻、中稻早插田重于迟插田。不同水稻品种的抗病性有显著差异,珍龙13等品种相当抗病,窄叶青8号、四优2号等品种高度感病。

【防治方法】

1. 抓好冬春防,减少病虫源

水稻簇矮病越冬寄生,主要在杂草中越冬。冬春期铲除病田周围的越冬寄主的田基沟边杂草,用克无踪或再加草甘膦喷杀越冬场所的杂草,减少病虫源。

2. 消灭黑尾叶蝉,减少传毒虫媒

着重抓好早稻秧田和早插田叶蝉的防治,早稻前中期结合防治其他害虫兼治;7月至8月初为全年治虫防病的关键,应切实抓好晚稻秧田和早插田的叶蝉防病的关键,应切实抓好晚稻秧田和早插田的叶蝉防治,最大限度地压低黑尾叶蝉的发生量。可选用扑虱灵或敌敌畏喷杀。

3. 栽培防治,减少发生

主要是早晚稻秧田应选无发生该病的田块作秧地,尽量避免带毒虫媒迁入秧田传毒,在移栽前要剔除病株,防止病株插到大田。

(八)稻瘤矮病

水稻瘤矮病,农民俗称为矮禾。它是一种水稻病毒病,主要的传毒媒介为电光叶蝉,其次为二点黑尾叶蝉、黑尾叶蝉,1～6叶龄稻苗对此病较为敏感,9叶龄以后不感病。 病株抽穗迟、穗短小,空粒多或严重苞颈,甚至不能抽穗,对产量造成不同程度的影响,轻病田则导致减产10%～20%,严重达50%～60%,甚至绝收。1997年广东省新兴县晚稻分蘖期零星发生水稻瘤矮病,丛发病率在1%以内,发病面积约9公顷,主要发病品种为Ⅱ优3550、博优3550,损失不明显;在随后的两年间,该病早晚稻均有发生,晚稻发病明显,病情重,发病面积迅速扩大;至1999年发病面积达940公顷,在局部地方已达重发生程度,最高丛发病率达56%,损失稻谷1.62万千克。

【症状】 该病在水稻播种后从针叶期开始即可侵害稻株。其主要症状是病苗显著矮缩,通常比健株矮1/3～1/2,叶片短窄、硬直、叶色深绿,无光泽,有时可见叶尖扭曲。叶片与叶鞘交角变大,稍呈斜伸状,叶距缩短,病叶背面和叶鞘表面长有初为蜡白色后为浅绿色的小瘤突,直径为0.4～2毫米,病株分蘖减少,根系不发达。不抽穗或抽出包颈穗,穗子短小,种子干瘪及空粒多。

【病原、传毒介体及传毒特性】 病原为稻瘤矮病毒(rice gall dwarf virus),属植物呼肠孤病毒科。病毒靠叶蝉类介体昆虫传播。以电光叶蝉、二条黑尾叶蝉、二点黑尾叶蝉为传毒优势种群;黑尾叶蝉传毒的可能性较少。上述叶蝉均以持久方式传毒,但病毒不能经叶蝉的卵传递给子代。

【侵染循环】 水稻瘤矮病是由球状病毒感染引发的一种病毒性病害。种子和干稻草都不会带毒传毒。它是由叶蝉（浮尘子）在病株上取食为害后带毒传播，其越冬寄主主要是再生稻和落粒自生稻。越冬叶蝉在感病寄主上获毒和传毒，成为瘤矮病毒的重要越冬初侵染源。翌年带毒叶蝉迁入早稻秧田和早插田传毒，成为早稻的初次侵染；带毒叶蝉和从早稻病株上吸毒的带毒叶蝉，迁入晚稻秧田和早插田传毒，成为晚稻的初次侵染。随着带毒叶蝉的重复为害，病情亦随之扩展蔓延。晚稻收割后，带毒叶蝉就在田边、沟边的杂草、绿肥田、再生稻苗上越冬。早晚稻均可发生瘤矮病，以晚稻发生最重。

【发生消长规律】 在瘤矮病稻区，早晚稻均有瘤矮病发生，正常年份一般4月中下旬早稻分蘖期和7月下旬晚稻秧苗期为发病始盛期；5月上旬早稻分蘖盛期和8月中旬晚稻分蘖盛期为发病高峰期；5月下旬和9月中旬，水稻进入拔节期，病害的发展基本停止；由于水稻有边际生长优势，病株无法与健株争光争水争肥，病株开始枯死。病害的潜育期为10～12天。

【发生流行的原因】 水稻瘤矮病的发生扩展趋势是平原比山区发病重，砂质浅脚田比有机质丰富的田块发病重，早插、早播秧比迟播、迟插的田块发病重，杂交稻比常规稻发病重，暖冬年份比湿冷冬年份发病重，叶蝉发生量大的年份比轻发生年份发病重，等等，由此可见，水稻瘤矮病的发生流行与气候、传毒介体、耕作制度、品种、播插期等有着密切的关系。

1. 气候条件

冬季气温暖和、干燥，有利于带毒病株抽生越冬再生稻，同时，有利于带毒虫媒安全越冬，死亡率低，为来年病害的扩展提供大量的毒源。6—7月间的高温、强光、无雨天气，更有利于虫媒的大量繁殖，早稻收割后，电光叶蝉等大量迁入晚稻秧田为害，预示病害将会大发生。

2. 传毒介体

虫媒的带毒率越高，发病越严重，带毒虫媒的发生量越大，发病越重。

3. 品种

杂交稻播期较早，施肥水平较高，长势旺盛，植株柔嫩，叶色浓绿，容易诱集叶蝉的为害和传毒；杂交稻疏播疏插，使单株虫口密度比常规稻大，从而获毒机会大。

4. 耕作制度

冬季犁冬晒白田面积大，发病轻；相反，犁冬晒白田面积少，冬闲田多，再生稻和落粒稻面积大，不仅为虫媒提供持续的毒源食料，而且提供了优良的越冬场所，发病将会更重。山区的沤冬浸春田发病轻，原因是不利于再生稻生长和虫媒的越冬存活。

5. 播插期

秧苗六叶期之前是最感病时期，八至十叶期感病的则症状轻微。晚稻早插秧的发病较重，早插田比迟插田发病较重。原因是晚稻早插田与早稻收割期接续时间长，带毒叶蝉持续进入秧田为害。

6. 肥水管理

肥沃田块，增施磷、钾肥的田块发病较轻；相反，偏施氮肥，缺施有机质的田块发病较重。

【防治措施】 本病的防治技术要做到"三及时"，即：收割后及时翻犁、播种后及时施药和插植后及时剔除病棵。通过治虫防病，扑灭传毒昆虫电光叶蝉；翻犁晒田使再生稻和落粒稻不能存活，从而杜绝该病的初侵染源。

本病的防治策略是治虫源，保全面；治秧田，保本田；治前期，保后期。其主要综合防治技术如下：

1. 狠抓冬春季预防，减少初侵染源

冬、春季和夏收前后，铲除田边杂草和再生稻。早稻收割后，及时翻犁，以防早稻病株的再生稻成为晚稻病源。晚稻收割后，及时铲除田边、沟边杂草，对冬闲田及时翻犁晒白，加强冬种作物的害虫防治，减少电光叶蝉孳生。

2. 选用不适宜电光叶蝉食性的品种

如早稻选用中优粤香占、培杂双7、培杂茂选、优优128等；晚稻选用培杂青珍、超丰占、博二优15等。

3. 选好秧田、调整播种期

早、晚稻秧田应远离发病田，发病田不宜作秧田。推广塑料软盘育秧技术，既可避免用发病田作秧田，又可利用其秧期短的特点避免秧期与早稻的接续；晚稻适当推迟播插期710天，避开"桥梁田"这一关。

4. 种子处理

用种子重量0.2%的10%吡虫啉可湿性粉剂拌种，即每5千克种子浸种催芽，用吡虫啉10克加水1升溶解后拌谷芽。因吡虫啉有很强的内吸性，药效长达1个月，结合秧田施药防治，对电光叶蝉效果更加明显。

5. 做好叶蝉的预测预报工作

加强对叶蝉的动态监控，有的放矢地做好防治工作。消灭带毒、传毒虫媒是控制这一病害进一步发展的唯一有效手段。所以应抓住下面4个阶段做好统一用药、统一时间消灭带毒、传毒虫媒工作：一是早稻秧田及早稻早插田阶段；二是早稻中期阶段；三是早稻齐穗乳熟期间；四是晚稻的秧田期和早插田阶段。

特别是晚稻的秧田期的秧苗是防治重点,在整秧地播秧时施用70%吡虫啉水分散粒剂,从秧针期开始,每隔6～7天施用吡虫啉或毒死蜱、吡蚜酮药剂防治传毒虫媒。

6. 防治电光叶蝉

秧苗起针后施药杀灭电光叶蝉,每隔7～10天喷药一次,连施3～5次。每公顷施40%毒死蜱乳油1 200～1 500毫升,或10%吡虫啉可湿性粉剂450克,或40%叶蝉散2 250毫升,兑水750千克。

插秧后5～7天回青期开始施药,至稻苗7叶龄止,防治方法同秧苗期。

喷药时要有浅水层,并喷及田边、沟边杂草,同一田域要统一施药,最大限度地杀灭电光叶蝉。

7. 拔除病苗

当秧苗发病后,及时拔除病苗烧毁;插植时要剔除矮缩秧苗。本田出现病害后,要抓紧在分蘖前期拔除病棵深埋地下,及时剥健株补插,并增施适量尿素促进分蘖。

8. 加强栽培管理,提高植株抗病能力

秧田期,实行疏播,施足基肥,培育壮秧,适龄移栽。本田期,合理施肥,增施有机质肥,增施磷、钾肥。科学用水,使水稻前期不猛发披叶,中期不脱肥落黄,后期不贪青晚熟。加强秧苗的健壮栽培,提高抗病能力。

9. 重病田防治

对发病较重田,在分蘖高峰期用"九二〇"1克(用3毫升酒精溶解)兑水30～50升,对病丛喷雾,以防矮缩病棵荫闭和抽穗包颈现象的发生。

(九)稻东格鲁病

稻东格鲁病是1963年由莱威纳(Rivera C. T.)和欧世璜(S. H. Ou)在菲律宾国际水稻研究所试验田首次发现,并认定是该国分布最广为害最严重的病害之一。"tungro"是菲律宾土语退化及变劣的意思。实际上,与tungro相似的病毒病害早在18世纪中叶于菲律宾和印度尼西亚就有记载。

目前已知,除菲律宾和印度尼西亚外,泰国、马来西亚、印度、巴基斯坦和日本等国都有发生。本病是东南亚稻区的重要病害之一。

此病在我国主要发生在南方稻区的海南、广东、福建、湖南、湖北、江西等省。

【症状】 稻东格鲁病的主要特征是病株矮缩,分蘖减少甚至不分蘖,叶片褪绿呈黄色至橙黄色。一般新叶出现斑驳或条纹,老叶则呈现各种大小不等的锈褐色斑块。叶片变色自尖端开始,在感病品种上,其叶变色常可扩展到叶片基部;而抗病或耐病品种的病叶常只部分变色,其后来抽出的新叶可能不出现任何变色。籼稻品种的叶色多变为橙色,粳稻品种多变为黄色。病株的矮缩程度与品种及受害早迟有关,早期受害矮缩严重。病株的分蘖数一般与健株相近,但早期受害的分蘖数显然减少。病株虽可抽穗结实,但穗短粒少,秕谷粒增加,千粒重降低。早期受害的,在健株收割时,病株尚未抽穗。

本病株的叶片多有淀粉累积现象。检测时可先将叶片置于活性淀粉中浸煮,使叶绿素褪去后,再浸渍于碘液中,有淀粉累积的呈黑褐色。此法可作为诊断本病的一个参考依据。

【病原】 病原为东格鲁球状病毒(rice tungro spherical virus, RTSV),属玉米褪绿矮缩病毒组。病毒粒体为等径对称的多面体,大小30～35纳米,含有单链核糖核酸,粒体外面无包膜;钝化温度60℃,体外存活期4℃条件下7天;冰冻条件下病毒存活长达1个月。此外,东格鲁杆状病毒(rice tungro bacilliform virus, RTBV)也是该病病原,常与RTSV混合感染。病毒粒子小杆状,大小(150～350)×35(纳米),由一环状双链DNA和单一蛋白组成,属鸭跖黄斑驳病毒组。

【传播途径和发病条件】 病毒由二小点叶蝉(*Nephotettix impicticeps*)、二点黑尾叶蝉、黑尾叶蝉等,以半持久方式传播,接触或汁液摩擦不能传播,二小点叶蝉最短获毒或接毒时间分别为30分钟和15分钟。接毒后经6～9天潜育即显症。该病在虫体内循回期不明显,传毒时间为5～7天,7天后不再传毒。二小点叶蝉传毒率很高,其他叶蝉传毒率不高,有的不传毒,品种间抗病性有差异。

【防治方法】

(1)选用抗病品种。

(2)在发病重的地区,要注意防治二小点叶蝉等传毒介体,以减少其传毒率。具体方法参见稻黄萎病的防治。

(十)稻 黄 萎 病

稻黄萎病于1919年在日本首先发现,随后在菲律宾、印度尼西亚、马来西亚、越南、泰国、孟加拉、印度、斯里兰卡等国家都相继有发生的报道。关于我国黄萎病发生历史,据我国台湾地区邱人璋主编的《稻作病害》(1971)记述,台湾地区稻黄萎病首先见于黑泽英1940年的报告。20世纪50年代以前,我国以台湾和海南地区发生较多;至60年代中、后期,在台湾地区的台北、宜兰、新竹、台中、彰化等市县广为流行；1966年、1967年、1968年、1969年的发病面积分别高达41 798公顷、24 078公顷、20 518公顷、30 334公顷。本病在长江以南稻区福建、江西、浙江、江苏、安徽、上海、云南、湖南和湖北等13个省、自治区、直辖市均有分布，新中国成立前以海南岛发病较重，部分地区在某些年份亦造成严重为害。1967年浙江省东南沿海温岭、黄岩等县的双季晚稻曾流行成灾，一般病田产量损失二至三成，重病田减产五成以上，甚至绝收。20世纪70年代初期云南省昆明市郊，株发病率高的达40%以上。其寄主有水稻、一种野生稻(*Oryza eubensis* Ekman)、看麦娘(*Alopurus aegualis* Sobol)和甜芽(*Glyceria acutiflora* Torr.)。

【症状】 黄萎病的主要特征是病株均匀地褪绿呈嫩黄色，叶片薄而柔软，窄而短小。全株严重矮缩，病株高仅为健株1/2～1/4，分蘖多而丛生，有的小分蘖成竹叶状，少数出现高节位分蘖，分蘖节上长有不定根，地下部根系褐色老朽。苗期感染，病株严重矮缩黄化，一般不能抽穗；分蘖后期感染，主茎及早生分蘖的病状不明显，能抽穗，但多抽包颈穗和半包穗，结实不良；孕穗后期至抽穗期感病，一般不表现病状，但病株收割后抽生的再生稻呈现黄化。从稻作类型来说，籼型品种的病株矮化程度较浅，粳、糯稻品种出现高节位分蘖较多。

水稻二三叶期感染，到六至八叶期发病，全株严重矮缩黄化，小分蘖丛生，不抽穗；分蘖初期感染，到孕穗期发病；主茎及早生分蘖稍矮，抽穗不良，不结实；迟生分蘖明显矮缩黄化丛生，不抽穗；分蘖盛期感染，到抽穗后发病，主茎结实差，生高节位分枝；抽穗期感病，其稻株收割后的再生稻抽生黄化小分蘖。在分蘖期前感染，新生分蘖先发病，后其他分蘖，最后为主茎。在平均气温约25℃时，从始病到全株显病，约经10天。发病先心叶黄化，后扩及叶鞘及全株茎叶。心叶先从基部中脉附近发黄，后随叶片伸展渐及全叶片和叶鞘，严重时心叶很快枯黄，待叶片展开后则白化枯死。

【病原】 本病原为植原体(phytop lasma)，原称类菌原体(mycoplasma-like organism，简称MLO)。病叶超薄切片电镜观察到的类菌原体在筛管细胞中呈椭圆形或卵圆形，大小为80～800纳米，无细胞壁，只有单位膜(图2-28)。吸食病稻经1个月的黑尾叶蝉和二条黑尾叶蝉的中肠和唾腺中，也可观察到与病叶片中形状大小相似的植原体。

【侵染循环】

1. 越冬

病原主要在黑尾叶蝉体内越冬，黑尾叶蝉越冬若虫的带病原虫率为1.4%～11.7%。少数可在人工接种的看麦娘杂草病株上越冬，田间自然情况下病株越冬的可能性极少。在水稻能安全越冬的地区小生境里，病株在再生稻上有可能

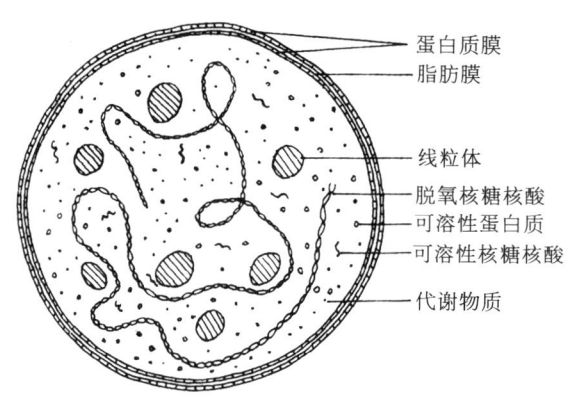

图2-28　植原体结构模式

越冬,而成为翌年初侵染源。

2. 传染途径及介体传病特性

黄萎病只能以昆虫为介体而传染,接触、种子、空气、流水和土壤等均不传播。介体昆虫有黑尾叶蝉[*Nephotettix cincticeps*(Uhier)]、二点黑尾叶蝉[*N. uirescens*(Distant)]、二条黑尾叶蝉[*N. nigropictus*(Stal)]、马来西亚黑尾叶蝉[*N. malayanus*(Ishihara et Kawse)]和小黑尾叶蝉[*N. parus*(Ishihara et Kawase)]5种,前4种在我国均有发生。

病原在黑尾叶蝉体内的循回期,在平均气温为32.0℃(30.0～36.0℃)时平均19(15～24)天。循回期因温度而异。获毒虫于15℃时经102天不传病,17℃经68天仅个别虫传病,20℃、25℃、28℃、30℃、33℃和35℃时循回期分别为53.3(45～80)天、24.6(22～37)天、22.2(19～29)天、21.3(18～27)天、19.4(18～27)天和17～25天,如气温达40℃时,循回期反而显著延长。

在平均气温约30℃时,黑尾叶蝉低龄若虫获得病原最短时间为10分钟,至1小时有55.6%虫获得病原,12小时以上几乎所有虫都获病原。温度对获得病原有明显影响。虽然虫子取食病株24小时,5℃下也不能获得病原,但气温为10℃、15℃、20℃和25℃时,获得病原虫率则分别为0～7%、0～27%、21%～64%和50%～73%,气温高至35℃时获得病原虫率则有降低趋势。

在平均气温约30℃时,传病时间最短为1分钟。1小时传病虫率为35.2%,12小时为74.6%,1天为97.2%,2天以上所有虫都能传病。但在15℃时仅少数虫能传病,在20℃、25℃、28℃、30℃和33℃时,其传病虫率分别为20%、86%、76%、70.5%和77%。

黑尾叶蝉取食病株上部病叶的传病虫率高达67%，取食中部黄化不明显叶的传病虫率为55%，取食下部老叶的传病虫率仅34%，这一现象与不同部位叶片内菌原体数量有关。吸食抗病品种的传病虫率低，吸食感病品种的传病虫率高。

黑尾叶蝉获得和传病原的能力很强，能终生携带病原，从开始传病直到死亡都能传病，多数虫每天连续传病。传病天率（从开始传病到死亡总天数中，能传病天数的百分率）高达89.3%。1头传病虫平均能传病22.1天，最长传病42天。以1～2龄虫饲病原，开始传病虫态，大多在羽化当天到羽化后第二天，最早在羽化前6天的5龄虫，最迟在羽化后8天。病原不经卵传至下一代。叶蝉有偏嗜黄萎病株的习性。

3. 田间周年传病

病原随黑尾叶蝉迁移而传播，在长江中下游稻区，带病原的叶蝉越冬成虫将病原传给早稻，到7月中旬以后发病。7月后发生的叶蝉，从早稻病株上获得病原，迁飞到双季晚稻上传病，引起晚稻发病。越冬代若虫从晚稻病株上获得病原而越冬。台湾地区黑尾叶蝉全年发生8代，田间出现2次带病虫率高峰，早、晚稻各有2次感染期。早稻秧田和本田初期，即2月至3月上旬，由越冬代叶蝉传染，是早稻第一次感染期，也是田间第一次带病原虫高峰；5月下旬早稻开始发病，此时为第三代若虫期，到6月中下旬开始传病，为早稻第二次感染期，在收割前或收后再生稻大量发病。第四代若虫于6月下旬开始获得病原，成虫于7月中旬形成田间第二次带病原虫率高峰，迁入晚稻秧田或早栽的大田，为晚稻第一次感染期；至9月中旬，水稻分蘖期到孕穗期出现大量病株。9月下旬发生的第六代虫，于10月上中旬再次感染晚稻。第八代（越冬代）若虫在晚稻病株上获得病原而越冬。

【流行规律】

1. 水稻感染和发病

水稻黄萎病的流行，由水稻寄主（品种的抗感性、生育期）、带病原虫（发生期）和环境（气候、天敌等）等因素决定，其中水稻是影响病害流行的内因。

目前大面积栽培的水稻主栽品种大多较易感病。黄萎病最易感染期是在水稻苗期到分蘖期。病害潜育期长短与气温、水稻生育期有关：平均气温在25℃时，二三叶期感染的潜育期为39～64天，五叶期为74～93天；平均气温28℃时，二三叶期感染的潜育期为25～50天，五叶期为60～79天；同为三叶期稻叶，平均气温30℃和26.6℃的平均潜育期分别为26.9天和28.7天。潜育期长是本病的一个特点，如浙江省早稻一般到6月底至7月初水稻孕穗末到抽穗才始见病株，到7月中旬抽穗至乳熟期大量发病。早熟品种或感染较迟者，在水稻收割前不发病,只有在再生稻上显症,故迟熟品种发病较重,病状也较明显。双季晚稻一般在8月底至9月初,水稻拔节、孕穗期开始发病,9月下旬至10月上旬齐穗至乳熟期达发病高峰,且随移栽期推迟而减轻发病的趋势较明显。田间主要感病期都在苗期至分蘖期,早稻为越冬代虫传染,双季晚稻由7月下旬发生的第三代和部分第二代虫传染。

2. 带病原黑尾叶蝉

黑尾叶蝉数量、带病原虫率和发生时期与水稻感病期吻合程度,是决定病害流行最重要的因素(表2-11)。本病流行与黑尾叶蝉大发生有密切关系。发病率与早稻秧田期、晚稻本田初期黑尾叶蝉数量呈正相关。病害还与叶蝉带病原虫率、上季水稻发病率呈正相关。黑尾叶蝉发生量、带病原虫率和发生期与气候、耕作制度、天敌和防治等相关。

3. 气候条件

气候条件主要影响黑尾叶蝉发生量,从而影响发病,其中以气温、湿度和降水等因素作用较大。黑尾叶蝉适于较高温度、较低湿度和较少降水的条件。最适合黑尾叶蝉生活的气温在28℃左右、相对湿度在70%～80%,且降水量和降水天数少。冬、春季气温偏高、雨雪少,有利越冬虫生存发育和传病;7—8月气温适当偏高,降水量和降水天数少,使第二、第三代叶蝉大发生,造成双季晚稻严重发病。适当高温干旱有利于叶蝉传病活动,高温也会缩短黄萎病的循回期和潜育期,加速加重发病。

4. 耕作制度

双季稻的种植,特别是单季稻和双季稻混种的耕作制度,为黑尾叶蝉提供了优越的食料,促使叶蝉繁殖系数大大提高,故虫口密度混栽区比纯单季晚稻区高3.4～7.2倍。多肥密植稻田的行间郁闭,稻苗生长幼嫩,为叶蝉生长发育提供了适宜的小气候和食料。早栽早发田的稻苗生长嫩绿,黑尾叶蝉迁入早且多,为害重,发病也重。

本病发生历史久远,分布虽广泛,但造成大范围流行不多,流行频率不高,仅日本及我国台湾地区(1966—1972年在桃园、云林、花莲、嘉义、台南、高雄和屏东等县)和浙江省(1967年在温岭、黄岩等县)有大发生的记录。

热带地区无此病成灾的记载,究其原因,可能由于:

① 病原在虫体内循回期长,有些虫在还未通过循回期就已死亡;

② 黑尾叶蝉自然带病原虫率低;

③ 病原在稻株内潜育期长,有的感染株在发病前就已收割,不能成为田间再侵染的病原;

④ 寄主范围狭,田间无其他寄主发病和提供病源。

【防治方法】 本病的防治策略和措施与防治普通矮缩病及黄矮病基本相同。但早稻的防治对象田,应以迟插田及迟熟品种为主。

(十一) 稻 橙 叶 病

水稻橙叶病是一种植物菌原体病害。此病国外最早发现于泰国,以后在菲律宾、印度、印度尼西亚、马来西亚、斯里兰卡等国均有发生。

我国在1978年首次发现于云南西双版纳稻区;1983年在福建和海南曾零星发生;1991年广东茂名市所属各县7 000公顷晚稻突然暴发流行,1992年在茂名早、晚稻约1.3万公顷继续发病。一般发病田每公顷减产750～1 875千克,重病田每公顷减产达3 750～4 500千克,甚至颗粒无收。

【症状】 水稻苗期至成株均可感染。症状特点:病株基部叶片的叶尖先现黄化,继而向下或从叶缘向中脉扩展,终致全叶变橙黄色。随着病情的发展,病株中上部叶片亦逐渐变黄,植株矮小,新根少,分蘖少,叶片短窄,直竖,病株叶片与茎交角增大而近乎平摆,这与黄矮病相似,但病株无恢复现象。苗期感病早枯死;分蘖后感病的亦往往枯死。少数不枯死的则表现抽穗迟,穗小扭曲,空粒多,千粒重下降,或呈包颈穗。病稻株最典型症状是病叶橙黄至金黄色,短窄直竖,病株矮小,分蘖少,根系差,当心叶发黄8～12天(病幼苗5～7天)后病株枯死。此外,个别病株叶尖扭曲、枯白,叶缘有齿缺刻。

【病原】 水稻橙叶病由水稻橙叶病植原体(rice orange leaf phytoplasma = rice orange leaf virus),以前称类菌原体(简称MLO)侵染所致。此植原体形态多样,多为圆形或椭圆形,有的为哑铃形,少数为不规则形(似酵母菌出芽状态),内含核糖体,无胞壁,仅具三层单位膜,其厚度约为10纳米,菌体大小差异大,一般在75～139纳米不等。

【发病规律】 稻橙叶病的初侵染源为感病再生稻、落粒自生稻和带菌电光叶蝉。在广东已知水稻橙叶病植原体只能由电光叶蝉(*Recilia dorsalis*)传毒。在平均气温为28℃时,植原体在虫体循回期为7～26天,保毒虫能终生传毒。在"桂朝"品种上接种带毒虫,当平均气温为28～30℃时,病害潜育期为8～36天。病害的发生流行同传毒虫媒的数量、质量及传毒效能关系最为密切。若电光叶蝉发生与稻株易感期相吻合,则本病易发生流行。晚稻比早稻发病早、受害重。不同生育期的抗病性不同。秧苗期至分蘖盛期严重感病,尤其是3～5叶龄期最易感病,平均发病率为70%～56.7%,6叶龄后随着叶龄增加而较耐病,分蘖期后即使感病也不表现症状。

【流行原因】

（1）介体电光叶蝉和病原植原体有高度柔和性,传病效率极高,其最短获病菌和传病菌饲育期为2～5分钟（前人试验记录为6小时）,一旦获菌,终身传病,带病菌电光叶蝉寿命长达100～125天。此外,有些成、若虫要经过一段循回期（一般为7～26天）才能传播,50%个体能获菌传病。病原不经虫卵传递。

（2）品种间的耐抗性有差异,通常杂交稻比常规稻感病。在常规稻中,珍桂矮、双朝25、七三占、七桂早等品种易感病；在杂交稻中,汕优64、汕优3550、特优83、博优3550都表现高度感病。培S/山青11、七黄占、Ⅱ优63、特优18、培S/信恢、IR 349-4-2-3-38等属抗病品种。

（3）晚稻比早稻发病早、受害重。原因是越冬后的电光叶蝉从3月上旬开始迁入早稻秧田,3月中旬为迁入高峰,虫口密度一般为0.7～2.2头/米^2；晚稻7月上旬为迁入高峰,虫口密度一般为3～117头/米^2,是早稻的4.3～53倍。

（4）任何有利于虫媒电光叶蝉繁殖、活动及传毒的天气条件（高温干燥）,以及稻田栽培条件的不当（偏施氮肥、禾苗徒长等）都有利于本病发生流行。

（5）秧田期忽视治虫防病。

【防治方法】

（1）搞好测报　密切注视虫媒电光叶蝉的发生动态,并及时指导防虫控病。

（2）淘汰感病品种,改种抗（耐）病品种　品种合理布局,并尽可能连片种植以避免虫介在不同熟期辗转传播。

（3）调整播插期　使稻株易感病的苗期及分蘖期避开虫媒迁飞传毒高峰,在广东晚稻病区宜推迟至立秋后插植。晚稻秧田推迟播种7～14天,可减轻发病30%～60%。

（4）加强肥水管理　使禾苗转色正常,稳生稳长。

（5）狠抓秧田期及插后分蘖期防虫控病　秧田应自秧针期始,连续喷药4～5次；本田返青至分蘖期喷药1～2次防除叶蝉。药剂可选用70%吡虫啉水分散粒剂、25%噻嗪酮可湿性粉剂、60%烯啶·吡蚜酮水分散粒剂等交替喷施。

附　水稻橙叶病的病原鉴定

（1）症状：病稻株最典型症状是病叶橙黄至金黄色,短窄直竖,病株矮小,分蘖少,根系差,当心叶发黄8～12天（病幼苗5～7天）后病株枯死。此外,个别病株叶尖扭曲、枯白,叶缘有齿缺刻。

（2）用0.5毫克/升四环素溶液浸病稻根（区别病毒的主要手段）,发现有延长存活期效果,病稻生存时间可延长24～43天,表明四环素虽不能使病株恢复正常生长,但有抑制此病原的作用。用电镜检查,观察到带病菌介体电光叶蝉唾腺细胞和病株叶片中脉韧皮部筛管细胞,含有大量多形态、大小为75 639纳米的植原体而无病毒粒体。

(十二) 南方水稻黑条矮缩病

南方水稻黑条矮缩病于2001年由华南农业大学周国辉教授在广东省首次发现,由白背飞虱(*Sogatella furcifera* Horváth)传播,2008年鉴定其病原为一个水稻病毒新种,并暂定名为南方水稻黑条矮缩病毒(southern rice black-streaked dwarf virus, SRBSDV)。2001年该病害被首次发现时,其发病面积较小,仅3～5公顷水稻受害,但在随后的几年里,该病害在中国广东、海南、广西、福建、江西、湖南、安徽等广大稻区先后发生,虽然大部分田块病株率低于1%,未造成明显的产量损失,但各省都有少数田块病株率超过30%,每年均发现一些田块因该病而绝收。2009年,该病已在中国广东、海南、广西、福建、江西、湖南、浙江、安徽等9省(区)发病,据不完全统计,在中国受害水稻面积约33万公顷,其中绝收面积达0.67万公顷。2010年,该病害在中国华南稻区、华中和华东部分稻区普遍发生,且中晚稻明显重于早稻,全中国发生面积133万公顷,绝收面积0.54万公顷,引起水稻产量损失2.31亿千克,造成经济损失近百亿元。尽管2011年后该病发病回落,发病范围明显减小,其潜在流行的风险仍然较高。2023年3月,农业农村部公布《一类农作物病虫害名录(2023年)》,南方水稻黑条矮缩病入选病害名录。

【症状】

1. 典型症状

发病稻株叶色深绿,上部叶的叶面可见凹凸不平的皱折(多见于叶片基部)。病株地上数节节部有倒生须根及高节位分枝;病株茎秆表面有乳白色、大小1～2毫米的瘤状突起,瘤突呈蜡点状纵向排列成条形,早期乳白色,后期褐黑色;病瘤产生的节位,因感病时期不同而异,早期感病稻株,病瘤产生在下位节,感病时期越晚,病瘤产生的节位越高。

2. 秧苗期症状

病株颜色深绿,心叶生长缓慢,叶片短小而僵直、浓绿,叶脉有不规则蜡白色瘤状突起,后变黑褐色。叶枕间距缩短,其叶鞘被包裹在下叶叶鞘里,植株矮小(不及正常株的1/3),后期不能抽穗,常提早枯死。

3. 分蘖期症状

病株分蘖增多丛生,上部数片叶的叶枕重叠,心叶破下叶叶鞘而出或从下叶枕口呈螺旋状伸出,叶片短而僵直,叶尖略有扭曲畸形。植株矮小,主茎及早生分蘖尚能抽穗,但穗头难以结实,或包穗,或穗小,似侏儒病。

4. 抽穗期症状

全株矮缩丛生,有的能抽穗,但相对抽穗迟而小、实粒少、粒重轻,半包在叶鞘里,剑叶短小僵直;在中上部叶片基部可见纵向皱褶;在茎秆下部节间和节上可见蜡白色或黑褐色隆起的短条脉肿。

【病原】 南方水稻黑条矮缩病病原为南方水稻黑条矮缩病毒(southern rice black-streaked dwarf virus, SRBSDV),属于呼肠孤病毒科、斐济毒属病毒。电镜观察显示,SRBSDV病毒具有和同属的斐济病毒(Fiji disease virus, FDV)相似的形态,即病毒粒子呈二十面体的球状结构,直径为66~70纳米,无包膜,由双层外壳构成,在二十面体的顶角处有12个长和直径约11纳米的"A-spike"型突起;内核直径约55纳米,内核中具有12个长约8纳米、直径约12纳米的"B-spike"型突起。SRBSDV病毒粒子由10条双链dsRNA组成,根据在SDS-PAGE凝胶电泳上的迁移率分别命名为S1~S10。其传毒介体主要是白背飞虱。该病毒为害寄主除水稻外,还有玉米、小麦、马唐、看麦娘、稗草等20多种粮食作物和杂草。

【侵染循环】 该病毒主要由白背飞虱传毒,白背飞虱不经卵传毒,白背飞虱获毒时间为30秒,传毒时间为15秒;该病毒不能经种传播,植株间也不互相传毒;介体一经染毒,终身带毒,稻株接毒后潜伏期为14~24天。病毒初侵染源以外地迁入的带毒白背飞虱为主,冬后带毒寄主(如田间再生苗、杂草等)也可成为初侵染源;带(获)毒白背飞虱取食寄主植物即可传毒。

【流行规律】

1. 水稻抗病虫性

同一区域种植不同的品种,品种间发病程度有较大区别。不同水稻品种抗性不同,病害发生程度也不同,对南方水稻黑条矮缩病病毒抵抗能力强,或对白背飞虱等传毒介体害虫抗性好(适口性差),植株表现为对该病抗性强,则病害发生轻;对南方水稻黑条矮缩病病毒抵抗能力弱,同时对白背飞虱等传毒介体害虫抗性差(适口性好),植株表现为对该病抗性弱,则易于感病,病害发生重。据调查统计,感病品种制作成为米饭后大多口感芳香、松软,对白背飞虱等传毒介体害虫适口性好,白背飞虱发生程度相对较重,相应的其发病程度也高。

2. 环境条件

病害一般发生在海拔610米以下、夏季气温较高、地势开阔的区域。这些区域也适宜于白背飞虱的发生,是白背飞虱的主要发生区,说明病害发生与白背飞虱发生关系密切,白背飞虱发生重的区域该病害一般发生也重。

3. 病害发生年度与白背飞虱发生相关性

白背飞虱发生程度重的年度，病害不一定发生重，白背飞虱发生程度轻的年度病害不一定轻，说明病害发生轻重不仅与品种抗性、白背飞虱发生程度等因素有关，还与白背飞虱等害虫传毒介体带毒率有关。带毒率高时发病率则高；当带毒率低时，白背飞虱发生重，病害也不会重发生。

4. 栽培方式

水稻混栽区重于连片稻作区，感病品种与非感病品种混栽发病程度重于感病品种连片种植区。例如，2012年锦屏县敦寨镇感病品种红优4号与其他抗性较好的品种混栽，红优4号平均病丛率达30.2%，红优4号20公顷连片种植区平均病丛率仅为1.8%。说明混栽区感病品种更容易诱集到大量的白背飞虱集中为害，导致水稻感病丛率提高。

【防治方法】

1. 推广种植抗病品种

推广种植中优85、Y两优、准两优527、泸香615、科优21等历年来表现抗性好的品种。

2. 清除杂草

对秧田及大田边的杂草进行清除，减少飞虱的寄主和毒源。

3. 推广防虫网覆盖育秧

即播种后用40目聚乙烯防虫网全程覆盖秧田，阻止稻飞虱迁移到秧苗上传毒为害。

4. 药液浸种或拌种

用35%丁硫克百威种子处理干拌剂8~12克/千克稻种或10%吡虫啉悬浮剂15~20克/千克稻种，在种子催芽露白后用药液拌种，待药液充分吸收后播种，减轻稻飞虱在秧田前期的传毒。

5. 药剂防治

主要抓好以下两个时期的防治工作，一是秧田期：从秧苗稻叶开始展开至拔秧前3天，酌情喷施"送嫁药"。二是本田期：水稻移栽后15~20天。药剂：选用70%吡虫啉水分散粒剂、25%噻嗪酮可湿性粉剂、60%烯啶·吡蚜酮水分散粒剂等药剂兑水30~45千克均匀喷雾防治，同时可结合应用太阳能杀虫灯、稻田养鱼、稻田养鸭等绿色防控措施控制白背飞虱发生，以减轻飞虱带毒为害。

6. 及时拔除病株

对发病秧田，要及时剔除病株，并集中埋入泥中，移栽时适当增加基本苗。对大田发病率2%~20%的田块，及时拔除病株（丛），并就地踩入泥中深埋，然后从健丛中掰蘖补苗。对重病田及时翻耕改种，以减少损失。

附　南方水稻黑条矮缩病发生及发病程度分级标准

南方水稻黑条矮缩病发生及发病程度参照国家行业标准《南方水稻黑条矮缩病测报技术规范》（NY/T 2631—2014）中的病情划分标准，具体分级标准如下：

0级：健株，无症状；

1级：植株矮缩不明显，能抽穗，但穗小，结实率低，在植株中上部叶片基部可见纵向皱褶，在茎秆下部节间和节上可见蜡白色或黑褐色隆起的纵向排列小瘤突；

2级：植株丛生矮缩，高度不及正常株的3/4，有的能抽穗，但抽穗迟而小、实粒少、粒重轻，半包在叶鞘里，剑叶短小僵直；

3级：植株分蘖增多丛生，矮缩明显，高度不及正常株的1/2，主茎及早生分蘖尚能抽穗，但穗头难以结实，或包穗，或穗小，似侏儒病；

4级：植株严重矮缩，高度不及正常株的1/3，后期不能抽穗，常提早枯死。

四、线虫病害

最早报道的水稻线虫病为稻潜根线虫病、稻茎线虫病和稻干尖线虫病。迄今，全世界已知与稻作发生联系的寄生线虫有30余种，其中潜根线虫属（*Hirschmanniella*）在世界各稻区普遍发生，仅此一属就已报道有20多种。另如在美国得克萨斯州和路易斯安那州稻区造成严重为害的环线虫病（*Mesocriconema* spp.），以及在印度陆稻上造成为害的印度短体线虫病（*Pratylenchus indicus*）和印度纽带线虫病（*Hoplolaimus indicus*）等。

国内对水稻线虫病的研究开展得较迟，始于1949年有关稻干尖线虫病的发生和防治技术。进入20世纪70年代后，陆续探明在我国南方稻区普遍发生的稻潜根线虫病，并报道了为害水稻根部的潜根线虫属在国内已经有13个种，以及南方局部地区发生的稻根结线虫病。同时，将主要分布于南亚、东南亚地区和埃及等国家的稻茎线虫病列为我国进口植物检疫对象。兹将国内已发生的三种水稻线虫病和对外检疫对象稻茎线虫病以及邻国日本分布很普遍且为害较重的稻胞囊线虫病及其检索表分别记述于后。

（一）稻干尖线虫病

稻干尖线虫病又名稻白尖病。本病最初由各田（Kakuta）于1915年在日本九州发现，以后杜德（E. H. Todd）和安提金斯（J. G. Atkins）于1935年在美国也注意到稻白尖病。但初期有些学者曾认为水稻叶尖褪色是因土壤缺铁、缺镁、缺钙等因子造成。至于本病病原线虫（*Aphelenchoides besseyi* Christie）系 J. R. Christis 在 1942 年于美国南部草莓上发现的线虫而定名。随后，阿伦（Allen）在 1952 年进一步研究这些相关线虫时，认定 J. R. Christis 在 1942 年所发表的线虫与以后由日本吉井（Yoshii）在 1946 年对稻干尖线虫所定的 *Aphelenchoides oryzae* Yakoo 完全相同。因此，为尊重最初定名者，而将稻干尖线虫再特转为贝西滑刃线虫，即 *Aphelenchoides besseyi* Christie。

稻干尖线虫分布很广，几乎遍及全世界各稻区，其为害程度各地不一。在美国南部产稻米的几个州，在 1935—1945 年曾严重发生此病，减产达 17%～54%，后经推广抗性品种才得以控制。本病在我国是 1940 年由日本先传入天津市市郊，至 20 世纪 50 年代查明在 18 个省、自治区和直辖市的部分稻区都有此病发生。此后紧随着温汤浸种防治技术的大力推广，稻干尖线虫的发生为害基本得到控制。但近些年来，在某些稻区的发病又有回升趋势。

【症状】（图版 17）　水稻整个生育期都会受害，主要被害部位是叶片和穗。苗期一般不表现症状，仅少数在 4～5 片叶时，叶尖 2～4 厘米处的细胞收缩变灰白或淡褐色，以后干枯卷缩、扭曲，这种干尖常在移栽或遇风雨时脱落。分蘖期病株的心叶刚抽出尚未展开时，叶尖部即呈淡黄色或黄白色，随后变成淡褐色干尖。严重时，有些病株在茎节间还会出现褐色斑纹。

孕穗后的病株，叶片上的干尖症状最为明显。一般在剑叶或倒二、倒三叶的尖端 1～8 厘米变成黄褐色或褐色扭曲枯死的干尖，并常在病、健部之间形成一条不规则弯曲的深褐色界纹，但有些品种的病叶也不现此界纹，类似自然枯黄。成株期病叶的干尖不易折断脱落。受害严重的稻株，茎秆节间有些会出现暗色斑纹，最突出的是病株剑叶比健株剑叶显著变短、变窄，且枯死的干尖可达到叶片全长的 2/3 以上，甚至全叶枯死，因而严重影响抽穗和结实。病原线虫在幼穗形成进程中，线虫陆续集中幼穗为害，因而颖壳扭歪不整，颖壳表面出现红褐色斑点，或整粒颖壳全面暗褐不实。一般病穗短小，秕粒增多，千粒重降低。有时幼穗被剑叶叶鞘包裹无法抽出时，促使下一个节部再抽出另一个分枝小穗的现象。此外，还有一些已被线虫感染的病株，其叶片并不出现干尖的隐症现象，这在江苏的一些稻田中隐症株率高达 30%～74%，值得注意。

【病原】　病原学名为 *Aphelenehoides besseyi* Christie。病原线虫隶属于垫刃线虫目、滑刃线虫科、滑刃线虫属、贝西滑刃线虫。雌雄虫体均为细长蠕虫形，体两侧各有 4 条侧线，两端钝尖；口唇紧合凸出，吻针较大，长 9～12 微米；食道球发达，椭圆形；排洩孔小，不易见，开口于神经环的前方；尾尖有 4 个乳状突组成。

雌虫体长617.0～952.0微米，宽13.8～20.6微米。尾部稍长而略弯曲，阴门部角皮不突出，单卵巢前伸，直生，后阴子宫囊短面窄（图2-29）。

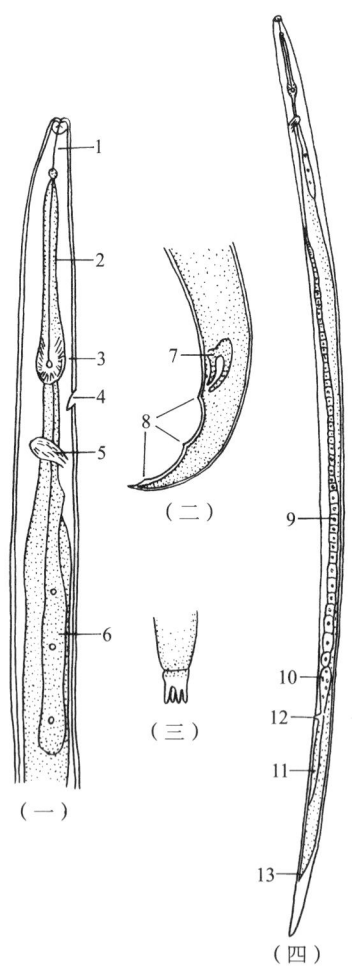

图2-29 稻干尖线虫病病原线虫
（一）雄虫体的前端
1. 吻针；2. 食道；3. 食道球；4. 神经环；5. 食道腺；6. 排泄孔
（二）雄虫体的末端
7. 交接刺；8. 性突起
（三）雌虫体末的乳头状突起
（四）雌虫
9. 卵巢、输卵管；10. 前子宫；11. 后子宫；12. 阴门；13. 肛门雄虫体长556.7～743.0微米，宽12.5～18.0微米。雄虫死后的尾部近90度急弯，呈镰刀状。尾部腹侧有3对乳突。交接刺呈新月形，无交合伞和引带。

稻干尖线虫能耐寒冷，不耐高温，活动适温为20～25℃，在54℃高温下5分钟即致死。线虫在干燥的稻种谷内可存活3年左右。在土壤中不能营腐生生活。对汞和氰的抵抗力很强，在0.2%的升汞和氰酸钾溶液中浸种8小时还不能杀死颖壳内侧的线虫，但其对硝酸银很敏感，在0.05%的溶液中浸种3小时就死亡。

稻干尖线虫据记载可寄生于30多属的40余种高等植物。在国内除为害水稻外，尚能侵害粟、狗尾草、三棱草、草莓等。

【侵染循环】 稻干尖线虫以幼虫或成虫潜伏在谷壳内侧休眠越冬。线虫在干燥的谷粒内可存活3年左右，带虫种子是本病的初侵染来源。当浸种催芽时，种子内的线虫开始活动，随种子播后游离于水中，遇到幼芽、幼苗，即从芽鞘缝隙侵入，附于生长点、叶芽及新生幼叶的细胞外部，以吻针刺吸组织汁液，营细胞外寄生。这些被刺吸的幼叶伸展后，其叶即呈现出"干尖"症状。线虫在稻株内生长发育、交配繁殖，随着稻株的生长，渐渐向上部移动，数量也渐增。在孕穗以前，愈在稻株上部几节叶鞘内侧的虫数愈多。至孕穗时，大量线虫集中于幼穗颖壳内外，为害幼穗穗粒。病谷内的线虫，大多集中在饱满的谷粒内，其比例为总带虫数的83%～88%，秕粒中仅12%～17%。谷粒中的线虫65%～85%潜伏在颖壳内侧，只有15%～35%附在米粒表面。雌虫在水稻整个生育期间，繁殖1～2代，但雌虫较雄虫多5倍，所以它们的繁殖力很强。秧田期及大田初期，线虫可借灌溉水，通过病、健叶接触传播，扩大为害。土壤很难传病。远距离传播主要靠稻种的调运。如将带虫谷壳作商品运输的包装填充物时，亦有可能将线虫传到别的地区。

【防治方法】 建立无病留种田，病种子用温汤或药液浸种，均为有效的防治措施。

1. 建立无病种子田

病区应有计划地建立无病种子田，繁殖无病良种，尽快缩小病区。

2. 温汤浸种

先将种子在冷水中预浸24小时，然后在45～47℃温水中浸5分钟，再移入52～54℃温水中浸10分钟，取出立即用冷水冷却，再行催芽播种。

3. 药液浸种

先用少量水将1.5%二硫氰基甲烷药粉搅成糊状，再按10克加水7升，搅匀配成700～800倍液，浸入5千克；水稻种子10%浸种灵乳油，或25%菌早稻浸种时间不少于72小时,晚稻浸种时间不少于48小时,浸种后直接催芽。也可用18%咪鲜·杀螟丹可湿性粉剂800～100倍液或17%杀螟·乙蒜素可湿性粉剂400倍液浸种。

温汤浸种和药液浸种后,种子发芽势降低,如不催芽就直接播种,容易引起烂种、烂芽。因此,处理后的种子都宜先及时催芽后再播种。

4. 管好田水

不串灌、漫灌,减少线虫随水流近距离传播。

(二)稻潜根线虫病

水稻潜根线虫病是水稻中最常见的线虫病害之一,其分布甚广。本线虫在1902年由范·布雷达·德罕(Van Breda de Hann.)于印度尼西亚的爪哇首先发现栖息并为害稻根。随后在亚洲、北美洲和南美洲等许多国家相继有报道,似乎这种线虫广泛分布于全世界所有产稻地区。据有关方面估计,全世界水稻的发病面积约0.81亿公顷。

我国在20世纪70—80年代逐渐明确该线虫在南方稻区普遍发生,为害也较严重,并且鉴定出潜根线虫属(*Hirschmanniella*)在国内有13个种。

【症状】 水稻各生育期均可发生侵染。病原线虫直接侵害稻根,在根表面形成不明显的侵入孔,孔周围根组织变褐色。根部褐变程度与线虫侵染频率密切相关。解剖根的病部,可见线虫在皮层和中柱之间寄生为害。一条根内有数条至数十条线虫。病株根系发育不良,多引起腐烂死亡。稻株地上部没有明显的特异性症状,一般仅受害稻株比正常株稍矮,叶色略淡,分蘖减少,空、秕粒增加,千粒重降低,最终导致减产。

【病原】 *Hirschmanniella* spp.,为多种潜根线虫。病原线虫隶属于垫刃线虫目、短体线虫科、潜根线虫属。此属线虫是植物线虫中较大的一类,雌雄同形,虫体呈长圆筒形,体长为1 000～4 000微米;侧区有4条侧线,网纹近末端,体表环纹明显;唇区前端扁平成半球形,不缢缩;口针长15～46微米;基部球发达呈圆形;食道体球部呈圆柱形,中食道球卵圆形,有瓣膜,食道腺长叶状,覆盖了肠的腹面,三个腺细胞排列成一行;排泄孔常开口于食道腺的前方。阴门中位;尾呈圆锥形,末端尖或腹侧有尾尖突;雄虫精巢一个,交接刺镰刀状,引带呈槽状,交合伞不包到尾的末端,常有尾尖突。

潜根线虫属(*Hirschmanniella*)在国内稻区已发现有13个种,其中以稻尖尾潜根线虫[*H. oryzae*(Soltwedel)Luc et Goodey]为最普遍,这与许多国家稻田中的优势种相同。其次比较常见和分布较广的有稻齿痕潜根线虫(*H. caudacrena* Sher)、稻突尾潜根线虫[*H. mucronata*(Das)Luc et Goodey]、稻门格劳林潜根线虫(*H. mangaloriensis* Mather et Prasad)和稻刺尾潜根线虫[*H. spinicaudata*(Sch.Stek.)Luc et Goodey]等种(图2-30,为原浙江农业大学还进和许美琴在浙江调查的水稻潜根线虫4个常见种的形态结构图)。

稻潜根线虫的寄主范围较广,多数是莎草科和禾本科植物,其中不少为害稻田杂草。

【侵染循环】 水稻收获后,线虫各虫态就在稻茬、杂草,以及一些冬作物寄主的根部越冬。主要的越冬场所和虫态是稻桩中的雌虫和四龄幼虫。越冬后的线虫,一般在离根尖2~3厘米处侵入,随后在皮层内迁移取食薄壁细胞汁液,引起胞壁崩解和组织变褐色坏死。水稻在秧苗期和大田期均可侵染,但以分蘖盛期虫口密度最高。线虫完成一代约需5周时间。在我国南方早、晚稻上各出现一次高峰。

【发病因素】 不同水稻品种,其抗性不一样。该线虫耐高温而不耐低温,在40℃高温下可存活1个月左右,在-3~-1℃下仅存活30小时;耐水湿而不耐干燥,水田和湿润稻田适于线虫生育,在自然浸水情况下约可存活8个月,排水良好、搁田或遇干旱稻田就影响其存活。

【防治方法】
(1)因地制宜选用和培育抗病品种。
(2)实行水旱轮作,提倡冬翻晒白,压低线虫密度。
(3)秧田期施用呋喃丹或益舒宝,移栽时用药剂浸秧根,减少本田为害。

(三)稻根结线虫病

稻根结线虫病由杜力斯(E. C. Tullis)于1934年在美国阿肯色州首先发现。随后在日本、泰国、印度、老挝等许多国家都有根结线虫属(*Meloidogyne*)的某些种引起水稻根结发生的报道。国内主要分布于海南、广东、广西和云南等地的局部范围。多数发生在秧田和陆稻上,对水稻有较大的为害,一般减产10%左右,严重的可达40%~50%。

【症状】(图版17) 为害稻株地下部根系,多发生于新根上。稻根的根尖被线虫侵害后,根尖生长受阻,扭曲变粗,后膨大成根瘤状(根结)。根结初为白色、坚实、卵圆形,后逐渐增大变软为长卵圆形,两端稍尖细,色变淡黄、深褐以至黑褐色。老熟根结大小7×3(毫米)左右,腐烂时外皮易破裂。病株上的根结少

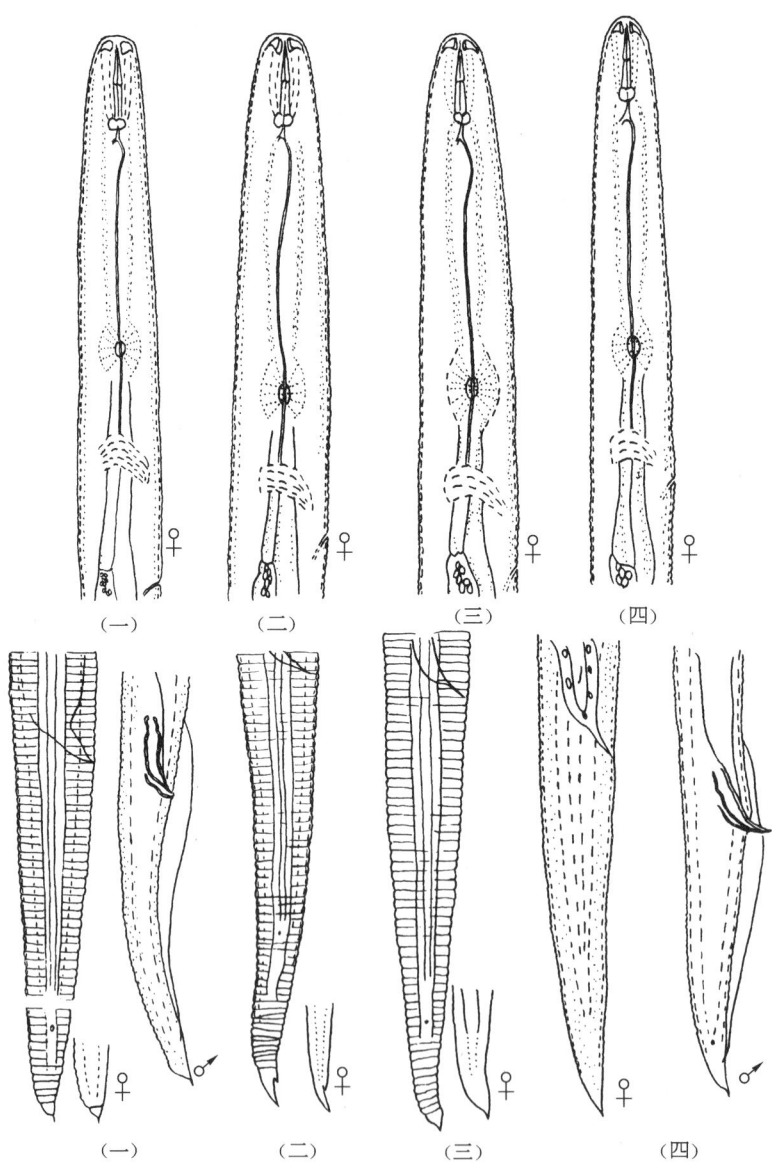

图2-30 寄生水稻根系上的潜根线虫属（*Hischmannella*）4个常见种形态结构
（一）稻尖尾潜根线虫（*H. oryzae*）
（二）稻齿痕潜根线虫（*H. caudacrena*）
（三）稻突尾潜根线虫（*H. mucronala*）
（四）稻门格劳林潜根线虫（*H. mangaloriensis*）

者几个,多者几百个。病株地上部表现近似缺氮肥状。秧苗期当根结数达到根数的1/3以上时,病苗呈现色淡细弱,移栽后返青慢,发根迟,死苗多。至分蘖期,根结数急增,症状显著,叶片均匀发黄,茎秆纤细,分蘖迟缓,分蘖力弱。抽穗期病株明显矮小,叶色更淡黄,出穗较困难,常有包穗或半包穗,即使出穗,也是穗短、结实少、空秕粒增加、千粒重降低。

【病原】 学名为 *Meloidogyne* spp.,为多种根结线虫。病原线虫隶属于垫刃目、根结科、根结线虫属。此属为害重要的植物根系,系固定性内寄生线虫,在受害植物根部形成根结症状。

在国内,水稻根结线虫病的病原线虫有两种。在海南和广东由华南农业大学线虫研究鉴定为海南根结线虫 *Meloidogyne hainanensis* Feng et Liao,在广西由中国林业科学院鉴定为 *Meloidogyne lini* Yang。

海南根结线虫的形态:卵呈蚕茧状,较透明,外壳坚韧,一般长95～117微米,宽44～52微米。1龄幼虫线状,卷曲在卵壳内。2龄幼虫在初出卵壳时,一般长442～536微米,宽13～16微米,待侵入稻根后,渐变为豆荚状。3～4龄幼虫均为豆荚状,末端有尖细的小尾。3龄幼虫雌雄开始分化。4龄幼虫时,雌雄已可从体形及生殖器官加以区别,此时的雄虫细长成盘曲状,雌虫呈椭圆烧瓶型。成熟的雌虫乳白色,梨形至球形,长499～857微米,宽281～624微米。会阴花纹的形态为圆形至卵圆形,背纹与腹纹相连,形成同心圆状,尾尖区花纹极为细密,形成波浪至锯齿状皱褶。成熟的雄虫细长线状,色较透明,体长1 612～2 472微米,宽44～73微米。交接刺细长,无抱片。尾部短而钝圆,呈指状(图2-31)。

【侵染循环】 2龄幼虫为侵染期幼虫,侵染入根部后,在根皮层和中柱之间取食为害,使根部薄壁组织过度生长,形成膨大的根结。幼虫在根结内生长发育,经4次蜕皮(包括卵内蜕皮1次),发育形成成虫。雌虫成熟后,在根结内产卵,将卵排出体外的胶质卵囊中。卵发育后,先在卵内形成1龄幼虫,经蜕皮1次,然后破卵而出,再成为2龄侵染期幼虫。2龄侵染期幼虫陆续离开根结,活动于土壤和流水中,遇新根再次侵入。在月平均温度26℃的情况下,完成上述1个循环共需28天。因此,在整个水稻生育期间,可重复侵染多次。

本病初次侵染来源主要是带虫土壤和带虫秧苗,随后,线虫借水、肥、农具及人、畜传播,扩大为害。

【发病因素】 本线虫只侵染新根。早、晚稻整个生长期和常见品种都能感染发病。除秧苗外,主要侵染时期是分蘖期和幼穗分化期,尤以分蘖期因发根旺盛、适宜侵染而受害严重。发病轻重也与土、肥、水有关,一般是砂土田比黏土田

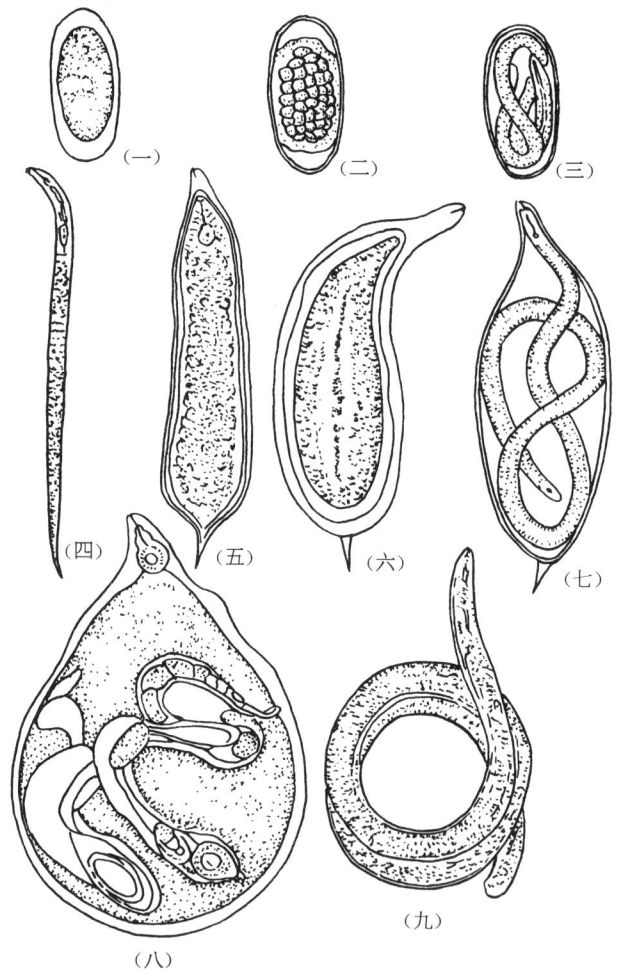

图 2-31 稻根线虫病病原线虫（海南根结线虫）
（一）卵　（二）桑椹期　（三）一龄幼虫
（四）二龄幼虫　（五）三龄幼虫　（六）四龄雌幼虫
（七）四龄雄幼虫　（八）雌成虫　（九）雄成虫

发病重，瘦田重于肥田，重酸田（pH=5.4～6.0）重于微酸田（pH=6.5～6.8），低洼田重于排水良好的高田，浸冬田重于犁冬田；连作水稻重，水旱轮作病轻，水田发病重，旱地病轻；冬季浸水田病重，翻耕晾晒田病轻；旱田铲秧比拔秧病轻；病田增施石灰发病明显减少。

【防治方法】　根据本病仅发生于南方稻区的部分地区，而且都局限于较小范围，同时该病原线虫的传播途径也较少等特点，应首先抓住对内检疫，严禁病苗作远距离传入无病区,以防病区蔓延扩大。

已发病地区可采用以施石灰为主,结合其他栽培管理的防病措施。

（1）选用抗病品种秋长39、科选661、日本矮等品种,发病较轻。

（2）病田应改冬季浸水为翻耕晒白或冬种旱作；重病田更宜采用以甘薯、花生和水稻进行水旱轮作,这可大大减少土壤中的虫量。

（3）增施有机肥；在水稻移栽前或返青后,每公顷增施石灰1 125～2 250千克,有防病增产的效果。

（4）采用铲秧法移栽,可减少秧苗带虫数。

（5）改串灌、漫灌为浅水勤灌,可减少线虫随水流近距离传播。

（6）在有条件地区,重病田可每公顷施用1.5%阿维菌素颗粒剂45～60千克,或41.7%氟吡菌酰胺悬浮剂750毫升。

附　稻胞囊线虫病

1955年,冈田在日本关东地区注意到为害陆稻的 *Heterodera* 线虫有一个未被命名的种；继冈田之后,卢思（M. Luc）等在1961年,在非洲科特迪瓦描述寄生水稻根部的一个新种（*Heterodera oryzae* n. sp.）。1969年印度亦报道这一线虫的存在。此病对整个日本来说,北自福岛、关东,南至九州均有发生,据群马县的调查,在226个被调查的陆稻栽培区中,仅10%稻株根部无胞囊存在,另外30%显示每一条根内有100个以上的胞囊。并且有报道将水稻以直播方式栽培于干田,水稻的被害比陆稻更重。鉴于日本这些情况,虽然在国内迄今虽尚未见此线虫为害的报道,似应引起注意,故本书将其作一简介。

【症状】　被害稻株根毛稀少,且多褐变。秧苗期病苗萎缩,尤其发芽后半个月内的幼苗更甚,严重的枯死。成株期病株叶色变黄绿色,分蘖减少,株型矮化,最后结实率降低,空、秕粒增加,千粒重下降。

【病原】　病原学名为 *Heterodera oryzae* Luc et Berdon,病原线虫隶属于垫刃目、异皮科、胞囊线虫属,称为稻胞囊线虫。

虫体雌雄异形。雌成虫呈柠檬状,长571微米,宽457微米。阴门端生,阴门锥体显著,且锥体头部为带着疱疹状的双窗型,会阴部不形成花纹。产卵数为50～200个,稀有超过300个；所有的卵均留存在雌虫体——胞囊内,不产出体外,即成熟的雌虫体角质膜逐渐增厚、变硬和色泽加深而直接转变为胞囊,最后胞囊呈暗褐至黑色,这是此种的特征之一。胞囊大小为(310～810)×(220～680)(微米),平均为570×450(微米)。雄成虫细长线状,长约8～20微米,很少见。2龄幼虫大小为370～500微米,平均为440微米,有3条侧线,吻针长度为19～22微米。

稻胞囊线虫除为害水稻和陆稻外,稗草（*Panicum crus galli*）和另一个稗草变种（*P. crus galli* var. *frumentaceum*）也是它的寄主。

【侵染循环及防治方法】　关于稻胞囊线虫的侵染循环目前还知道得很少。据伯顿、布利朱拉和默里1964年的观察,2龄幼虫侵入稻根后第20~25天形成卵,第一个2龄幼虫移动出来是在第25~30天,表明此线虫在同一水稻生长季节内能出现若干世代。

据日本报道,水稻品种没有能抗病的,若与非寄主植物轮作1~2年,可明显降低田间线虫的密度。

(三) 稻茎线虫病

稻茎线虫病又名稻窄茎线虫病、稻褐斑线虫病。本病由巴特勒(E. J. Butler)于1913年在孟加拉国首先发现,并命名为 *Tylenchus angustus*。至1936年菲利普捷夫(I. N. Filipjev)改名为 *Ditylenchus angustus* (Butler) Filipjev。目前已知印度、缅甸、巴基斯坦、马来西亚、泰国、越南、菲律宾、埃及、马达加斯加等许多亚、非国家都有发生。我国尚未发现,已被列为对外检疫对象。本病的为害程度,主要取决于有利线虫繁殖和传播的条件是否长期存在,如果条件有利于病原线虫,为害可能很严重,如在泰国南部减产常达20%~90%,印度有些地区减产曾达50%,重病田甚至绝收。

【症状】 稻株整个生育期均可出现症状,尤以穗期最为明显。苗期,病株上部叶片褪绿或出现黄色条斑,全叶扭曲或畸形,有些嫩叶基部皱缩,并褪成白绿色。孕穗期,病株的叶片和叶鞘上散生褐斑,茎秆上部的节间也呈现褐变。抽穗期,受害严重的穗和穗轴均变暗褐色,常被包裹在已褐变的叶鞘内,呈纺锤形肿大,全不结实。被害较轻的可抽穗,穗轴也变暗褐色,大多仅在穗的顶端部结成少数正常谷粒。

【病原】 病原线虫学名为 *Ditylenchus angustus* (Butler) Filipjev。病原线虫隶属于垫刃目、粒线虫科、茎线虫属。雌雄虫体均为细长线状,微向两端尖削。

雌虫长700~1 230微米,宽15~22微米,食道长140~150微米,尾长45~52微米,吻针10微米,$a=58~36$, $b=8~7$, $c=20~17$, $v=80\%$。生殖管向前,卵巢几伸达食道末端,不折转,向后渐宽,在距生殖孔280微米处管壁缢缩成受精囊,具有后阴子宫囊,生殖孔唇瓣圆形,微突出。卵粒成单行排列。尾部圆锥形,末端突然尖削成一尖锐的突起。

雄虫长600~1 100微米,宽14~19微米,食道长130~140微米,尾长34~48微米,吻针10微米,交合刺20微米,导刺带8微米,$a=47~36$, $b=7~6$, $c=23~18$。生殖管单一,向前延伸几达食道,不折转。交合刺成对,前端1/3扩大,外缘近方形,后端尖削如刺状,导刺带简单,生殖伞在接近交合刺头端处隆起,快到尾端平伏,占尾部长度的2/3或3/4(图2-32)。

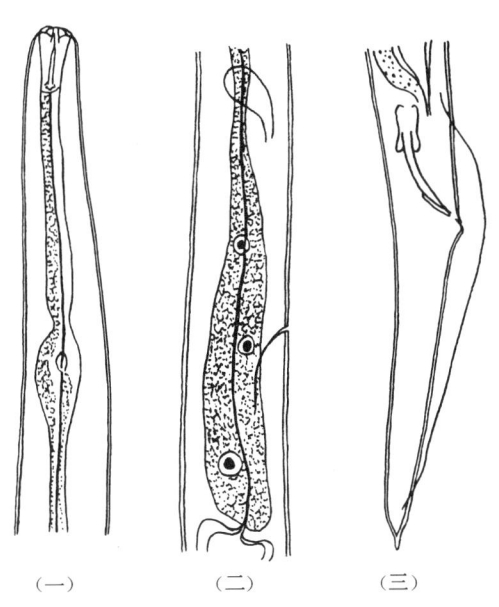

图 2-32　稻茎线虫病病原线虫
（一）头部放大　（二）颈部放大
（三）雄虫尾部侧面

卵长 80～84 微米，宽 16～20 微米。初孵出幼虫长 170 微米，宽 10 微米，第一次蜕皮长 250 微米，最后一次蜕皮长 600 微米。

稻茎线虫除为害水稻外，尚可为害假稻（*Leersia hexandra*）、光头稗子（*Echinochloa colonum*）和间序囊颖草（*Sacciolepis interrupta*）。

【侵染循环】　病株中线虫主要集中在褐变的穗轴和花梗基部、茎顶部和一些节间以及颖壳内，在水稻成熟时，线虫体躯以头为中心紧紧卷成圆圈，停止活动，进入休眠状态。线虫在干燥条件下，可存活 6～15 个月。越冬后的线虫，遇水湿条件很快恢复活动，进入秧苗后，以吻针刺吸嫩组织表皮细胞的汁液，行体外寄生生活，并随稻苗生长逐步上移为害，直至穗部。在孟加拉国，5—6 月至 11 月期间，线虫至少可发生 3 代。病原线虫在田间主要借灌溉水和雨水传播。天气高湿时，也能经病株与健株的叶片接触而传染，因为本线虫在大气相对湿度达到 85% 以上时，也能够在固体表面蠕动。

本病远距离传播主要靠种子。其次，谷壳和病株残体充当商品包装物也有可能传播。

【发病因素】　冬、春季干燥有利于病原线虫的越冬。在水稻生长季节，高湿度是本病发生与流行的必要条件。虽然病原线虫侵染稻株的最适温度是27～30℃,但孟加拉国、泰国等病害流行区,其水稻生长期的温度都已很高,不足以成为病害重要限制因素。一般来说,多雨、深水和直播稻田发病较重。

【防治方法】

(1) 选用抗、耐病品种,或用早熟品种,以便在线虫大量发生前成熟,避开其侵染高峰。

(2) 清洁田园,彻底烧毁病稻草和田间杂草。

(3) 种子处理,可用温汤或药剂浸种,具体方法参见稻干尖线虫病的防治。

第三篇

水稻非传染性病害

一、秧苗期的非传染性病害

秧苗期的生产目标是培育适龄壮秧。生产上要求育出的秧苗具有基部宽阔、叶鞘粗短、叶身挺秀、碳氮比率适当、发根力强等特点。如在选留种、浸种催芽、播种及肥水管理等方面有所疏忽,特别是在早稻开始浸种催芽至秧苗三叶期阶段遇持续低温阴雨天气的情况下,往往会引起烂种、烂芽、黄苗、寒害苗等非传染性病害。至于白化苗、白条斑苗等生长异常现象,只是偶有出现。传染性的烂芽和死苗已分别在第二部分传染性病害阐述,因此,这里仅叙述烂种和非传染性的烂芽。

(一)烂　种

在20世纪50年代初期以前,水稻水育秧时,因为不仅水播水育,而且种谷多不催芽就直接播种,因此烂种较为普遍;至50年代后期推广湿润(半旱)育秧和浸种催芽技术后,烂种已很少发生;但目前仍沿用湿润育秧而尚未推广肥床旱育秧的地区,由于少数农户不重视选种、留种、贮藏、晒种和浸种催芽等工作,烂种仍有少量出现。

【病状】(图版17)　烂种是指播种时已失去发芽的种子,或种子根和幼芽已丧失活力的芽谷。这包括在催芽前就已丧失活力;或发芽势弱,在催芽过程中未能及时萌发;以及虽具萌发力,但由于催芽技术不当,根芽又丧失了生活力,诸如死籽、滑壳、有芽无根、根芽烧焦等。这些种子或芽谷落田后，变色腐烂。

【病因及发病规律】 充分成熟的种谷，在适当的温度下吸足水分，盾片的上皮层和胚乳的糊粉层内各种酶就急剧活动，把胚乳中的淀粉、蛋白质等分解成糖类和氨基酸等可溶性养分，并通过上皮层陆续输入胚部，于是胚中各部分细胞开始分裂、增殖和伸长，使胚轴、芽鞘、种根突破谷壳而"露白"。随后种根和幼芽的生长显著加快，在湿润、不浸水的情况下，一般先长根后长芽。

造成种谷不能发芽或腐烂的原因有如下几方面。

1. 种子质量不好

种子的发芽力强弱与成熟度及贮藏条件有密切关系。一般认为，水稻开花后7天的种子就有发芽能力，14天后的发芽能力显著提高。但尚未充分成熟或不饱满的种子，发芽所需的时间长，贮藏养分少，抗逆力低，往往烂种较多。种子在贮藏前没有充分晒干，或在贮藏过程中受潮，使其含水量超过14%时，种子呼吸强度增大，损耗养分，并发霉变质，丧失发芽能力而成"盲籽"。

2. 浸种未浸透或浸种过头

浸种是使种谷预先吸足萌发时所需水分，保证发芽迅速整齐。虽然籼稻种子吸水量达到其本身重量的24%、粳稻种子吸水量达35%左右时就能发芽，但发芽慢而不整齐。种谷在露白之前，不论在有氧或无氧的环境条件下，均以无氧呼吸为主，所以，种谷在露白前，对氧的要求是不严格的，其主要矛盾是水分因素。只有使种子吸水达到饱和程度，才能发芽良好。种谷的饱和吸水量为它自身重量的40%左右。一般水温10℃时约需浸种4天；水温20℃时约需浸种2天半；水温30℃时只要1天半就够了。此时种谷的谷壳呈半透明状态，米粒上的腹白和胚已清晰可见。浸种过程中要每日或隔日换水一次，以免浸渍水中积累二氧化碳和其他有机酸、醛、酮类物质，妨碍种谷发芽。同时，浸种时间过长，使胚乳中的营养物质外渗，导致种子发黏，即俗称"饴糖"现象，也会降低发芽力。

3. 消毒方法不妥

为了消灭种子所带病菌而进行种子消毒时，如药剂浓度太高，浸泡时间过长，方法不妥等，都会严重降低种子发芽力。例如温汤浸种的水温太高、时间过长，或一次用种量太多，不易搅拌，而使种子受热不匀时，常致部分种子烫伤、烫死。又如石灰水浸种过程中进行搅拌，或水分不足，种谷露出水面，会引起种子发热变质；用硫酸铵溶液选种后，若未经清水洗净就用石灰水浸种消毒，则残留于种谷外面的硫酸铵，遇石灰液的强碱后，会产生游离氨，氨渗入种皮，导致种子腐烂等。

4. 催芽过程中温度和水分控制不当

种谷发芽的最适温度为32℃左右,最高约40℃,最低为10～12℃。吸足水分的种谷在36℃左右时,90%以上在半天左右内就能露白。若温度低至20℃左右,水分又多,萌发就要延迟。由于时间延长,种谷黏滑变暗而成"滑壳",其发芽力就大大降低。反之,温度高于40℃,种谷受热太甚,发芽迟缓而不整齐。露白后,种谷的呼吸已转为有氧呼吸为主,呼吸强度显著增加,种堆温度极易升高,如堆温高达45℃,就会产生"吃热"的根芽烧焦现象。

【防止措施】 首先搞好稻种的留种和贮藏,然后抓好播种前的种子处理和催芽工作。

1. 留种和贮藏

留种田应适时收割,选留纯净饱满无病的良种,并及时充分晒燥,使其含水量在12%左右而不超过14%。贮藏期间要保持干燥、通风、阴凉,严防受潮发霉。

2. 种子处理和催芽

播种前切实做好以下几方面的种子处理工作。

(1)晒种 浸种前,抓住晴天晒种1～2天,使种子的含水量降低,增强吸水能力,促进新陈代谢,提高种胚的生活力,使发芽迅速而整齐,所谓"谷干芽烈"就是这个道理。同时,晒种能加强种皮对水和氧气的渗透性,排除种子内部抑制发芽的二氧化碳等物质,从而解除种子的休眠状态。特别是用新收获的种子播种,更需晒种,促使充分完成后熟作用,以提高发芽率。

(2)选种 种子在风选、筛选的基础上,还必须进行黄泥水或盐水选种。选液浓度:籼稻和有芒粳稻用1.05～1.10波美度,无芒粳稻用1.11～1.12波美度。一般每50千克水加盐7.5～10千克。选种时,动作要快,避免不饱满种子吸水下沉。选液重复使用时,要增加盐,以保持所需的浓度。

(3)种子消毒 必须按照防治各种病害的要求,严格掌握药剂浓度和消毒方法。

(4)浸种 浸种要浸透,以胚部膨大突起、谷壳呈半透明状态、透过谷壳能隐约可见腹白和胚为准。浸种时间随温度和品种不同而异。一般早稻约需浸3天,晚稻只需浸2天左右。粳稻比籼稻吸水较慢,浸种时间宜稍长些。浸种用水最好选用清洁的河水,并宜每日或隔日换一次新鲜水。

3. 提高催芽技术

催芽过程务使水分、温度、氧气三者关系协调,防止露白前温度过低和水分太多而出现"滑壳",或露白后温度过高而发生"烧芽"现象。催芽的具体方法详见烂芽的防止措施。

（二）烂　　芽

烂芽是烂秧中较为重要的类型，尤其在过去的水育秧中，不论传染性烂芽或非传染性烂芽均很普遍。20世纪50年代后期推广湿润育秧后，非传染性烂芽有所减轻，但早稻的传染性烂芽仍然比较严重。有关传染性烂芽已在传染性病害的水稻烂秧中阐述，这里仅叙述非传染性的烂芽。

【病状】(图版18)　从播种至不完全叶伸出（冒青）的时间为芽期，烂芽就是指这一期间的根、芽死亡现象。烂芽的种类很多，较常见的生理性烂芽类型有：

(1) 淤籽即芽谷全部陷入泥中，芽鞘无法伸长，久后腐烂。

(2) 露籽即芽谷暴露土表，种根久久不能入土，根、芽受日晒和温度变化等影响而萎蔫干枯。

(3) 跷脚即种根不断伸长，但不能扎入土内，芽谷一端被抬起，芽终于干枯死亡。

(4) 黑根即根芽受毒害，种根和"鸡爪根"先发黑，后腐烂，幼芽逐渐枯萎。

(5) 倒芽即只长芽而不长根，芽鞘与鞘叶徒长，头重脚轻，倒于土面或浮于水面。

(6) 钓鱼钩即根、芽生长不良，幼芽黄褐色卷曲成鱼钩状，颠倒生根，最后幼芽黄褐色枯死。

【病因及发病规律】　芽谷播种后至秧苗一叶期，其主要矛盾是扎根立苗。只有使种子根和一叶期芽鞘节上长出的次生根（鸡爪根）及时扎入土中，才能使幼芽正常地成长为幼苗。

烂芽的症状有很多种，造成的原因也各异。诸如秧板太烂，塌谷过重造成淤籽；秧板太硬，种谷未塌下或播后没有塌谷盖灰，以及遇暴风雨冲刷造成露籽；秧板过硬，或局部播种过密，芽谷重叠造成跷脚；遭受藻类（青苔）、鳃蚯蚓（红沙虫）、稻摇蚊幼虫（红丝虫）、椎实螺（泥螺）等繁殖与活动，阻碍芽谷扎根立苗等。但造成早稻生理性烂芽比较普遍的一个重要原因，是长期淹水灌溉或过早灌水上秧板，又遇连续低温阴雨所带来的低温缺氧造成的倒芽和钓鱼钩，或在低温转高温后，产生还原性有毒物质，导致黑根烂芽。

在低温缺氧情况下，缺氧则是造成倒芽、烂芽的主导因素。这是因为种根生长点的生长是以细胞分裂为主，细胞分裂就需要有氧呼吸提供较多的能量与原料，而芽鞘的生长是依靠原有的细胞伸长，只要有充足的水分就能满足其需要。

所以在淹水缺氧的情况下,细胞分裂受阻而细胞伸长却能顺利进行,即种根的生长受抑制而芽鞘可照常伸长(图3-1)。据福建省龙海县试验,将催过芽的珍珠矮种子,作淹水3厘米和湿润两种处理,置于2℃冰箱中6天,取出后放在25℃室温中,凡保持湿润的立即恢复生根长叶,而淹水3厘米则只长芽而不长根,再经6天后,倒芽90%,烂芽达50%。另外,播后未经低温处理者,淹水3厘米经6天也同样发生严重的倒芽和烂芽现象。

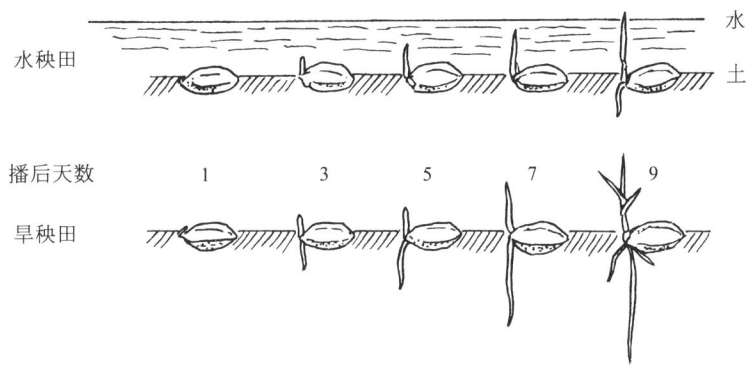

图3-1 因氧气的多少,种子发芽、发根情况的差异示意

当寒潮过境、低温阴雨转晴、温度上升到20℃以上后,若秧田仍保持淹水层,不仅无氧呼吸积累的酒精可损害种胚,而且还原性强或施用过多的绿肥及其他未腐熟有机肥,秧田中会产生大量的硫化氢等还原性有毒物质,甚至田水中出现"油镜""锈水"而使根、芽发黑腐烂。

【防止和补救措施】 芽谷播种后,如何促使迅速扎根立苗,是防止烂芽、培育壮秧的关键。扎根的重要条件是向根部供氧。虽然水稻种子具有无氧呼吸系统,在水层下也能发芽,但在种子露白以后,随着幼芽的逐渐成长,无氧呼吸的能力渐渐下降,必须代之以有氧呼吸,根、叶等新器官才能健壮生长。因此,防止烂芽应狠抓秧田、催芽、播种的质量和前期湿润灌溉等措施。

1. 提高秧田质量

秧田位置应选择避风向阳,排灌方便而地势较高处,避免四周空旷、有潜水以及树木遮阳。据周燮等观察,寒潮到来的第一天,向北风的秧田比背北风的秧田水温和土温要低3～5℃,第二天要低1～2℃。

秧田制作应提倡燥耕、燥做和水耖,要达到面平沟深,上糊下松,软硬适度,畦宽恰当。

2. 提高催芽技术

在催芽过程中，为了获得"根长一粒谷，芽长半粒谷"，以及齐、匀、壮的要求。入窖前，必须用45℃左右的温水浴种，并用热水泼浇窖内的草垫等，以确保整个种堆维持较高的温度（36～38℃），促使90%以上的种子在10小时后都能露白。露白后，种子呼吸强度显著增加，为防止堆温升得太高和减少种子呼吸的消耗，要适当翻拌，将种堆温度控制在28～32℃，使之适温催根。当种根伸出后，增加淋水次数，并将堆温降至20～25℃，促使长芽。待芽头催齐后，摊开芽谷，以室温炼芽一天，使芽谷适应露天的气温，增强抗寒能力。这一过程即所谓"高温露白，适温催根，淋水长芽，低温炼芽"。催芽后如遇低温阴雨，可将芽谷摊开，待不利天气过后，再抢晴播种。

根、芽的长短与烂芽有密切关系，短芽的抗逆力比长芽强。种根超过2厘米时，入土能力就下降。并且根芽过长，常缠绕在一起，播种时，既难撒匀，又易损伤幼芽和碰断种子根，影响及早扎根竖芽，易致烂芽，尤以播后遇阴雨天更甚。群众的"天雨播谷"经验，就是指在持续阴雨天气下，催芽时间宜短些，以增强其抗逆力。在根、芽长短比例不当中，特别是芽长根短或根芽过长最不利于扎根竖芽，也极易遭受绵霉菌、腐霉菌等侵害。

在催芽全过程中，务使水分、温度、空气三者协调，谷堆各部分的种子感受均匀，防止出现"滑壳"、根长芽短、芽长根短、根芽过长等现象。

3. 适时、适量抢晴播种

适时播种就要相应适时催芽。浸种和催芽应根据天气预报，抓住暖尾冷头开始，以便在冷尾暖头抢晴播种，使播后有3～5个晴天，有利于幼芽扎根现青。

播种时，应根据不同品种和秧龄期长短，严格控制播种量，提倡带秤下田，按畦称种，均匀播种。播后塌谷要适度，以谷陷半粒为宜，防止露籽或淤籽。塌后还要盖灰，这样既保暖又保湿，有利于扎根竖芽。

4. 湿润灌溉

芽期的主要矛盾是扎根立苗。扎根的主要条件是向根部直接供氧。因为根的持续生长要有5%的氧气，而田水中氧气一般只有0.3%～0.5%。所以，芽期应保持畦面湿润，不能过早上水，以保证扎根的需氧和防止芽鞘徒长。即使遇寒潮，由于芽期的耐寒力较强，从扎根立苗或防病需要角度考虑，也要尽可能不灌水护芽。只有遇到暴风雨或霜冻时，才进行短时间灌水护芽。

5. 补救措施

（1）对于过早淹水，低温缺氧而发生的烂芽，应立即排水落干，促使幼苗迅速扎根。如以黑根为主的秧田，可先采用勤灌浅水数次，冲洗有毒物质，然后排水落干,以利幼芽恢复。

(2)秧田内有大量鳋蚯蚓和稻摇蚊幼虫时,每公顷可用5%毒死蜱颗粒剂22.5～30.0千克,拌细土均匀撒施。有大量椎实螺时,每公顷可用炒过的茶子饼37.5～52.5千克,在露水未干前撒施。

(3)烂芽已十分严重时,必须调整品种布局,立即补播,以免贻误农时。如果仍需播于原来的秧田,应灌水洗田,并每公顷撒施750千克石灰或喷洒15千克硫酸铜液消毒,隔1～2天再行补播。

(三)黄苗和寒害苗

黄苗泛指鞘叶期至三叶期前后的苗色发黄现象,不包括黄枯死苗(已在传染性烂秧中叙述)。寒害苗是指苗叶褪色发白现象,以早春持续低温多雨年份发生较普遍。

【病状】 黄苗叶片呈现均匀的黄化,或自叶尖向下逐渐褪色发黄,严重的全株淡黄色。常见的有低温黄苗、黑根黄苗和脱肥黄苗等三种类型。寒害苗苗叶尖端部分褪色发白,严重的整张叶片变白。

【病因及发病规律】

1. 低温黄苗和寒害苗

早籼稻根、叶生长的最低温度在15℃左右。当鞘叶期和一叶期气温持续低至7℃左右和连续阴雨,就会影响叶绿素形成,导致整畦、整丘的幼苗黄化。一旦天气转晴,气温升高,这类黄苗会很快恢复正常。寒害苗大多发生在二三叶期,此时种谷内贮藏的养料即将耗尽,而根系尚不发达,吸收能力很弱,处于断奶期阶段,体内贮糖量不足,抗寒力最弱,如遇寒潮,气温突然降低到12℃以下,幼嫩的苗叶就要遭受寒害。

2. 黑根黄苗

大多发生在还原性强,以及过多施用绿肥或其他未腐熟的有机肥作为基肥的秧田。一般在持续低温阴雨转晴、气温上升到20℃以上时才发生。因为在低温(10℃左右)期间,土中并不发生硫化氢,只在低温转入高温后,又是保持水层的情况下,土壤中才大量产生硫化氢等还原性有毒物质,毒害种根和次生根而使地上部叶片发黄,严重的甚至枯死。

3. 脱肥黄苗

多发生在三叶期,这主要是"断奶肥"没有及时跟上的缘故。胚乳中贮藏的蛋白质一般在一叶一心时就已耗完,即所谓"氮断奶",如果秧田肥力低,幼苗就会生长瘦弱。三叶展开后，所贮藏的淀粉也消耗殆尽，即所谓"糖断奶"，此时的幼苗根群尚不发达，吸收力弱，如断奶肥施得过迟，就会造成脱力黄苗。

【防止和补救措施】

1. 选好秧田和施好基肥

秧田要选择背风向阳的地方，以壤土、砂壤土为宜，前期冬闲田应反复冬耕曝晒。秧田基肥以比较速效性的肥料为好，有机肥必须充分腐熟和匀施，务使土肥相融，以防还原性物质的毒害。

2. 适时播种

在选用抗寒力较强的品种、提高催芽和播种质量的基础上，掌握适时播种。早籼稻扎根出苗的最低温度是15℃，低于12℃就不能生长。露地育秧以历年平均气温稳定通过12℃时为早籼播种适期。在适期范围内，还必须掌握冷尾暖头，抢晴播种，使芽谷能迅速扎根竖苗和现青。采用塑料薄膜育秧的，播种期一般可提早15天左右。

3. 灌水护苗

寒潮侵袭前后灌水保温护苗。具体方法详见烂芽和死苗的防止措施。

4. 早施断奶肥

肥力较低的秧田，应在"氮断奶"以前的鞘叶期至一叶期适施少量速效性氮肥，使利于扎根，即所谓"扎根肥"。至"糖断奶"以前的二叶到二叶一心时，一般都应及时追施较多量的"断奶肥"，以弥补"糖断奶"时幼苗体内的氮素不足，防止三四叶期脱力黄苗，以利异养苗向自养苗转化。特别是播种量较大的秧田，更不能推迟。据浙江省农科院调查，二叶期施断奶肥能长粗旺根，效果好；三叶期施用则长叶上色，效果差。

5. 其他措施

已发生黄苗和寒害苗的秧田，当天气转晴、气温回升后，都宜排水露田，追施稀薄人粪尿或硫酸铵液等速效性氮肥，促使恢复生长。

黄苗和寒害苗均易遭受腐霉病菌、稻苗疫霉病菌、稻细菌性褐条病菌、稻黄化萎缩病菌等侵害，必须加强对这些传染性病害的防治。

（四）白化苗和白条斑苗

白化苗和白条斑苗统称为遗传性病苗。零星发生，为害极轻微。

【病状】（图版19） 白化苗的全株叶片和叶鞘均呈白色，无叶绿素，三叶期以后就死亡。白条斑苗的全株各叶片上呈现一至数条白色或黄白色条斑，这种白条自叶片尖端一直延伸至叶鞘基部,阔狭均匀,病健交界整齐而清晰。白条斑苗可继续生长,成株期的病状与苗期相同,仅比一般健株稍矮,分蘖减少,结实率较差。

【病因及发病规律】 白化苗和白条斑苗系遗传因素所引起。用白条斑苗植株所结的谷粒育秧,其秧苗64%是白化苗,31%是白条斑苗,5%是正常绿色健苗。这些白化苗,由于无叶绿素,不能进行光合作用,所以当三叶期胚乳养分耗完后均死亡;这些正常的绿色健苗,不仅当年生长正常,而且其所结的谷粒,翌年播种后,也不再产生任何白化苗和白条斑苗;只有白条斑苗生长后所结的谷粒,因为其中64%的谷粒细胞质内完全缺乏叶绿素,31%部分缺乏叶绿素,5%完全具有叶绿素,所以在翌年播种后,又按比例地产生白化苗、白条斑苗和正常绿色健苗。这是一种细胞质遗传,与细胞核的染色体没有关系。后代所表现的苗色,全由母本决定,与父本无关。

【防止措施】 只要在拔秧时剔除白条斑苗,或在留种田内拔除白条斑植株,即可消灭本病。

二、分蘖期的非传染性病害

分蘖期的生产目标是促早发,争足苗。要求稻苗移栽后返青快,分蘖早,叶色绿,叶片软而不披,株型松散矮壮,根系发育良好。如果稻苗栽后下陷太深,或遇持续低温阴雨、长期深水灌溉、冷水串灌,或土壤中还原性物质多、营养元素缺乏和pH不适宜等,往往会造成深插发僵、低温发僵、冷水发僵、"花稻"发僵、中毒发僵,以及各种缺素发僵和酸碱害等非传染性病害。同时,因为分蘖期内用肥、用药频繁,常因施用不当而造成的肥害、药害现象也常有发生。本节将着重讨论深插发僵、中毒发僵、冷害发僵和"花稻"发僵。

(一)深插发僵

深插发僵也称泡土发僵,指稻苗移栽太深或移栽后随浮土下陷所造成的前期发僵现象。这种发僵不仅直接影响分蘖,从而成穗不足,而且也常导致某些传染性病害的发生。

【病状】(图版19) 秧苗栽插后,返青推迟,出叶缓慢,叶色发黄僵缩,苗丛簇立,迟迟不见分蘖。地下部节间拔长,根位上移,出现"两盘根"或"三盘根",老根多变成黄褐色或黑色。这种地上部似缺氮的僵苗,常持续半个月以后才逐渐转好,严重地影响促早发、争多穗。

【病因及发病规律】 稻苗节部腋芽的萌动或长成分蘖,需要一定的温度和氧气。如果稻苗入土太深,分蘖节位在通气不良、还原性强、营养状况差、温度低的土层中,不仅返青慢,根系发育不良,腋芽不能萌动,而且稻苗最下部的节间必然先行拔节,使苗的基部上升到靠近土表后才能长分蘖。一般早稻每拔一个节需6~7天,晚稻需5~6天。因此,深插稻苗的地下拔节,不仅由于蘖位升高,影响发根,而且大量消耗养分,使地上部呈现黄化发僵,错过有效分蘖期,严重影响成穗率(图3-2)。

造成深插的原因很多。过去水稻深插大多发生在长期淹水、土体浮烂、耕层太深、通气不良、还原性很强的山垄、山脚和谷畈凹垄的烂水田、冷水田,以及地下水位过高的低畈田。但随着机耕的扩大,在一般水稻田中,由于机器旋耕、秒耙过度、耕层深而浮糊,使稻苗随浮土沉实而下陷的发僵现象也常发生。据观察,栽插时入土3厘米的秧苗,1~2天后可下沉6厘米,甚至深达10厘米以上。特别是连作晚稻的深插现象常较早稻严重,因为晚稻秧苗的秧龄长,苗高大,单

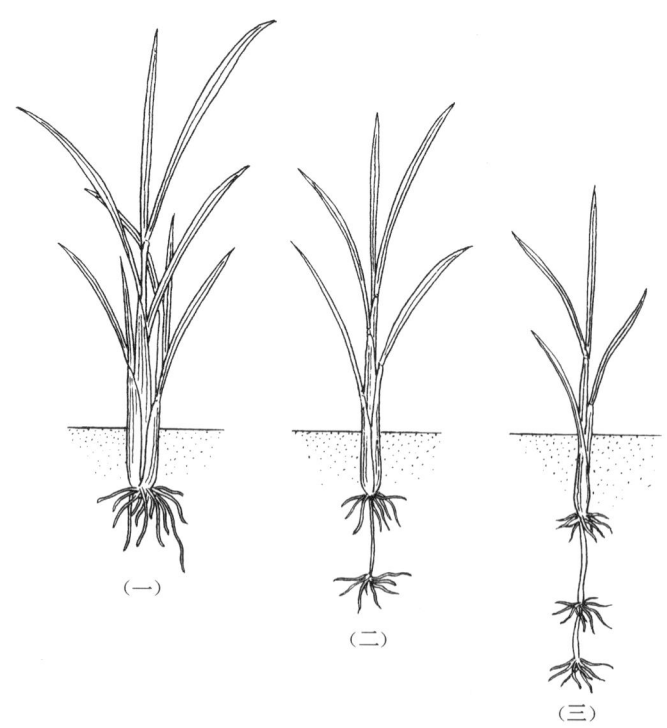

图3-2 栽插深度对稻株分蘖的影响
(一)栽深3.3厘米(1寸) (二)栽深6.6厘米(2寸)
(三)栽深10厘米(3寸)

株鲜重,不易浅插,而且季节紧,常出现边耕、边施肥、边耖耙、边抢栽的"四边"现象,如果土质又黏重,秧苗沉陷更为严重。据报道,栽插深度从3厘米加深到9～11厘米,每加深2厘米,每穗总粒数减少1.7～3.64粒,每穗结实粒数减少1.19～3.67粒。

此外,由于深插,秧苗前期僵缩迟发,随后无效分蘖增加,抽穗不整齐,往往容易诱发胡麻斑病、纹枯病和稻瘟病,而且常伴随还原性物质中毒和缺钾症。

【防止和补救措施】

(1)烂水田和冷水田,应开沟引出冷水,降低地下水位,并进行冬耕晒垡,增施磷、钾肥,改善土壤理化性质。

(2)耕层泥土浮烂的田,先施石膏促使浮泥沉实,或耖耙后隔夜插秧,或带土移栽,以免秧苗沉陷。

(3)提高整田质量,田面要平,但又不能耖耙过度,采用薄水插秧。

(4)提高插秧技术,采用"蟹钳式"插秧法,杜绝人为深插和插"烟管头"秧。插秧深度掌握在3厘米左右,早稻气温低宜浅些,晚稻气温高可稍深些。要求浅、匀、直、稳,即插得浅,每丛苗数匀,直立不斜,灌水不浮。

(5)已经深插的田,立即排水摸田。摸田时尽可能将稻丛附近的泥土扒向行间。如插后仅1～2天,宜排水后进行提苗,及时扭转秧苗下陷太深的现象。

(二)中 毒 发 僵

因土壤内还原性物质毒害稻根所引起的发僵,不论平原、丘陵、山区都存在,尤以绿肥田早稻比较普遍。严重的田块每公顷产量仅750～1 500千克。

【病状】 稻苗移栽后迟迟不返青,或返青后生长不良,叶片自叶尖向下褪绿,呈现黄中透红,远看为红色。苗株矮小直立,生长停滞、不分蘖。随后下部叶片出现赤褐色或暗褐色大小不等的斑点,并自叶尖向下渐变赤褐色枯死,严重的由下部叶逐渐向上部叶片发展,常导致全株死亡,远看似火烧状。病株根系,前期萎缩无弹性,新根少而细,严重时根表皮脱落,有的根色透明。随着病情的发展,根系大多呈黑色腐烂。这种黑根具有类似臭鸡蛋的刺鼻气味,当其暴露在空气中,约经半小时便又转变为黄褐色。在黑根大量变灰白色腐烂后,往往于近地面的根节上续生新根,形成双重根节。

【病因及发病规律】 主要发生在长期浸水、泥层过深、耕层浮烂、有机质多、通透性不良的水田。特别是早稻,如绿肥用量过多、翻耕过迟,或施用未经腐熟的厩肥、堆肥、饼肥等,由于有机质分解,不断消耗土中氧气,氧化还原电位下降,还原作用增强,有机质在嫌气分解过程中,产生大量的有机酸、亚铁、硫化氢、二氧化碳和沼气等有害物质。前期气温低,以有机酸毒害为主,因为返青分蘖期是根系对有机酸抗性最弱的时期,只要土壤中游离有机酸积累到0.1%摩尔/升以上时,稻苗即受毒害。稻田中有机酸通常以乙酸为最多,丁酸、丙酸、乳酸等次之。当气温升高到20℃以上时,则以硫化氢毒害为主。因为在土壤还原性不断增强的情况下,根际氧化区紧靠根表,形成黄棕色的氢氧化铁[$Fe(OH)_3$]薄膜覆盖在根的表面,使白根变成黄褐色。当土壤在淹水和有机物的还原作用影响下,土壤的氧化还原电位降低到负值时,硫素化合物就被还原而生成硫化氢(H_2S),对水稻有剧毒。但稻根表面有泌氧功能,可产生氢氧化铁,它与硫化氢相互作用,就形成黑色的硫化铁(FeS 或 Fe_2S_3)沉淀,使黄根变成黑色。此时,硫离子的毒害得以消除。这就是说,黑色硫化铁沉淀对水稻起了保护作用。但如果土壤含铁量少,所产生的铁离子不能使全部硫化氢或硫离子与之结合,成为无毒的硫化铁时,那么在还原条件下产生的硫化氢就大量遗留在土壤中,可直接毒害水稻,阻碍根系对养分的吸收。当硫化氢侵入根部后,可使稻根软弱无弹性而呈灰白色,最终糊化腐烂,有恶臭。群众常说的"白根有劲,黄根无病,黑根保命,烂根送命",就是指初生的稻根呈白色,活力强;老根受氢氧化铁包盖,生活力减弱,但不是病态;黑根是土壤中的铁离子挡住了硫离子,在根表生成硫化铁沉淀,消除了硫离子的毒害,得以保命;如果硫化氢侵害稻根,根系腐烂,稻株就会枯死。因此,白根、黄根、黑根出现的比例,可用来鉴别水稻长势的好坏。

据报道,稻田土壤中的硫化氢积累到$(0.7\sim2.0)\times10^{-6}$左右时,就易发生毒害,主要是影响根系的有氧呼吸和养分的吸收。一般认为抑制营养元素吸收的顺序是:钾>磷>硅>锰>氮(图3-3)。

由于钾、磷、硅的吸收锐减,稻株的地上部往往呈现缺钾和缺磷的病状。而且在强还原条件下,水稻对钾素和硅酸的吸收远比对氮素的吸收薄弱,使稻株体内的钾氮比(K_2O/N)和硅氮比(SiO_2/N)变小,因而常可诱发稻胡麻斑病和稻瘟病等病害。一般来说,前期多伴随胡麻斑病的发生,后期则易加剧稻瘟病的为害。在泡水还原的土壤中还由于产生了大量沼气、二氧化碳及硫化氢等有害气体,造成"浮泥鼓气"现象,稻苗扎根不稳,并随浮泥沉实而深陷下沉,从而加重了发僵程度。

【防止和补救措施】

(1)加强农田基本建设 降低地下水位,彻底改造长期浸水、滞水、冷水、泥层过深、耕层浮糊等不良的稻田。

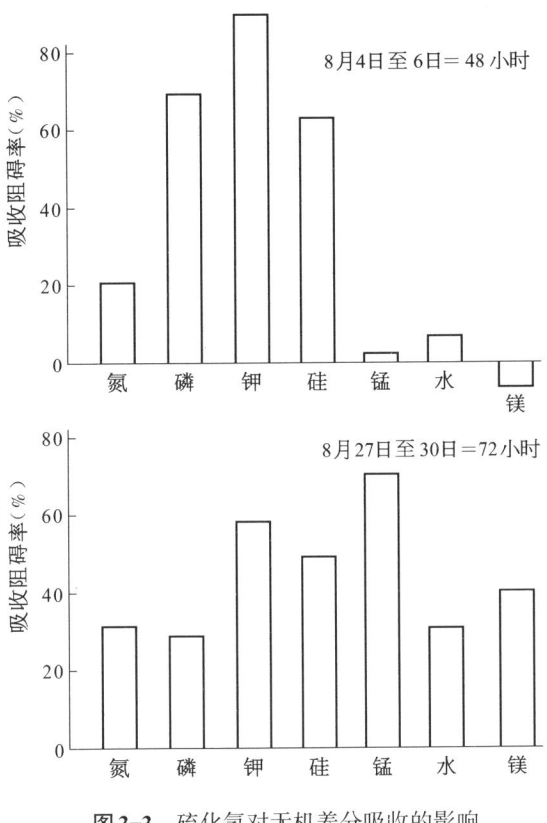

图3-3 硫化氢对无机养分吸收的影响

（2）合理施用基肥　基肥要适量,厩肥、土杂肥等有机肥必须充分腐熟。以紫云英绿肥作基肥的,要特别注意适量施用、适时翻耕和散布均匀。

紫云英宜在初花期后、盛花期前适时翻耕,一般掌握在插秧前10～15天。翻耕前应将其切断,散布均匀,翻耕时做到密耕不漏,土肥相融。如果翻耕太迟或系冷水田,宜在翻耕前,每公顷撒施石灰275～750千克,以加速绿肥分解腐烂和消除有毒物质。

紫云英绿肥的施用量应根据土质而定。一般每公顷宜控制在30 000千克以下。多余的绿肥应割出充作饲料或制草藁河泥,供作春花田早稻或晚稻的用肥。紫云英绿肥的用量过大,往往是造成稻田"浮泥鼓气"和"笑苗哭稻"的主要原因。例如1978年临海城西区的紫云英普遍生长良好,高的每公顷产量达52.5～60千克,由于全部翻埋作基肥,结果不仅排渠里的水都发红,肥分大量流失,而且造成早稻大面积发僵,毒僵较重的面积高达40%以上。

（3）加强水浆管理　早稻移栽期的气温、土温往往偏低,要采取"浅灌勤搁"

的措施,提高土温,并及时耘田,增强土壤通气性,促进早发。晚稻移栽后,如气温过高,应尽可能做到日灌夜排。

(4)排毒 已发生中毒发僵的稻田,应立即排水,酌施磷、钾肥,再深耘细耘,捏碎僵土块,匀摊过于集中的有机肥,然后轻搁田,促使浮泥沉实,提高土温,增加通气性,以氧化和排出还原性毒物,消除毒害,以利稻苗恢复生机。

(三)冷害发僵

在大气象、大田环境、栽培管理等条件影响下的小气候温度低于水稻生长的适温时,就会抑制或延缓稻株的生长发育。如果温度超过水稻的临界低温时,就会使水稻生长发育造成强烈的生理障碍。由此导致的减产称为冷害。我国稻作区域辽阔,发生冷害的条件复杂,按水稻生育期来说,早稻育秧期的烂秧和本田前期的发僵,以及早、晚稻生育后期的"翘稻头"最为常见。

根据冷害发僵的发生原因,一般可分为冷水发僵和大气低温发僵两种。前者在某些地区经常发生而且重要,后者仅在个别年份的个别田块出现。

【病状】 冷水发僵的稻苗,返青延迟。返青后出叶迟缓,叶片、叶鞘淡黄色,稻丛呈簇状,瘦细软弱,分蘖不良或不分蘖。稻根褐色软绵,弹性差,白根少而细。受害严重的稻株,下部叶片自尖端向下干枯,有时还生有褐色不规则的小点。至抽穗期,出穗很不整齐,在同一田块中,同时出现黄熟、抽穗甚至尚在分蘖的现象,特别是山区梯田靠近坎里壁一边的稻株更明显,因此青谷、秕谷多,碎米也多,出米率低。冷水发僵的稻苗还往往兼有缺磷、缺钾和还原性物质中毒的症状,而且容易感染叶瘟和穗颈瘟。

低温发僵的稻头苗,上部嫩叶变为淡黄色,叶片上出现很多锈褐色针头状小点,尤以叶尖部为多,下部老叶呈黄绿色或淡褐色,严重的叶片尖端稍枯。稻根锈褐色,新根很少。

【病因及发病规律】 冷水发僵的稻苗主要是受深山冷水串流灌溉,如山脚、坎壁和谷畈凹垄等的冷泉水,从水库深处放出的冷水,或引用地下深层的地下水灌溉所引起,尤以直接引用深山冷水串灌所造成的冷害最为普遍而严重。所以冷水发僵主要分布在山区的峡谷山垄、丘陵地区的垄顶、河谷地区的凹垄、平原地区的旧湖泊地以及近水库库脚等处。

水稻发根和分蘖都要求较高温度。稻根的生长最适温度为30～32℃,超过35℃对根的生长开始有不利影响,低于15℃,根的生长和活动就很微弱。据恒温试验,水稻发生分蘖的最适温度为28～31℃,低于24℃或高于37℃都不利,如低于18℃则分蘖停止。一般来说,发生分蘖的最低气温为15～16℃,最低水温为16～17℃;最适气温为30～32℃,最适水温为32～34℃;当水温在29℃以下就开始对分蘖有影响,25℃以下影响显著,低于22℃时,分蘖就十分迟缓。而深山冷泉水等,不仅本身水温低,影响土温,而且在很大程度上还影响接近水面的气温,阻碍发根和分蘖,导致稻苗"冷僵"。

冷水发僵稻苗的分布有两个特点。一是受害程度以冷水源为中心,向四周呈有规律的扩散,离开冷水源越近,受害越严重;反之,则轻。二是冷水源的大小和水冷的程度决定其受害扩散面积,冷水源越大,水温越低,受害面积越大;反之,则小。例如冷泉水被害稻苗的分布,是从冷泉冒出点为中心,呈圆形向四周扩散,同心圈状依次由重而轻;冷水灌溉的被害稻苗,自进水口处依次向出水口处扩散分布。如图所示,对角线冷水流灌的水温变化及其被害稻苗的分布(图3-4)。

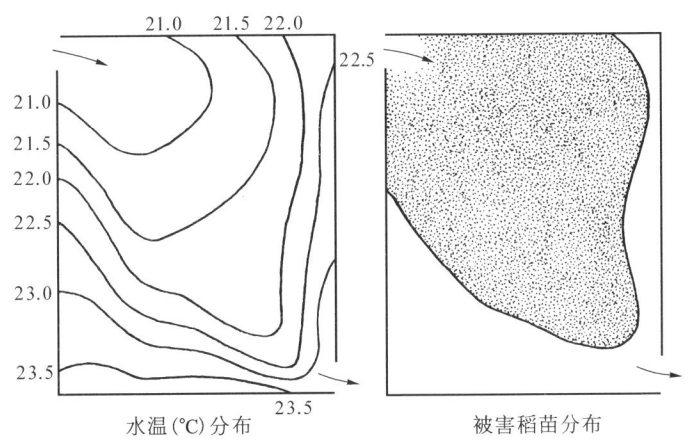

图3-4 冷水流灌溉稻田的水温分布及被害稻苗的分布

有些年份,一般早稻田遇到连续低温阴雨,又长期灌深水,也会发生"冷僵"。因为水稻品种要求日均温稳定通过籼稻16℃、粳稻14℃,才能顺利发根,若插种过早,土温、水温达不到发根所需温度,即使肥水充足,发棵仍然极慢,即所谓早栽不等于早发。

低温发僵的稻苗是早稻插种以后,突然遭到寒潮侵袭而引起的。因此,往往大面积成片发生,但也因品种间抗寒能力、秧苗素质和插秧质量等而有差异。一般抗寒力较强,秧苗粗壮,返青快的受害轻;反之,则重。

【防止和补救措施】 防止冷水发僵技术关键在于加强水浆管理,提高水温、土温,促使根系发育。具体措施:

（1）引用深山冷水、水库底层冷水、地下深层冷水灌溉时，都宜开迂回沟渠，或挖水坑、水池，将水暂时蓄贮一下，使其尽可能接受阳光和大气热量，以提高灌溉水的温度。

（2）受山坑溪流冷水或山脚、高坎渗流冷水等影响的山垄或丘陵的梯田，应开坎里壁沟或筑埂设置过水沟，以拦截冷水，防止冷水串灌。

（3）有冷水涌泉的稻田，要挖去泉眼，截断冷水源。

（4）重砂性的漏水田，宜掺入黏土或做人造土埂，以减少渗漏水，也能有效地提高水温和土温。

（5）改善排灌系统，实行浅灌勤灌。据上海市气象局观察，早稻分蘖期实行浅灌（水深1～2厘米），白天能使稻田4厘米深的土温比深灌（水深5厘米）高1～2℃，但在夜间却比深灌低0.5℃左右。他们的观察表明，浅灌情况下插种后11天的单株分蘖达1，而深灌仅0.7。可见，分蘖期浅水勤灌，特别是日浅灌、夜深灌，有利于提高土温，从而促进分蘖的发生和生长，是克服早稻分蘖期"冷僵"的有效措施之一。

（6）注意气象预报。在低温来临以前，应灌深水护苗是防止大气低温发僵的关键。低温过后，要及时排水，追施一些速效性肥料，特别是磷肥，并抓紧耘田，再露田促根，然后浅灌勤灌。

（7）选用抗寒品种。防止冷水发僵和大气低温发僵，都还要注意选用抗寒力较强的品种，培育壮秧，适时移栽，提高插秧质量，以及深耕精耕等管理措施。

（四）"花稻"发僵

"花稻"发僵又称"节节白"或"节节黄"，一般发生不普遍，但在某些年份的少数田块常可普遍发生，对分蘖有较大影响。如杭州市郊原留下公社小和山大队，1973年有0.3公顷早稻的丛发病率达93%，株发病率达64.5%，严重影响了水稻的早发。

【病状】（图版19）　早稻移栽返青后至分蘖初期，上部新伸出的1～2张叶片，呈现0.5厘米左右一段白（黄）、一段绿相间现象，一叶上大多1～3段。受害轻的叶片能逐渐恢复，重的叶片则在变白色叶段处折断。病株簇立僵缩，分蘖迟缓，根系多黄根、黑根。

【病因及发病规律】　节节白主要是由于日夜温差过大，影响叶绿素形成所致。一般多发生于低温寒潮后的晴朗天气，白天有充足日照，气温都在15℃以上，而夜间的气温则急剧下降至7℃以下，但土温尚不低于15℃的情况下形成。

因为水稻叶片属于"叶基生长"类型，而叶基生长的起点温度，籼稻要求不低于15℃，粳稻不低于13℃。当白天推出鞘外的新抽生叶片幼嫩叶段处于15℃以上时，叶绿素可顺利形成，至夜间伸出的叶段，由于气温过低，抑制了原叶绿素的形成，白天受光后也不能合成叶绿素，仅保留胡萝卜素和叶黄素等，使之呈现黄色。若夜间气温更低，胡萝卜素和叶黄素也难形成，那就出现白色的叶段。如果这样的昼夜温差连续几天，就形成了数段黄、绿相间生长的叶片。

节节白大多发生在稻苗生长衰弱的发僵田，尤以山区、山脚一些低洼冷水田和冷水串灌田较为常见。其发生与否及程度轻重，还和品种抗寒性、插秧质量等有关。品种中以不耐寒的早籼"青小金早"最易发生，其次是"矮南早1号""二九南1号""二九青"等，"广陆矮4号"也有发生。至于插秧的质量也有关系，如1973年原留下公社小和山大队，在同一丘田中，有两带各7行的秧苗栽插特别深，其丛发病率达98.5%，虽然与其他较浅插的差异不大，但株发病率远比浅插的高（深插的达87.5%，浅插的只有64.5%）。

【防止和补救措施】

（1）加强栽培管理 早稻插种后，力争早发，防止发僵。遇有低温，应在降温前溜水保温护苗，最好是上午排水增温通气，下午3点左右灌水护苗。防止冷水串灌后降低土温，影响根系生长。提高插秧质量，避免深插。

（2）细耘轻搁 一旦本病发生以后，待气温稍有回升，应立即排水，追施速效性氮肥，并在细耘后轻搁田，促进根系生长。

三、抽穗结实期的非传染性病害

水稻从抽穗到成熟的生产目标是养根保叶、增粒增重、青秆黄熟夺高产。生产上要求抽穗时叶色青绿，早稻有3～4片功能叶，晚稻有4～5片功能叶，而且抽穗整齐；灌浆以后，既要防早衰逼熟，又要防贪青迟熟，以叶色褪淡，绿中带黄，茎秆和稻穗枝梗仍保持青色为佳，以期达到青秆黄熟。如果在生长前期的拔节期未曾排水搁田，合理控制肥水，或长穗期遇温度不宜和肥水管理不当，而抽穗灌浆阶段又遇不适宜的环境条件，以及没有进行干干湿湿灌溉或断水过早等，往往会造成倒伏、空秕翘穗、早衰、青枯、青立和早青立等生理性病害。

（一）米　　稻

米稻俗称雄稻。个别田块零星出现，一般很少发生。

【病状】 病株生长特高,往往高出正常稻株1/3左右,分蘖增多,茎秆粗壮,叶片宽阔,叶脉粗而隆起,叶面有粗糙感,叶色正常,不褪黄,病株都能抽穗,但穗大而结实率很低。

米稻在田间易和恶苗病(*Gibberella fujikuroi*)所引起的植株徒长相混淆。但恶苗病的病株高而细弱,叶片窄长,叶色呈淡黄绿色,分蘖少或不分蘖,节部倒生许多不定根,茎表面有暗褐色条斑,茎腔内有灰白色菌丝,病株大多于孕穗期枯死,枯株上布满粉红色霉层,少数病株可抽穗,但穗小,籽粒不实。

【病因及发病规律】 米稻是由籼、粳杂交结成的种子长成的。在一些籼、粳稻插花种植地区,如籼、粳稻的开花期相遇,就可能发生天然杂交而产生杂种。由于籼、粳稻在形态特征和地理分布方面存在明显的差异,这种杂交的种子种植后,其植株就往往长得很繁茂高大,但结实率却很低,一般都在50%以下。

有些地区以为米稻的形成是由于播种已脱掉谷壳的米粒的缘故,因而对播种前的晒种措施不力。这似乎混淆了米稻和恶苗病。因为米粒播种后,相对较易感受恶苗病菌的侵染而产生徒长苗。

【防止和补救措施】 首先要提倡连片种植,防止籼、粳稻插花种植而相互串花杂交。其次是在拔秧和耘田时拔除长得特别高的异常苗。

(二) 早　　穗

早穗俗称"早产""小稻头",主要指秧苗在秧田期已开始幼穗分化或发育,移栽后过早地抽穗现象。春花田早稻的迟插田和连作晚稻的早、中稻品种,在秧龄过长情况下,容易发生早穗。

【病状】 水稻早穗,最早的在插秧后10多天,迟的不到一个月就开始抽穗。早穗水稻,由于主穗过早抽出,分蘖参差不齐,始穗迟,抽穗期拉得很长,成熟很不一致。早穗的植株比正常抽穗的植株矮小、叶色淡、分蘖少、穗子小、秕谷多,有些稻穗不能全部抽出剑叶鞘,因而减产严重。

【病因及发病规律】 造成早穗的内因是早稻品种感温性强、全生育期短,在超秧龄情况下容易满足其有效积温。外因是育秧期间气温偏高、秧龄过长、播种过密,以及不恰当地控肥控水,其中以秧龄过长为主导因素。由于春花田早稻的早熟品种和连作晚稻的早、中籼(粳)品种的生育期都比较短,感温性强,从播种到幼穗分化的叶龄和所需积温也较少,不耐长秧龄和迟栽。如果秧龄过长,就容易在秧田期满足所需积温,再加上播种过密和缺肥缺水,个体营养面积小、营养条件差,更易促使营养生长期不正常的缩短,从而很快地转入生殖生长阶段,使秧苗在秧田期或插后不久就开始幼穗分化,造成早穗。由于幼穗分化处于不利营养条件下,因此,造成穗小、秕谷多。据上海市农业科学院观察,早稻从播种到幼穗分化所需的时间,愈是生育期短的品种,从播种到幼穗分化所经历的天数也愈短,所以不耐长秧龄(表3-1)。

表3-1 早稻各品种的幼穗分化期

(上海市农业科学院,1975)

品 种	年 份	播种期 (月/日)	移栽期 (月/日)	幼穗开始 分化日期 (月/日)	从播种至 幼穗开始 分化天数	从移栽至 幼穗开始 分化天数
二九陆1号	1973 1974	4/19 4/21	5/7 5/18	5/27 5/27	38 36	10 9
矮南早1号	1973 1974	4/22 4/22	5/22 5/22	6/2 5/31	41 39	11 9
矮南早39	1973 1974	4/25 4/26	5/30 6/1	6/14 6/13	50 48	15 12
广陆矮4号	1973 1974	4/18 4/21	5/31 6/3	6/14 6/13	57 53	14 10

【防止和补救措施】

(1)严格控制秧龄　根据品种特性,确定适当的播种期和秧龄。在浙江省的气候条件下,一般三熟制早稻尽量少用早熟品种,如采用早熟品种,秧龄不能超过25天(最好不超过20天),作晚稻的早籼品种,则秧龄不超过15天,中籼(粳)品种秧龄不超过25天。

(2)注意适当稀播　加强秧田肥、水管理。根据秧龄长短来确定适当的播种量,保证每一株秧苗有一定的营养面积;对生育期短的品种不能用控肥、控水来抑制秧苗生长。

(3)加强管理　秧田期已发生幼穗分化的,应在移栽前重施起身肥,移栽时要特别注意浅插,移栽后必须早施肥、深耘田,以利稻苗早返青、早分蘖,促进营养生长,延缓幼穗分化。

(三)空、秕粒

空、秕粒是水稻谷粒不能正常形成和发育的总称,包括空壳和秕粒,是水稻生产上较为普遍存在的一种生理障碍。在正常的气候和栽培条件下,水稻的空秕率达10%～20%,但在不正常情况下可达30%～40%,甚至更高。

【病状】(图版19) 空壳是颖花雌雄性细胞不能完成受精过程,或受精后子房体不能伸长膨大,或子房体略微膨大,但不能灌浆,无乳浆的不实粒。秕粒是指颖花受精后,子房或胚乳已适当膨大,在灌浆过程中,胚乳中途停止发育,形成半饱粒,或在米粒成熟前死亡而形成死米。凡没有达到正常饱满谷粒重量2/3的,称为秕粒。

【病因和发病规律】 空、秕粒形成的原因,除病虫为害外,可归纳为生理上的原因(内因)和外界环境条件的影响。

1. 形成空壳的内因

有两种情况。一是抽穗前,颖花雌雄性器官发育不全,不能完成受精过程。如生殖细胞组织的形成受到障碍,花粉母细胞遭到破坏或不能正常发育,花药囊内无花粉粒,花粉粒不充实或内容物少,花粉不能发芽等,使颖花不能完成受精作用而形成空壳。二是抽穗开花时,雌雄性器官成熟不一致,雌雄蕊长度相差大,柱头上的生长物浓度太低,花药不能开裂,或花粉管伸长受阻等,以致不能完成受精过程而成空壳。

2. 形成秕粒的原因

主要是穗部营养受到障碍,致使子房或胚乳中途停止发育。造成穗部营养障碍的原因可分为抽穗前和抽穗后两种影响。

抽穗前的影响:一是稻体内积蓄的碳水化合物量、含氮量和其他各种成分含量的多少,影响着结实期营养物质的积累和制造;二是稻体内输导组织发育的好坏,特别是穗轴与枝梗维管束的数目和大小,能直接影响养分的转运和灌浆速度。

抽穗后的影响:主要是稻株最后3张叶片光合作用的好坏。由于谷粒灌浆充实所需的营养物质,只有1/3左右在抽穗前贮积于茎秆和叶鞘内,而有2/3左右是靠最后3张叶片通过光合作用制造的。因此,抽穗后如果光照足,最后3张叶片(特别是剑叶)的含氮量高,叶绿素多,光合作用就好,制造的营养物质多,输送到穗部的数量大,结实率便会提高;反之,如最后3张叶片早衰,失去光合效能,秕谷就增多。

3. 影响空秕粒的气候因子

温度、湿度、风速、光照等气候因子都对空秕粒的形成有很大影响,其中以温度的影响最大。

(1) 温度 幼穗分化期的最适温度为30℃左右,过高过低对幼穗发育都有影响,特别是花粉母细胞减数分裂期对低温反应最敏感,当日平均气温低于20℃,日最低温度在15～17℃以下时,就会延迟出穗和大量增加空壳。

抽穗开花期的适宜温度也是30℃左右。低至23℃就对开花有影响,在20℃以下时,花药不能开裂散粉,花丝伸长受阻,雌蕊机能不良,不能完成受精过程而成为空壳。连作晚稻产生空秕粒的原因,主要是抽穗开花期遇到低温;反之,温度超过35℃,也对受精不利。就一朵颖花来说,高温对开花的伤害以开花前一天最重;就一块田来说,是盛花期的前一天致害性最大。水稻颖花成长后期遇高温后,花药开裂受到抑制,散粉力差,花粉粒变小、内容物不充实、发芽力降低,影响正常受精,增加了空秕粒。例如1978年6月底至7月中旬,浙江省出现历史上罕见的持续高温,杭州、金华、丽水三地区日最高温度分别达39.9℃、39.2℃、40.9℃,日最高温度超过35℃的有20～23天,而浙南和沿海地区相对较低,温州未超过35℃,温岭也只有2天超过35℃。由于全省温度相差幅度大,同一品种在各地的空秕率和千粒重就不一样。如青秆黄品种,在杭州空秕率为21.2%,千粒重21.3克;在浦江空秕率为19.2%,千粒重21.1克;而在温州空秕率只有10.9%,千粒重却有23.6克。

水稻灌浆结实期的最适温度为21～25℃。如日平均气温低于20℃,就会影响有机物质合成和运输,实粒率和千粒重将明显下降。灌浆期对高温也比较敏感,早稻抽穗后6～10天的乳熟前期,正是米粒伸长加宽时期;如遇35℃高温,米粒就会停止发展,实粒率降低;抽穗后11～15天的乳熟后期,是米粒增厚时期,也是灌浆速度最快时期,如遇32℃高温,谷粒饱满度便受影响,千粒重下降,这就是所谓早稻后期的高温逼熟。因为高温造成根系早衰,叶绿素含量降低,叶片功能下降,缩短了谷粒灌浆成熟天数,同时增加了呼吸作用,消耗的营养物质多,因而千粒重下降,米质疏松,腹白大,质量差。所以,灌浆期间宜温度稍低,昼夜温差大,白天光合作用制造的养料多,晚上呼吸作用的消耗少,这样就千粒重高,米质好。

(2)湿度 水稻在相对湿度50%～90%都可开花受精,以70%～80%最为适宜。天气太干燥,雌花柱头黏液减少,花粉寿命缩短,对受精不利。但遇大雨或持续阴雨,阳光不足,湿度过大,雨水冲洗去柱头黏液,花粉粒吸水膨胀破裂,不能发芽、或花粉管伸长受阻,对开花受精也很不利,容易造成空壳。

(3)光照 光照强弱直接影响光合作用和有机物质的积累。开花结实期间,如阴雨天多,光照不足,空秕率会明显增加。

(4)风速 风速也要影响空秕率,微风对传粉有利,风速过大,会直接损伤花器官,影响受精和结实。开花期间刮干风,会引起雌蕊柱头黏液减少,花粉寿命缩短以及机械损伤,导致空粒率增加,此即所谓"风旱不实"。

4. 影响空秕粒的栽培因子

以肥、水管理关系最密切。氮肥使用过多,叶片含氮量高,叶色深,碳氮比例低,这样只利营养生长,不利营养物质的积累与转运,茎秆徒长,叶片下披,通风透光不良,致使光合作用产物积累减少,空秕率增加;反之,氮肥不足,中、后期缺肥脱力,叶片早衰,光合作用机能衰退,也会增加空秕粒。

灌水不合理也会导致空秕粒增加。水稻对水分的反应以花粉母细胞减数分裂期、抽穗开花期和灌浆乳熟期最敏感。减数分裂期缺水受旱,会使颖花发育不全,颖花退化或畸形,花粉粒内含物少、生活力降低;抽穗开花期缺水,会影响受精过程的正常进行;灌浆乳熟期缺水,主要是影响有机物质向穗部运输,最终都会造成空秕粒的大量增加。相反,排水不良或长期灌深水,土壤还原性强,根系就会变黑腐败而导致空秕粒上升。后期断水过早,削弱根系和功能叶的生活力,空秕粒也会增加。

此外,高度密植,封行过早,通风透光差,病虫害严重等,也会使空秕粒增加。

【防止和补救措施】

(1) 选用结实率高的品种 生产上应用抗逆力强、耐寒、耐热、耐肥抗倒、抽穗整齐、抗病虫力强、后期不易早衰的品种。据嘉兴地区农科所1977年调查,6个早稻品种同在7月上旬高温期间齐穗,空秕粒却显著不同。"广陆矮4号"最耐高温,空秕粒只10%～20%;"二九青""中秆早"和"原丰早"次之,空秕粒为15%～25%;而"科海"和"温选青"的空秕粒高达25%～40%。金华地区农科所1974年调查74块晚稻田,同在9月18～22日连续5天遇到20℃以下低温,空秕粒也明显不同,"农虎6号"空秕粒为18.1%,"农红73"为20.5%,"京引15"为35.9%,"金垦19"为38.7%,"广陆矮4号"为28.4%。

(2) 适期播种和移栽 在选用良种的基础上,根据品种特性和耕作制度的要求,适时播种移栽,以避开高、低温对花粉母细胞减数分裂期和开花灌浆期的伤害。例如绿肥田早稻的早熟品种就不宜过早播种,以免花粉母细胞减数分裂期遭遇低温而受害;连作晚稻则不宜过迟播种,以免后期受低温影响。

(3) 加强肥水管理 做到科学施肥和灌水,防止后期贪青或早衰,确保青秆黄熟。

(4) 及时采取应急措施 在孕穗至抽穗开花期遇到低温或高温,应立即采取措施以减轻损失。如果早稻花粉母细胞减数分裂期或晚稻抽穗开花期遇

20℃以下低温,应在低温到来之前,及时灌深水保温。据上海市气象局等单位观察,晚稻抽穗开花期灌10厘米深水,晴天时可提高穗部气温3℃多,阴天可提高2℃多,雨天可提高1℃多。早稻抽穗开花期遇35℃以上高温,也可灌深水降温。据有关单位观察,此时灌深水8厘米以上,可使穗层气温降低0.8℃,相对湿度提高12%。又据嘉兴地区农科所1977年对比试验,广陆矮4号在高温期间灌水56.5厘米的空秕率为9.7%,不灌水则达到13.6%~15.9%。但穗期不宜长时期保持水层,以免土壤还原性增强,根系提早衰亡,茎部发软,导致纹枯病为害。据各地经验,早稻高温期间最好是间歇灌溉,有条件的地区可进行日灌夜排,冷水串灌,能较好地解决水、气矛盾,提高结实率,增加千粒重。

(四)翘 稻 头

翘稻头是指早、晚稻因栽培管理不当,造成抽穗后不能正常受精结实或籽粒发育不良,使稻穗直立而不下垂的现象。常年有个别田块发生翘穗头,个别年份比较严重。

【病状】 稻穗抽出后的穗形和颖壳大小,都与正常稻穗无异,但多变成空壳或秕粒,其特点是每穗空秕粒大大超过实粒数,成熟时叶片仍然青绿,稻穗始终直立不下沉。

【病因和发病规律】 造成早、晚稻翘稻头的原因,主要是播种或移栽不适时,使孕穗期或抽穗期遭遇温度过低或过高。

1. 二熟制早稻

主要是早熟品种播种过早,进入孕穗期,特别是花粉母细胞减数分裂期遇到日平均气温低于20℃,日最低气温15℃以下时,就不能安全孕穗,影响雄蕊和花粉的正常发育,花粉粒畸形或内容物不充实,失去生殖能力,致使抽穗后不能正常受精结实。如1972年与1973年,杭州附近的二熟制早稻早熟品种在花粉母细胞减数分裂期都曾遇到5月下旬的低温,其中1972年5月23~26日的日平均气温分别为17.1℃、15.6℃、18.3℃、19.8℃,结果造成"二九南2号""二九青"发生大面积翘稻头。

2. 三熟制早稻

主要是迟熟品种播种和插秧过迟,在抽穗开花期,遇到日平均气温32℃以上和日最高气温超过35℃的高温,不仅不开裂的花药数增多,散粉差,易干枯,而且花粉粒变小,内容物少或畸形,发芽率降低,严重影响受精,轻则空壳率成倍增加,重则造成翘稻头。前述1978年罕见的持续高温,部分迟熟品种受害严重的田块，就发生翘稻头。这种受高温伤害的翘稻头，外部形态上的特征是：穗上谷粒发育向空壳和实粒两极分化，很少秕粒，而且空壳在穗上的着生位置没有规律性，翘穗头的稻株常发生高节位分枝。

3. 连作晚稻

连作晚稻的翘稻头，主要是抽穗过迟，遇到低温袭击。晚稻迟穗的原因：播种过迟，秧龄不足；播种过密，控制肥水过度，秧苗瘦弱；移栽过迟，插秧太深；氮肥施用过迟、过多，或管理不及时。其中又以播种过迟为主导因素，客观上多是寒潮来得早。因为连作晚稻安全齐穗期的日平均气温，籼稻需在22℃以上，粳稻需在20℃以上。而浙江省连作晚稻齐穗期（9月20日左右），北方冷空气南下的机会开始增多。此时粳稻若遇到连续23天日平均气温在20℃以下、日最高气温低于23℃或日最低气温17℃以下；籼稻遇到连续2~3天日平均气温在22℃以下、日最高气温低于25℃或日最低气温20℃以下，抽穗就困难，或花药不开裂、花粉不育而形成大量空壳。温度愈低，时间愈长，影响愈大。如1974年9月18—22日连续5天日平均温度为16.4~19.7℃，日最低温度为14.4~17.4℃，晚稻生育期普遍推迟，"农虎6号"齐穗期约推迟5天，"京引15"约推迟8天，结果空壳大量形成，重的出现"翘稻头"。

【防止和补救措施】

（1）适当调整早稻品种布局和灌深水保温护苗　早插的绿肥田早稻可选用中、迟熟品种，将早熟品种安排在早三熟的春花田上，使早熟品种避过5月下旬的低温影响，推迟到6月上中旬进入孕穗期。如孕穗期（特别是花粉母细胞减数分裂期）遇20℃以下的低温，则可灌深水保温护苗。

（2）适当减少迟三熟面积和选用耐高温品种　在作物布局上要多种早三熟，适当压缩迟三熟的面积。三熟制早稻的迟插田，要选用较耐高温的"广陆矮4号""中秆早"等品种，以避过或减轻7月上旬以后连续高温的影响。如遇高温天气，在水源充足地区，可实行深灌、串灌或日灌夜排，但要防止因长期淹灌而引起根系死亡或高温高湿导致纹枯病的发生。

（3）加强管理　连作晚稻要狠抓季节特点，做到适时播种，培育壮秧，适龄移栽，加强肥水管理，促进早发，防止过多或过迟施用氮肥，确保连作晚稻在安全齐穗期内抽穗。对有可能产生迟穗的晚稻，前期就应抓紧搁田，及时控制无效分蘖，促进主茎和大分蘖向生殖生长转化，以达安全齐穗的目的。如抽穗期遇低温，应及时灌深水保温护根。另据湖州、余杭等地试验，当晚稻近抽穗时得到低温预报，每666.7平方米喷施20×10^{-6}浓度的"九二〇"溶液40~50千克，有促进提早抽穗的效果。

（五）倒　　伏

倒伏是水稻夺取高产的重要生理障碍之一。倒伏造成的损失大小，决定于发生时期和倒伏程度。早期（抽穗前后到灌浆期间）倒伏的损失重，后期（乳熟期以后）倒伏的损失相对减轻。据安徽省农科所1959年调查，早稻"南特号"孕穗期倒伏的，损失最重，减产达45%，随后依次减轻；抽穗期减产34.4%，灌浆期减产29.4%，乳熟期减产11.8%，蜡熟期减产1%。不同倒伏程度以着地倒的损失为重，倾斜倒的损失相对较轻。

【病状】（图版20）　水稻倒伏一般有两种情况：一是"根倒伏"，其根系发育不良，扎根浅，缺乏支持力，拔节以后植株逐渐伸长，重心上移，稍受风雨等外力影响，即易发生着地倒伏；二是"茎倒伏"，主要由于茎秆发育不健壮，基部节间过长，组织软弱，抗折力小，负担不了稻株上部的重量而发生不同程度的倾斜。上述两种类型，既各有别而又相互联系。倒伏程度分斜、倒、伏3级（图3-5）：直立或与地面角度大于75°者为"直立"，与地面角度为60°～75°者为"斜"，与地面角度为30°～60°者为"倒"，与地面角度30°以下者为"伏"。倒伏病状如下：

1. 根系发育不良

据前中国农业科学院江苏分院调查，正常水稻在土表下24厘米的耕作层中，每穴稻根干重5.83克，有27.7%的根系分布在表土下12～24厘米的土层中。

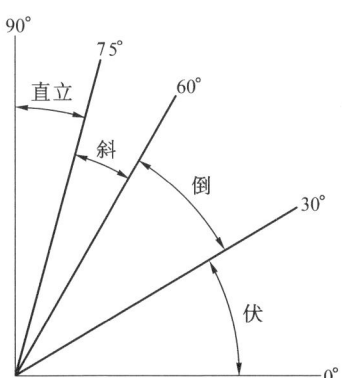

图3-5　水稻倒伏程度分级示意图
　　直立：与地面角度大于75°者；
　　斜：与地面角度在60°～75°者；
　　倒：与地面角度在30°～60°者；
　　伏：与地面角度在30°以下者。

倒伏稻株,每穴根的干重4.78克,分布在12～24厘米土层中的根系仅15.9%。

2. 茎基部节间细长

倒伏水稻茎基部上数第二、第三节节间比正常水稻长而细,据原江苏扬州专区农科所1958年调查,"老来青"品种倒伏与不倒伏的稻株,其基部第二、第三节节间长度、粗细和折断力差异显著(表3-2)。基部第二茎节间的长度,倒伏稻株为7.03厘米,比不倒伏的4.88厘米长42%;茎粗细,倒伏的为3.72毫米,比不倒伏的4.26毫米细12.6%。

表3-2 水稻茎基部节间长度、粗细、干物质、折断力与倒伏的关系

(原江苏省扬州专区农科所,1958)

取样地点	品种	倒伏情况	茎基部第二节间			茎基部第三节间			茎秆折断力(克/毫米)
			长度(厘米)	粗细(毫米)	单位干物质(克)	长度(厘米)	粗细(毫米)	单位干物重(克)	
苏北农学院五星农场	853	不倒	4.59	3.82	0.137 7	9.18	4.23	0.170 0	63.37
		倒	6.15	2.90	—	10.41	3.34	0.106 3	21.95
江苏省农科所	老来青	不倒	4.88	4.26	0.263 2	9.30	3.58	0.234 6	53.33
		倒	7.03	3.72	0.201 2	13.79	3.29	0.182 0	9.64

注:茎秆折断力(收割后测定的)=折断重量(克)/直径(毫米)。

此外,倒伏水稻由于茎基部节间纤细而软弱,所以,干物重轻,纤维素含量少,茎节的细胞壁和维管束的厚壁组织也较薄。

【病因及发病规律】 水稻发生倒伏的原因是多方面的,除了受大风雨的影响外,主要是品种抗倒伏性能差和栽培管理不当等原因造成。

1. 品种的抗倒性能差

水稻品种之间抗倒伏性能有强弱,凡耐肥力强、植株矮、节间短、茎秆坚韧、根系发达、叶片直立、剑叶短的品种,抗倒伏性能好。通常粳稻比籼稻抗倒,矮秆、中秆品种比高秆品种抗倒。同一品种,其根系发育、茎秆粗细和组织强弱不同,抗倒力也有差异。水稻抗倒伏能力,是由茎秆强度加上包裹的叶鞘强度构成的,单位茎秆的重量大小与抗倒性密切相关,茎重比较大的,就有较粗而壁厚的管道,对"弯曲""折断"的抵抗力就较强。

2. 耕作层过浅

耕作层浅的水稻根系发育不好,扎根不深,对地上部支持力小,容易发生倒伏。

3. 密植程度过大

插秧密度过高,每丛苗数过多,封行过早,稻丛间通风透光条件差,造成稻苗个体发育不好,茎秆细弱,茎基部节间增长,抗倒力就差。

4. 肥水管理不当

片面重施氮肥,特别是耕作层浅的稻田,易引起稻株徒长而倒伏。长期深灌的水稻,其茎内通气组织膨大,细胞壁薄,细胞间隙大,组织柔软疏松,弹力强度低。据对广矮系统品种的观察测定,经过排水搁田的稻株,茎秆基部弹力强度为130.4克,为淹水灌溉25.1克的5.19倍。同时,淹水灌溉的稻株,根系不发达,扎根不深,到开花灌浆后,上部重量增加,因而很易发生倒伏。

此外,病虫的直接为害,如稻飞虱、纹枯病、细菌性基腐病和小粒菌核病等为害严重的稻田,稻株茎秆组织受破坏,也常导致水稻倒伏。

【防止和补救措施】 预防水稻倒伏,除了选用耐肥抗倒品种外,在栽培管理上可采取以下措施:

(1)深耕 对耕作层浅的稻田,要深耕以加深耕作层,增加蓄水、保肥能力,使肥分逐步供应水稻生长的需要,这样就不易引起徒长而导致倒伏。

(2)合理用水 采取干干湿湿的灌溉和搁田等措施,有利于新根生长和根群深扎。搁田对防止茎秆基部第二、第三节节间过长,加厚秆壁,提高植株抗倒能力,也有一定的作用。水稻抽穗扬花期间田间保持适当水层,田脚过烂的适当断水。灌浆时采取湿润灌溉,保持干干湿湿,以湿为主,即晴天灌一次水,落干、断水1～2天后再灌,防止田面发白,这样则土壤中的水汽交替利于植株健壮生长。浙江省嘉兴地区农科所在绿肥田早稻的试验表明(表3-3),后期干干湿湿灌水的,稻田纹枯病轻,抗倒伏,生长青秀,青秆黄熟,产量高,收获也方便。但对透水好的砂质土,则要经常保持浅水。

表3-3 绿肥田早稻后期不同灌溉方式对植株经济性状及产量的影响
(浙江省嘉兴地区农科所,1973)

灌溉方式	丛高(厘米)	每穗总粒数	每穗实粒数	秕谷率(%)	千粒重(克)	小区折666.7平方米产量(千克)	纹枯病丛发病率(%)	8月1日测定倒伏情况
后期干干湿湿[①]	71.4	60.9	56.1	7.0	27.0	541.5	12	倾倒
后期灌深水[②]	72.7	59.4	53.9	9.3	27.0	500.05	20	倒
一灌到底[③]	70.4	60.7	56.5	6.9	26.6	487.5	26	倒伏

注:① 后期干干湿湿指前期浅水发棵,中期搁田,齐穗后间歇灌溉,田面干干湿湿;
② 后期灌深水指前期浅水发漂,中期搁田,齐穗后灌深水8～10厘米,收前5天排干;
③ 一灌到底指前期浅水发棵,中期不搁田,后期灌1.5～5厘米水(品种用广陆矮4号)。

（3）合理用肥 按照高产的施肥要求，看苗分期合理施用，避免施肥过多引起徒长而倒伏。

（4）搁田及扶正已发生倒伏的水稻，立即根据土质和苗情进行排水搁田，防止茎秆腐烂和谷粒发芽；乳熟以后倒伏的，应把稻株扶起，放在前排稻秆上，一行托一行犹如鱼鳞状排列，避免稻谷发芽霉烂。

（六）早　　衰

早衰是水稻抽穗以后发生的一种"未老先衰"现象。早衰稻株减少了功能叶的光合量，造成碳水化合物严重不足，秕谷率增加，影响稻谷产量。

【病状】（图版21）　水稻生育后期（抽穗至成熟）发生早衰的稻株，严重时叶色枯黄，叶片顶端灰白色，薄而弯曲，远看一片枯焦。根系生长衰弱，软绵无力，在土壤通透性差、还原性强的稻田，还会有少数黑根发生。生理性早衰易和水稻受稻瘟病、纹枯病、白叶枯病和细菌性基腐病等病菌侵染造成的病理性早衰混淆。诊断时需注意区别。

【病因及发病规律】　生理性早衰的原因比较复杂，气候、品种、土壤、肥料等均与发生早衰有关。

1. 气候影响

高温、寒潮等不良气候，是造成叶片早衰的主要原因之一。例如早稻生育后期遇到高温，晚稻生育后期遇到低温寒潮，均易造成早衰现象。

2. 肥水管理不当

水稻生长后期断水过早、或肥料脱力、肥水管理不当，也是造成早衰的原因之一。据研究，维持水稻植株一定含氮水平，是防止后期根叶早衰的关键。稻株在抽穗后30天内，特别是齐穗期，体内含氮量以不低于1.25%、叶片含氮量以不低于2%为宜。由于灌浆物质主要是糖，而氮化物（主要是氨基酸与酰胺等）也按一定比例与糖同时向籽粒运输，当土壤缺氮时，谷粒中大部分氮素将由叶片供给，由于叶片氮素被稻穗夺取而导致早衰。所以灌浆期保持土壤一定供氮能力，对于延长叶片寿命，防止根系早衰，以及提高籽粒蛋白质含量都有重要意义。

3. 品种特性

一般来说，稻株上部叶片较厚、通气组织比较发达和后期根系活力较强的品种不易发生早衰。而叶片的厚度一般随叶位渐增而加厚。早稻矮秆品种叶厚递增速度慢，所以上部叶片较薄，叶内水分易产生不平衡状态，以致失水而早衰；越早熟的矮秆品种后期越易早衰枯叶。通气组织比较发达、后期根系活力强的品种,根系向外扩散氧的能力强,氧化土壤中亚铁、硫化氢等有害物质的能力也较强,对烂根的抗性就大。根系吸收养料的能力强,早衰自然也较少;相反,通气组织不发达,后期根系活力差的品种,容易早衰。特别是土壤黏重、排水困难或长期灌深水的稻田,在后期土壤还原性增强的情况下,根系生长衰弱,吸收能力差,影响对地上部叶片养料的供应,更易造成早衰。晚稻生育后期,抗寒力弱的品种,根、叶生理活动受到障碍,容易发生早衰,特别是早籼品种作连作晚稻栽培时,因抗寒力弱,表现更为明显。

【防止和补救措施】

(1) 注意水稻品种的选择　要选用后期根系活力强、上部叶片较厚,通气组织比较发达的矮秆水稻良种。一般早稻选用迟熟品种为主,晚稻选用粳稻品种为宜。

(2) 加强中、后期肥水管理　要根据苗情施用穗肥和壮粒肥,避免中期脱力,后期早衰。据前华东农科所研究,水稻抽穗时有缺肥现象的,叶片含氮量较低(总含氮量在1.2%～1.4%以下),一般应在抽穗初期每公顷施氮素化肥15～22.5千克,也可根据具体情况,采取根外追肥。近年各地试验证明,水稻后期进行根外追肥,可由叶片直接吸收,补救根系吸收养分的不足,延长功能叶寿命,使抽穗整齐,成熟早,结实率高,籽粒饱满,达到茎秆青秀活熟,有防止早衰的作用。1978年浙江黄岩、余姚等县早稻喷施磷酸二氢钾,倒三叶生长青绿,空秕率减少,千粒重增加,每666.7平方米增产20.8～24.7千克。

根外追肥的方法是:

① 每公顷用过磷酸钙11.25～15千克,加水750～900千克,沤24小时,过滤后喷施。稻苗生长差的,再加尿素0.25～0.5千克;

② 每公顷用氯化钾15千克或磷酸二氢钾1.125～1.5千克,加水喷施。

喷肥一要喷细喷匀,二要避开水稻扬花期,选择早、晚或阴天湿度大时进行,以利叶面吸收。喷施时间,第一次在破口见穗期,第二次在齐穗或灌浆初期。

防止根系早衰,是防止水稻后期叶片早衰的关键。根系吸收的水分、养分,是叶片光合作用不可缺少的物质基础,叶片光合作用的产物又是根系呼吸生长、吸收养分的能量来源,两者相互依存。因此,中后期应采取干干湿湿的灌溉方法,解决土壤中水分和氧气的矛盾。后期不要断水过早,使根系保持旺盛的吸收能力,达到秆青叶绿,生长健壮。晚稻遇低温要灌深水保温。

早稻抽穗期遇高温,以采取间歇灌溉,根外喷施磷钾肥效果为好。高温条件下,蒸腾量大,需水量多。据嘉兴市气象站测定,早稻抽穗扬花期在高温条件下,每公顷每日蒸腾和蒸发量达60～75吨水,所以田间不能缺水。但长期灌深水,土壤通气性差,会使根系发黑,茎基变软,有利于稻纹枯病发生,所以要采取灌

1～2天、干1～2天的间歇灌溉方法,既满足蒸腾需水,又使土壤通气,有利于养根保叶,青秆黄熟。

(七) 青　枯

2005年10月8日,浙江省出现水稻大面积青枯,仅杭州市面积就达0.4万公顷,损失严重。水稻生长后期,特别是双季晚稻的生长后期会出现青枯现象。但据笔者自20世纪60年代末开始,连续多年对苏、浙、皖的大面积调查,以及70年代后期至80年代的试验研究探明,不论单季晚稻或双季晚稻后期所出现的大范围青枯现象,绝大多数是由水稻细菌性基腐病引起,真正由生理性失水引起只是个别地区的极个别田块。

【病状】(图版21)　病株叶片萎蔫内卷,呈典型的失水病状,叶片与谷壳呈青灰色,远看无光泽,很似割倒摊晒在田间已有一天的青稻。茎秆干瘪收缩,基部更甚,最后常齐泥倒伏。发病以前病株并无异样,病害往往在1～2天突然成片发生,来势很快,田间并无发病中心。

此种生理性失水青枯与传染性的水稻小粒菌核病以及水稻细菌性基腐病所造成的青枯有点相似,其区别是:小粒菌核病在田间常成穴或成块发生,病株基部伸长节先有黑褐色条状病斑,继而发黑腐朽,仅留维管束,剖开病茎可见很多针头状黑色小菌核,下部叶片大都先行早枯;细菌性基腐病所造成的青枯是,在田间多零星发生,甚至一丛中仅1～2株发病,病株大都是根节部先变黑褐色,随后逐渐向上发展至伸长节变黑褐色腐烂,最后全株枯黄,或遇西北干风,病株失水青枯。

【病因及发病规律】　青枯是由于稻株突然生理失水所引起,大都在晚稻灌浆乳熟至糊熟期,田间断水过早、过干的情况下发生。灌浆乳熟期的稻株抗旱能力仍然较弱,尚需有充足的水分供应。此时缺水或严重缺水,不仅影响功能叶的光合作用和养分的转运,还会破坏稻株体内的水分平衡而致萎蔫青枯。据调查,晚稻后期常因套种绿肥后只考虑到绿肥不宜水分过多,或怕晚稻收割后烂田难以种麦、栽油菜而过早地断水。一旦遇上持续干旱或突然降温并刮西北干风的气候条件,根系吸水能力下降,而西北干风又使蒸腾量加大,于是水分供求失调,导致整丘田青枯。早稻后期大多采用活水灌溉或浅水层与露田相结合,因此较少发生失水青枯。

长期深水灌溉,未适时适度搁田,根系没有旺发深扎;或前期受还原性中毒、根系发育不良的田块,青枯发生也较重。根系发育差,吸水能力就低。据测定,刚开始表现青枯的稻株,吸水能力只有健株的55%;至发病后期,只有健株的13%。另据调查,中粳桂花黄品种根系粗而少,扎根浅,比其他品种发病严重。

此外,土层浅薄,氮肥施用过多、过迟,或肥力不足,以及小粒菌核病发生严重等,都会加重青枯的发生。

【防止和补救措施】

(1)选用高产抗旱力强的品种　一般籼稻品种比粳稻品种、早熟品种比迟熟品种、大穗少蘖型品种比小穗多蘖型品种耐旱,可因地制宜加以选用。

(2)合理施肥　要施足基肥,早施追肥,避免氮肥施用过多、过迟,防止前期疯长,后期贪青或早衰。

(3)科学用水　避免长期深灌,适时适度搁田,促使根系旺发深扎,后期干干湿湿,防止断水过早,一般以保持田面湿润至水稻黄熟期为宜,做到"养根保叶"。如遇低温预报,应在降温前及时灌水保温。已开始发病的稻田,应立即灌水,以减轻为害。

(八)青　　立

青立一般发生于新开垦或旱改水的稻田。一段时期在局部地区已曾成为一个新问题。如浙江省浦江县部分新改砂性水田,在20世纪70年代初期经常发生青立,病田一般每公顷产量1 500～2 250千克,低的仅约750千克。

【病状】　稻株青立,根系发育不良,地下节间拔长,茎秆伸长受阻,部分产生地上分枝,株型稍矮,叶色较深;或在孕穗期前和健株没有显著差异,至近抽穗时,茎叶往往突然呈浓绿色,且显著地粗硬,稻穗迟迟不抽出,成为包穗或半包穗,或穗短粒少,穗轴、支梗弯曲。一穗上间生少数健粒,多数颖壳虽具一般的形状,但不能正常授粉而成空壳,或内外颖开张不闭合;少数颖壳由于护颖增大或内外颖增生而成为畸形多瓣的颖花。

【病因和发病规律】　青立多发生于新开垦或旱改水的稻田,经常实行水旱轮作的砂性田也有发生。这些田块第一年种植水稻发病较多,第二年就较轻,随着水稻栽种年限的增加,病害明显减轻,直至消失。一般认为,新改水田无熟土耕作层,土壤尚未形成,灌溉水和养分向地下渗漏严重,在土壤经常处于干旱和缺少养料的状态下,稻苗前期生长骤然旺盛,扰乱了营养生长与生殖生长的协调,因而造成青立。据笔者在浙江诸暨县南山乡一个生产队观察,1976年春在由一段道路和旱地平整后拼成的一丘水田种植早稻,至抽穗后原旱地上所长的水稻均发生青立,而大路基上的几行稻株则正常抽穗结实,表明青立的发生与土壤的有无密切相关。根据在浙江金华、余杭等县的调查,发生青立稻田的共同特点,除了旱改水、水旱轮作、新开垦和酸性的砂性土外,也大多没有土垆,且多发生于双季早稻,而双季晚稻却极少出现,这也似乎表明经过一季早稻种植后,水田土壤的供肥、供水性能已渐趋稳定。

还有人研究指出,水稻发生青立的原因不在犁底层,而在耕作层缺乏盐基的酸性土壤。理由是在旱地时所集积的易于分解的有机物质,当淹水后在还原旺盛的条件下,所分解的生成物与硫化氢等硫化物发生作用,产生如硫醇等有害物质,严重为害稻苗。如1975年浙江浦江县黄宅农科站进行了无病田有犁底层区和新改病田无犁底层区的耕作层17厘米表土交换试验,结果病田土挑到无病的有垆区,稻株发病率就高达100%,每公顷产量仅1 050千克;而将无病田土壤挑到患病田的无垆小区,稻株完全不发病,每公顷产量达3 720千克,比对照(病土区)每公顷产量900千克增产2 820千克。同时,1976年他们还在发病田上进行加客土试验,每公顷分别加客土337 500千克、675 000千克、1 012 500千克、1 350 000千克,结果加客土后均减少青立病的发生,加客土区每公顷产量比对照区分别增产975千克、600千克、1 500千克、1 125千克。

因此,青立病的发病原因至今尚未完全清楚,有待今后进一步研究解决。

【防止和补救措施】

(1)对于新开垦的和旱改水的稻田,应将底土整理坚实些。平整后,先连续灌水一段时间,促使土壤沉实。如能带水耕耙,任其自然落干,再灌水耕耙,反复多次,可以加速底垆形成,防止水和养分的渗漏。

(2)水田改成后,宜先用作秧田,再种晚稻。并应连续数年种植水稻,不可因发生青立而改种旱作;否则,今后再种水稻仍有发生青立的可能。

(3)一般籼稻品种比粳稻、糯稻品种容易发生青立。因此,发病田块宜选用抗病性较强的粳稻或糯稻品种。

(4)加客土。由于有些地区发生青立的原因是在耕作层,故采取加客土的办法可减少青立病的发生。

(5)加强肥、水管理。多施腐熟厩肥、堆肥等有机肥料,适当配施磷、钾肥,具有较好的防病效果。同时,注意控制绿肥用量和掌握适时翻耕。科学用水,多露田和适时搁田,防止土壤还原性增强而毒害稻根,也可减轻青立的发生。

(九) 旱 青 立

过去一般认为水稻旱青立主要发生于干旱年份,或水利条件较差、水利设施不完善的地区。但从浙江省和江西省所发生的情况来看,平原地区,一般年份只要几个发病条件凑合,该病同样会严重发生。如1962年浙江省温岭市(原温岭县)温西平原发病面积达1.3公顷左右。1977年江西上饶地区农科所发病面积达2.76公顷,其中严重的0.83公顷,产量损失高达95%以上;较轻的1.13公顷,损失达45%左右;最轻的0.8公顷,也损失25%左右。

【病状】 据笔者调查,旱青立稻株在孕穗期,病株和健株外观上并无多大差异,仅病株多数抽生不正常的地上分枝,通常1株多生1个分枝,少数可达3个分枝,甚至分枝上再抽生分枝。分枝穗也大都正常,极少畸形。至抽穗期,病株出穗显著推迟,穗颈缩短,常出现包穗或半包穗。出穗后病穗大都直立不下垂,穗轴和枝梗弯曲,颖壳畸形,黄熟期仍保持绿色。

畸形穗的表现常因受害时期和程度不同而病状各异。受害早而严重的,全穗护颖和内外颖退化,仅小穗梗顶端稍微膨大;或内外颖退化,小穗梗顶端残留两片尖细的护颖,使全穗只存留一次和二次枝梗的光轴;也有的内颖退化,一穗上仅留数颗尖端弯曲,状似半月形或镰刀形的外颖。受害较迟的病穗,虽然其长度和总的颖花数目并不比健穗少,但颖壳扁平,皱缩畸形,不闭合;或外颖顶端弯曲,包住内颖的顶部,并向内颖一侧尖出,状似老鹰嘴(图3-6),这是本病的主要特征;有的则内外颖增生和护颖增大,使颖花成为3~4片以至5~8片;或由

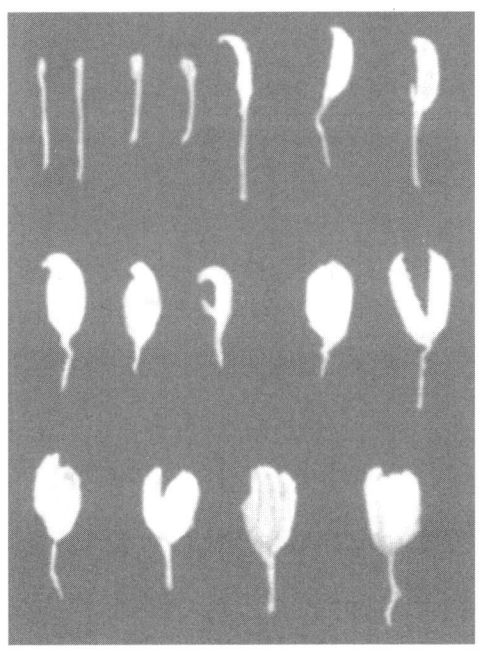

图3-6 旱青立畸形谷粒

于小穗梗伸长受阻,使2～3个颖花簇生在一起,外观上很像一朵多瓣花,其内部空虚或仅有细小的青米;也有些颖片变细长,成叶状变态,整个稻穗似小米白发病的缩小病穗。受害轻的病穗,其上间生数颗或十余颗健全的谷粒。

【病因和发病规律】 旱青立主要是由于土壤水分供应急剧变化,使稻株生长与发育失去协调所造成。据报道,水稻一生中最易发生旱青立的时期,依次为花粉母细胞减数分裂期、颖花分化期、抽穗开花期。只要在这三个易发病的生育期中,偶遇土壤水分不足,土壤含水率降低到60%～70%,如再遇突然灌水,而该田土壤有机质又较丰富,就会使土壤急剧地呈还原状态,氧化还原电位下降,进一步影响根系的吸收,从而使已遭受干旱影响的幼穗发育更加不正常,导致旱青立的出现。

但从我们在各地发病情况调查看,凡在稻株易感病期受旱时进行急剧灌水的,如因水源不足,未能使全田都灌到水的田块,不论土壤有机质含量丰富或欠缺,大都在进水口附近、过水道以及比田面稍低处发病较重。这似乎说明引起旱青立的原因,主要不是急剧灌水后所造成土壤还原性迅速增强的毒害,而可能是由于稻株得水后,营养生长骤然旺盛起来,使生殖生长受到严重抑制所造成。例如1977年江西上饶地区农科所的硼砂肥不同用量试验田,该田土壤有机质含量很少,在水稻生长前期,因加高小区的田埂从小区一侧拿取田土,致使这一侧田稍低3厘米左右,在16个小区18条田埂中,取自东侧土的有14条,西侧的有4条。当颖花分化期田面干燥时,仅沟内流灌到一点水,结果不论东侧或西侧,就在这稍低一侧所栽的一行稻株出现畸形穗达44.7%～69.8%,第二行与第三行分别为11.4%～20.3%和7.94%～18.9%,而第四行以后和另一侧第一行开始均无畸形穗。这种仅在很短时间内使土壤湿润了一下的数寸宽狭长(小区长9.3米)范围内出现畸形穗的现象,不仅难以说明旱青立的发生是土壤还原性急剧增强的毒害,而且表明它的发生条件是极其敏感的,这有待进一步研究清楚。

水稻易感病的生育期遭遇到水分的急剧变化是发生旱青立的主导因素,但发病的轻重与稻株长势也有密切关系。据调查,凡秧苗素质差,肥力不足,生长不良;大丛密植,通风通光差;水浆管理不善,未及时搁田,根系发育差;地下水位高,耕耙过细;长期偏施化肥;土壤容易淀浆板结;活性铁缺乏,黑根多;传染性病害发生严重等,均会导致稻株长势差、抗逆力弱,旱青立严重发生。例如1977年江西上饶地区农科所的32号田,其半丘由于分蘖初期施用碳酸氢铵时严重熏伤,稻苗发黄僵缩,导致稻胡麻斑病、稻云形病、褐色叶枯病和稻窄条病严重发生,下叶大量枯死,留下的上部两张叶片也病斑满布,稻株生长极度不良,远看呈赤褐色,结果畸形穗率高达86.87%;而另一半丘未受肥害,胡麻斑病等也很轻,畸形穗就很难见到。

【防止和补救措施】

（1）大搞农田基本建设　开辟水源,排灌分系配套,确保科学用水;地势低洼和地下水位高的地区,要大力降低地下水位。

（2）改良土壤　对灌水耕耙后易引起土粒强烈分散,和机耕耖耙次数过多发生淀浆板结的水田,宜增施有机肥,提高土壤团粒结构,并适当减少机耕耖耙次数,防止土壤淀浆板结。同时提倡耖耙后隔夜插秧,或插秧前施石灰、石膏,促使浮泥沉实,以防插秧后秧苗下沉和通气不良等,引起黑根、发僵,降低稻株抗逆力。对于缺乏活性铁的水田,除冬作多种大、小麦和油菜,促进土壤风化外,可用铁质较多的山区红土或旱地土壤作客土。

（3）科学用水,节水灌溉　提倡开直沟、腰沟和四周沟,使之有利于灌溉一致和前期浅灌勤灌,分蘖末期适时搁田,后期干干湿湿。在水源不足地区,要尽量节省比较耐旱的分蘖期用水,以保证满足容易发生旱青立的3个时期的用水。如生育前期遭到干旱,要力争在颖花开始分化前就灌水。万一在易发病期内已受干旱,只要在稻叶尚不发生凋萎的情况下,暂不要急剧灌水;待易发病期过后,再行灌溉,以免导致旱青立严重发生,造成更大的减产。

（4）加强栽培管理,提高抗逆性　要适当稀播培育壮秧,提高秧苗素质;多施有机肥,施足基肥,早施追肥,防止前期"疯长",后期"脱力";做到"够苗"搁田、"时到"搁田,严防搁田过迟;以及加强其他病害的防治等,使稻株提高抗逆性,从而减轻旱青立的发生。

四、营养元素失调引起的非传染性病害

水稻为了正常生长发育,必须从土壤中吸收的营养元素至少有14种,即氮、磷、钾、硅、镁、钙、硫、铁、锌、锰、硼、铜、钼和氯。其中氮、磷、钾、硅、镁、钙、硫7种元素,水稻需要量较大,称为大量元素;另外7种元素的需要量较少,称为微量元素。水稻由于某种营养元素不足,在外部形态上表现出特有的病状,称为缺素症;反之,由于某种元素过多而表现出特有的中毒病状,就称为毒害症。

（一）氮素失调

氮素对水稻生长的影响是各种营养元素中最明显的一种元素。在多熟连作的耕作制度下,稻区土壤缺氮现象较为普遍,所以增施氮肥的增产效果最大。但

施用氮肥过多、过迟、过于集中，或偏施氮肥，也可产生氮素吸收过剩的为害。

【病状】(图版22)　稻苗缺氮一般先从老叶尖端开始向下均匀黄化，渐渐由基叶延及心叶，最后全株叶色黄绿，下部老叶枯黄。叶片窄而短，直立，株型矮瘦，出叶慢，分蘖迟而少，迟迟不能封行。发根慢，细根和根毛发育差。抽穗后，叶片提早落黄，后期明显早衰，穗形短小，秕粒增加，千粒重降低。

氮素过多的稻苗，叶片宽阔而长，多软披，叶色浓绿，叶鞘色泽比叶片稍淡，过早封行又封顶，无效分蘖多。节间拉长，茎秆软弱，抽穗迟而不整齐，贪青迟熟，容易倒伏，空秕率高。

【病因和发病规律】　氮是组成植物细胞原生质中蛋白质的主要成分，是形成植物体的重要成分。氮在水田中主要以氨态形式为稻根所吸收。由根吸收的氨与根部呼吸作用所产生的各种酮酸在酶的作用下，在根中合成各种氨基酸。一般以氨基酸形态输送到叶部，再合成蛋白质。氮也是叶绿素的主要成分，供氮后，叶绿素含量就增加，叶色加深，光合作用加速。所以，适量的氮，能扩大叶面积及提高单位叶面积的同化作用，使碳水化合物（淀粉）的蓄积增多。

水稻生育过程中，如果氮素不足，叶面积就小，单位叶面积的碳素同化作用衰退，使植株的淀粉贮藏量减少。缺氮稻株，常是下部叶片先发黄早衰，而新生叶片仍为绿色。这是因为下部叶片的叶绿素、蛋白质被分解，其中的氮转运到新叶再利用的结果。在水稻一生中，因缺氮而最易引起减产有两个时期。第一个时期是有效分蘖期，缺氮会使穗数减少；第二个时期是幼穗分化始期至花粉母细胞减数分裂末期（抽穗前26～10天），缺氮会使每穗枝梗数和颖花数减少。

水稻缺氮容易诱发稻胡麻斑病、稻窄条病和稻叶黑粉病。例如连作晚稻大苗育秧时，由于秧龄期长，在防止秧苗长得太高的过程中，常因控肥控水过度而导致稻胡麻斑病的严重发生。又如稻窄条病常在迟插、迟管而又施肥不足的连作晚稻上为害严重。

水稻生育过程中，如果氮肥施得过多或过于集中，使碳素同化作用产生的糖或贮藏的淀粉分解所形成的糖，供应不上过量吸收的氨合成蛋白质的需要，氮素就以氨和氨基酸形态存在，并且部分氨与氨基酸中的谷氨酸和天门冬氨酸结合，形成谷氨酰胺和天门冬酰胺等，使植体内氨态氮和可溶性氮（酰胺态氮）大量增加，导致稻瘟病菌的繁殖。即使氮素不是过多，但如日照不足，气温过低，冷水灌溉或遭受干旱等，由于碳素同化作用衰弱，氨态氮和可溶性氮的含量也会增加。

在水稻一生中，容易引起氮素吸收过剩为害的时期，主要是分蘖盛末期和抽穗期。分蘖盛期本是水稻吸收氮素最旺盛的时期，含氮量最高，但若过量吸收氮素，造成生长过旺，叶色过浓，封行过早，不仅成为叶稻瘟病的发病危险期，而且茎基部易拔长,稻根的生活力衰败快,抽穗后容易发生根腐,引致后期早衰。抽穗以后,稻株不再生长新的茎叶,其吸收氮量一般只需整个生育过程中所吸收氮量的一成左右,如果氮素施用太多或过迟,过多吸收的氮素不再合成蛋白质,而以氨态氮和可溶性氮的形式残存下来,当穗颈和枝梗组织尚柔嫩时,就很易导致稻穗颈瘟病的严重发生。稻株吸收氮素过多,同样有利于稻白叶病、稻纹枯病、稻小粒菌核病、稻云形病、稻叶鞘腐败病、稻粒黑粉病和稻曲病等许多病害的发生。因为氮素过剩的稻株,体内氨态氮和可溶性氮含量增加,碳氮比值(C/N)、钾氮比值(K_2O/N)、硅氮比值(SiO_2/N)都小,纤维素、木质素含量减少;外形上叶片柔嫩披垂,节间伸长,茎秆瘦细,组织软弱,徒长贪青,成熟延迟,并为许多病菌的孳生、侵入、扩展和蔓延开了方便之门,尤其当稻株倒伏后,更有利于稻纹枯病菌和小粒菌核病菌等发展为害。

【防止和补救措施】 首先要注意有机肥与化肥相结合,氮、磷、钾三要素相配合,基肥要施足,追肥应根据品种的耐肥力、土质肥瘦、气候情况、稻苗长势和长相的变化等,适期、适量追施。一般连作早、晚稻要掌握施足基肥,早施追肥,早耘田,促使前期发得起,发而不过头;中期稳得住,稳而不落劲;后期健而壮,青秆黄熟。既要防止下部叶片贮藏养料过早转运出来而未老早衰,又要防止下部叶片氮代谢过旺而贪青倒伏和延迟成熟。当稻苗的叶色出现不正常褪绿发黄时,应及时补施适量的硫酸铵等速效性氮素化肥。一旦遇到叶片过于嫩绿软披,应立即排水露田、搁田,严重的应开深沟、重搁田,务使叶片挺立,叶色褪淡。并密切注意稻瘟病、纹枯病等病害的发展趋势,加强防治工作。切不可因氮素过多再增施磷钾肥,因为磷、钾能促使氮素的吸收,更加助长氮素过多症。

(二)磷素失调

水稻的磷素失调主要反映在磷素不足所引起的发僵为害。磷肥进入土壤后,在酸性条件下,易被铁、铝离子固定;在微碱性和石灰性条件下,易被钙离子固定,因此它的有效度很低,常使水稻表现缺磷现象。一般情况下,磷素不像氮素那样易发生过剩的危险,而只有在氮肥过多的条件下,如再多量施用磷肥,会加剧氮素吸收代谢,造成体内氮素过剩的为害。

缺磷发僵多发生于早稻,早熟品种更为严重。这种僵苗一般要待气温明显升高后才逐渐好转,因而往往严重影响早稻早发。

【病状】(图版22) 稻苗移栽后的返青阶段,一般是看不出它的缺磷病状的。但返青后缺磷稻苗的生长显著缓慢,分蘖延迟或不分蘖;叶片细瘦,直立不下披,严重时叶片沿中肋稍呈卷曲折合状；叶色暗绿，无光泽，严重的叶尖带蓝紫色，远看稻苗暗绿中带灰紫色，叶鞘长，叶片短，叶簇顶端近乎平齐，株间不散开，稻丛成簇状，矮小瘦弱；根系紧缩不散，短而细弱，多呈黄褐色，新根很少；如有硫化氢为害的并发症，则根系灰白，有的呈黑色，叶尖枯黄；抽穗期和成熟期延迟。

【病因和发病规律】 磷是构成植物体内核酸的主要成分，磷素不足会使细胞分裂减慢或不分裂。水稻分蘖期是细胞分裂的旺盛期，需有大量的磷才能满足分蘖的需要，此时缺磷，就会阻碍分蘖，造成缺磷发僵。但缺磷不像缺氮那样易在外形上明显地表现出来；当肉眼能判断时，水稻的生育已受到严重阻碍了。诊断稻苗缺磷，一般采用化学速测法。据原浙江农业大学土化系对早稻缺磷发僵的研究，凡叶鞘无机磷（0.1N的HCl浸提，按P_2O_5计）在30×10^{-6}浓度以下，表示严重缺磷；在$(30 \sim 60) \times 10^{-6}$浓度的仍有僵苗出现；在$60 \times 10^{-6}$浓度以上，一般不表现缺磷。据国际水稻研究所报道，分蘖期叶片全磷量的临界浓度（低限）为0.1%。

缺磷发僵一般多发生于红壤或黄壤性水田、冷水田、高山水田和还原性强的水田。红壤或黄壤类土壤本身含全磷量低，速效磷更低；而冷水田、高山水田和还原性强的水田，由于低温及还原条件影响，水稻对磷素吸收代谢功能很弱，所以也易表现缺磷。据报道，水稻根系吸磷的能力在土温为16℃时仅为30℃时的55.9%。分布于丘陵山地坡麓的红壤或黄壤性水田，由于易受山坳或高塅的渗水影响，水温、土温低，更易助长缺磷现象的发生，"黄泥加冷水，发僵更明显"就是群众从实践中得出的经验。晚稻通常不出现明显的缺磷发僵现象，除因水温、土温升高外，还由于经过一季早稻的泡水还原作用，土壤中的不溶性磷酸高铁，被还原而为溶解度较高的磷酸亚铁；同时，包盖在磷酸盐类外表的铁、锰氢氧化物，也被还原而溶解，使原来被包盖的磷酸盐类得到释放，提高了磷酸的有效度。

磷酸能促进植株体内蛋白质的合成，如果水稻缺磷，体内的氨态氮和其他可溶态氮的积累增多，就易诱发稻瘟病。另一方面，磷有促进吸氮和抑制吸硅的作用，故在氮肥过多的情况下增施磷肥，也可诱发稻瘟病、纹枯病等。

【防止和补救措施】 应从增施磷肥和改进大田肥、水管理两方面着手。对于红黄壤类型水田，除增加有机肥料外，主要是增施磷肥，并注意施肥方法。

磷肥品种可优先考虑钙镁磷肥，过磷酸钙也可施用。

施磷肥宜早施和集中施，例如秧田期增施磷肥，可采取磷肥撒施在秧田畦面3厘米的表土中，或用钙镁磷肥拌种；插秧时增施磷肥，可用钙镁磷肥蘸秧根；插秧后几天追施磷肥，可用磷肥塞秧根，或对缺磷僵苗直接喷施0.2%浓度的磷酸二氢钾。这些方法都体现了早施和集中施磷肥的原则，效果较好。

总之，施用磷肥的效果是：基肥优于追肥，秧田优于本田。稻田播种绿肥时施用磷肥，能促进绿肥高产而获得"以磷增氮"的效果，而且被草子吸收的及残留于土壤中的一部分磷肥，仍可供水稻吸收。

冷水田、高山水田和还原性强的水田，除酌施磷肥外，主要是：

（1）排除低温积水等阻碍根系吸收代谢磷素的因素。例如挖山边沟和坎里壁沟，拦截冷水，以及浅灌勤灌、反复露田，以提高土温，加强稻根对磷的吸收代谢能力；

（2）防止绿肥施用过多。必要时施用少量石灰，促进绿肥分解，使绿肥中的有机磷素化合物及早分解生成肥效；

（3）一部分长期大量施石灰的，因易形成不溶性磷酸钙，应停止或控制石灰用量。对酸性的红壤、黄壤性水田，必要时可酌施少量（每公顷225千克左右）石灰。

（三）钾素失调

水稻的钾素失调主要是指稻株对钾元素的吸收代谢不足而造成生理失常的现象，农民称为"铁锈稻""铁浆叶"等。水稻缺钾可因土壤缺钾或土温、气温偏低而不能充分吸收利用土壤中低浓度钾素而引起；也可因土壤中存在大量还原性物质（如亚铁离子及硫离子等）而中毒造成。前者可称生理性缺钾；后者可称中毒性缺钾。两者往往并发，并常与冷水发僵、缺磷发僵和深插发僵等伴随在一起。通常所指的水稻赤枯病，大多泛指稻株地上部呈现的缺钾现象。因为将水稻栽培在无钾的培养液中，稻株就会出现与赤枯病相同的赤褐色斑点。但有人将缺磷症作为赤枯病的一种类型，情况还未完全弄清。这里所述的钾素失调，是指土壤缺钾，或因稻株对钾的吸收代谢功能很差而表现植株含钾量过低所引起的现象。

【病状】（图版22）　稻株缺钾症在分蘖前期开始出现，至分蘖末期明显发病。一般早稻出现迟，晚稻出现早。缺钾病株较矮小，老叶下垂黄化而心叶窄挺，茎秆细弱，分蘖稍减。初期叶色略呈深绿色，叶片较狭而软弱，随后基部叶片叶尖沿叶缘两侧向叶基逐渐变黄或黄褐色，并产生赤褐色或暗褐色大小不等的铁锈状斑点，严重时可聚合成斑块或条状，有些品种初期即呈现赤褐色长条斑，甚至叶鞘上也有发生，最后叶片自尖端向下逐渐变赤褐色枯死，由下叶渐向上叶蔓延，严重者全株只留少数新叶保持绿色，远看似火烧状，但很少全株枯死。病株的主根和分枝根均短而细弱，根表皮层是水渍状透明，根毛少，只长在分枝根的根尖部分,易脱落,整个根系呈黄褐色至暗褐色,新根很少。

【病因和发病规律】 钾能促进稻株的碳素同化作用、蛋白质的合成、多种酶的活性以及纤维素和木质素的形成等,是水稻生长发育不可缺少的营养元素之一。其需要量(K_2O)比氮、磷(P_2O_5)还要多,但它与氮、磷不同,不参与稻体内有机物质的合成,而主要以水溶性的形态存在,并在稻体内具有高度的移动性。一旦钾素不足,老组织中的钾就转移到新组织中再利用。因此,缺钾症首先由老叶表现出来,钾的含量也以幼芽、幼叶、根尖等代谢旺盛的组织中最多,这些部分的灰分中含钾量可高达50%。

钾的不足现象,最易发生在稻体内含氮量最多的分蘖盛期,此时体内的钾氮比值(K_2O/N)往往最小,当钾氮比降到0.5以下时,下部叶片就会出现赤褐色斑点。据原浙江农业大学土化系的速测试验,凡患有缺钾症的叶鞘组织液中钾的含量大多在300×10^{-6}以下(二苯硼钠法),生长正常的植株都超过或接近$2\,000 \times 10^{-6}$。

缺钾症一般多发生于有效钾易淋失的浅薄砂土田、漏水田以及红、黄壤水田,也发生于有机肥用量低,氮素化肥用量偏高的钾氮比失调的水田。这些水田如在水稻分蘖期遇持续低温,就更影响钾素的吸收,缺钾症愈加严重。据浙江省农科院在不同地区、不同土壤类型的243个点增施钾肥试验的结果,其中205个点均有不同程度的增产效果。按地区的增产顺序是:河谷平原区最高,丘陵山岳区次之,河网平原区又次,滨海涂地的增产幅度最低。按土壤类型的增产顺序是:泥砂土＞黄泥土＞小粉土＞青紫泥＞青紫塥黏土＞泥筋土＞黄斑塥＞滩涂泥。

因为钾与蛋白质的合成有关,缺钾就会引起蛋白氮减少,而氨基氮、酰胺氮积累量却相应增加。据浙江省农业科学院1974年在富阳县农科所农场的青紫泥田和衢县十里丰农场的黄筋泥田上进行早稻钾肥试验指出,对这些田单试氮肥而不施钾肥,分蘖盛期植株中的钾氮比值(K_2O/N)一般在0.4以下,可溶性非蛋白氮占全氮量15%以上;施钾肥后,钾氮比值大多超过0.5,可溶性非蛋白氮则占全氮量10%以下。同时,钾与纤维素、木质素合成的关系密切,缺钾后稻株的机械组织发育不良,茎秆软弱。因此,缺钾往往诱发稻瘟病、白叶枯病、细菌性基腐病、纹枯病、小粒菌核病和胡麻斑病,尤以胡麻斑病最为普遍,并且多属大斑型,病斑的轮纹也特别清楚。此外,缺钾的稻根中亚铁氧化酶的活性减弱,对还原性土壤的抗性降低,易受亚铁和硫化氢为害。至水稻生长后期,根系活力很快恶化,容易加剧小粒菌核病的为害和导致青枯。

钾肥一般不会引起体内钾素过剩的为害。但当氮肥施用量过多时如增施钾肥,反而助长体内氮素过剩的为害,诱发并加剧稻瘟病、纹枯病等的发生。

【防止和补救措施】

(1) 改良土壤　通过加深耕作层,挑加客土,砂田掺泥,人造土塥,种好绿肥,增施厩肥、土杂肥等,促进土壤团粒结构,减少水、肥的渗漏。冬闲田要进行冬耕晒垡,促进土壤冰融风化,发挥潜在肥力。

(2) 增施钾肥　缺钾的土壤,不论早、晚稻,均宜以基肥形式增施氯化钾、硫酸钾、钾镁肥、钾钙肥或草木灰等,使分蘖期稻体内的钾氮比值在0.5以上。但砂性重的泥砂田,由于钾离子易于流失,则以分次追施为宜。

(3) 水、肥管理　已经发生缺钾症的稻田,应立即排水。在追施氮肥的同时,必须配施钾肥,随后耘田、露田,促进稻根旺发,提高吸肥力。也可每公顷喷1%氯化钾或硫酸钾液30～37.5千克。如单纯增施氮肥,有时反而加重发病。

(四) 硅 素 失 调

水稻是吸收硅酸最多的一种作物,尽管一般土壤都含有丰富的硅,但在有些地区似存在硅的不足现象。据浙江省农业科学院土壤肥料研究所试验,在红壤旱改田(黄筋泥)和河谷畈田等低、中肥力的稻田中,施用镁硅肥对水稻均有增产效果,特别是黄筋泥田,每公顷施镁硅肥750千克、1 125千克和1 500千克,分别增产达8.5%、48.3%和86.6%。另据笔者观察,浙江省一些江河支流的源头,其两侧的山间小田畈,也常有缺硅现象。

【病状】(图版23)　株型披散,稍矮,分蘖减少。叶片软弱下垂,色较淡,略呈黄绿色,严重的剑叶微有纵卷。抽穗后,一般穗形长度缩短,粒数减少,遇大风颖壳易受伤,遭受稻瘟病、胡麻斑病等病的病菌侵入而产生褐色斑点。生长后期,较易出现早衰。

【病因及发病规律】　水稻对硅酸的需要量,约等于氮素量的10倍。据报道,水稻每公顷产9 639千克,约需吸收氮206.3千克,而硅酸则需吸收2 239.5千克。

硅对水稻的作用是多方面的,它可将土壤中固定的磷酸置换出来,增加土壤中有效磷的供应;促进水稻地上部的氧气运入根部,提高稻根的氧化力;减少铁、锰的吸收,降低铁、锰为害;促进碳水化合物的形成;在提高稻株抗病性方面,更具有特殊的作用。

硅由稻根吸收后,随着蒸腾作用与水一起在稻体内上升,水从叶表面蒸发,大部分硅则累积在表皮细胞中,即所谓表皮细胞硅质化。

水稻的叶片、叶鞘、茎秆和颖壳中的许多细胞都能硅质化而形成硅化细胞。这种硅化细胞能增强茎叶硬度,使叶片挺直,角度变小,可缓和多肥条件下叶片生长过于繁茂和易于发生披叶的不良影响,改善通风透光条件,有利光合作用,并降低田间湿度,不利于许多病菌的孳生繁殖。而且由于叶片、谷粒等表皮细胞沉积了一层坚硬的硅胶,能阻碍稻瘟病、胡麻斑病等病菌的侵入。所以,水稻对这些病害的抗病力,往往与稻株硅化细胞的数量有关。

稻株的含硅量,常因品种、土壤质地、稻株生育期和栽培管理等条件的不同而不同。

1. 品种

不同品种的表皮硅质突起和表皮细胞硅质化程度存有差异。据原江西共产主义劳动大学植病教研组对"巴锦"和"七月租"两个品种的比较观察,发现前一品种的表皮硅质突起密,抗稻瘟病能力强;后一品种的表皮硅质突起稀,抗稻瘟病能力弱(图3-7)。另据浙江省镇海区(原镇海县)病虫测报站李洁观察,不同品种在同一年内或同一品种在不同年份间,其硅化程度有差异(表3-4)。凡含硅量较高的品种,对稻瘟病的抗性也较强。

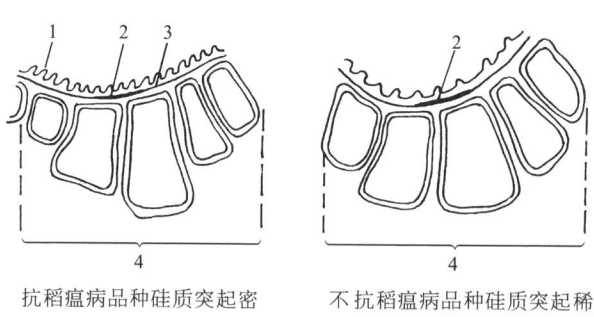

抗稻瘟病品种硅质突起密　　不抗稻瘟病品种硅质突起稀

图 3-7　稻叶表皮构造与抗病关系
1. 硅质突起;2. 木质层;3. 角皮层;4. 机动细胞

表 3-4　同一条件下剑叶硅化程度与穗瘟关系

品　种	年　份						备注
	1973		1974		1975		
	硅化数(个/视野)	穗瘟指数	硅化数(个/视野)	穗瘟指数	硅化数(个/视野)	穗瘟指数	
温革	20.06	0.25	14.25	1.05	18.45	0.95	早稻
广陆矮	10.50	1.08	10.50	2.15	7.25	29.72	早稻
农垦6号	13.01	21.16	7.04	44.17	2.27	14.81	晚稻

2. 肥料和稻株生育期

从目前的资料分析,硅与氮似有相反的作用,凡硅氮(SiO_2N)比值大,稻株生育健全,抗病力强,产量高;若偏施过量氮肥,则反之。所以对氮素用量较多的高产田,增施硅肥更具有重要的意义。

水稻叶片与感染稻瘟病的关系,以出叶当天最感病,5天后抗病性增强,13天后很少感病。看来,这与叶片的硅氮比值有关。因为硅酸不会在植株体内倒流,新展开的叶片硅化程度极差,二叶次之,三四叶硅化程度就高(表3-5);同时,幼嫩叶片含氮量高,随着叶片变老,含氮量逐渐下降,含硅量则增加。所以叶片越老,硅氮比值越大,对稻瘟病的抗性也越强。

表3-5 同一条件下各植株的不同叶片和叶段的硅化细胞数

株号	一叶			二叶			三叶			四叶			备 注
	I	II	III	I	II	III	I	II	III	I	II	III	
1	0	0	0	13	0	0	55	0	0	66	22	0	(1) 叶序由上到下,分别为一叶、二叶、三叶、四叶; (2) 新叶以全展开为准; (3) 叶段: I.离叶尖1厘米, II.为叶片的中段, III.离叶枕1厘米; (4) 每叶段取样1厘米,5个视野
2	0	0	0	0	0	0	15	4	0	20	0	0	
3	0	0	0	2	0	0	17	0	0	47	18	0	
4	0	0	0	5	1	0	31	0	0	64	0	0	
总数	0	0	0	20	1	0	118	4	0	197	40	0	

由于分蘖盛末期稻株吸收大量氮素和生长很多新叶,往往出现叶瘟高峰期。拔节后,稻株含氮量显著下降,含硅量增加,抗病性也提高。关于穗颈瘟,国内外均有资料表明,与剑叶硅化细胞数量有明显的负相关(图3-8)。

3. 土质和环境条件

一般土壤的含硅量虽然很多,但水稻主要是从耕作层和灌溉水中吸收硅酸,新土中的硅酸仅能利用极少一部分。因此,耕土层浅薄,容易引起硅酸不足,尤其是重砂性土壤更是如此(图3-9)。据观察,浙江省一些江河上游支流两侧的小田畈,往往是稻瘟病猖獗流行的常发区。虽然这与该地区的两侧山高、日照少、雾多露重、气流变化剧烈、谷风大等适宜于稻瘟病菌的繁殖、传播、侵染和发展密切相关,但从稻株的长相来看,硅不足也是导致病害常发生的原因之一。因为这些狭谷小田畈,大都是两峰对峙,中间的溪流水急,泥土不易沉积,砂性很重,耕层浅薄,下面有石砾垫,蓄水性很差,再加光照不足,冷水串灌,水温土温低

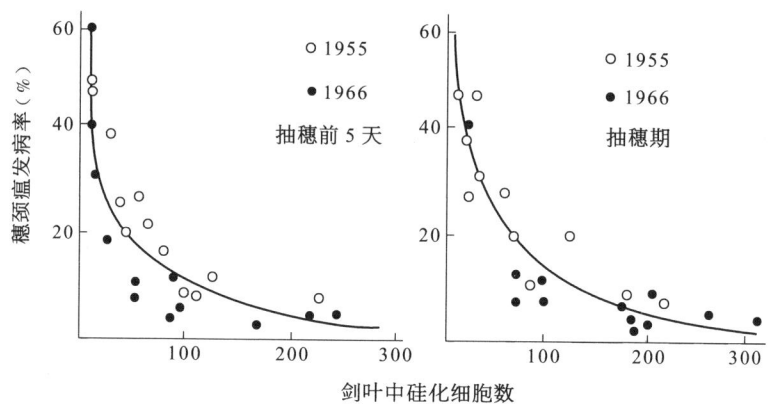

图 3-8 穗颈瘟与剑叶硅化细胞数的关系

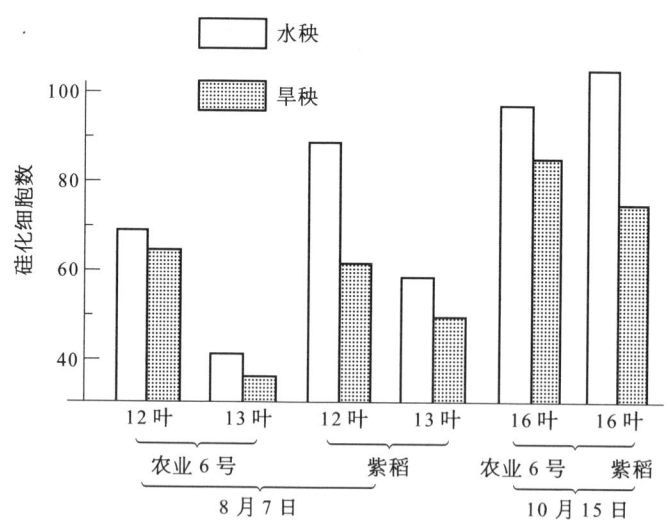

图 3-9 苗期土壤水分对成株叶片表皮细胞硅化的影响

等,都阻碍了水稻对硅酸的吸收。

【防止和补救措施】

(1) 加强水浆管理 由于硅的吸收与根部的代谢有关,而在稻体内的运转则与蒸腾作用有关。所以要提倡浅灌、勤灌,结合反复露田和及时搁田,防止长期深灌和冷水串灌。这样既可促进稻根的有氧呼吸,增加硅的吸收,又可加大蒸腾强度,促使硅向叶片运转,从而减轻或避免稻株含硅的不足,提高抗病能力。例如旱育秧苗容易发生稻瘟病的一个很重要原因,就是旱秧蒸腾量少,含硅量较低,而且这种情况可持续到移栽至本田后。

（2）加深耕作层或加客土　硅主要是由耕作层吸收的,对于土层浅薄的稻田,应通过逐步深耕以加深耕作层。砂性过重的应掺入泥性客土。这不仅可增加硅的补给量,而且有利于保水保肥。

（3）增施有机肥,推广稻草还田,以及补施硅酸盐肥料　据有关资料报道,每公顷一季水稻需吸收硅酸750～1 125千克,其中从灌溉水中约可吸收337.5千克,若其余完全依靠土壤中的自然供应,就会感到不足。因此有必要增施一些硅肥,特别是连年种植紫云英绿肥并获高产的田块,硅氮(SiO_2/N)比值低,对硅的需要量更大。

稻草、谷壳和草皮等均含有大量的硅酸,一般水稻茎叶中的含量可达干重的10%～20%。推广稻草还田或以栏肥、堆肥等形式施入稻田,都可减轻或防止稻株缺硅现象。

炼铁厂的炉渣是一种很好的硅肥,一般每公顷施1 500～2 250千克即可。据原沈阳农学院试验,施用含硅酸25%～40%炉渣的稻田,稻瘟病的病叶率较未施的减轻69%,穗颈瘟发病率减轻70%。

（五）镁素失调

随着水稻产量的不断提高,某些地区施用镁肥后有一定的增产效果,表明这些土壤中镁元素有供应不足的可能。

【病状】（图版23）　缺镁稻苗先从下部叶片的叶肉褪成淡黄色,但叶脉仍呈绿色,随后逐渐扩展至上部叶片,全株呈黄绿色,并由于叶片和叶鞘间的角度增大,叶片呈波浪形弯曲下披。株型矮化,分蘖减少。

【病因和发病规律】　镁是叶绿素的组成成分,在稻体内约有10%存在于叶绿素分子中,随着叶片的伸长,其含量也不断增加,当达到最高量以后则下降,因为镁可从老叶转运到嫩叶中再利用。谷粒中含有植酸钙镁盐,种子萌发时,在植酸酶的作用下,钙、镁、磷可转变为有效态,供水稻初期生长之需。此外,镁离子是很多酶的活化剂,故可加速酶促作用,促进作物的新陈代谢。它与糖的代谢、氮的代谢、磷酸化作用、呼吸作用等都有密切关系。

水稻缺镁时,叶绿素减少,光合作用降低,茎叶中碳水化合物含量减少,可溶性氮化物含量增加,因而容易感染稻瘟病。同时,镁素不足的田块,稻株容易早衰,也易诱发胡麻斑病。据报道,镁可以促进水稻对硅的吸收,从而促进细胞硅质化,防御病菌侵入,增强抗病能力。但钾能妨碍镁的吸收,如在缺镁的土壤中,过多地施用钾肥,则能加重因缺镁而发生叶瘟和穗瘟的程度。某些原来含镁较多的土壤,可因连续重施钾肥而出现缺镁症。

【防止和补救措施】 增施有机肥和焦泥灰,不仅可改善土壤的理化性质,且其中含有较多的镁。在缺钾、缺镁地区,可施用硫酸钾镁肥,它能提高有效穗数、每穗粒数、结实率和千粒重。据浙江省农科院土肥所在金华的黄筋泥田、温州的青紫黏土和青田的泥砂土上试验,增施硫酸钾镁肥对早稻的增产效果分别为32.3%、12.5%和6.5%。此外,在缺镁较重地区,可施用卤晶。卤晶含硫酸镁高达47%。浙江省绍兴、诸暨、义乌、东阳、浦江等部分地区,在早稻插秧后有用卤晶拌草木灰塞秧根的习惯,这可促进早稻早发,防止发僵。但卤晶是利用海水晒盐过滤下来的苦卤经浓缩结晶而成,含有大量的钠,会破坏土壤结构,故不能多用。

(六) 钙 素 失 调

钙也是水稻必需的营养元素,但需要量很少,一般茎秆中仅含0.2%,谷粒中含0.02%,所以水稻生产上很少发现缺钙现象。

【病状】 稻株轻微缺钙,一般很少受到影响。严重缺钙的稻株,上部叶片的尖端变白色、卷曲,后呈暗褐色枯死,根短,根尖褐色。如极度缺钙,则稻株生育受阻,生长点死亡。

【病因和发病规律】 新细胞的形成需要供应充足的钙。钙对提高稻体内蛋白质含量、促进呼吸也有一定的作用。此外,钙离子还能消除铵、铝、钠、氢等离子的毒害作用,所以,在含有较多氢离子和铝离子的酸性土壤中施用石灰,以及在含有较多钠离子的盐(碱)土壤中施用石膏,均有良好效果。钙离子不仅能使稻体内过剩的铵不起致害作用,而且还能加速铵的转化,从而减少铵在稻体内的积累,这可能有提高稻株抗病性的作用。

水稻缺钙,细胞壁发生黏化,稻根延长部分细胞遭到破坏,则根系发育差。

【防止和补救措施】 一般土壤中都含有大量的代换性钙离子,灌溉水中也常有相当数量的钙,而且自然界中的含钙矿物比较容易风化。因此,水田中钙的天然供给量一般都很富足。如遇特殊情况,有必要补足钙素时,也只需结合防止水稻发僵和改善土壤理化性状,撒施一些石灰即可。

(七) 硫 素 失 调

这里所指的硫素失调,主要是指土壤硫素或氧化态硫素含量不足引起的为害。浙江省某些红黄壤水田似有缺硫的情况。有关工厂废气中二氧化硫的毒害和土壤还原性物质中硫化氢的毒害则分别在废气害和中毒发僵等章节中叙述。

【病状】(图版23) 水稻缺硫,根系明显地伸长,但支根减少;株型变矮,分蘖减少;叶片变窄,叶脉先褪绿,后全叶呈黄绿色,与缺氮非常相似,仅凭病状极难诊断。但它不像严重缺氮的叶片自尖端向下枯焦,并可通过施用尿素或碳酸氢铵后无明显效果来间接诊断。

【病因和发病规律】 硫是各种作物生长发育所必需的营养元素。水稻吸收利用的硫主要是硫酸盐和少量含硫的氨基酸,以幼穗形成期吸收最多。

硫是蛋白质和酶的组成成分,并能调节体内氧化还原作用,又与叶绿素的形成有关。如果水稻硫素不足,体内蛋白质含量就要减少,酶的活性减弱,氧化还原作用降低,叶绿素形成受影响。据国际水稻研究所报道,水稻成熟期茎秆含硫量不足的临界浓度为0.1%。

水稻所吸收的硫素,可来自有机肥、化肥、土壤和雨水,其中含硫化肥如硫酸铵、过磷酸钙等是很常用的化肥,而水稻的需硫量又较少,因此一般情况下,水稻不至于会发生硫素不足。但由于水稻主要吸收的SO_4^{2-}和SO_3^{2-}是阴离子,不被带负电荷的土壤胶体所吸附,易在土壤中淋失,特别是淋洗强烈的酸性土和砂性土,往往会发生作物缺硫症。对这种土壤,如果少用有机肥和偏施含硫少的化肥,就更易出现水稻缺硫现象。浙江、福建等省的某些红黄壤性水稻土区,有用石膏和硫磺防治水稻发僵(蘸根施)的经验,这表明可能与土壤缺硫有关。

【防止和补救措施】 一般只需在水稻生长前期施用硫酸铵、硫酸钾、过磷酸钙等含硫化肥,就可得到防止。但应注意大田肥水管理,防止土壤还原性过强。

(八)铁 素 失 调

在水稻生育期中出现的铁素失调有两方面的原因,一是土壤中亚铁离子浓度过高引起的铁中毒,这在部分排水不良、还原性较强的田块较易发生;二是铁素养料不足引起的褪绿黄化以至变白等病状,这在秧田初期偶有发生。

【病状】(图版24) 缺铁病苗偶见于秧田的幼苗期。一般都是新抽生的心叶整张褪绿黄化,然后变白,而下部早期生成的叶片则是健全绿色。

亚铁离子(Fe^{2+})浓度过高而引起毒害的稻苗,分蘖初期始呈现。先是下部叶片从叶尖渐向叶基出现细小的褐色斑点,随后整张叶片自叶尖向下变褐色或紫褐色,严重时叶片枯死。据报道,铁害叶片也有自心叶向下黄化的类型。受害稻株的根系多呈黄褐色,僵缩严重的根系多呈黑色,有时在近根端附近产生须状分枝。根际土壤呈青灰色或灰黑色,田里常有铁锈水。

【病因和发病规律】 铁是水稻生长发育必不可少的营养元素,它能促进叶绿素和磷酸蔗糖的形成,也能促进呼吸作用。铁在水稻叶片中,大部分存在于叶绿体内,虽然叶绿素分子结构中并不含铁,但它参与叶绿素的形成,并且由于铁在稻体内难以移动再利用,所以一旦铁素不足,首先是新生叶片出现黄化发白。

一般的土壤含铁量都比较多,而且水稻对铁素需要的绝对量又很少,在通常情况下很少发生缺铁的现象;只是在石灰性很强的土壤中才有可能缺铁。但在砂质土的旱秧田、半旱秧田的幼苗期前后,遇秧板面干燥发白或秧板面覆盖大量草木灰的情况下,会出现成簇心叶黄化变白的病苗。这一般是由于表层土壤处于氧化(晒干)及碱性反应(施大量草木灰或氨水)的条件下,游离态铁质呈氧化态,或以$Fe(OH)_3$形态而沉淀,使秧苗吸收不到足够铁离子而显示暂时缺铁的现象。据国际水稻研究所报道,水稻分蘖期叶片中铁不足的临界浓度为70×10^{-6}。

铁虽然是水稻生长必需的营养元素,但当土壤中亚铁离子浓度过高,特别是在地下水位高、排水不良、有机质含量较多时,田面常有大量铁锈水。稻根的氧化力和根中的亚铁氧化酶不足以氧化亚铁为高铁而沉淀时,则会产生亚铁毒害。据原浙江农业大学土化系与富阳县农科所1975年在该所农场青丝泥土壤上的测定,从移栽后20天到剑叶抽出,凡顶下第三叶片中的活性铁含量达300×10^{-6}左右时,下部叶片就开始出现褐色细点的亚铁中毒症。

亚铁产生毒害的机理,据认为主要是抑制稻根对营养元素的吸收。亚铁浓度越高,抑制作用越大。其中最显著的是磷和锰,其次是钾和硅,因为磷酸根可与铁化合为磷酸铁沉淀,而锰和铁的吸收则彼此间有拮抗作用,即铁增加就减少锰的吸收,锰增加就减少铁的吸收。其抑制顺序为:磷、锰＞钾＞硅＞氮＞钙。故受亚铁毒害的僵苗常伴有缺磷症。

【防止和补救措施】

(1)防止秧田期的缺铁症 主要是提高秧田质量,加强水浆管理,务使秧田不受干旱,以及防止秧板面上覆盖大量草木灰、石灰,或泼施大量氨水等。一旦缺铁的白苗出现,应立即灌水上秧板,造成土壤的还原条件,以提高土壤中亚铁离子浓度,这种现象就能很快消失而恢复正常生长。

(2)防止大田中稻苗的亚铁中毒 首先是加强农田基本建设,搞好排灌渠道,降低地下水位。当有可能产生亚铁毒害或已发生毒害的稻田,应开好四周沟和腰沟,彻底排除铁锈水和田面积水,然后进行摸田、露田或搁田,增强通气性,促使土中亚铁化合物氧化为高铁化合物而沉淀,以降低土壤溶液中的亚铁离子浓度。此外,增施一些钾肥,促进稻根的氧化力和提高根中亚铁氧化酶的活性,就能减轻亚铁的为害。

(九) 锌 素 失 调

锌是作物生长发育必需的微量元素。根据国际水稻研究所报道,很多国家都已发现水稻缺锌现象。近几年来,我国湖南、湖北、安徽、山东、云南、四川、浙江等省也相继发现水稻缺锌的现象,很多单位正在大力研究。

【病状】(图版24) 缺锌的稻苗,先在下叶中脉区出现褪绿黄白化,上生红褐色斑点和不规则斑块,后渐扩大呈红褐色条状,自叶尖向下变红褐色干枯,并自下叶向上叶依次出现。病株出叶速度减慢,新叶叶片变短而窄,叶色褪淡,特别是基部中脉附近褪成黄白色。重病植株叶枕距缩短或错位,明显矮化,很少分蘖,田间常表现为生长参差不齐,生育延迟,多不能抽穗,即使抽穗,也结实不良。根系为褐色,老朽。

水稻缺锌症与缺钾症相似,据浙江农业大学土化系秦遂初等观察,有如下几点可资鉴别:

(1) 缺锌病叶先有中脉失绿黄化,随后出现红褐色斑点,最后变红褐色焦枯。这种病状由叶片基部渐向叶尖、由叶片中部渐向叶缘发展;而缺钾症的病状正相反,是由叶尖向下、由叶缘向内侧发展的。

(2) 缺锌老叶发脆,缺钾则不明显。

(3) 缺锌一般在土壤$pH \geqslant 6.5$时容易出现,缺钾则不受此限。

【病因和发病规律】 锌能促进植物体内色氨酸的形成,使之转变为生长素(吲哚乙醇),促进植物生长。锌也是叶片细胞中碳酸酐酶的组成成分,并能增强过氧化氢酶、过氧化物酶和多酚氧化酶的活性,从而促进呼吸作用。但水稻对锌的需要量很少,一般的土壤供给量都能满足水稻生长发育的需要。据报道,我国土壤有效锌含量在$(0.213) \times 10^{-6}$,平均在1×10^{-6};而缺锌地区的土壤有效锌多数在0.5×10^{-6}以下。土壤中有效锌的含量与土壤因素有关。在还原性强的土壤中,嫌气分解产物有机酸阻抑水稻根系对锌的吸收,并且锌可能与硫化氢作用产生低溶度的硫化锌;在含磷量高的土壤中,可能由于磷抑制了根系对锌的吸收,或锌与磷酸作用产生低溶度的磷酸锌;其中尤以土壤pH的关系最大,一般在酸性土壤中的有效锌都比较多,而石灰性土壤中的锌往往被固定,因为锌在土壤$pH \geqslant 6.5$时,即开始形成$Zn(OH)_2$沉淀而无效化,并且随着pH的递增有效锌不断大幅度下降。但某些酸性土壤,如红砂岩发育的老水稻土,因其含锌量低,吸收容量很少,在施用石灰等碱性肥料后,也有可能招致水稻缺锌症。

稻苗缺锌症在移栽返青后就可发生,分蘖期可达到发病高峰。但由于水稻对锌素营养并不很敏感,为了及早诊断水稻锌素的欠缺,可先在田间调查对锌素营养比较敏感的玉米、豆类等作物。例如玉米缺锌症是新出叶呈黄白色,下部叶片的叶脉间初现淡黄色条纹,后渐变白色,直至坏死;此外,缺锌地区的柑橘、桃、枣等果树的枝梢顶端,常发生具有黄色斑点的小叶丛生现象。这些现象可为测定稻株全锌量和土壤有效锌含量的丰缺进一步提供佐证,对确诊水稻是否缺锌有帮助。

【防止和补救措施】

(1) 改良土壤　冬季多种春花作物或冬耕晒垡,以及降低地下水位、排除冷水等,以减轻稻田土壤的还原性作用;避免施用石灰等碱性肥料,多施用酸性肥料,以降低土壤pH;对有机质含量低的水田,应增施厩肥和土杂肥。

(2) 增施锌肥　移栽前,一般每公顷可用22.5～37.5千克硫酸锌($ZuSO_4 \cdot 7H_2O$)作基肥,或以0.5%硫酸锌液蘸秧根。对于移栽后出现缺锌症的稻田,应立即排水通气,促进根系发育,并用0.1%硫酸锌液或氯化锌($ZnCl_2$)液进行叶面喷施。

(十) 锰 素 失 调

锰是作物生长发育必需的微量元素。水稻生产上的缺锰或锰害现象一般较少见。

【病状】　缺锰稻株下部的叶呈黄绿色,上部嫩叶的叶脉间褪绿成淡黄色条纹,这种条纹可从叶尖向下扩展至叶片基部,随后出现暗褐色坏死斑点,并不断愈合成暗褐色的坏死线条;新抽出的叶片短而窄,呈淡绿色;株型变矮,根系发育不良,结实率低,千粒重下降。

锰害稻株的生长和分蘖均受抑制,叶片和叶鞘的叶脉上出现褐色细点,尤以下部老叶上明显,严重时叶片和叶鞘变褐枯死。

【病因和发病规律】　锰主要分布在稻体内生理活性较旺盛的幼嫩组织中,它可促进叶绿素的形成和碳素同化作用,并是很多酶的活化剂,能促进三羧酸循环,增强有氧呼吸等作用。

水稻需锰量不多,一般土壤的含锰量又较多,只有在强石灰性土壤或酸性土壤上施用大量石灰以后,土中有效锰含量显著降低时,才有缺锰的可能。锰对水稻的毒害浓度较高,据国际水稻研究所报道,分蘖期稻苗的毒害临界浓度为$2\,500 \times 10^{-6}$。所以,水稻生产上锰的毒害现象更少见。

水稻缺锰很易发生稻胡麻斑病。在水稻生长正常时,稻体内的铁和锰之间保持适当的营养平衡,如果在有机质过多的湿田,土壤中又不缺乏铁,则随着有机质的分解,产生多量的水溶性二价铁,当亚铁含量高时,就会阻碍锰的吸收,所以缺锰和铁害往往伴随在一起,这类田块的水稻更易诱发严重的胡麻斑病。所以在缺锰的土壤中,施用锰肥能明显减轻稻胡麻斑病的发生。

锰能减少稻体内氨态氮和可溶性氮的含量,增加生理活性,所以能提高水稻对稻瘟病的抗性。但一般来说,锰与稻瘟病的发生关系不及与稻胡麻斑病关系的重要。

【防止和补救措施】

(1) 合理施肥,防止过量施用石灰。

(2) 一旦发现稻株缺锰时,可用0.1%硫酸锰($MnSO_4 \cdot 4H_2O$)水溶液进行叶面喷施。

(3) 锰害稻田适当增施硅酸盐肥料,可减少稻株对锰的吸收,从而减轻锰害。

(十一) 硼 素 失 调

硼是作物生长发育必需的微量元素。水稻对硼的需要量很少,生产上很少出现缺硼症。水田中除过量施用硼肥外,一般也不会达到毒害水稻的水平。

【病状】(图版24) 缺硼稻株矮缩,新抽出叶片的尖端变白色,且卷曲如缺钙状,严重的生长点死亡,或随后抽出几乎完全白色的卷曲叶片,分蘖仍可继续产生,但结实不良,空壳增多。

硼毒害的植株下部老叶从尖端开始沿着边缘褪绿,继而出现大的暗褐色椭圆形斑,最后变褐色干枯。

【病因和发病规律】 硼参与花器官的形成和发育,有利于受精作用的顺利完成;促进植物生长点(根尖和茎尖)细胞分化,有利于根系和植株生长;此外,还有利于碳水化合物在植物体内的分配和运输等。

水稻需硼量较其他作物为低。从水稻本身来说,对硼的需要量也远较其他营养元素为大。但土壤中有效硼的含量因土壤种类、耕作、施肥等条件的不同而不同。砂土、粉砂土、酸性土等易被雨水淋失;石灰性土壤中的有效硼易与钙化合,生成不溶性偏硼酸钙[$Ca(BO_2)_2$]沉淀。通常这些类型土壤的有效硼含量易显示不足,而且随着水稻密植程度的提高,生长后期叶片相互遮阳而影响光照,从而影响体内物质的运输和代谢的进行,往往追施硼肥有利于穗子中淀粉和蛋白质的合成,可增加结实率和千粒重。据江西抚州地区农科所1977—1979

年施硼肥试验,杂交水稻比常规水稻增产效果明显,3年杂交水稻施硼处理比未施硼处理的穗长长0.1～5.1厘米,实粒数增加2.2～8.4粒,千粒重提高0.2～2.1克。但也有连续施用硼肥后导致水稻减产的报道。因此,应根据各地情况进行肥效试验后施用。

关于硼素与病害的关系,已知水稻在缺硼的情况下,稻体内氨态氮和可溶性氮增加,这就可能有利于稻瘟病等的发生。

【防止和补救措施】

(1) 改善土壤理化性质　减少淋溶和过量施用石灰,以防土壤中有效硼含量不足。

(2) 增施硼肥　发现缺硼地区,可用硼镁肥($H_3BO_3 \cdot MgSO_4$)作基肥,或在水稻苗期、孕穗期和始穗期用0.02%～0.03%硼酸(H_3BO_3)水溶液、或0.03%～0.05%硼砂($Na_2B_4O_7 \cdot 10H_2O$)水溶液进行叶面喷施。

五、土壤酸碱度不适宜引起的非传染性病害

土壤酸碱度(pH)是土壤肥力的重要因素之一。它既影响土壤养分的溶解度和土壤微生物的活动,又直接影响水稻的生育。水稻对土壤酸碱度具有广泛的适应性,而以接近中性最适宜。如果土壤呈强酸性,pH低于4.5,或土壤呈碱性、强碱性,pH达7.5～9.5,对水稻都会发生直接的或间接的为害,如泛酸田的酸害和盐碱地区的盐碱害。但只要有淡水源,水田灌水后,就可洗去盐碱或酸性物质,使土壤逐渐向中性发展。

(一) 盐(碱)害

盐(碱)害是指盐碱土上种植水稻或引用咸水灌溉所造成的生理障碍。我国盐碱土主要分布于西北、华北、东北和滨海地区,总面积有0.4亿～0.5亿公顷,其中沿海的海涂地区,一般地形都较平坦,土层深厚,有利于发展农业生产。但这些地区由于受旱、涝、盐、碱的为害,农业生产水平较低,因此必须加以改良利用。

【病状】　水稻不同生育阶段受盐(碱)害后的病状是不同的。在种子萌发阶段,由于吸水速度受到严重抑制,种子发芽不齐,发芽势降低,甚至根本不能发芽,种子在土内变黑腐烂。

种子萌发后,就进入对盐分极为敏感的时期,表现芽尖枯黄、弯曲,迟迟不

能冒青,直到死亡。一叶一心时,幼根黄褐色,叶片发黄,叶尖干枯,随后萎缩枯死。二三叶期的秧苗,表现叶片尖端焦头,上下相邻的焦头叶片常相互粘连,随后秧苗恢复生机,叶片继续生长时,叶片黏连不散而造成"带环"现象。四叶期以后,自叶片尖端渐向基部、由下叶渐向心叶,先发生卷叶,后渐枯黄,根系则发育不良,根尖变黑褐色,严重的根系发黑腐烂,秧苗全株枯焦。

稻苗移栽后,表现返青不良,发根很差,新根很少,心叶叶尖萎蔫,叶片发黄或发红,并自下叶依次向上渐变黄褐色枯死,群众称为"剥皮死",枯死的黄叶披倒在水面而成枯白色。

水稻在分蘖期、幼穗形成期和抽穗开花期遭受盐害,分蘖和伸长受到抑制,无效分蘖增多,茎秆变短,下部叶片发黄,并常有褐色小点,抽穗显著延迟,抽穗期拉长,退化的颖花增多,穗短粒少,不实率增高,谷粒不饱满。后期叶片稍有发红现象,根系多变黑腐烂,很易拔起,早衰严重,产量锐减。

【病因和发病规律】 水稻盐(碱)害是由于土壤盐(碱)浓度或灌溉水中含盐(碱)量的上升而引起。

盐碱土又称盐渍土。根据其所含盐类的不同,可分为盐土和碱土两大类。

盐土是含有大量可溶性盐类的土壤,其中以氯化钠(食盐)和硝酸钠(芒硝)为主,我国盐土主要有滨海盐土、花碱土和内陆盐土三个类型。

滨海盐土分布于沿海地区,盐分组成以氯化钠为主,氯离子占全部阴离子60%~80%,硫酸盐类次之,碳酸盐类仅占1%左右,一般pH为8.0~8.5。

花碱土主要分布于黄河下游泛滥平原地区,盐分组成大致可分为瓦碱和卤碱两个基本类型。瓦碱以重碳酸根为主,氯次之,而硫酸根最少,pH一般在9以上;卤碱则以氯离子占绝对优势,硫酸根次之,重碳酸根最少,pH为8.0~8.5。

内陆盐土分布于新疆、青海、甘肃河西走廊和内蒙古等地,盐分组成复杂,主要有氯化物、硫酸盐,有些地区还有碳酸钠和硝酸盐,其特点是地表强烈积盐,常形成盐结皮、盐结壳和疏松的聚盐层。

碱土和盐土不同。盐土中的盐分一般分布在土粒间,而碱土中的盐分在土粒间不一定很多,但有一部分盐分(主要是钠离子)进入土粒之中,被土壤黏粒表面所吸附。因此,碱土的性状比盐土更坏,地表常有结壳,壳下有面包状孔隙,土中碳酸钠(苏打)和重碳酸钠(小苏打)相对增多,呈强碱性,pH为9~10。我国所见多为碱化土,即有碱,又有少量盐。如黄淮平原的瓦碱土和白碱土,内陆平原的白僵土等都含有较多碳酸钠。

盐(碱)对水稻既有直接的为害,又有间接的为害。直接为害主要是随着土中所含盐类浓度的升高,稻根吸水困难,植株体内水分亏缺,同化活动被抑制或停止,严重的土壤渗透压高于根细胞的渗透压时,会发生根细胞内的水分外渗,导致质壁分离,稻苗枯死。同时,过高的盐分会使植株营养反常或发生恶化,严重的会发生某种单盐离子的毒害;盐害还使蛋白质合成受到破坏,导致植株积累了大量含氮的代谢中间产物,包括游离的氨基酸与氨;叶绿体内蛋白质的合成也受到破坏,蛋白质的数量减少,叶绿素与蛋白质的结合削弱,于是叶绿体趋向分解。

盐(碱)对水稻的间接为害,主要表现在对土壤结构的破坏上。如滨海的盐土,由于钠离子的水化作用,大量侵入土壤胶体复合体,破坏土壤结构,湿时起浆泥泞,干时坚硬板结,透水通气性差,水稻根系发育不良,常造成黑根。

水稻遭受盐害的程度,受到气候、土质、水稻生育期以及栽培管理措施等影响。例如大风、猛太阳能加剧盐害;水稻幼苗期的耐盐力最弱,但随着植株的成长,耐盐力会逐渐增强(表3-6)。

表3-6 水稻不同生育期的耐盐性

生育期	灌溉水盐分(NaCl)的含量(%)		
	可用浓度	受抑制	受盐害
返青期	0.1~0.12	0.12~0.2	>0.3
分蘖期	0.1~0.2	0.3~0.4	>0.4
拔节至孕穗期	0.2~0.3	0.4~0.5	>0.5
灌浆期	0.3~0.4	0.5~0.6	>0.6

注:品种为银坊。

【防止和补救措施】

(1)搞好农田基本建设 新垦区种植水稻,必须事先对水源、渠系设置、土地平整、田块大小和布局等作出全面规划。水稻的用水,不仅要满足水稻正常生长的需要,还要供水洗盐,淡化土壤。因此,必须要有充足的淡水源,若含盐分(NaCl),一般不宜超过2.5克/升。垦区渠系的设置,要从有利于土壤脱盐和整个垦区的排盐着眼,排、灌必须分系配套,每块田都单独建立进出水口。田块可按地形等高设置,每块大小以1333~2000平方米(2~3亩)为宜,田块过大,不易整平,排灌困难,易造成田面高处或低处的盐分积聚或咸水滞留,引起局部死苗。

(2)泡田洗盐、淡化耕层 新垦盐土稻田,土壤表层含盐量常在1%以上,必须通过灌水浸泡,洗去表土大部分盐分后,才能种稻。由于各地的气候条件、土壤质地、灌溉水含盐量和栽培管理水平等条件不同,泡田洗盐的标准也有差异。根据浙江省新围海涂种稻的经验,一般泡田洗盐只要求耕层,特别是5厘米以内的表土达到基本脱盐,可以在水稻成活后逐步完成。方法是先耕田灌淡水浸泡1~2天,排干咸水,再进行第二次耕耙,再灌淡水浸泡1~2天后又排干咸水,这样连续进行4~5次。一般灌溉水质好,经过泡田后的表土(5厘米内)含盐量可下降到0.15%以下,5~20厘米土壤的含盐量可下降到0.3%左右。

（3）就地培育壮秧　在盐土上就地育秧,能提高秧苗的耐盐力,移栽后返青快,成活率高。秧田首先要经过浸泡,洗去表土过多的盐分,随后主要抓好秧田水的管理,以水压盐,以水调气,以水保暖、抗风。基本方法是日灌夜排、日深夜浅、灌前换水,但要看天、看苗、看水质等进行灵活灌水。

（4）灵活灌水,确保全苗　管好本田田水是盐土种稻的关键。根据各地经验,浅水插秧后要立即灌7厘米以上的深水,护苗2~3天,并每天换水一次。稻苗返青后,如灌溉水质较好(含氯化钠1克/升左右),泡田洗盐彻底的,可进行浅灌1.7~3.3厘米(0.5~1寸)勤换；反之,灌溉水质差(含氯化钠1.5~2.0克/升以上),泡田洗盐不彻底的,要深灌(6.7厘米左右)勤换、日深夜浅,并要做到看天、看苗、看水质灵活掌握,即大风烈日灌深水,多云天热灌浅水,无风阴天可排水,雨天排咸蓄淡水；苗势旺盛灌浅水,苗势瘦弱灌浅水；水、土咸的天天换,水、土淡的可隔2~3天换。换水时要将原有田水排净,以早上或傍晚进行为宜,待稻苗长大后,逐步减少换水次数。至分蘖末期要进行适当搁田,以促进根系生长和防止因还原性物质毒害而引起黑根黄叶和死苗现象。

（5）广辟肥源,增施肥料　盐垦区土瘦,又因经常更换田水,耗肥较大。因此,除了发展田菁、黄花苜蓿、苕子、草木樨等绿肥作物外,还要增施腐熟的厩肥、人粪尿等,以增加土壤有机质,改良土壤结构,逐步提高土壤肥力。盐垦区的基肥,应在泡田洗盐后施用。追肥要早施,并要少量追施,晴天可在傍晚排水后施追肥,第二天适当推迟灌水时间。如天气许可,施追肥后可停止换水1~2天。

（二）酸　害

酸害一般是指土壤泛酸或灌溉水中混有矿区、工厂排出的酸水所造成,这里主要介绍土壤泛酸所造成的生理障碍。泛酸田主要分布在广东、广西、福建、台湾等地的滨海地区的河口地段,其土壤pH在3~4,呈极强酸性,并由于受海水浸渍的影响,含有较多的盐分,带有咸味,所以也叫咸酸田。浙北和苏南的古老湖荡,经过排水造田后,其中一部分荡田也出现土壤泛酸现象,pH常在3以下。因此，泛酸田对水稻生长极为不利，为害性很大，甚至有种无收。

【病状】 咸酸田受害轻的稻苗矮小，叶窄，呈暗灰绿色，生育后期稻株变黑，不实率很高；严重的，插秧后数小时根尖就卷缩变黑，一天后便枯萎死亡。荡田酸害是在插秧后当天或一二天内发生卷叶，稻苗变灰绿色，随后叶尖转变成紫褐色，进而转变成黑色，全叶自顶端向下枯焦，新叶极少伸出，根生长慢而短，但有少数根却长而细，可伸到深层土中。这些稻苗在枯死前，都长得很矮小、簇立、无分蘖。

【病因和发病规律】 不论咸酸田或荡田的水稻土，硫酸为害是造成酸害死苗的直接原因。造成土壤泛酸的根源，南海沿岸的咸酸田因有红树残体埋于底层，浙北、苏南荡田中则可能有芦苇之类植物的埋藏层。

红树是热带海边特有的常绿灌木，喜欢长在风平浪静、潮水有咸有淡的河口海滩上，后来因被河流所带来的沉积物压埋于底层，其残体长期处在水浸的深土层情况下，慢慢变成了黑色或灰黑色半糜烂的木屑层。红树残体含单宁$0.8\%\sim2.4\%$，含有机态硫15.8%。由于单宁在嫌气条件下分解产生还原硫化物，如硫化氢、硫化铁等，再上升到表土，氧化成茶褐色硫酸，故呈强酸反应，直接为害稻苗。同时，咸酸田的可溶性铁、铝等含量高，有效磷非常缺乏，这些也是为害水稻的原因。

浙北、苏南的荡田，田面常出现红棕色絮状的氢氧化铁沉淀，叫作"锈水"，田埂或干田板上也常有白色氢氧化铝或硫酸铝的沉积，外观上极似盐碱土的盐霜，叫作"白霜"，有些荡田底部还常有泥炭层。荡田的表土与水中含有大量的硫酸根，pH低至$2\sim3$，呈极强酸性。但自亚表土直至底土，即$20\sim30$厘米以下，土壤都是中性或近中性，pH为$6.0\sim7.5$，说明酸性只出现在表土，而不在底土，因此叫作"泛酸田"。

【防止和补救措施】 防止咸酸田或荡田的酸害，主要是消除酸害、毒害物质，补充普遍缺少的有效磷。

（1）灌水洗酸、制酸 耕耙前，先行淡水泡田，随后少犁多耙，耙后立即排水，可大大降低土壤表层酸度。同时实行灌水制酸，即秧苗移栽后，经常保持田面有水层，使土壤不能接触空气，田底的硫化物处在嫌气状态下，不至于氧化和上升，还可促使已形成的硫酸和硫酸盐还原成硫化物，使土壤降低酸度。

（2）填土压酸 通过大量客土，填土20厘米左右，几个月后，原来酸土层的pH可上升到7.0左右。这是由于填土后造成了还原条件，使硫酸还原为硫化物。酸性较轻的施用砂泥，也有一定的压酸作用。

（3）施用石灰，中和酸度 石灰用量根据各田块的酸度而定。一般每次每公顷施石灰1 500～3 750千克。为了节省石灰用量和提高治酸护苗的效果,应在泡田洗酸的基础上紧挨插秧前施用。一般可在耖田时施用,将石灰拌入表土中,随后插秧。

（4）增施肥料　在灌水排酸和施用石灰的基础上,增施有机肥,不仅能提供养料,还可加强土壤的还原条件,使制酸的效果更为显著。同时还要注意增施速效的磷肥、钾肥和氮肥。化肥最好选择氨水、石灰氮和钙镁磷肥等碱性肥料作基肥或面肥。施用磷肥后,不仅增加土壤中的有效磷,而且能将土壤中有毒的活性铁、铝固定为难溶的磷酸盐,解除有害物质,降低活性铝所产生的酸度值。

（5）淡酸田育秧和带土移栽　这是广西防城地区抗酸夺高产的经验。他们选择泛酸较轻的田块育秧,使水稻从幼苗开始逐渐适应酸性环境,并增施磷肥,培育壮秧。在此基础上,采取铲秧带土移栽,秧苗根系损伤少,又有淡酸泥护秧菀,肥料较集中,浅插秧,稻苗返青快,抗酸力强。

（6）推广高产抗酸品种　早、晚稻中都有比较抗酸的品种,如珍珠矮、广场矮16号、徐农矮等,可因地制宜选用。

六、灾害性气象引起的非传染性病害

我国水稻栽培区域辽阔,地形复杂,海拔高低悬殊,易在水稻生育期间遭遇灾害性气象为害,诸如低温、干旱、水涝、大风、冰雹和雷电等。这些灾害性气象情况是很难完全避免的。

关于因低温所造成的寒害苗、低温黄苗、低温发僵、"花稻"发僵、空秕粒和迟穗等生理障碍,已分别在秧苗期、分蘖期和抽穗结实期的非传染性病害中叙述。

冰雹害发生在浙江省的时段较为集中,最易发生的时间是3—4月和7月,主要在早、晚稻秧田期和早稻成熟期。雹害目前尚难预防,主要是雹后采取挽救措施,受害后也容易确诊。而水稻遭受雷电害虽比雹害更限于局部,为害性更小,事先也更难预防,但由于它在某些地区常被误诊为传染性病害的发病中心而采取防治措施,这就是本书需要简略介绍雷电害而不叙述雹害的原因。

（一）旱　　害

旱害是指水稻生育期间,土壤缺水受旱所造成的气象灾害。新中国成立以来,全国各地兴建了很多大、中、小型水利工程,灌溉面积不断扩大,旱涝保收田面积迅速增加。但在少数地区和旱情严重年份,旱害仍有不同程度地出现。例如1971年浙江省遇到长达90多天的夏旱连秋旱,一些水利条件较差地区的连作晚稻生育受到严重影响,部分稻田颗粒无收。据报道,水稻孕穗期受旱要减产47%左右,抽穗期受旱减产14%～33%,灌浆期受旱严重且连续14天以上,也要减产23%左右。

【病状】 遭受旱害的稻株,初期仅在中午出现叶尖凋萎下垂,至夜间尚能恢复原状。如继续缺水,白天的凋萎至夜间也不能恢复,叶片卷缩,叶尖开始干枯,最后全株逐渐变暗褐色枯死。生育前期遭受旱害未至枯死的稻株,分蘖减少,株型变矮,生育期显著延长,抽穗很不整齐,并往往发生地上分枝。孕穗至抽穗期受旱,抽穗不良,多成包穗或半包穗,空秕粒增加,有的颖花甚至雌、雄蕊不发育,成为"白稃"。

【病因和发病规律】 主要是土壤水分缺乏所致。水稻在土壤水分充足的正常生长情况下,根系吸水和茎叶蒸腾失水基本上是平衡的,即所谓水分动态平衡。此时,水在稻体内,从根尖到叶尖经常存在着连续的水流,每当傍晚至翌晨,叶尖水孔吐水旺盛,常有水珠存在。如果土壤水分减少,使根系吸水和茎叶失水的平衡失调时,稻叶就呈现凋萎,严重的甚至枯死。当土壤含水量为田间持水量的70%～80%时,对水稻的生育影响不大;而当土壤含水量降到田间持水量的60%以下时,生育就要受影响,产量就会减少;当土壤含水量降到田间持水量40%时,叶尖水孔停止吐水,产量剧减;再降到30%,叶片开始凋萎;如果降到20%,稻叶整天卷缩成针状,并从叶尖开始干枯。

水稻易受旱害的时期,依次为孕穗期、抽穗开花期、灌浆乳熟期、幼穗形成期、返青期及分蘖前期。孕穗期(花粉母细胞形成、减数分裂和花粉粒形成充实)是水稻一生中对水分反应最敏感的时期,特别是花粉母细胞减数分裂期,如果水分供应不足,花粉的发育受阻,造成颖花退化,颖花数和每穗结实粒数减少;或花粉发育不完全,影响受精结实。抽穗开花期遇到干旱,会影响开花和受精,形成白穗。乳熟期缺水,有机物在稻体内的运输缓慢,有机物合成的强度也显著降低,造成灌浆不饱满,秕粒增多,千粒重减低。幼穗形成期(支梗、颖花和雌雄蕊分化)受旱,影响幼穗支梗和颖花的形成,幼穗不能充分发育,每穗粒数减少;在雌雄蕊分化时遭遇旱害,还会产生不能受精结实的畸形颖花。返青期幼苗的抗旱力弱,水分不足则成活缓慢,甚至不能返青而枯死。分蘖前期的抗旱力虽比返青强,但对水分的要求比返青期多,如果水分不足,对水稻的生育影响不大,只要受旱后供给水分,稻株容易恢复。

水稻旱害与某些病害发生的关系也很密切。例如水稻在孕穗期和抽穗期缺水受旱,常易诱发叶稻瘟病和穗颈稻瘟病。旱害与水稻胡麻斑病伴随一起则更为常见。连作晚稻后期断水过早,也往往导致小粒菌核病和水稻细菌性基腐病的严重为害。

【防止和补救措施】

(1) 选栽抗旱力强的品种　一般根系发达而又深扎的品种比较抗旱。据报道,籼稻品种比粳稻品种抗旱；早熟品种比迟熟品种耐旱；大穗少蘖型品种比小穗多蘖型品种抗旱,可因地制宜选用。

(2) 培育耐旱性较强的壮秧　稀播粗壮秧比密播细瘦秧的发根力旺盛,抗逆力强,耐旱性能好。在易旱地区,育秧方法上可采用旱地育秧和半旱秧田育秧。因为旱秧和半旱秧比水秧田培育的秧苗具有发根力强、根群旺盛和叶片厚硬等耐旱性能。

(3) 移栽期的抗旱措施　移栽期遇缺水,而田土尚湿润时,可开穴旱栽,然后浇水定根。如果秧龄已足,而旱情严重无法及时栽插时,可先将秧苗暂时密栽在有水的田里,以防秧苗拔节老化,待下雨后再插入本田。

(4) 本田期的抗旱措施　插秧后缺水,可将田面薄薄的削起一层,并在稻行间均匀地铺盖青草或树叶等,尽力防止土壤水分蒸发。在水稻生育期间,要加强计划用水,进行节水灌溉,即控制比较耐旱的分蘖期灌水,保证从幼穗分化期到抽穗开花期的灌水,特别要确保花粉母细胞减数分裂期的充分灌水。据报道,不论中稻或晚稻,从拔节到孕穗、灌浆期间,遇连续40天干旱,每公顷产量均达不到750千克,此期间如果用少量水灌溉一次,使田面保持湿润2～3天,结实率就能提高,每穗粒数增加,每公顷产量可达1 125千克左右。

(二) 涝　　害

水稻的涝害是指田面积水到淹没稻株相当部分或全部而引起的为害。一般不包括那些长期土壤过烂或积水所带来的土壤缺氧造成的为害。在低洼、沼泽、沿江地带,雨季或台风暴雨时,涝害常是重要的灾害。

【病状】(图版24)　苗期、分蘖期受淹,稻苗瘦弱细长,基部叶片呈黄褐色,水退后有不同程度的跨叶现象,但一般都能恢复生长。拔节期受淹,正在拔节的节间比正常的拉长,但水退后伸长的节间又比正常的缩短,稻株呈现矮缩、细弱、弯曲,披烂叶和黑根增多。孕穗期受淹,轻则空秕粒增多,成熟期延迟；严重的幼穗死亡或颖花和枝梗退化,以后抽生白穗,甚至只有穗轴而无小穗。主茎幼穗死亡的稻株,由于顶端生长受阻,促使地上部潜伏芽萌发而产生高位分枝。灌浆乳熟期受淹,叶片大多黄褐枯萎,谷粒灰黑,部分谷粒发生穗芽,千粒重降低。

【病因和发病规律】 水稻发生涝害主要由于呼吸作用和同化作用受阻所造成。当稻株地上部分受淹,光合作用显著减弱或完全停止,有氧呼吸为无氧呼吸所代替,贮藏的碳水化合物大量被消耗,全部生理活动发生紊乱,从而造成植株饥饿和衰老,最终导致枯烂死亡。

水稻虽是比较耐涝的作物,但淹水深度也不能超过幼穗部,而且淹水时间不能太长。其涝害程度,与淹水时间长短、水层深浅、水温高低、水质清浊和流速快慢等有关。因此,稻株的耐涝性主要决定于碳水化合物的含量,凡影响碳水化合物积累的任何因素,都将降低稻株对水涝的忍耐性。因此,淹没时间越长,淹水越深,水温越高,水质混浊,流速慢的受害就越重。不同的稻作类型,忍受涝害的程度各异。籼稻比糯稻耐涝,糯稻又比粳稻耐涝。不同生育期的稻株,其耐涝程度的差异更明显,以苗期、分蘖期和乳熟期以后的耐涝性较强,受淹三四天影响还不大,孕穗期和抽穗开花期的耐涝性最弱,特别是幼穗形成期到孕穗中期受淹后,损害最为严重。

洪涝不仅直接引致水稻的生理障碍,而且由于受淹削弱了稻株抗病力,以及台风暴雨和水流冲刷带来的伤害,大大有利于稻白叶枯病、稻细菌性褐条病、稻霜霉病、稻苗疫霉病等许多病菌的传播和侵入,为害加剧。凡淹没时间越长,淹水越深,次数越多,发病就越重。将淹水与细菌性褐条病的发病关系列表(表3-7),供参考。因此,这些病害在江、河、溪流两岸和地势低洼易涝的稻田,往往发病较重。例如1975年6月底,浙江临海县城南特产场,因灵江水位暴涨被淹的2.5公顷早稻普遍发生细菌性褐条病,严重的田块损失高达80%以上。

表3-7 淹水与细菌性褐条病发病关系

受淹情况	丛发病率(%)	株发病率(%)	备注
淹没两次	100	39.8	每次一天
淹没一次	60	8.4	一天
未淹	0	0	
严重	100	48.5	稻苗全部淹没
中度	45	4.88	心叶露出
轻度	23.33	1.93	稻苗上部第一叶以下淹没

【防止和补救措施】 防止涝害的措施,除兴修防涝水利工程外,还应选用根系发达、株型紧凑、茎秆坚韧、再生能力强的耐涝品种,并根据当地洪涝可能

出现的时期,合理安排耕作制度、搭配品种和加强栽培管理,以避免或降低洪涝灾害。一旦水涝发生,应及时排涝,使苗尖及早露出水面,以免窒息死亡。涝害严重或涝后遇猛烈太阳时,不可一次将水排干,务使稻株有个逐渐恢复和适应过程,避免蒸腾大于吸收而造成缺水枯萎。排水后,应根据稻苗生育情况,适当补施速效肥料,促使其恢复生长。此外,还应根据当地以往发病的历史,及时做好防病工作。

(三)风　　害

水稻风害是指大风直接引起水稻的机械伤害而言。我国东南沿海各省以台风和雷雨为害最常见,但也有个别年份,水稻穗期偶遇西北大风造成伤害的。如1964年7月中旬,浙江省嘉善县数万亩早稻曾遭受西北大风侵袭,引起穗轴、小枝梗擦伤,穗色青里泛白,失去光泽。

【症状】(图版25)　抽穗以前,大风主要引起叶片相互摩擦,叶尖受伤纵裂成丝状,一二天后渐变褐色,最后呈枯白色干枯,病健部交界不整齐。抽穗开花期,大风使水稻开花授粉不正常,结实不良,而且颖壳受风擦伤而成黑褐色空粒,严重的由于穗轴基部组织受伤而出现白穗。灌浆乳熟期遭遇大风,谷粒常因擦伤而产生黑色斑点,严重的茎秆折断或倒伏。成熟期遇风害,稻株易倒伏,招致谷粒脱落、发芽和霉烂。

【病因和发病规律】　一般五六级以上的大风才能引起水稻机械伤害。除龙卷风在个别年份和个别地区发生外,我国沿海省份,以台风对水稻生产的为害最大,每年夏、秋季常遭受台风侵袭,台风带来的暴雨所造成的洪涝灾害,损失更加严重。

水稻受风害程度,与风力大小、持续时间、水稻品种的抗风力及生育期有密切关系。一般高秆比矮秆、阔叶比窄叶的品种受害重;抽穗开花期、灌浆成熟期比幼苗期、分蘖期受害重,抽穗开花期尤忌大风;山区的山岙风口田易受谷风为害;离海岸几千米以内的稻田,还因大风雨中夹带有盐分而易造成盐害。

大风雨还是很多病菌的传播动力,风力与风向又直接关系到传播的距离和方向。如稻白叶枯病细菌,无风时靠雨露传播一般只有4米左右,而风速22米/秒(10级)时可达60米。另如稻瘟病菌的分生孢子借风力传播的距离最远可达400米以上,距离病田越近的田块影响越大,下风头远比上风头田块的孢子数量多。同时,大风引起茎叶、谷粒的互相摩擦,造成大量伤口,大大有利于许多病菌的侵入。如稻白叶枯病细菌,虽然可通过水孔侵入,但造成该病大面积猖獗流行的病菌,其入侵的最主要途径还是伤口。1962年8月浙江省农科院在台风过境后进行田间调查,发现稻株叶片的刮伤率高达90%以上。据有关资料报道,从伤口形成到接触病菌的间隔时间越短,侵染成功率越高;反之,越低。一般在组织受伤后5分钟,病菌侵入率几乎高达100%;5小时后约为33%;21小时后就不易引起发病。因此,每当台风暴雨袭击或洪涝之后,往往引起稻白叶枯病暴发成灾。

【防止和补救措施】

(1) 沿海地区大力种植防风林和兴修农田水利。

(2) 因地制宜,合理安排耕作制度,避过风害　如浙、闽两省7月间早稻成熟,正值台风开始季节,沿海地区栽植水稻可采用早熟品种,并进行早播早插,争取在台风到来之前早稻成熟,以避过台风的为害。

(3) 选种　选用植株矮、茎秆强韧、株型紧凑、不易倒伏和脱粒、而抗风力强的品种。

(4) 加强肥水管理　勿偏施、迟施氮肥,重视施用磷、钾肥,并注意合理灌溉和适时搁田,以增强植株的抗倒能力。此外,在大风到来之前,田面灌深水,以减少植株受风摇动的损害。

(5) 挽救措施　已成熟的水稻遭风害后,应及时突击抢收抢晒;来不及抢收的,应顺风压倒,以免大量脱粒而损失。受风害后倒伏而又尚未成熟的水稻,应插竿拉绳或扎束等进行处理,以利谷粒灌浆成熟。对于离成熟时间还久的水稻,大风前后应及时喷药防治,以防病菌蔓延为害。

(四) 雷 电 害

雷电害是指水稻直接遭受雷击而引起局部稻株凋萎或枯死。虽然这种受害面积不大,也不经常发生,但在偶然发生时,一些地区误诊其为传染性病害的发病中心,惶惶不安,并加以喷药防治,应注意区别。

【病状】(图版25)　雷击正中点的稻株,最初全株呈现暗绿色凋萎,随后整株萎蔫枯死。其周围被波及的稻株叶片向中肋纵卷成筒状,大多数叶尖部纵卷,每株平均卷叶数为1.8~2.7片。这些受害叶片直立不下披,叶色较健株稍浓绿。此种卷叶病态不能恢复,但数天后尚能抽生出正常展开的新叶,并能抽穗,不过穗颈往往变短,包颈现象较多。

【病因和发病规律】　雷电害一般发生在雷雨季节。闪电按发生的部位分为四种:闪电以云体为基点,在云内形成,称云中闪电;在两块云之间形成,称云际闪电；在云与地之间形成，称云地闪电；极个别是在云与无云的空气间发生，称为云空闪电。这四种闪电，对地面人身安全或作物有威胁的只是云地闪电，它占整个闪电总数的1/5～1/6。

闪电总是蜿蜒曲折沿着电阻最小的路径进行的。它在空中完全取决于电场和电荷分布；通常只在离地面十几米至上百米高度时，才受到地面状况的影响。一般说来，雷击地点的规律是山地比谷地、水田比旱地、湿土比干土易遭雷击，空旷地带和孤树遭受雷击机会较多。

据笔者观察，水稻遭受雷击害后，雷击点多呈圆形，面积较小，一般直径仅1～2米的范围，波及面也不大，为10～20米。但也有个别例外，如1980年8月19日浙江省临海市（原临海县）尤溪乡的一个雷击正中点酷似十字形，横向1.5米，直向2.5米，宽度均为0.5米，波及面也很广，直径达60米左右，邻近三四丘梯田均受影响。据实地观察和群众反映，可能与这一方梯田下面是岩石层有关。

【防止和补救措施】 因事前无法测知雷击点，而且雷击受害面积都不大，只要根据田间现场诊断和联系最近的天气情况，能确诊雷电害的，须加强肥水管理，以利被波及的稻株恢复。

七、环境污染引起的非传染性病害

环境污染是公害之一。指的是由于人类的生活和生产活动，将大量有害物质排入环境，影响动、植物的生长发育，危害人类健康，破坏正常生活秩序，或造成经济上的损失，或形成潜在性的威胁等。

各种工业生产排放的有害物质，从其物理形态方面来看，大体上都以气体、液体和固体的形式排出，一般称为废气、废液和废渣（简称"三废"）。废渣主要是指冶炼各种金属时排出的冶炼渣和开采矿山时产生的矿业废渣。这些废渣如果长期堆存不利用，其中某些有害物质将被雨水溶浸，渗入土壤，流入江河，造成环境污染。

此外，燃料燃烧时产生的烟尘也是数量可观，每燃烧1吨煤就有311千克烟尘排空。据报道，全世界每年约有1亿吨烟尘排空。烟尘中稍大的颗粒（大于10微米）很快降落到地面，称为落尘。落尘降落在植物叶表面，严重时影响光合作用。烟尘中颗粒小的（小于10微米），能长期飘浮在空中，称为飘尘。飘尘除了随呼吸进入人体，构成人类呼吸道疾病外，严重时还会削弱日光的照射和能见度，使空中浑浊、多云和多雾，从而影响植物的生长发育。

"三废"对植物的为害性，主要是指废气和废水造成的为害。

（一）废 气 害

废气害是环境污染物的三废中较严重的一种。它是指植物受工厂的烟囱或产品的工艺流程中所排放出的废气引起的为害。工厂烟囱中冒出的气体引起的为害，通常称之为烟害。随着工业化和集体、个体企业的发展，大气的污染越来越严重，废气害时有发生。

造成大气污染的物质，据统计约有百种，其中影响范围广、危害较大的是二氧化硫（SO_2）、氟化氢（HF）、二氧化氮（NO_2）、氯气（CL_2）、硫化氢（H_2S）和煤粉尘等。目前，全世界每年排放到大气中的SO_2约有1.46亿吨、二氧化氮约5 300万吨、硫化氢约300万吨、煤粉尘约1亿吨。据有关试验表明，植物暴露于这些大气污染物质的相同浓度中数小时以后，其毒害程度的顺序是HF＞Cl_2≈O_3＞SO_2＞NO_2＞NO。例如工业上氯的生产及农药、漂白剂、消毒剂、溶剂、塑料、合成纤维等生产中，均有含氯废气排空及含氯废水排放，氯气（Cl_2）会使植物叶片失绿漂白；汽油、重油、煤炭、天然气等各种燃料在高温下完全燃烧时，空气中的氮被氧化，生成大量的一氧化氮（NO）、二氧化氮（NO_2）等氮氧化物。化工方面的硝酸厂、氮肥厂、染料厂，以及合成纤维、炸药制造及汽车的排气等，也都有不同浓度的氮氧化物气体排出，这些氮氧化物气体会使植物叶片光合作用降低，呼吸作用增加。二氧化氮还是构成化学烟雾的重要因素。

随着人们利用物质资源技能和治理废气技术的发展，污染大气物质的种类和数量也在不断变化着。近地表空气中，污染物质的种类及其数量，各地区因污染不同而异。其中二氧化硫是我国当前分布较广和为害较重的一种大气污染物。

1. 二氧化硫（SO_2）害

【病状】（图版25） 二氧化硫对水稻的毒害随组织的老嫩而不同。幼嫩的叶片，二氧化硫可直接从表皮侵入，常使叶片的尖端和叶缘变黄白色，严重时叶片大部漂白失水干枯。老健的叶片，二氧化硫多从气孔侵入为害，使叶片发生不规则形的白斑或黄色斑块。减数分裂期受害，每穗的颖花数减少。抽穗扬花期受害，不受精的颖花增加，颖壳上产生白斑或全部变白色，严重影响灌浆结实。气体浓度较低时的慢性毒害为叶尖变黄褐色，稻株生育不良，或外观上似未受害，但产量已受影响。

【病因和发病规律】 二氧化硫是一种无色有刺激性臭味的气体，比空气重2.21倍。大气中的二氧化硫主要来自使用和燃烧以含硫为原料的工矿企业，燃烧1吨煤,约排放二氧化硫达170千克。其中二氧化硫排放量较大的有火力发电、钢铁、有色金属冶炼、化工、炼油、硫酸以及水泥等工厂。据估计,排放的二氧化硫总量中,来源于煤燃烧的量约占70%,重油燃烧约占16%,冶金工业约占11%,炼油工业约占4%。

排入大气中的二氧化硫,可直接从叶表皮气孔侵入,在叶片中以水溶性的硫酸形态积累,破坏叶绿素;细胞质变褐;并不受小叶脉的阻碍,常使水稻叶片产生较大的白斑或黄褐色斑块。大气中的二氧化硫,往往先由于光化学作用和金属粉尘的触媒作用,与空气中的氧结合,氧化成三氧化硫(SO_3),再与水蒸气结合,凝集成硫酸雾或硫酸雨而为害植物。

很多作物在大气含二氧化硫1×10^{-6}浓度的情况下,作用1小时就发生毒害。二氧化硫对水稻产生明显的致害浓度为5×10^{-6},当水稻受到20×10^{-6}浓度的二氧化硫气体熏蒸后,光合作用几乎完全受到抑制。空气湿度大比干燥时为害重;阴天无风、气压低、烟带老是在地面浮游时,受害严重。受烟害稻田与风向有密切关系,远离烟囱的为害减轻,波及面常呈喇叭形分布。一般新生组织易受害,老而硬化的组织受害较轻。水稻最易受害的时期是抽穗扬花期前后,其次是秧苗期和分蘖期。

2. 氟化氢(HF)害

【病状】 受害的叶片边缘和叶尖出现水渍状淡褐色或棕色坏死斑,随后叶尖褐色坏死,并向下延伸成不规则条纹,病健组织界线明显。慢性毒害时,叶片呈黄化枯萎。抽穗后受害,颖壳变黑褐色,空秕粒增加,千粒重降低。

【病因和发病规律】 氟(F)是灰黄色气体,有臭味,是最活泼的非金属元素。能分解水,生成臭氧和氟化氢。在暗中就能与氢直接化合,并能直接与多种其他非金属和金属元素化合。因此,自然界中不存在单体氟。

凡使用冰晶石(Na_2AlF_6)、萤石(CaF_2)和含氟磷灰石[$3Ca_3(PO_4)2 \cdot CaF_2$]等做原料的工业企业,如制铝厂、玻璃厂、钢铁厂、水泥厂、磷肥厂、陶瓷厂、搪瓷厂等排出的含氟废气是氟污染的主要来源。一座年产45万吨钙镁磷肥厂的高炉,每小时排出含氟废气3.5万立方米,氟的含量达50千克。一座年产100万吨人造富铁矿的烧结厂,每年排氟量达9 600吨。此外,煤炭中也含有$(400 \sim 3\,000) \times 10^{-6}$的氟,煤在燃烧过程中,也有少量氟排出。含氟废气的氟是以氟化氢(HF)、氟化硅(SiF_4)及氟硅酸(H_2SiF_6)等形态存在,其中以氟化氢最普遍,危害最大。氟化氢是无色气体,易溶于水而成氢氟酸的无色液体,在湿空气中成雾状,其毒性更剧。

氟化氢对植物的影响比二氧化硫大$10 \sim 100$倍。它能直接破坏叶绿素,使细胞原生质解体。大气中含有$5×10^{-9}$的低浓度氟污染,经7～9天,就可使桃、杏和葡萄等受害;达到$0.05×10^{-6}$时,能使水稻受害。同时,氟还能在植物中积累,当达到$(50～100)×10^{-6}$时,植物的叶组织就会坏死。所以,含氟气体从气孔进入水稻叶片后,就在叶缘和叶尖部位积累起来,到达一定程度会造成水稻叶片组织坏死。

水稻抽穗扬花期受氟害最重,其次是幼穗形成期,而分蘖期则受害较轻。当大气中含氟废气浓度高,持续时间长,又遇气压低、风力小、湿度大、温度高时,受害最严重。

3. 臭氧(O_3)害

【病状】 水稻叶片受害后,气孔周围细胞变褐坏死,出现轮廓清晰的褐色斑点,多呈条状排列,在叶片弯曲部位分布较多。

【病因和发病规律】 臭氧(O_3)为蓝绿色气体,在自然界的浓度约为$0.05×10^{-6}$,地面上臭氧的增多主要是光化学反应的产物。如汽车排出氮氧化物气体的光化学反应为:首先是二氧化氮吸收紫外光能量进行分解生成游离氧原子($NO_2+hv\longrightarrow NO+O$),游离氧的活性很高,在大气中经其他物质的催化作用,与普通氧分子结合生成臭氧($O+O_2\longrightarrow O_3$)。

臭氧具有很强的氧化能力,是一种很强的氧化剂。它能将大气中的碳氢化合物氧化成甲醛、乙醛、丙烯醛以及酮类等一系列复杂的有机含氧化合物和高活性的游离基,后者再进一步与氮的氧化物反应,生成过氧酰基硝酸酯以及其他过氧化物。所有这些反应生成物加上大气中的水蒸气,在特定的条件下就构成了有害的浅蓝色的光化学烟雾。

在国外某些大城市里,由于汽车泛滥成灾,光化学烟雾的污染相当严重。据估算,每1 000辆汽车每天排出的氮氧化物为50～150千克、碳氢化合物为200～400千克,这些便是产生光化学烟雾的"原料"。工业生产所排放的氮氧化物和碳氢化合物,也同样参与了这一反应,促使光化学烟雾的增加。在污染严重的地区,8小时的平均浓度可高达$0.15×10^{-6}$。

臭氧从气孔进入植物组织,常造成气孔周围细胞变褐色坏死,使叶面呈现褐色小点。大气中臭氧的浓度达到$0.15×10^{-6}$时就可使水稻受害。它的影响范围较二氧化硫和氟化氢广。

【防止措施】

(1)防止废气害的根本途径是减少污染源。诸如改革工艺流程,加高烟囱,改进燃烧方法,采取燃料脱硫、排烟脱硫、废气回收利用、消烟除尘等各种净化措施,使大气污染降到最低限度。此外,合理安排工厂大检修时期,避开水稻最易受害的抽穗扬花期,特别是无风、气压低的阴天,更应严防有害气体的跑、冒、滴、漏现象发生。

(2)工厂区附近和城市郊区,积极绿化,利用植物净化环境。

(3)经常受烟害的地带,可改种一些抗性较强的作物,加强栽培管理,增强植株的抗逆力,以减轻为害。

(二)废 液 害

废液害也称污水害。是指水稻因灌溉工矿企业排出的废液及城市居民的生活废水而引起的为害。一般说居民生活废水用来灌溉农田的问题不大;而工矿企业未加处理的废水废液,往往含较多和多种有害物质,如直接灌溉农田,会使水稻遭受严重的污染为害。如1979年原杭州西湖区红卫公社大新等四个大队,由于灌溉混有杭州农药厂排出废液的河水,致使约20公顷早稻受害,轻的田块减产二成,严重的减产八成以上;0.42公顷晚稻秧田受害,严重的秧田死苗率高达95%以上。

【病状】(图版26) 幼苗期受害,幼芽卷曲,生长停滞,随后幼根发黑,苗色黄化,严重的幼苗枯死。插秧后一般返青缓慢,分蘖不良,叶色淡绿,叶尖发红,并自叶尖沿叶缘出现赤褐色枯死,远望成片铁锈色,根系大多发黑腐烂,严重的全部枯死。受害的稻苗,常伴随发生稻胡麻斑病、云形病、褐色叶枯病和条叶枯病。

污水成分复杂,不同类型污水对受害稻苗所表现出的病状也各异。据我们调查,如1974年原安徽旌德县朱庆公社蔡家桥生产队,部分稻苗受某厂地下污染管道破裂上渗的污水为害后,根系变粗,如玉米的不定根,长度均在2厘米左右,如同刀切一样的整齐,地上部叶色浓绿,矮缩,分蘖增多,外观上酷似水稻黑条矮缩病。前述原杭州红卫公社大新大队受杭州农药厂污水为害后的稻苗,根系发黑,株型矮小直立,叶尖发红,心叶筒卷,叶片抽不出,致使基部产生大量无效分蘖和地上分枝,抽穗困难,多成包穗或半包穗,穗型短小,扭曲畸形,空壳率大增,"花谷"很多。一般来说,受污水害的稻苗,大多根系先受毒害,而后地上部呈现病状。

【病因和发病规律】 水稻的废液害多发生在工厂或矿山附近。引灌厂矿企业的废水,常造成稻苗直接中毒或稻田土壤积毒。

废水水体混浊,水面常浮有油类物质和一定数量的悬浮物,如灰分、有机物等。废水中既含有较多的氮、磷、钾等作物需要的养分,也含有不少毒害的成分。如炼油、炼焦厂的废水中含有大量的酚、苯、硫化物及油类等;造纸、印染厂的废水中含有大量的碱;化工厂的废水中含有氯、酸;农药厂的废水中含有农药或农药的中间体(三氯乙醛等)。这些都是对水稻有害的物质。苯、酚、氯、氰化物、碱等能抑制水稻生长,严重时使稻株枯死。油类浮在水面,遇到天热时容易烫伤稻苗;溅附在叶片表面,会阻塞气孔,影响呼吸作用。其他浮悬物如灰屑等,数量多时,不但阻塞渠道,淹埋稻苗,而且灰油混合,淤积田面,使土壤通气性变差,影响水稻根系和分蘖的正常生长发育。

据调查,引用污水量多的田块受害严重,同一田块低洼处受害较重,特别是搁田后复水时引用污水的田块受害更重。如前述原杭州郊区红卫公社就是在早稻搁田后复水时引灌污水,造成毒害的。

【防止和补救措施】

(1) 检定污水的化学性质和成分 引灌污水,必须事先判断污水类型,检定其化学性质和成分。一般来说,色深发黑、臭气大的污水,多属生活污水;色浅、有特殊臭气的污水,则表示含有工业废水。单纯生活污水,可不必分析。工业废水如所含有害物质多,须经过处理,先在小面积上试验,才能大面积引灌,以确保安全。各地区应根据当地的气候和土壤类型,通过污水灌溉试验,因地制宜地制定出污水灌溉的水质标准。如辽宁省林业土壤研究所提出石油污水中某些成分的灌溉指标是:油的含量以不超过10~20毫克/升为宜;含溴化物要求以5~15毫克/升为宜;挥发酚不超过50毫克/升为限度;硫化物最高允许浓度为20~30毫克/升;污水的pH以6.5~7.5为适宜。

(2) 处理污水,降低或去除有害物质 根据各地经验,可采用以下简单易行的办法进行处理。

一是采用清、污水混合灌溉或轮灌。这样既可冲淡污水中有害物质,又可避免含氮过多的污水而引起水稻贪青倒伏。清污水混合比例主要根据污水的含氮量与有害物质数量而定,一般污水和清水可按1∶35进行灌溉。

二是对含较多煤灰、矿屑、纤维素等悬浮物的污水,在灌溉前先引入稻田附近的池塘或人工池内,经沉淀后再灌入稻田。沉淀的污泥还可用作肥料。

三是对含较多油或其他漂浮物的污水,可在沉淀池进水口或渠道内,设置网栅,以拦截油类与其他悬浮物进入稻田。

八、用肥不当引起的非传染性病害

施用化肥是水稻增产的重要途径。但化肥多半是化学活性较强的无机化合物,使用不当,往往会直接造成水稻的各种生理障碍,使水稻生育失常。常见的有黏附性化肥灼伤、氨水和碳酸氢铵熏伤以及石灰氮烧伤等。

（一）黏附性化肥灼伤

【病状】 细晶粒状硫酸铵易黏附在湿润的水稻叶面上，使局部叶片的叶绿素遭受破坏而呈现半透明的不规则白斑。当白斑横跨叶面时，叶片常在被害处折断枯死。

粉末状碳酸氢铵更易黏附在叶面上，叶片黏附点出现紫褐色不规则枯斑，严重的叶片枯死。

氯化钾作根外追肥浓度过高或喷施的液珠因蒸发浓缩，会使叶面出现褐色枯斑，或整个叶片呈暗绿色卷缩。稻穗受害颖壳上出现褐斑，使穗头呈现斑花状，俗称"花稻头"，严重的整个稻穗均呈深褐色。这种灼伤的谷粒常可导致稻谷枯病菌的侵害而成为秕谷。

【病因和防止措施】 在早晨露水未干、雾气未散或雨后稻叶上还存在水珠时，施用硫酸铵等化肥，黏附在叶片上，造成局部浓度过高而失水灼伤。因此必须避免在上述情况下施用硫铵、碳铵等化肥。氯化钾根外追肥浓度过高，或筒底沉淀的高浓度肥液喷射，也是引起肥害的重要原因，一定要严格掌握好浓度，避免沉淀。

（二）氨水及碳酸氢铵熏伤

【病状】（图版25） 受害稻叶呈均匀的橙黄色，以后整张叶片转呈黄褐色，并自叶尖向下枯黄，重者枯死。氨水挥发出来的氨气，会随风扩散，波及面较大，可造成大片稻株上部叶片被熏伤。固体碳酸氢铵肥料施在田面不平、灌水不匀或干田面上，可造成局部稻株熏伤，叶片也多现橙黄色，随后呈黄褐色枯死，一般是下部叶片受害较严重。

【病因】 碳酸氢铵（简称碳铵）是强盐基（铵）和弱酸根（重碳酸根）结合的盐类，是一种不很稳定的化合物，在一定的温湿度条件下，可分解而形成游离性氨、二氧化碳和水（$NH_4HCO_3 \rightarrow NH_3\uparrow + CO_2\uparrow + H_2O$）。据测定，固体碳铵的含水量虽在5%以下，但在12～16℃气温下敞放15天，会因氨气的逸出而损失氮素57.5%；在16～18℃敞放15天，可损失氮素93%；在25～27℃时敞放7天，氮素几乎全部损失。这说明碳铵化肥在常温下敞放，一经吸水受潮后，就易发生熏蒸作用。氨水由合成氨加水稀释而成。氨与水呈不稳定的结合状态，比碳铵更易挥发，熏蒸作用更强（$NH_4OH \rightarrow NH_3\uparrow + H_2O$）。它在20～24℃时敞放1

小时,可损失氮素18.3%;4小时损失45.5%;24小时损失63.6%;48小时损失达86.4%。因此,保藏或施用技术不当,不仅损失肥效,而且会熏蒸伤苗,特别是在中午高温的情况下为害更加严重。

【防止措施】

(1)氨水窖要注意密封;碳铵要贮存在干燥阴凉的室内;塑料袋破损要及时修补;用一袋拆一袋,剩余的及时把袋口扎紧。

(2)施用氨水或碳铵时,田间保持3厘米左右的水层,施后立即耘田,使氨与土壤充分接触,并被土壤胶体吸附(氨分子吸附及铵离子吸附都有)。

(3)氨水或碳铵宜在早晨露水干后,或下午三四点钟后气温较低时施用,切忌在中午烈日下施用。

(4)氨水作基肥面施时,可直接加水稀释后泼浇。如作追肥,最好采用氨水深施器施入表土,否则一定要严格掌握浓度,通常以1%~2%为宜。氨水用泥浆水稀释或加水河泥调和后施用,可大大减少氨的挥发损失及熏蒸为害。此外,氨水原液掺水稀释应在空旷的场所进行,并注意风向,以免氨气熏伤附近稻苗和其他作物。

(5)施氨水或碳铵前后,切忌施用石灰、草木灰、钙镁磷肥等强碱性肥料。

(三)石灰氮烧伤

【病状】 稻叶黏附少量石灰氮粉末,常出现暗绿色水渍状或褐色斑点,渐致整个叶片发黄,但尚能恢复生长。受害重的,全叶呈深红色,且有大小和形状不一的深红褐色或黑褐色的斑点或斑块,有的斑点或斑块中间呈枯白色,随后叶片逐渐变赤褐色枯死,远看如火烧状。扬花期石灰氮粉末黏附在小枝梗上,枝梗变黄褐色,整个小穗都是秕谷。灌浆期小枝梗黏附石灰氮粉末则成为半饱谷。

大量施用石灰氮作基肥,插秧当天即会表现老叶卷缩、发黄,但心叶尚呈绿色,以后叶片逐渐枯萎卷缩呈赤褐色,如火烧状,叶上密布许多褐色斑点,由叶尖至基部逐渐增多,叶鞘也发黄变褐,根系发黑,严重的整株枯焦而死。

【病因】 石灰氮呈黑色粉末状,易飞扬,或漂浮于水面而不易下沉。其主要成分是氰氨化钙($CaCN_2$)。石灰氮施入湿润的土中后,就进行化学转化,并经微生物的作用形成各种中间化合物,最终成为碳酸铵被作物吸收。主要变化是:先转化为酸性氰氨钙[$Ca(HCN_2)_2$],再变为游离氰氨(H_2CN_2),最后转化为尿素[$CO(NH_2)_2$]成碳酸铵[$(NH_4)_2CO_3$]。

石灰氮所含的氰氨化钙对水稻有直接的毒害,在其分解转化过程中的中间产物——酸性氰氨钙、游离氰氨等对水稻也有毒害作用。因此,石灰氮如不进行预先处理就用作追肥施用,或用作基肥后未经转化,立即插秧,均会使水稻受害。

【防止和补救措施】

(1)石灰氮只适于做基肥施用。一般在插秧前一星期施下,让它在土壤中自行转化,然后插秧。为了使肥料施得均匀,可与潮湿泥土或有机肥料拌和撒施,或与泥浆水调和后泼施,然后进行燥耕,一星期后灌水耙田、耖田、插秧。这样可使石灰氮转化,比较安全。石灰氮用于连作晚稻基肥如边施边插秧的,一定要和田土混合均匀。据浙江省义乌市经验,将石灰氮放在粪桶内,加入4~5倍烂泥浆,充分搅拌后,兑水成为泥浆水,均匀泼施于无水层田面,先翻耕后再灌水耖耙,即可插秧。有水层的稻田施石灰氮,其粉末漂浮水面易黏附于稻苗上造成灼伤,或漂集在田角,造成田角的稻苗严重灼伤,要十分注意。

(2)控制石灰氮用量:一般每公顷150~225千克,施用过多,因其肥效较长易造成水稻后期贪青。尤其是早稻生育前期气温较低,石灰氮转化缓慢,更要注意控制用量。

(3)石灰氮不能直接作追肥,如必须用作追肥,一定要和10倍左右的湿土或堆肥、厩肥混合,在湿润状态下堆放10天,使其毒性转化后再施用。但这种预先堆制过程,可导致部分氮素损失(以氨气形态逸散于空气中),不很经济。

(4)如稻苗已被石灰氮严重毒害,应等4~5天后补苗。如心叶未死,则可恢复生机,重新长出新的分蘖,对这种田块,应抓紧耘田管理,并在分蘖盛期注意搁田,防止无效分蘖和贪青倒伏现象。

(5)施用石灰氮还要注意人畜安全。操作人员应戴口罩和橡皮手套;耕牛也应戴口罩,以防在耕田时偷吃受石灰氮污染的田间杂草,还应制止耕牛饮用污染的田水。

九、用药不当引起的非传染性病害

合理用药能预防或控制病虫的发生和为害,保证农业增产。但如用药不当,常导致水稻焦斑、黄化、青立、畸形,产量降低,品质变劣等。这种由于使用农药而引起水稻生长失常、影响产量和品质的现象,简称为药害。

(一)药害类型及影响因素

化学农药的药害可分为急性药害、慢性药害和残留性药害。急性药害一般发展很快,症状明显,肉眼清楚可见,如发芽率下降、发根不良、灼伤、凋萎、黄化、失绿、畸形等。慢性药害,发生缓慢,症状表现不明显,如无健株作对比,不易判断,一般表现为光合作用减弱、生长缓慢、延迟结实、穗变小、产量下降等。残留性药害,是由于残留在土壤中的农药及其分解物所引起。农药使用于稻株,一般有40%～60%的药落入田面,若为撒施、泼浇则落入田面的农药比例更高,特别是稳定性强的农药,一旦用药过多或积累到一定数量,就会影响第二季水稻的正常生长,产生残留性药害。

综观生产实践中所出现的众多的药害可归纳为药剂、作物、气候和施药技术等方面的因素。

(1) 药剂的化学性质　各种农药对作物具有不同的生理作用,使用所需的有效浓度(或剂量)也不同。因此,作物对药剂的最高忍受量接近防治的最低有效浓度(或剂量)时,如使用不当,易产生药害。产生药害可能性的大小,可用化学防治的安全指数来表示。农作物对农药最高忍受浓度(或剂量)除以农药对有害生物最低有效防治浓度(或剂量)之值,就是化学防治的安全指数。化学防治的安全指数越大,对农作物越安全。虽然每一种农药对各种农作物与病虫种类有不同的安全指数,但各类农药的安全指数又有一定的共同性。

一般化学防治的安全指数顺序是:植物性农药大于有机合成农药,有机合成农药又大于无机农药;从防治对象看,杀虫剂大于杀菌剂,杀菌剂又大于除草剂。植物性农药的安全指数很大,用量较大时,一般也不易产生药害;无机农药的安全指数是很小的,使用稍有不当或受气候环境影响,极易发生药害,有机合成农药的安全指数一般介于无机农药和植物性农药之间。

有机磷杀虫剂药效高,防治的有效浓度低,一般对作物比较安全。除草剂防除的对象是杂草或其他有害植物,与农作物同为高等植物,有的还是同科同属。杀菌剂防治的对象是寄生在农作物体内,隶属于低等植物的病原菌;所以对杂草、病原菌有效的药剂,往往产生药害的可能性也大。

加工剂型和质量与药害关系也十分密切,一般油剂、乳剂比可湿性粉剂或粉剂容易引起药害,乳粉和颗粒剂对农作物比较安全;加工质量差的,如粉粒过粗,湿润性和乳化性不良以致可湿性粉剂在水中产生大量沉淀,或乳剂乳油产生分层等,都可能产生药害。

此外,药剂的辅助剂、稀释剂对药害的产生也有一定的影响。例如,硬水可破坏以肥皂为乳化剂的油乳剂,产生油水分离;砷素在硬水中可增大水溶性砷的含量;硬水可以降低可湿性六六六和滴滴涕粉剂的悬浮性等,都可能造成严重的药害,而一般塘水或河水的硬度低于井水,用作稀释剂就比较适宜。

(2) 水稻的耐药力　不同水稻类型或品种的耐药力有强弱不同。一般来说,对汞制剂、稻瘟净等农药,籼稻比粳稻敏感;而对稻脚青、稻宁等,则粳稻比籼稻更敏感。品种间也有明显的差异,据报道,"科六"品种对巴丹等农药易产生药害。不同生育阶段对农药也有不同的反应,一般苗期、孕穗期、抽穗扬花期容易产生药害。水稻对土壤积累的砷酸药剂反应比旱地作物敏感,毒害也重。据试验,砷积累至 50×10^{-6},对小麦、棉花等旱地作物无明显影响,但对水稻则有抑制生长的情况。因此,把大量使用过砷制剂的旱地改种水稻时则往往发生严重药害;反之,把发生砷毒害的稻田改种旱作,就有减轻或避免药害发生的可能。植物形态构造上影响抗药性最大的是叶子上的气孔数目和开张程度,一般气孔小,开放小的不易产生药害。茸毛少,叶面蜡质层和细胞壁厚的,耐药力一般也较强。

（3）气候等环境条件　影响药害的气候因素,以温度、湿度、光照最为明显。一般高温、阴湿、重雾、干旱,以及大风造成伤口等均易引起药害。气温高不仅药剂作用增强,而且作物新陈代谢旺盛,耐药力也就减弱。此外,砂质的土壤要比黏质的土壤易引起药害,在含有机质少的土壤要比在含有机质多的土壤易引起药害,这与药剂易淋溶至根部有关。

（4）施药的浓度和方法　用药不当是产生药害的重要原因之一。如农药浓度过高,剂量过大或混用不当等,超过水稻的耐药力而产生药害。

（二）黏附性药害

黏附性药害是指药液黏附在叶、茎、花、果表面所造成的局部组织坏死现象,是最常见的一种药害,并以叶部药害最明显而普遍。各种作物或同一作物不同生育期所发生的叶部药害有各种不同表现,如白斑、褐斑、枯焦、穿孔、黄化、失绿、卷叶、畸形和落叶等。水稻上的黏附性也以叶部最为常见,其次是谷粒。

【病状】　水稻叶片黏附性药害最常见的是白斑、褐斑和枯焦等症状。斑点的形状、大小不一,病健交界一般都较清晰,严重的可引起叶片枯死。如撒施六六六、石灰等粉剂不匀,常造成形状不一的褪色白斑或褐色枯斑;砷制剂的急性药害使叶缘或叶片焦灼枯萎,慢性药害可使叶片黄化;滴油扫杀稻飞虱和叶蝉时用油过多或滴在稻叶上,使稻叶变红黄色。

谷粒上的黏附性药害大多是褐色斑点,严重的整颗谷粒变暗褐色枯焦状,群众称为"褐稻头"。

【病因】　大多由于局部组织上的药液浓度过高所致。其造成的原因及药害田间分布状况可归纳为以下几个方面。

（1）药液本身浓度太高,其药害比较均匀分布;

（2）施药过程中没有搅拌,最后的沉淀液浓度过高,其药害常呈块状分布;

（3）重复喷药,其药害常呈带状分布;

（4）早晨露水未干或雨后稻叶上尚留水珠时喷粉,其药害一般较均匀分布。

黏附性药害还与高温时用药、大风后伤口多时用药以及药剂加工质量差（如粉粒过粗、湿润性和乳化性不良等）密切相关。

药剂可从作物体的不同部位侵入体内,而叶片是药剂侵入作物体的主要部位,叶面的各种伤口又是药剂进入叶组织内的重要渠道,药剂进入作物组织的细胞内部,是受原生质膜的影响。原生质膜由蛋白质和类脂物质构成,是一种具有选择性的半透性膜。在一般情况下,凡是分子较小而又是水溶性的化学物质,如砷酸、亚砷酸、硫酸铜等,或是分子量较小的脂溶性物质,如油剂、六六六、1605等,都比较容易浸透而进入细胞内部。

【防止措施】

（1）严格掌握农药浓度,防止高浓度喷施;施药过程中,要不断搅拌药液,防止筒底农药沉淀。

（2）施药要均匀,避免重复喷药,尤其像稻脚青、稻宁等以粗雾点喷的,决不能来回重复喷射。

（3）粉剂农药,应选择在露水干后,以及雨后叶面不留水珠时施用。

敌敌畏药害

【病状】(图版26) 叶面出现许多褐色不规则的药斑,叶尖枯黄、筒卷。分蘖期受害,产生高节位分蘖,不能抽穗或抽穗后不能结实。

【防止和补救措施】

（1）按照说明书正确配制,不可随意加大浓度。

（2）喷雾器的喷头不要离作物太近,高温、干旱、大风时不要施药,苗期、花期耐药力弱时应慎用或降低浓度。

（3）可根据作物需要增施肥料,重施根外补肥,用0.1%～0.3%的磷酸二氢钾或1%～2%尿素、芸苔素内酯、爱多收等叶面肥进行喷施,以促进作物根系发育,提高植株的抗药害能力,尽快恢复生长。

（三）有机砷农药药害

有机砷农药中的稻脚青（甲基胂酸锌）和稻宁（甲基胂酸钙）是防治水稻纹枯病效果较好的药剂。但水稻对这些有机砷农药反应敏感,如使用不当,极易产生药害。当季药害,轻的产生褐斑,或秕谷率增加,千粒重降低;严重的青立不实,或穗谷发芽;用药量过大还会形成土壤积累,导致下一季水稻出现残留性药害。例如1970年浙江省平阳县有些社队,在防治晚稻害虫时误将稻宁作六六六粉使用,每公顷施18.75千克左右,不仅当年晚稻产量遭受严重损失,而且翌年早稻大面积出现残留性药害,仅江山公社药害面积就达220多公顷,估计损失稻谷19万千克。同年吴兴县有8个公社18个大队20多公顷早稻,由于上一年晚稻每公顷误用稻脚青20千克,出现严重的畸形穗率高达21.73%。

【病状】(图版27) 水稻叶片受过浓的药液黏附,叶片上产生很多形状、大小不一的淡黄色或深褐色斑点,严重的叶片枯死,甚至抽出的新叶变白色。幼穗分化期受害,穗轴扭曲,颖壳退化,整个穗和剑叶均呈黄白色。孕穗期受害,叶色浓绿,轻的千粒重降低,秕谷增加;重的剑叶平伸,出现翘稻头,甚至抽不出穗,或部分空秕粒变黑褐色,成为花稻头或褐稻头。灌浆期受害,在多雨湿润的情况下,往往引起穗上发芽,发芽的谷粒以穗顶部或上半穗为多,或千粒重降低,碎米增加,严重影响产量与品质。由于施药量过大、土壤污染所引起下一季水稻的残留性药害,其叶色特别黑嫩,稻穗的穗轴和枝梗扭曲,颖壳的外形和排列变形,一穗上有些小枝梗缩短使数粒颖壳重叠而生,或颖壳增生多达6~7片,状似多瓣的花朵,不实而成为重瓣空壳,即或部分结实,米粒也变形;特别严重的,水稻生育前期就受抑制,抽出的稻穗,小枝梗和颖壳全部消失,仅留一根扭曲的穗轴。

【病因】 应用稻脚青、稻宁等有机砷农药时,施药过多,浓度过高,重复喷药以及施用筒(桶)底沉淀的高浓度药液等,均易导致药害,尤其是水稻破口到扬花阶段更为敏感。在孕穗期每公顷使用33.75千克的过量稻脚青,虽未见青立或不实现象,但秕谷率增加,千粒重降低,明显影响产量。施药量过大常因误将稻脚青当作六六六粉而引起。

施药方法以毒土撒施比较安全,泼浇次之,喷雾则易引起药害。但以粗雾点喷洒,只要严格掌握低浓度,一般也较安全。

从水稻对稻脚青等农药的敏感度来看,一般粳稻比籼稻较易产生药害;从生育期看,一般在孕穗期以前施用较为安全,孕穗初期次之,花粉母细胞减数分裂盛期以后特别是破口至扬花期,最易产生药害。破口后用药,不仅引起药害,而且造成稻谷污染,影响食用。据分析,按常规用药量,在水稻抽穗以前施药,稻谷中残留砷量一般不超过1×10^{-6};但在抽穗后施药,一般稻谷均要超过残留允许量1×10^{-6}的标准;如果再超过规定的用药量,则稻谷中残留砷量就更多了(表3-8)。

灌浆期用药,若药量过多,加上雨湿条件,还易引起稻谷在穗上发芽。施药时期愈迟,发芽率愈高。如原浙江省平湖县钟埭公社东风三队,1970年在单季晚稻上过量施用稻脚青,由于当年雨水较多,在施药后20天左右,出现穗上稻谷发芽现象,特别是施用沉淀的高浓度药液的地方,发芽率比例更高。

此外,稻脚青、杀虫脒和杀螟松等农药混用,有加重药害的趋势。

表3-8 稻脚青施用时期及用量与稻谷中残留砷量的关系

(原浙江农业大学化保教研组)

例号	样品来源	品 种	施药时稻生育期	施药量(千克/公顷)	施药方式	稻谷中残留砷(胂)量($\times 10^{-6}$)
1	萧山东方红公社某大队	珍珠早	孕穗	1.5	喷雾	0.6
2	温岭城关公社某大队	二九青	孕穗	2.25	喷雾	0.49
3	平湖港中公社某大队	嘉农14	孕穗	2.25	泼浇 喷雾 撒毒土	0.74 0.81 0.74
4	安吉晓墅公社某大队	先锋1号	始穗	1.875	撒毒土	0.53
5	萧山东方红公社某大队	珍珠早	抽穗	1.875	喷雾	1.5
6	安吉晓墅公社某大队	二九青	灌浆	1.875	喷雾	1.25
7	平湖黄姑公社某大队	广陆矮4号	齐穗	1.875	泼浇	1.56
8	缙云东川公社某大队	台中糯	孕穗	4.5	喷雾	0.96
9	安吉赤坞公社某大队	先锋1号	扬花	15	撒毒土	1.34
10	丽水丽阳公社某大队		灌浆	15	喷雾	3.5
11	奉化某大队			18.75		13.67

【防止和补救措施】

(1)严格控制用药量和浓度 每公顷用20%稻脚青可湿性粉剂1.875千克,拌细土375千克撒施或冲水1 500~2 250千克泼浇;或每公顷用0.75千克冲水7 500千克喷雾;还可采取2 500倍左右的低浓度粗雾点喷雨办法,以节省用药和减少农药对土壤的污染。10%稻宁可湿性粉剂的用量可比稻脚青增加一倍。配药时,必须称准药粉,配准浓度。施药过程中要不断搅拌,以免筒(桶)底沉淀。

(2)掌握用药时间和方法 稻脚青和稻宁一般宜在孕穗期(50%植株的剑

叶露出叶鞘)以前使用,最迟不得超过花粉母细胞减数分裂盛期,即早稻在剑叶叶枕伸至倒二叶叶枕之下3厘米以后不能再用。在施药方法上,凡纹枯病尚处于水平扩展阶段,都宜采用毒土撒施,土粒要略带湿润,不宜过细,并应在露水干后撒施,以免药土黏着叶面;当纹枯病进入垂直扩展而要进行喷雾时,务使药液喷在稻丛基部,尽量减少药液与稻株顶部接触。

浙江省早稻因生育中、后期处在高温、高湿的梅雨季节,纹枯病常在孕穗后特别是抽穗至乳熟期进入垂直扩展高峰,蔓延极快,早熟早稻更甚。所以应淘汰有机砷药剂,采用抗菌素农药井冈霉素,避免有机砷产生药害和稻谷污染。

此外,在病虫兼治时,应避免稻脚青和其他农药混用。

(3)补救措施 如已过量施用稻脚青,应立即反复灌、排水冲洗,下一季水稻可在灌水耖耙后放水,然后再灌水插秧,以减少土壤中药剂的残留量。据调查,采取施用氨水或石灰、草木灰等,有减轻药害的作用。

(四)除草剂药害

在农业生产上,由于杂草和农作物竞生,不仅消耗大量劳动力,降低农作物产量和品质,而且杂草又是许多传染性病害的病原和害虫的中间寄主,助长病虫害的蔓延和传播。所以在农田中适当地配合药剂除草,能提高劳动生产率与作物产量,是现代农业的重要技术措施之一。

由于除草剂防除的对象是和作物一样的高等植物,亲缘很近,生长习性相似,因此,如使用不慎,很易发生药害。目前广泛应用于防除稻田杂草的二甲四氯和2,4-滴等除草剂,就经常有发生药害的情况。例如浙江省仙居县原大洪公社栗树园一队,1979年0.6公顷左右绿肥田早稻秧苗,在二叶期将二甲四氯误作稻瘟净施用,均发生药害,严重的"葱管秧"率高达80%左右。

1. 二甲四氯、2,4-滴药害

【病状】 芽谷播种前夕或芽期误用二甲四氯、2,4-滴等除草剂,芽谷不长根,幼芽细长扭曲,以后逐渐死亡。秧苗四叶期以前误用这类药剂,或四叶期后用药量过多,在施药2~3天后稻叶张开,植株东歪西斜,一星期后呈现生长缓慢,植株矮小、僵缩,叶色墨绿,有的基部肿大,老根变褐腐烂,新根短而粗,没有或很少有根毛;20天以后,常出现叶片、叶鞘愈合成管状,叶耳叶舌附近的一段叶鞘愈合成实心的棒状,形成如席草般的管状叶,群众称为"葱管秧",心叶不能正常抽出,主茎逐渐死亡。受害较轻的秧苗,初期症状不明显,但因生长点受到刺激,心叶发育成畸形的管状叶,过一段时期后,新抽心叶可冲破管状叶鞘,从旁边伸出,开始新抽的心叶,一般有3~4张叶片仍然皱缩畸形,以后才逐渐恢复正常。药害稻苗一般分蘖提早,分蘖数也比正常稻苗多。

在田间稻瘿蚊的为害,也会使心叶形成"葱管"状,但与二甲四氯及2,4-滴等除草剂药害所形成的"葱管"不同。两者的区别是:稻瘿蚊为害所形成的"葱管"色泽褪淡绿色,"葱管"顶有一针状物,由叶片卷合成;"葱管"内一般可剥到稻瘿蚊的幼虫或蛹,而二甲四氯及2,4-滴等除草剂药害所形成的"葱管",一般颜色全株一致,自然绿色,剥查"葱管"不会有虫。

【病因】 二甲四氯和2,4-滴等同属苯氧脂肪酸类化合物,是植物激素类型除草剂,微量使用对植物有刺激作用,高浓度时会引起植物畸形生长,以致枯萎死亡,这在双子叶植物上表现最为明显,同样浓度下对禾本科植物的生长发育没有影响。但水稻不同生育期对这类药剂的耐药力有很大的差异,一般是发芽期很敏感,其次是幼苗期,四叶期以后耐药力逐渐增加,分蘖末期对药剂抵抗力最大,拔节期、孕穗期抵抗力又降低。因此,药害的产生,往往是由于用药时期不当,浓度过高,药量过多,以及误作其他农药使用所造成。如20%二甲四氯每公顷18千克以上作秧板处理后即播种稻谷,往往造成不出苗。此外,盛过二甲四氯等除草剂的容器或喷雾器,如未洗净就装其他农药防治秧田病虫,也往往由于黏附二甲四氯,易使敏感的秧苗发生药害。

【防止和补救措施】

（1）秧苗四叶期以前,以及水稻拔节、孕穗后一般都应避免使用。二甲四氯对水稻虽比2,4-滴安全,三叶期以后就可使用,但用药量必须严格掌握,并且避开中午高温期。

（2）按规定用药量和浓度施用。苗小用较低剂量,分蘖末期可用较高剂量。如二甲四氯一般用于茎叶喷雾处理,在秧苗三叶期每公顷用70%二甲四氯钠盐粉剂0.25千克,四五叶期用0.5千克,分蘖末期可用0.75~1.5千克,各对水375千克左右。气温与药效、药害关系密切,如气温在30℃以上,水稻四五叶期,一般每公顷用0.5千克,多于0.75千克即易产生药害。又如2,4-滴,在插秧后返育时或第一次耘田后,80%的2,4-滴钠盐粉剂每公顷用量0.075千克,分蘖末期可用到0.025~0.03千克,以细土20千克混成毒土,浅水层撒施,保水3天,以后正常排灌,一般均安全。

（3）除草剂不能与其他农药混放,以免误用。盛过除草剂的容器、量器和喷雾器,必须先用水清洗,再用热碱水或热肥皂水洗2~3次,然后再用清水洗涤干净,才能作其他使用。

（4）补救措施:据调查,凡早期发现芽期和幼苗期发生药害时,尽快地施用草木灰或喷稀碱水,可减轻药害。水稻苗期发生药害,应立即排水露田和增施速效氮肥,加强培育管理,促进稻苗根系发育和分蘖的生长;秧田期还可适当推迟移栽,以利秧苗恢复正常生长。药害过于严重的田块,必须调整品种布局,立即补播或重新插种,以免贻误农时。

2. 丁草胺药害

【病状】(图版28) 在水稻播后当天施药、苗床覆土浅(0.5～1.0厘米)或播后连续阴雨天气、苗床没水或温度低的情况下对水稻有药害,芽畸形,芽鞘呈黄褐色,根弯曲,心叶扭曲,抑制生长,重者死亡;秧苗1.5叶期施药,浓度过高时,药后苗叶色泽转深,茎叶夹角加大,少数苗会出现心叶卷缩。水稻二叶一心的幼苗在3倍的正常用药量的剂量下(30～37.5克/公顷),产生药害症状,表现为植株矮化,出叶速度慢,叶片狭小,茎秆细瘦,叶色深绿。严重时,心叶扭曲,叶片皱缩,在叶鞘中形成环状,难以正常抽出,生长受到严重抑制,但未枯死。

移栽田,在水稻未缓好苗、地不平、水层过深、没过心叶、低温弱苗等条件下易产生药害。药害水稻心叶扭曲或葱管状,老叶皱缩,抑制分蘖,分蘖少,生长抑制,贪青晚熟;植株畸形,心叶抽不出,老叶枯黄或扭曲。秧田药害则秧苗插秧后不扎根,白根少,根松弛,茎叶组织变软,基部肿大,植株畸形,心叶抽不出,老叶枯黄或扭曲,甚至出现成簇死亡。水稻分蘖期抗药性强。

【病因】 丁草胺是内吸传导型选择性芽前除草剂。主要通过杂草幼芽和幼小的次生根吸收,抑制体内蛋白质合成,使杂草幼株肿大、畸形、色深绿,最终导致死亡。只有少量丁草胺能被稻苗吸收,而且在体内迅速完全分解代谢,因而稻苗有较大的耐药力。水稻播后当天施药,温度低,施药后水层没过水稻心叶,施用浓度过高导致幼芽、心叶无法迅速分解药剂或超出稻苗的耐药力是产生药害的主要原因。

【防止和补救措施】 秧田不要裸籽施药,应覆盖焦泥灰。播后遇连续阴雨天气,要注意排水。苗期不宜使用喷雾法,本田应在返青活棵后进行。发现稻田药害后应立即放水反复冲洗土壤或排水晒田和施石灰(750～1500千克/公顷),可减少土壤中残留量;并立即排水露田,以后采取间隙排灌可缓解或减轻药害。使用高效解毒剂CGA43089、92194对酰胺类起一定的解毒作用。

3. 二氯喹啉酸药害

【病状】(图版28) 三叶期以前使用及气温<15℃使用易药害,叶片浓绿,茎畸形,典型的激素型症状,叶片脆,"葱管"状,根系差,叶皱缩,心叶难伸展,包茎成圆环状,心叶下部有一淡黄色环,寄秧未成活就用药易药害。

【病因】 二氯喹啉酸类似激素型的喹啉酸类除草剂。药剂能被萌发的种子、根、茎及叶部迅速吸收,并迅速向茎和顶端传导,使杂草中毒死亡,与生长素类物质的作用症状相似。秧田及水直播田稻苗三叶一心前及气温低于15℃使用是导致药害的主要原因。此外,浸种和露芽种子对该药剂敏感,不能在此期间使用。不同水稻品种的敏感性差异不大。高温下施药也易产生药害。

【防止和补救措施】 秧苗使用应在三叶期以后进行,秧苗期应严格掌握使用浓度,不重喷。在发生初期立即排水露田,以后采取间隙灌溉。如用毒土法撒施的田块,应及早灌水洗田,将大量药物随水排出田外,最大限度地减轻药害。在药害后喷洒GA 0.5克能缓解药害程度,可混用尿素或磷酸二氢钾。严重田块应考虑翻耕重栽。

4. 草甘膦药害

近年来,稻田发生草甘膦除草剂药害现象时有发生,一般为误用所造成。有的是用盛装过草甘膦的农药瓶(桶)装其他农药,有的是因用刚喷过草甘膦的喷雾器、在未清洗干净的情况下在稻田中施其他农药,还有的是施草甘膦时发生漂移而造成药害。

【病状】(图版29) 在分蘖期误作三唑磷低剂量农药使用时产生轻度药害,短期内表现为失水状,叶片心叶抽不出或扭曲,产生高节位分蘖和不定气生根,叶片皱缩;剥开叶鞘,靠近节部的茎白化变色,茎部缢缩,后变褐腐烂。误作高剂量农药如井冈霉素、杀虫双等使用,短期内一片枯黄,甚至出现成簇死亡。孕穗期使用,轻则出现剑叶抽不出,高节位分蘖明显增多和产生不定气生根,不能抽穗,即使能抽穗也不能结实;重则在短时间内黄化、褐变、枯死,似火烧状。

【病因】 草甘膦为内吸传导型广谱灭生性除草剂。药剂通过植物茎叶吸收后输导到体内各部分;不仅可以通过茎叶传导到地下部分,并且在同一植株的不同分蘖间传导,使蛋白质合成受干扰导致植株死亡。用过草甘膦的喷雾器械未经充分清洗后再使用是导致药害的主要原因。

【防止和补救措施】

(1)草甘膦与杀虫双、井冈霉素分开放置,避免错售、误用。

(2)用过草甘膦的喷雾器械需充分清洗干净。

(3)大风天气最好不用草甘膦,防止飘移药害。

(4)如发现轻度药害后喷洒尿素作根外追肥,可减轻药害程度,促进根系发育和茎生长,增强作物补偿能力,分期增施速效性清粪水。也可喷施九二〇(赤霉素),促进幼穗生长发育,每公顷九二〇粉剂15克,先用少量酒精溶解,再加水750～900千克喷雾。

(5)严重田块应考虑翻耕重栽或改种。

主要参考文献

[1] 浙江农业大学.农业植物病理学(上册).上海：上海科学技术出版社,1980.

[2] S.H.欧.水稻病害.北京：农业出版社,1981.

[3] 魏景超.水稻病原手册.北京：科学出版社,1975.

[4] 葛起新.浙江植物病虫志(病害篇,第一集).上海：上海科学技术出版社,1991.

[5] 方中达.中国农业植物病害.北京：中国农业出版社,1996.

[6] 杜正文.中国水稻病虫害综合防治策略与技术.北京：农业出版社,1991.

[7] 洪剑鸣,张左生,徐强,等.浙江水稻病虫害防治.杭州：浙江科学技术出版社,1984.

[8] 洪剑鸣,张左生.水稻生理性病害.杭州：浙江科学技术出版社,1983.

[9] 中国农业科学研究院植物保护研究所.中国农作物病虫害(上册).北京：中国农业出版社,1995.

[10] 付强,黄世文.水稻病虫害诊断与防治原色图谱.北京：金盾出版社,2005.

[11] 夏声广,唐启义.水稻病虫草害防治原色生态图谱.北京：中国农业出版社,2006.

[12] 李文新,侯明生.水稻病害与防治.武汉：华中师范大学出版社,2002.

[13] 夏声广.水稻病虫草害诊断与防治原色图谱.北京：中国农业出版社,2021.

[14] 刁春友.水稻条纹叶枯病防治100问.南京：江苏科学技术出版社,2005.

[15] 童贤明,徐静.水稻细菌性条斑病研究概况[J].植物检疫,1996,10(3):173-177.

[16] 童贤明,徐鸿润,朱灿星.水稻细菌性条斑病发生及流行因子分析[J].植物保护学报,1995,22(2):97-101.

[17] 洪剑鸣,谢良泰,狄广信.水稻细菌性基腐病病原研究.浙江农业大学学报,1983,9(2):159-162.
[18] 洪剑鸣,谢良泰,狄广信,等.水稻细菌性基腐病与几种相似病害症状的比较研究[J].浙江农业大学学报,1984,10(4):429-433.
[19] 刘琼光,张庆,魏楚丹.水稻细菌性基腐病研究进展[J].中国农业科学,2013,46(14):2923-2931.
[20] 谢关林,罗金燕,李斌.水稻危险性病害——细菌性谷枯病的鉴别[J].植物保护,2003,29(5):47-49.
[21] 陈声祥,张巧艳.我国水稻黑条矮缩病和玉米粗缩病研究进展[J].植物保护学报,2005,32(1):97-103.
[22] 陈声祥.水稻病毒病发生现状及研究进展[J].浙江农业科学,1996,(1):41-42.
[23] 贾华凑,徐红星,吴璀献,等.南方水稻黑条矮缩病侵染对水稻产量的影响[J].中国稻米,2019,25(2):77-80.
[24] 龙向祥,段銮梅.南方水稻黑条矮缩病发生成因与防控策略[J].植物医生,2020,33(5):74-78.

附 录

一、水稻传染性病害检索表

(一) 秧 田 期

A_1 病苗徒长或矮化

  B_1 病苗比健苗显著瘦长,色淡,呈黄绿色

      ……………………………………………恶苗病(*Gibberella fujikuroi*)

  B_1 病苗较健苗矮化

    C_1 叶色浓绿,叶片短阔僵硬,矮缩严重

      D_1 叶片平直,叶脉间有黄白色小点连成断续的点线状

        ……………………………………………… 普通矮缩病(RDV)

      D_2 叶片常有纵向皱曲,叶面不发生黄白色小点

        ……………………………………………… 黑条矮缩病(RBSDV)

    C_2 叶色褪绿,矮缩不显著

      D_1 心叶先形成黄绿色相同条纹或斑驳,后伸长扭转,弯曲下垂,

        以致枯死成"假枯心"………………………… 条纹叶枯病(RSV)

      D_2 心叶褪色,但不扭转弯曲下垂和"假枯心"

        E_1 先心叶及下一二叶出现碎绿斑驳和黄绿色相间条纹,后自

          叶尖向下变黄色或橙黄色,叶片平伸 …………… 黄矮病(RYSV)

        E_2 全株叶色呈淡黄绿色,叶上生近圆形黄白色斑点。适温高

          湿时,叶面生白色粉状物。淹水秧田严重

          …………………………… 黄化萎缩病(*Sclerophthora macrospora*)

A_2 病苗腐败枯死或产生点发性病斑

 B_1 幼苗腐败或青枯、黄枯死亡,不发生斑点

  C_1 幼芽基部向四周长出放射形白色绵毛状物,幼芽渐变色枯死。多发生在水秧田或过早上水的秧田

   ………………………… 绵腐病(*Pythium* spp., *Achlya* spp. 等)

  C_2 幼芽、幼苗的根部或基部腐败软化,幼芽变色枯死,幼苗则迅速萎缩青枯或自下叶渐向上叶发黄枯死,多发生于旱秧田或半旱秧田 ………………………… 立枯病(*Pythium* spp., *Achlya* spp. 等)

 B_2 病苗产生点发性病斑

  C_1 病斑长条形

   D_1 条斑多自叶枕处或叶尖部开始

    E_1 初期多在叶枕处发生黄褐色水渍状斑,随后沿中脉上下扩展成深褐色长条。严重时病苗枯死

     ………………………… 细菌性褐条病(*Pseudomonas panici*)

    E_2 初在叶尖附近生暗绿色水渍状短条斑,后向下扩展成枯白色长条斑,高湿时产生蜜黄色菌脓

     ………………………… 白叶枯病(*Xanthomonas oryzae*)

   D_2 条斑发生于叶面任何部位

    E_1 初期呈水渍状细条,后暗绿色至淡黄绿色。对光呈半透明,上有蜡黄色鱼子状菌脓

     ………………………… 细菌性条斑病(*Xanthomonns oryzicola*)

    E_2 初期呈褐色至红褐色细条,后期略呈长纺锤形,对光不透明

     ………………………… 条纹叶枯病(*Cercospora oryzae*)

  C_2 病斑非长条形

   D_1 病斑呈褐色,椭圆形或长椭圆形。外围有黄晕

    E_1 幼芽变褐枯死,苗叶上生芝麻状斑点,受旱和缺肥时发生较多 ………………… 胡麻斑病(*Helminthosporium oryzae*)

    E_2 病斑呈椭圆形或略呈条状的长椭圆形

     ………………………… 细菌性褐斑病(*Pseudomonas oryzicola*)

   D_2 病斑近圆形,纺锤形或不规则条状,色泽变化较大

    E_1 幼芽生水渍状斑点,变黄褐色枯死,叶上生白色、暗绿色近圆形斑点,或褐色纺锤形病斑。高湿时产生灰绿色霉层

     ………………………… 稻瘟病(*Pyricularia oryzae*)

E_2 叶上初生淡褐色水渍状斑点,后扩大成不规则长纺锤形,
边缘暗褐色,中部淡褐色,高湿时产生灰白色霉状物
.... 疫霉病(*Phytophthora fragariae* var.*oryzo-bladis*)

(二)大 田 期

1. 全株性

A_1 病株徒长,色淡,节部常弯曲,并倒生许多不定根,茎秆内外有菌丝
体,后渐腐朽,其上生有淡红色霉层和小黑点
.... 恶苗病(*Cibberella fujikuroi*)

A_2 病株较健株矮缩

 B_1 分蘖增多

  C_1 分蘖很多,丛生,叶片僵硬直立,严重矮化

   D_1 叶色变淡,叶形短窄,茎秆纤细,有的抽生分枝,簇生小叶,
状似"雀巢";或叶片短窄而较软,心叶有脉斑驳,但无黄
白色条点 .... 簇矮病(RBSV)

   D_2 叶色浓绿

    E_1 叶片上有黄白色小点连成断续的点线状
.... 普通矮缩病(RDV)

    E_2 叶背、叶鞘的叶脉及茎秆上有蜡白色短条隆起,后变黑
褐色 .... 黑条矮缩病(RBSDV)

  C_2 分蘖稍增多,常发生高节位分蘖,矮缩不是很严重

   D_1 全株叶片、叶鞘均匀褪成嫩黄色,叶狭而软薄
.... 黄萎病(RYDV)

   D_2 叶片的叶缘初期白化,后破烂缺刻成锯齿状,茎上有白色
脉肿 .... 齿叶矮缩病(RRSV)

 B_2 分蘖不增多

  C_1 叶色呈橙黄色或黄褐色

   D_1 叶片先出现碎绿斑驳,再成黄绿色相间条纹,然后自叶尖向
下变橙黄色而平伸枯死 .... 黄矮病(RYSV)

   D_2 叶片自叶尖向下发生橙色条斑,后变深橙黄色,向下纵卷
枯死 .... 橙叶病(RGLV)

  C_2 叶色大多呈黄绿色

D_1 心叶先黄绿色相间条纹或斑驳,后伸长卷曲下垂成"假枯心"
.... 条纹叶枯病(RSV)

D_2 叶片一般阔厚变短,叶片生近圆形黄白色斑点,常连成断
续线条,高湿时产生白色粉状物,穗子畸形
.... 黄化萎缩病(*Sclerophthora macrospora*)

2. 根部或根节部

A_1 根节部变黑褐色腐烂,有难闻的恶臭,分蘖期先心叶青枯,后叶片
自上而下依次枯死,拔节后叶片自下而上依次枯死;形成枯孕穗或
枯穗,根系呈黄褐色 .... 细菌性基腐病(*Dickya zeae*)

A_2 根部肿大或腐朽,根节部不变色
B_1 根部肿大成虫瘿,尤以根尖为多,地上部生长不良,很似缺肥
.... 根结线虫病(*Meloidogyne oryzae*)

B_2 根部呈淡褐色水渍状,后腐朽,地上部生长不良
.... 根腐病(*Fusarinm* spp.)

3. 叶鞘部

A_1 病斑多发生于剑叶叶鞘,不形成菌核
B_1 病斑呈淡褐色,大而不规则,边缘不明显,初生浅粉红色霉,后形成
小黑点 .... 赤霉病(*Gibberella zeae*)

B_2 病斑呈赤褐色或暗褐色,边缘明显,不形成小黑点
C_1 病斑呈暗褐色,中部色较淡,虎斑状大型斑纹,叶鞘内侧有白霉
.... 叶鞘腐败病(*Acrocylindrium oryzae*)

C_2 病斑呈赤褐色水渍状短条斑。常数个融合成不规则大斑,中部
变灰褐色 .... 细菌性褐斑病(*Pseudomonas oryzicola*)

A_2 病斑多先发生于基部叶鞘,病部产生菌核
B_1 菌核形成于病部表面,较大,小米状或萝卜籽状
C_1 病斑呈大型云纹状,边缘褐色,中部淡色或灰绿色,可不断向上
蔓延到穗部,菌核扁圆形或不规则形
.... 纹枯病(*Pellicularia sasakii*)

C_2 茎基部组织变褐软腐,无明确病斑,或先形成边缘褐色、中部
灰白色的近椭圆形病斑,而后软腐,不向上蔓延。病部产生白
色绢状菌丝体 .... 白绢病(*Pellicularia rolfsii*)

B_2 菌核大多形成于叶鞘组织或茎腔内,较小

 C_1 病斑呈淡黄褐色,椭圆形或纺锤形,其上有褐色网纹,叶鞘组织内生白色菌核。植株上部叶鞘有时也可发病
  ……………………………… 叶鞘网斑病(*Cylindrocladium scoparium*)

 C_2 病斑呈褐色或黑色,上无网纹,多局限于基部,但可引起全株枯死

  D_1 病斑呈黑色,纺锤形,可扩大至整个叶鞘;茎秆上先出现褐色线状条斑,后扩大变黑腐朽,叶鞘组织内及茎腔内产生大量菌核

   E_1 菌核呈球形,约0.25毫米,表面平滑有光泽,剖面外层黑褐色,内层淡褐色 …… 小球菌核病(*Helminthosporium sigmoideum*)

   E_2 菌核呈不规则形,约0.15毫米,表面粗糙无光泽,剖面无内外层区别
    ……… 小黑菌核病(*Helminthosporium sigmoideum* var. *irregulare*)

  D_2 叶鞘上病斑呈褐色、深褐色或无显著病斑

   E_1 病斑呈椭圆形或长椭圆形,边缘深褐色,中部淡褐色

    F_1 病斑呈椭圆形,0.5～1厘米,边缘与中部的色泽分界明显。菌核呈褐色。叶鞘内的菌核呈短圆柱形,0.3～1毫米;茎腔内的菌核近球形
     ………………………… 褐色菌核病(*Sclerotium oryzae-sativae*)

    F_2 病斑呈长椭圆形,1～2厘米,边缘与中部色泽分界不甚明显。菌核主要在叶鞘内形成,红色,椭圆形或短圆柱形,0.5～1毫米 ……………… 赤色菌核病(*Rhizoctonia oryzae*)

   E_2 病斑呈不规则形,或不形成显著病斑

    F_1 病斑呈不规则形。菌核在叶鞘内形成,细小,约0.19毫米,黑色,不正形 ……………… 黑粒菌核病(*Helicoceras oryzae*)

    F_2 叶鞘呈枯黄色,不形成明确的病斑

     G_1 菌核主要在叶鞘组织内形成,黑褐色,球状,约0.35毫米…………… 球状菌核病(*Sclerotium hydrophilum*)

     G_2 菌核在叶鞘表面形成,灰色至灰褐色,球形或馒头形,0.3～1.5毫米 ……… 灰色菌核病(*Sclerotium fumigatum*)

4. 叶枕部

A_1 大多发生于叶枕的下方,病斑呈大而长的椭圆形,边缘褐色,中部灰白色或灰褐色,上生小黑点 …………………… 叶黑点病(*Pyrenochaeta oryzae*)

A_2 大多先在叶枕处发病,然后向上下扩大,不形成小黑点
 B_1 病斑最初多在叶枕处发生黄褐色水渍状,随后沿中脉上下扩展成
  深褐色长条斑。严重时,叶枕部腐烂有臭味,叶片枯死
    ………………………………… 细菌性褐条病(*Pseudomonas panici*)
 B_2 病斑不规则形,不沿中脉扩展
  C_1 病斑边缘呈褐色,中部灰白色至灰褐色,向上下扩大。潮湿时长
   灰绿色霉层 ……………………………… 稻瘟病(*Pyricularia oryzae*)
  C_2 病斑呈褐色至红褐色,主要向下方蔓延。对光观察,可见由多个
   褐色线状条斑聚合而成 ………… 条纹叶枯病(*Cercospora oryzae*)

5. 叶片部

A_1 病斑多显于叶片尖端部分
 B_1 大多是剑叶和倒二叶的叶尖变灰色,扭曲而成干尖,病健交界处
  多数有褐纹,病部无病征 …………… 干尖线虫病(*Aphelenchoides besseyi*)
 B_2 稻株各张叶片均可发病,大多先在叶尖或近尖端部的叶缘开始
  C_1 初生呈暗绿色短条斑,后沿叶缘两侧或一侧向下扩展成长条斑,
   色泽变为黄褐色(籼稻)或枯白色(粳稻),病健交界波纹状
   (粳稻)或不明显(籼稻)。高湿时有蜜黄色菌脓
    …………………………………… 白叶枯病(*Xanthomonas oryzae*)
  C_2 叶尖一段变褐色或白色枯死,上生小黑点
   D_1 叶尖变褐色枯死,病部常有许多深褐色波浪形线条,初有不
    明显白霉,后密生小黑点 ……… 云形病(*Monographella albescens*)
   D_2 初在近叶尖的叶缘生白色透明病斑,后扩大使叶尖变白色
    枯死,上生小黑点,病部常扭转脱落
     ………………………………… 叶尖枯病(*Phyllosticta oryzaecola*)
A_2 病斑分散发生于叶面任何部位
 B_1 病斑狭长、细条状或略呈纺锤形
  C_1 初期呈水渍状细条,后暗绿色至黄褐色,对光呈半透明,上有蜡
   黄色鱼子状菌脓 ………… 细菌性条斑病(*Xanthomonas oryzicola*)
  C_2 初期褐色至红褐色细条,后期略呈长纺锤形,边缘褐色,中部
   灰白色,对光不透明……………… 条纹叶枯病(*Cercospora oryzae*)
 B_2 病斑非细条状
  C_1 病斑呈黑色小点状,或病征黑霉状明显

D_1 病斑细小,稍呈椭圆形,黑色埋于叶表皮下面,叶面微隆起,
  周围变黄 ·· 叶黑肿病(*Entyloma oryzae*)
D_2 叶表面散生显著的黑色粉状霉点,扩大后成黑色霉层,下面
  组织变褐 ···叶黑霉病(*Cladosporium herbarum*)
C_2 病斑大多呈褐色或暗褐色
  D_1 病斑呈椭圆形,白色(白点型),褐色(褐色型),暗绿色(急性型),
    或边缘褐色,中部灰白色,有褐色坏死线的纺锤形斑(慢性型)
    ··· 稻瘟病(*Pyricularia oryzae*)
  D_2 病斑呈椭圆形,长椭圆形或不规则形
    E_1 病斑较大,呈椭圆形或不规则形,深褐色,后期中部灰白色,
      上生小黑点。保湿后,病斑中部长白色棉絮状菌丝体
      ··· 烟灼病(*Trichoconis padwickii*)
    E_2 病斑一般较小,褐色,不形成小黑点,外围有黄晕
      F_1 病斑椭圆形或略呈条状的长椭圆形,保湿培养后不长霉
        状物 ·············· 细菌性褐斑病(*Pseudomonas oryzicola*)
      F_2 病斑呈椭圆形,后期边缘褐色,中部淡褐色,高湿时长有
        不明显的霉状物
        G_1 褐色斑点周围的黄晕较狭,隐约有轮纹,在稻株缺
          钾时,轮纹清楚,且病斑较大
          ························ 胡麻斑病(*Helminthosporium oryzae*)
        G_2 初期褐色点周围的黄晕阔大,后期病斑可扩大成长
          梭形,不形成轮纹 ··············· 褐色叶枯病(*Fusarium* sp.)

6. 穗部

A_1 全部或大部小穗被菌丝缠绕,不能散开,或为圆柱状,初呈现淡蓝色,
  后变白色,上生黑色小粒 ····································一柱香病(*Ephelis oryzae*)
A_2 稻穗局部受害
  B_1 穗颈、穗轴、小枝梗受害
    C_1 高湿或保湿时,病部产生较明显的霉层
      D_1 穗颈部变灰褐色,变色部较短。发生较早,易侵染穗节和造成
        白穗。高湿时生灰绿色霉
        ·· 稻瘟病(*Pyricularia oryzae*)
      D_2 穗颈部变暗褐色,变色部较长。发生较迟,不易侵染穗节和

造成白穗。高湿时生暗褐色霉 ················· 胡麻斑病（*Helminthosporium oryzae*）

C_2 高湿（或保湿）时，病部霉层也不明显

　D_1 初为褐色细短线状，后扩大多个聚合成褐色或灰褐色条斑，常易折断 ················· 条纹叶枯病（*Cercospora oryzae*）

　D_2 多先侵染枝梗，后蔓延至穗轴，病部呈暗褐色或淡紫褐色，枯死后呈淡褐色 ················· 褐色叶枯病（*Fusarium* sp.）

B_2 谷粒受害

　C_1 整颗谷粒受害

　　D_1 病粒内、外颖缝开裂，散出黑粉，并常粘有黑粉的舌状物从裂缝中突出 ················· 粒黑粉病（*Neovossia horrida*）

　　D_2 病粒内、外颖开裂，露出淡黄绿色块状孢子座，后孢子座包埋全颖，表面龟裂粉末状，呈黑绿色
　　　················· 稻曲病（*Ustilaginoidea virens*）

　C_2 颖壳上发生斑点

　　D_1 病部生小黑点

　　　E_1 病斑近圆形或不规则形，边缘褐色，中部灰白色，上生小黑点 ················· 谷枯病（*Phoma glumarum*）

　　　E_2 病斑不规则形，褐色，在颖壳合缝处生红色黏质物，后在表面生小黑点 ················· 赤霉病（*Gibberella zeae*）

　　D_2 病部在高湿（或保湿）时产生霉层或不明显

　　　E_1 高温时形成较明显的霉层

　　　　F_1 斑点呈椭圆形，褐色，中部灰白色。早期严重受害，整粒变灰白色瘪谷。高湿时生灰绿色霉层
　　　　　················· 稻瘟病（*Pyricularia oryzae*）

　　　　F_2 斑点呈椭圆形、褐色，中部稍淡。早期严重受害，整粒变灰黑色，在内、外颖合缝处，甚至全粒表面生黑绒状霉层 ················· 胡麻斑病（*Helminthosporium oryzae*）

　　　E_2 高湿时霉层也不明显

　　　　F_1 斑点褐色，略呈短条状，$(0.5\sim1)\times(3\sim5)$（毫米）
　　　　　················· 条纹叶枯病（*Cercospora oryzae*）

　　　　F_2 斑点褐色，不规则形，有时全粒变褐色
　　　　　················· 褐色叶枯病（*Fusarium* sp.）

二、水稻非传染性病害检索表

（一）秧　苗　期

A_1 幼苗多在冒青前后腐败死亡
　B_1 芽鞘不能继续伸长,久后死亡
　　C_1 芽谷深陷泥中,芽鞘无法继续伸长而腐烂…………………淤籽
　　C_2 芽谷全暴露于土表,芽尖萎蔫干枯……………………露籽、"跷脚"
　B_2 芽鞘尚能继续伸长,但幼根生长不良而死亡
　　C_1 幼根发黑腐烂,幼芽卷曲枯萎……………………………黑根烂芽
　　C_2 幼根一般不发黑,但不能扎根或扎根不良,幼芽徒长
　　　………………………………………………………倒芽、钓鱼钩
A_2 幼苗多在二三叶期前后先叶片变色
　B_1 叶色浓绿,心叶筒卷,幼苗僵缩,苗基肿大,心叶从侧面伸出
　　………………………………………………………………除草剂药害
　B_2 叶色褪淡,黄化或白化
　　C_1 叶色褪淡黄化
　　　D_1 全株叶色呈均匀淡黄色,多发生在一叶前后　…………低温黄苗
　　　D_2 先下叶褪淡发黄,逐渐延及心叶
　　　　E_1 叶尖枯焦,上下叶的焦头相互粘连形成"带环"现象
　　　　　………………………………………………………盐害苗
　　　　E_2 叶片黄化,不出现"带环"现象
　　　　　F_1 根系一般不发黑,多发生在断奶期　………………脱肥黄苗
　　　　　F_2 根系不发黑腐烂,各叶龄期均可发生　……………黑根黄苗
　　C_2 叶片部分或全叶白化
　　　D_1 叶片一般仅部分白化
　　　　E_1 全株叶片和叶鞘呈一至数条阔狭均匀的白条 ………白条斑苗
　　　　E_2 多是上部叶片的尖端褪绿发白,严重的才全叶发白
　　　　　………………………………………………………………寒害苗
　　　D_2 全叶白化
　　　　E_1 全株叶片和叶鞘均呈白色,三叶期后死亡　………白化苗
　　　　E_2 一般仅新抽生的心叶白化或黄化………………………缺铁苗

（二）分蘖期至孕穗期

1. 叶片呈浓绿色或暗绿色

A_1 叶片一般近似正常的平展

  B_1 叶色浓绿，叶片阔而长，软披下垂，过早封行又封顶 ······ 氮害

  B_2 叶色暗绿带蓝紫色，叶片细瘦直立，叶簇顶端近乎整齐，株型僵
    缩成簇状 ······ 缺磷

A_2 叶片多呈纵卷

  B_1 顶叶愈合成"葱管"状，叶枕上下一段成实心棒状，心叶常从"葱
    管叶"侧面伸出 ······ 二甲四氯或2,4-滴药害

  B_2 叶片呈暗绿色卷缩凋萎，不形成葱管状

    C_1 成片发生，未枯死前的卷缩叶片，遇水能恢复 ······ 旱害

    C_2 局部发生，中心点稻株凋萎枯死，周围叶片纵卷的稻株遇水或
      追肥都不能恢复，但以后的新出叶正常 ······ 雷电害

2. 叶片局部白化

A_1 全株各叶片和叶鞘呈现一至数条阔狭均匀的白色条斑白条斑苗

A_2 叶片呈现白斑或叶尖白化

  B_1 叶片呈现局部白斑

    C_1 近叶片顶端呈现一段白（黄）一段绿的白（黄）绿相间现象，
      一叶上大多1~3段 ······ "花稻"（节节白）发僵

    C_2 叶片呈现不规则形的白色斑块

      D_1 各片呈现半透明不规则形白色斑块，白斑横跨叶面后折断
        ······ 硫酸铵灼伤

      D_2 老叶呈现不规则形白色或黄白色斑块，嫩叶则叶尖和叶缘
        变白色 ······ 二氧化硫害

  B_2 叶片尖端褪绿发白

    C_1 叶尖纵裂成丝状，后呈灰白色干枯 ······ 风害

    C_2 叶尖变白，卷曲干枯

      D_1 白化的叶尖呈灰白色干枯，以后抽生的心叶几乎完全变白
        化卷曲 ······ 缺硼

      D_2 白化的叶尖呈暗褐色干枯，以后抽生的心叶也仅叶尖白化

卷曲 ·· 缺钙

3. 叶片褪绿黄化

A_1 稻苗移栽后,返青推迟,出叶和分蘖迟缓,叶色黄绿僵缩,苗丛簇立
 B_1 地下部节间拔长,根位上移,出现"两盘根"或"三盘根"现象
  ·· 深插发僵
 B_2 根系发育受阻,但根位一般正常
  C_1 根系多发黑腐烂,叶尖常发红,随后呈赤褐色或黄褐色枯死
   D_1 多发生在工矿区附近,土壤多呈灰黑色,常有臭味 ·········· 废液害
   D_2 多发生在滨海地区,土壤和重病稻株常带有咸味 ············ 盐害
  C_2 根系多呈黄色或黄褐色,一般不发黑腐烂,叶尖多呈黄褐色干枯
   D_1 病叶前期呈淡黄绿色,细而软,常与引灌深山冷水或有冷
    泉水等有关 ·································· 冷水发僵
   D_2 病叶前期呈黄绿色,瘦而挺,多发生在有机质含量少或重
    砂土等田块 ·································· 缺氮
A_2 叶片褪绿黄化多发生在稻苗分蘖开始以后
 B_1 上下叶的叶枕距不正常,多出现"跨叶"现象,各节的节间长度
  也多失常 ······································ 涝害
 B_2 叶枕距和节间长度正常
  C_1 叶片初现橙黄色,随后自叶尖向下呈黄褐色枯死 ········ 氨水或碳铵熏伤
  C_2 叶片初呈黄绿色
   D_1 叶片软弱下垂,株型披散
    E_1 先叶肉褪淡黄化,叶脉仍呈绿色,随后再全叶变黄绿色,
     叶片呈波浪形下披 ··························· 缺镁
    E_2 叶片均匀地褪呈黄绿色,叶片平展下披 ············ 缺硅
   D_2 株形披散不明显
    E_1 先叶脉褪绿,随后全株呈黄绿色,与缺氮初期病状相似 ········ 缺硫
    E_2 老叶呈黄绿色;上部嫩叶的叶肉褪成淡黄色条纹,随后
     出现暗褐色坏死斑点,并逐渐愈合成坏死线 ··········· 缺锰

4. 叶片上呈现各种色泽和大小斑点

A_1 叶片上的斑点随气孔排列或叶脉排列
 B_1 叶片上出现由气孔周围细胞坏死而成的褐色斑点,多呈条状

　　　　排列 …………………………………………………………………………臭氧害
　　B_2 叶片和叶鞘的叶脉上出现褐色细点,多呈细线状排列 ………………锰害
A_2 叶片上斑点大多先在叶尖部或叶缘部出现
　　B_1 斑点多分布在叶缘部和叶尖部
　　　　C_1 叶片先从尖端开始沿叶缘褪绿,随后叶缘出现大的暗褐色椭
　　　　　　圆形斑 ………………………………………………………………硼害
　　　　C_2 叶缘和叶尖先出现水渍状淡褐色或棕色斑,后叶尖褐色坏死,
　　　　　　并向下延伸成条纹 ……………………………………………氟化氢害
　　B_2 斑点多在叶尖部先出现,随后逐渐向下蔓延
　　　　C_1 根系多呈黑色
　　　　　　D_1 下部叶片枯萎卷缩,随后出现许多褐色斑点,严重的呈赤
　　　　　　　　褐色枯死 ………………………………………石灰氮(作基肥)烧伤
　　　　　　D_2 下部叶片先出现褐色或赤褐色斑点,稻苗僵缩簇立
　　　　　　　　E_1 叶片呈现褐色细小斑点,随后整张叶片变褐色或紫褐色、
　　　　　　　　　　黑色,根系多呈黄褐色,重则发黑腐烂 ……………………亚铁害
　　　　　　　　E_2 叶片呈现赤褐色大小不等的斑点,随后叶片呈赤褐色枯
　　　　　　　　　　死,根系多呈灰黑色腐烂,有臭蛋气味 ………………中毒发僵
　　　　C_2 根系多呈黄色至黄褐色
　　　　　　D_1 稻苗上部叶片呈淡黄绿色,并出现很多锈褐色针头状小点,
　　　　　　　　尤以叶尖为多 ……………………………………………低温发僵
　　　　　　D_2 稻苗叶色黄绿,斑点先在下部叶片上出现
　　　　　　　　E_1 先下叶中部出现褐点和条纹,随后扩大,叶片褐枯,新出
　　　　　　　　　　叶褪淡,尤以基部褪成黄白色 ………………………………缺锌
　　　　　　　　E_2 先下叶尖端出现赤褐色大小不等斑点,随后向下,连成
　　　　　　　　　　斑块或条纹,呈赤褐色枯死,新出叶并不褪淡 ……………缺钾

(三) 穗　　期

A_1 颖壳上呈现斑点
　　B_1 颖壳上呈现白斑或全颖变白色 ………………………………………二氧化硫害
　　B_2 颖壳上呈现褐色或暗褐色斑
　　　　C_1 穗上多零星谷粒呈现褐色斑点或整颗谷粒呈暗褐色枯焦
　　　　　　………………………………………………………………………黏附性药害

C_2 穗上多数谷粒呈现黑褐色斑点,严重的出现白穗、茎秆折断、
倒伏和落粒等 ………………………………………………风害

A_2 颖壳上一般不出现斑点,但实粒数明显减少

　B_1 实粒数少于空秕粒,成熟时稻穗几乎直立

　　C_1 穗的形状和颖壳的形状、大小都正常,成熟时叶色仍较青绿
　　　………………………………………………………翘稻头

　　C_2 穗轴、支梗多弯曲,颖壳也多皱缩畸形或退化

　　　D_1 部分颖壳的外颖顶端弯曲尖出似"老鹰嘴",或颖壳重瓣。
　　　　重者仅留外颖,或内外颖均退化成光轴……………………旱青立

　　　D_2 颖壳畸形、重瓣或退化,但不呈现"老鹰嘴"状的畸形粒

　　　　E_1 受害后均呈包穗、半包穗、穗短粒少、颖壳开张和重瓣畸
　　　　　形等病状,一般发生在新开垦或旱改水稻田 …………青立

　　　　E_2 水稻不同生育期的受害病状各异,灌浆期受害者,常引起穗
　　　　　上发芽,新改水田或老水田均可发生 ……………有机砷药害

　B_2 实粒数一般多于空秕粒,成熟时稻穗能下垂

　　C_1 病穗比正常的提早抽穗,出穗参差很不整齐,穗短小,秕谷增加
　　　………………………………………………………………早穗

　　C_2 抽穗期一般正常或推迟

　　　D_1 稻株倾斜或倒伏,茎叶多霉粒,并常有穗芽现象

　　　　E_1 茎基部节间细长软弱,稻株倒伏重叠,茎秆曲折 ………倒伏

　　　　E_2 稻株多倾斜,幼穗死亡或出穗推迟,多白秆,谷粒灰黑,
　　　　　常有地上分枝 ……………………………………………涝害

　　　D_2 稻株直立,茎叶不霉烂,也无穗芽现象

　　　　E_1 叶色正常,但空粒、秕粒显著增加 ………………… 空、秕粒

　　　　E_2 黄熟前,叶色提早枯黄或叶片枯萎内卷

　　　　　F_1 叶片过早衰退发黄,叶尖部灰色枯死,严重的叶片早枯
　　　　　　………………………………………………………………早衰

　　　　　F_2 叶片突然失水萎蔫内卷,叶与颖壳青灰色而无光泽 ………青枯